数学ゲーム
必勝法

小林欣吾・佐藤　創　監訳

Elwyn R. Berlekamp,
John H. Conway,
Richard K. Guy　著

Winning Ways
for Your Mathematical Plays
2nd ed.

3

共立出版

Winning Ways for Your Mathematical Plays, Volume 3, Second Edition

by Elwyn R. Berlekamp, John H. Conway, and Richard K. Guy

日本語版へのまえがき

『数学ゲーム必勝法』とConwayの著書ONAG(“*On Numbers and Games*”, Academic Press, 1974)によってその基礎が提示された組合せ論的ゲーム理論は時とともに重要性をますます増してきている.

2001年, 2002年, 2003年, 2004年にA K Peters社により出版された4巻の英語第2版の出版から10年の間にたくさんのことが生起した. 原典の素材の多くが新しい世代の研究者によって研究され, 多方面に結果が拡張された. 本書の後続本にあたるAlbert, NowakowskiとWolfeによる著書“*Lessons in Play*”(『組合せゲーム理論入門』, 川辺治之訳, 共立出版, 2011)は数学科の学部学生のためのすばらしいテキストである. それには新しいゲームがたくさん含まれており, それらの多くに厳密な解析がなされている. これらの新しいゲームのいくつかはこの理論への理解を十分に深めてくれる. これらのゲームのうち特に注目すべきものは“クロバー(Clobber)”と呼ばれるゲームであろう. その解析は全微小量と原子量との間の魅惑的な関係に絡んでいる. もう一つの本はAaron Siegelによる“*Combinatorial Game Theory*”である. これは大学院生とポストドクターのためのより高度な数学の研究モノグラフである.

21世紀においてこの主題に関するさらに重要な理論的発展の一つはPlambeckとSiegelによる発見であり, 多くのミゼール選択肢共通ゲームはある種のモノイドの代数的性質に基づくアプローチで攻略できるという発見である. 別の重要な発展はCarlos SantosとJorg Nuno Silvaによる構成法であり, これにより, 従来のループなしゲームはすべて, ポルトガル・コナネ, すなわち, 古代ハワイのゲームであるコナネ(これはまたハワイチェッカーとしても知られている)の少し拡張されたゲームのある局面と標準的に等価であることが示される.

『数学ゲーム必勝法』の2巻本が1982年に出現以来, 日本のボードゲーム“囲碁”への重要な応用がいろいろと試みられてきた. 1994年に日本棋院を何回か訪問した後に, BerlekampとWolfeは著書“*Mathematical Go*”を出版した. この本では,「格子点」(points)を組合せ論ゲームの研究対象とみなすべきであることを指摘している. 1996年Howard Landmanは「目」(eyes)もまた組合せ論ゲームの研究対象とみるのが有効であり得ることを示した. その後, 2009年に中村貞吾は「攻め合い」(capturing races)における「駄目」(liberties)もまた組合せ論ゲームの研究対象としてみるのは実り多いことを示した. これらの応用はすべて,「辺」,「隅」,「星」の基本的な性質を用いている. スコアと駄目への応用はアップ(ups), ダウン(downs), タイニー(tinies)(これらはすべては『数学ゲーム必勝法』で導入され, 解説されている)を含む他の多くの基礎的ゲームの基本的性質をしばしば頼りとしている.

囲碁のほとんどすべての非終結局面は“熱い”, そのことが, 温度と平均値という『数学ゲーム必勝法』の概念が採用されねばならないことを保証している. これらの重要な量を計算する

温度グラフ (Thermography) と呼ばれる構成的手法は『数学ゲーム必勝法』の第 6 章に提示されている．しかしながら，これは「劫」には用をなさない．その他の多くの局面に対して，優れた棋士はこのボトムアップ手法をあまりにまどろっこしいと考え，トップダウンの直感に頼る．彼らの直感を定量化するために，Berlekamp はクーポン碁と呼ばれる囲碁の変種を発明した．この囲碁は多くのプロ棋士の注目と関心を集めた．その中には女性世界チャンピオン芮廼偉 (Naiwei Rui) と彼女の夫 江鋳久 (Jujo Jiang) も含まれる．彼らはともに九段である．彼らは韓国のベスト 4 とともに 2007 年 11 月にソウルで開催されたクーポン詰め碁トーナメントに参加した．その後，鋳久は，2010 年 11 月 28 日に北京のセンターで中国マインドスポーツチームの高段者プロ 6 人によるクーポン詰め碁トーナメントを組織した．

組合せ論的ゲーム理論のこれらすべての“真面目な”応用とは別に，われわれは『数学ゲーム必勝法』を著すにあたって，それを真面目な数学であるという観点と少なくとも同じ程度には，娯楽的活動であるという観点を持ち続けている．実際，それは両面を持っている．監訳者の小林欣吾氏と佐藤創氏，ならびに，翻訳に携わった日本の情報理論，計算機科学研究者たちは，われわれの英語版にある遊びに満ちたいくつかの表現を日本語に翻訳するにあたって賞賛される仕事を成し遂げてくれた．

楽しもう!!

Elwyn Berlekamp, John Conway と Richard Guy

2014 年 6 月 2 日

第2版へのまえがき

1982年の『数学ゲーム必勝法』の初版では，われわれは，和ゲームの概念を中心にすえた理論を直接適用した Part 1 のゲームと，より特殊な技術を必要とするように見えた Part 3 のゲームをかなり鋭く区別することができた．しかしながら，どんどん膨れ上がっていく組合せゲームの理論家によるその後の研究はこの区別を曖昧なものにし始めた．今では，その戦略が，第1巻の一般理論だけではなく，より特殊な結果にも依存するゲームがもっとたくさん生まれてきた．この新しい版には，これらの多くのゲームの紹介といくつかの分かりやすい問題などを加えることにした．ほかのどこの章にも簡単には組み込めないゲームはこの巻の最後の第22章の新しい付録の中で見つけることができる．この巻はまた初版の第20章 狐と鵞鳥 の大幅な改訂を含んでいる．この拡張された変形版，狐-鵞鳥隊-狐ゲームは注目される実例として，いくつかの挑戦的な問題を提供しているが，これらは今や第1, 2, 3 巻の定理を革新的な計算プログラムと適切に組み合わせれば解くことができる．

この新しい版は多くの友人と同僚の協力的な努力に多いに負っている．これらの人々には，Noam Elkies, Tom Ferguson, Aviezri Fraenkel, Martin Gardner, Sol Golomb, Al Hales, Greg Kuperberg, Silvio Levy, Donald Knuth, Martin Kutz, Greg Martin, Victor Meally, Richard Nowakowski, Hilarie Orman, Marc Paulhus, Ed Pegg, Michael Reid, Thea van Roode, Katherine Scott, George Sicherman, Aaron Siegel, Neil Sloane, Sally Smith, William Spight, John Tromp, Jonathan Welton, Julian West, David Wilson と David Wolfe が含まれている．さらに，われわれの出版社 Alice and Klaus Peters の 非常に専門性の高い，しかも，親切な支援に多いに負っている．

Elwyn Berlekamp, University of California, Berkeley
John Conway, Princeton University
Richard Guy, The University of Calgary, Canada

June 23, 2003

初版へのまえがき

本に「まえがき」は必要だろうか？ 15年間の骨折りのあと，3人の才能ある著者たちが言及しなければならないことが多々ある．本屋のブラウザーに出ている“そうです，これこそがあなたの欲しかった本です”ということをわれわれは再保証できる．この本のなかには何が書いてあるのかすぐに知りたいあなたはこの本のxixページへ向かいなさい．そうすれば，第1巻，第2巻，第3巻，第4巻へとあなたを導いてくれるだろう．

ほぼ1000ページにもなる情報が詰め込まれた本を押し分け進む仕事に直面している査読者に，この本自身が拠って立つ多くの補助定理の核心を示すことにより，ある種の簡潔で要を得た批判精神をわれわれは与えることができる．この本は百科事典ではない．百科事典的ではあるが，それでも採り上げていない多くのゲームがあり，事典として要求される完全性は満たしていない．この本は娯楽数学に関する本ではない．というのは，中に非常に多くの真面目な数学を含んでいるからだ．一方，われわれの先人，Rouse Ball, Dudeney, Martin Gardner, Kraitchik, Sam Loyd, Lucas, Tom O'Beirne や Fred. Schu と同様に，われわれにとっては，数学それ自身が娯楽なのだ．この本は大学生用のテキストではない．というのは，始めにやさしい問題が並ぶといった組織立った形で演習問題が構成されていないからだ．とはいえ演習問題があるにはあり，また，163の誤りもそのままに残してある[1)]．このことは読者にとって参加の機会を十分与えてくれよう．それで，身を引いて構え，そうには違いないがなるほど芸術作品だ，などと感嘆しているだけにはならないように．この本は大学院生用のテキストではない．この本は高価すぎるし，院生が学ぶことを期待されていることよりずっと多くを含んでいる．しかし，この本は組合せ論的ゲーム理論の最前線へあなたを誘い，多くの未解決の問題が新しい発見を刺激するだろう．

われわれは第1章の表題に関して Patrick Browne 氏に感謝する．これは長い間，われわれを悩ましたのである．ある朝大学へ向って歩いていたとき，John と Richard は“どっちの勝ち？(Whose game?)”を思いついたが，発音だけでは綴りが定まらないことに気がついた（英語には3つの hooze がある[2)]），それで，テキストの1行目の1行ジョークとなった[3)]．すべてのジョーク，59の私的ジョーク（われわれの誕生日がそれぞれこの本で複数回は現れる）に限ってさえも，それらを説明する余裕はない．

---

1) 訳注：原著初版はもっと多くの誤りを含んでいた．本書では気がついた誤りは極力訂正している．

2) 訳注：原著では hooze は tooze と誤植されていたが，これも163あるという放置された誤りの1つであったかもしれない．3つとは whose, who's(who is), who's(who has) のことである．

3) 訳注：原著の Who's game?とは「だれか挑戦してみないか」の意．

Omar（熱心な読者）はジョークとして出発したが，すぐにKimberly Kingとして体現することになった．また，Louise Guyは校正作業を行ってくれたが，彼女の最大の貢献はわれわれ3人が何回かの機会に一緒に作業することを可能にしてくれた心のこもった接待であった．Louiseはまた，多くの原稿がKaren McDermid と Betty Teareによって作成されたあと，技術タイプを打ってくれた．

内容に対する多くの貢献に対するわれわれの感謝は索引の中の名前の数で計ることもできよう．真に公正を期するとするともっとずっと多くの紙面を要することとなるだろう．ここに補助者の要約されたリストを挙げる：Richard Austin, Clive Bach, John Beasley, Aviezri Fraenkel, David Fremlin, Solomon Golomb, Steve Grantham, Mike Guy, Dean Hickerson, Hendrik Lenstra, Richard Nowakowski, Anne Scott, David Seal, John Selfridge, Cedric Smith と Steve Tschantz.

この本の保証された成功についての少なからぬ理由は，Len Cegielkaの博学で，好意的な指導と著者達の癖のある特異体質に順応してくれたAcademic Press と Page Bros.のスタッフの意欲によっている．この著者達といえば，あらゆる機会を捉えて，文法を修正したり，意味をねじ曲げたり，句読点を誤ったり，つづり方を変えたり，伝統的な書体に文句をつけたり，はては，悪ふざけのだじゃれや内々のジョークまでする連中なのだ．

最終原稿の編集期間中，Richard's Resident Fellowshipにより援助してくださったカルガリー大学のIsaak Walton Killam 財団に感謝し，われわれのように遠くはなれて暮らす者たちが通常許されるよりももっと頻繁にElwyn と John が Richard を訪問できることを可能にしてくれた交付金に対し，カナダのNational (Science & Engineering) Research Councilに感謝いたします．

そして，ありがとう，Simon！

University of California, Berkeley, CA 94720 — *Elwyn Berlekamp*
University of Cambridge, England, CB2 1SB — *John H. Conway*
University of Calgary, Canada, T2N 1N4 — *Richard Guy*

November 1981

訳者まえがき

今を去る 30 数年前，ハンガリーから大切に持ち帰った情報理論の Imre Cziszár と János Körner による最新の労作 “Information Theory: Coding Theorems for Discrete Memoryless Systems” のタイプ印刷原稿の集中読破セミナー（地獄の箱根合宿とも言われていた）のある日，訳者の 1 人が持ち込んだ新刊書が『数学ゲーム必勝法』の 2 巻からなる初版本であった．この本の著者の 1 人が，われわれの属する情報理論の世界ではあまりに高名な Berlekamp 氏であることにびっくりし，また，ライフゲーム，超実数の発案者として名高い数学者，計算機科学者 Conway 氏の名とともに，ゲーム理論で知られた Guy 氏も名を連ねた現代の数学界の立役者たちの織りなした本に興味津々であった．こんな面白そうな本はすぐに誰かが訳すことになるよねというのがわれわれの共通の見解であった．その頃，情報理論の研究に対してはよく「何の役に立つのか」などという疑問を投げかけられることがしばしばであった．情報の本質に迫るテーマ自身に「面白さ」をわれわれは見いだしていて，その有用性などには何の関心も抱かなかった．というか，本質的に「面白い」ものは必ず人間にとって意味ある進歩をもたらしてくれると信じていた．現在では，情報通信を専門とする研究者であれば，情報理論は何の役に立つのかなどと口にするのは自分の不勉強を白状しているようなものとなっている．しかしながら，いくらたってもこの本の翻訳書が現れない．そのうち，共立出版から Berlekamp 氏の近くで研究の経験をもつわれわれ訳者の 1 人に翻訳の話が舞い込んで来たのであった．「面白い」本には違いないが「手強い」本でもあることは確かで，以前に翻訳を手掛けようとした人もいたらしいのだが断念したのだと聞く．以前に抱いていた興味も手伝って出版社の依頼を軽い気持ちで引き受けて，日本の情報理論，情報通信セキュリティの俊英を集めて作業を開始したのであった．

ここに取り上げられている組合せ論的ゲームの範囲は非常に多岐にわたり，日本でも非常にポピュラーなゲームもあるが，そうではない興味深いゲームも多数含まれている．ゲームの局面を評価する斬新な概念が数多く導入されているので，それらを理解するにはかなりの力を必要とするかもしれない．しかし，これまで出会ったことのない新しい考え方を理解するための努力は必ず報われるときがくると思われる．著者たちは読者のそのような努力を挑発しているふしがある．

この本には著者たちの遊び心が随所に現れる．洒落，駄洒落，文化的素養，英語だから表現できる言葉遊び，これらによって日本語訳にするときの困難さに直面することになる．さらに，単数複数の違いを日本語で伝えることの難しさに加え，微妙なニュアンスの違いをどう表現すべきかなど，通常の理工学書の翻訳とは格段にレベルの異なる作業，また文学書とも異なる厳密さも伝えねばならない作業は当初の予想を遥かに超えていた．原著者たちも理解しているように，英語の言葉遊びは少ない例外を除いて，翻訳不可能なものがたくさんある．原著を翻訳したり加工したりすれば必ず元の情報量は減少するものであるという情報理論の情報処理定理からすれば，どんな著作もその原典に戻って読むのが最善であるというのが訳者たちの意見である．それでもなおわれわれがこの翻訳を引き受けたのはなぜかと言えば，減少された情報量ではあってもこの本から強い刺激を受けて新しい観点を自ら読み取り，好奇心をかき立てて原著者たちも気づかなかった成果を付け加えるなどという貢献もあるだろうと期待したからであった．

この翻訳の過程では，原著者たちも気づかなかった誤りなども数多く発見し，それらも日本語訳では修正して誤解を解くように努力を重ねた．原著者の Elwyn Berlekamp 氏, John Conway 氏, Richard Guy 氏へはわれわれの疑問，質問を投げかけて，適切な返答を頂いた．さらに，Richard Guy 氏からは原著に含まれる誤りのリストも送って頂いた．それでも解決しなかった疑問に対しては，Thane Plambeck 氏と Aaron Siegel 氏からの適切なコメントを頂き，誤解の少ない翻訳に近づいたものと自負している．この歴史的名著の翻訳書出版にあたり，これらの方々へ感謝する．また，適切な訳のための検討にかなりの時間をかけたとはいえ，それでもなお残る誤訳などが紛れ込むと思われるが，読者諸氏にはご寛容のほどをよろしくお願い致したい．なお，本書の英語名 “*Winning Ways for Your Mathematical Plays*” から，いろいろな個々の数学的ゲームに対する必勝戦略を授けてくれるものと思われるかも知れないが，高い視野から組合せ論的ゲームをとらえているため戦略が抽象的に表現されていることが多い．具体的な戦略は本書をじっくり読み込んで，読者自身でつかみ取り，必勝プログラムなどを開発して理解を深めて頂きたい．

また，英語版原書に掲載されている著者たちの思い入れの強い図の多くは手書き英文字なども含んでいるので日本語版として図を再構成したり，使われている各種の特殊な欧文フォントの和文フォントへの入れ替え作業など共立出版の方々の大変な努力にも感謝しなければならない．特に，共立出版編集部の石井徹也氏の並々ならぬこの出版への熱意が，われわれのともすれば怠惰な気持ちを引き締めて，ようやく待ち望まれていた日本語版を刊行することができた．

なお, 原著者の意図を出来る限り損なわないよう極力, 訳者注は避けることにした．それを補う意味でわれわれは「翻訳ノート」を共立出版の Web サイト www.kyoritsu-pub.co.jp/bookdetail/9784320111349 を開設して，読者の理解への一助としたので参考として頂きたい．また，著者らのまえがきにもあるように，John Conway の著書 *“On Numbers and Games”* はこの本の出発点でもあり，数についての深い考察から発展したゲームの概念へ至る貴重なアイデアがちりばめられている．この本の中で証明なしに述べられている事柄になぜだろうかと疑問をもたれる読者はこの ONAG，ならびに，日本語翻訳版へのまえがきにも挙げられている参考書にも挑戦して頂きたい．特に， Aaron Siegel の近年出版された著書 *“Combinatorial Game Theory”* は『数学ゲーム必勝法』に導入されたいろいろな概念の正しい理解のためには欠かせない本である．

さあ，存分に楽しんでください!!!

2016 年 10 月

訳者代表
小林　欣吾

目　次

付　録 516

第15章　チップと細長ボード 519

付 録 567

第 16 章 点と箱 573

付 録 603

付 録 670

第 19 章 チェス碁 681

第21章 野ウサギと猟犬たち 755

付 録 770

第22章 直線と正方形 777

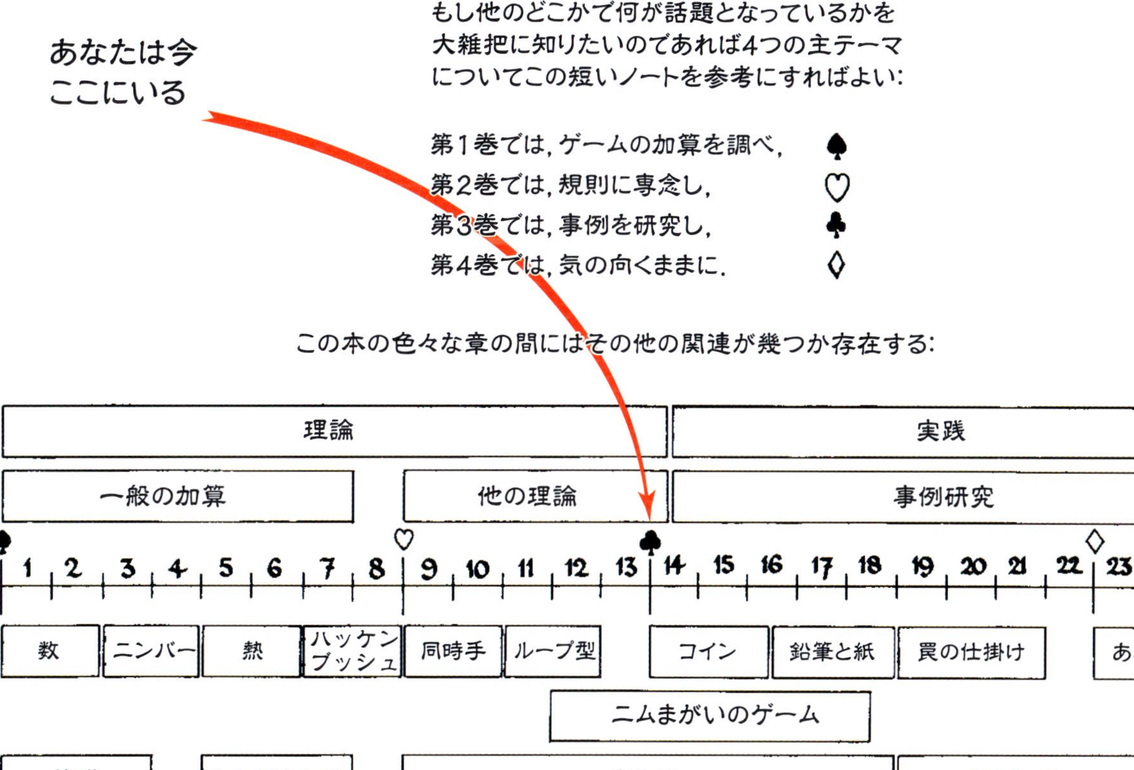

あなたはどの章をとりだして，それ以前のなにものも参照せずにその大半を読むことができるが，
この本の出発点にあるアイデアだけは知っていた方がいいだろう．

クラブに仕分けたゲームたち！

英国人となるのは会員制超高級クラブ
の一員となることである.
Ogden Nash, イングランドの期待.

われわれがこれまで展開してきた理論が有効となるゲームはたくさんあるが，そうではないゲームももっとあり，それらをプレーの仕方によってクラブに仕分けてみた.

最初のいくつかのゲームはコインを使ってプレーすることができる．ここでは，コインをひっくり返したり（第 14 章），帯状のボードの上で，あるいは，積み上げた山から，コインを動かす（第 15 章）.

別のゲームでは，直線を引いたり（第 16 章），曲線を引いたり（第 17 章）あるいは，第 18 章ではちょっとした計算をするために，鉛筆と紙を必要とするようになる.

そして，ゲームボードを使うゲームにおいて，プレーヤーが敵を動けなくすることで勝ちとなる 3 つの事例（第 19, 20, 21 章）を研究し，最後に，ある種類の勝ちパターンを先に作ったプレーヤーが通常は勝ちとなるゲームを数多く解析する（第 22 章）.

第 14 章

ひっくり返せ

わたしはふり返ることを望まぬから
わたしは望まぬから
わたしはふり返ることを望まぬから.
(岩崎宗治訳,『四つの四重奏』岩波文庫より).
T. S. Eliot,『灰の水曜日』, I.

手ひどい仕返しを被ることのないよう,
誰にでもは心を開いてはならぬ.
「シラの書」第 8 章 19.

H. W. Lenstra のアイデアに基づく以下のゲームはすべて, 物をひっくり返す操作を含んでいるので似ているが, 必要とする戦略はさまざまであることがわかるだろう.

1. ウミガメ返し

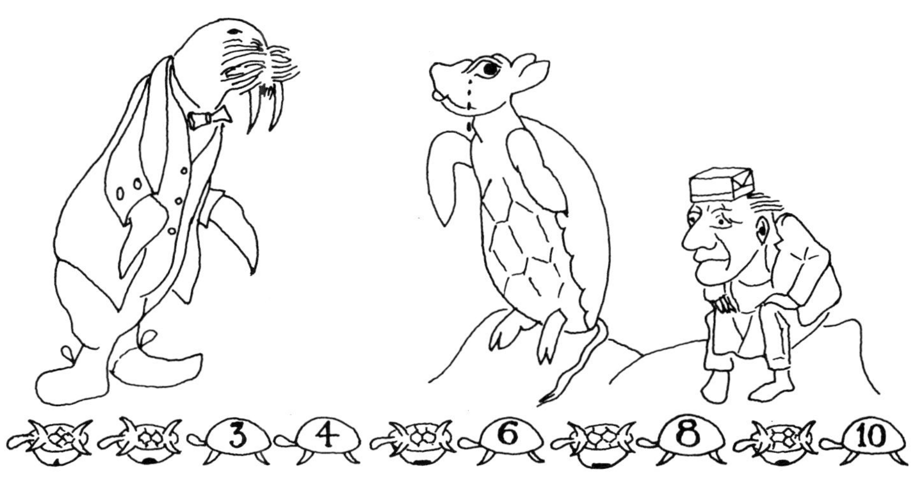

図 14.1 ウミガメ返しのプレー.

図 14.1 ではセイウチ(左手)と大工(右手)はちょっと残酷なゲームをプレーしている. そ

れぞれの手において，プレーヤーは，1匹のウミガメをひっくり返して腹を上向けなければならない．同時に，そのウミガメの左側にいるウミガメのうち，どれでも1匹だけならひっくり返すこともできる．2匹目のウミガメは，1匹目のウミガメと違って，甲羅を上にしても腹を上向けても構わない．最後のウミガメの腹を上向けにしたプレーヤーが勝ちである．セイウチはどのウミガメたちをひっくり返すべきだろうか？

本書のほとんどの読者がそうであるように，セイウチはこのゲームも新手の偽装ニムに違いないと内心思っている．ここでは3, 4, 6, 8, 10のウミガメだけが甲羅を上にしており，3, 4, 6のニム和が1であるので，セイウチは10のウミガメの腹を上向けに，9のウミガメの甲羅を上に返して，$\mathcal{P}$局面の3, 4, 6, 8, 9を作ることができる．というのも，$8 \overset{*}{+} 9 = 1$だからだ．大工が8と5をひっくり返す手で応じると図14.2の3, 4, 5, 6, 9の局面になる．

図 14.2 大工の応手後.

ニムにはこの局面でよい手がたった1つだけある —9を4に減らすと，3, 4, 4, 5, 6の局面になり，2つの等しいニム山は打ち消し合うので，これは3, 5, 6の局面と同じである．セイウチは，9のウミガメと4のウミガメの両方の腹を上向けにすることでこの局面に到達する（図14.3）．

図 14.3 セイウチの勝ち方.

ニム手は次のようなウミガメ返しの手となる．セイウチの初手のように，1匹のウミガメの腹を上向けにし別のウミガメの甲羅を上にすることによって，1つのニム山の大きさをまだ存在していない大きさまで減らせる．減らされるニム山の大きさがすでに存在していれば，大工の手に対するセイウチの応手のように，2匹のウミガメの腹を上向けにする（2つの等しいニム山は打ち消し合う）．ニム山の1つを完全に消し去るには，対応するウミガメだけをひっくり返す．ということで，4, 6, 8, 10は$\mathcal{P}$局面だから，セイウチは図14.1において，単に3のウミガメをひっくり返すだけで勝つこともできた．

われわれの考えるひっくり返しゲームはすべて選択肢共通ゲームなので，これらのゲームはニム値を計算することで解ける．また，これらのゲームは，しばしば偽装ニムのゲームと考えることもできる．しかし，興味深い理論をもつたくさんのゲームがひっくり返しバージョンによってより自然に提案される．

2. 代用ウミガメ

図 **14.4** 代用ウミガメが加わる

このゲームでは，高々3匹までのウミガメをひっくり返すことができるが，それらの最も右のウミガメは腹を上向けにしなければならないという唯一の制約がある．このゲームは，有限個の数の集合から開始し，その中の任意の数をそれより小さい0個，1個，または2個の数で置き換えることができるゲームと考えることができる． したがって，$\mathcal{G}(n)$ は，a と b を n 未満の任意の数として，

$$0,\ \mathcal{G}(a),\ \mathcal{G}(a) \overset{*}{+} \mathcal{G}(b)$$

のどの形にもならない最小の数である．

ウミガメの位置に0番から番号をつけると，表14.1に示すニム値が得られる．

表 **14.1** 代用ウミガメのニム値

$n =$	0	1	2	3	4	5	6	7	8	9	10	11	12	13	14	15	16	17	18	...
$\mathcal{G}(n) =$	1	2	4	7	8	11	13	14	16	19	21	22	25	26	28	31	32	35	37	...

$\mathcal{G}(n)$ は必ず $2n$ または $2n+1$ のどちらかであることがわかるので，$\mathcal{G}(n)$ の2進展開は n の2進展開の最後尾に0か1のどちらかをつけることで得られる．どちらだろうか？

表 **14.2** 鬼数が現れた．

$n =$	0	1	10	11	100	101	110	111	1000	1001	1010	...
$\mathcal{G}(n) =$	$\underline{1}$	$1\underline{0}$	$10\underline{0}$	$11\underline{1}$	$100\underline{0}$	$101\underline{1}$	$110\underline{1}$	$111\underline{0}$	$1000\underline{0}$	$1001\underline{1}$	$1010\underline{1}$	...

表14.2は，全体で1の個数が**奇数**になるように0または1を選ぶことを示唆している．

3. 鬼数と愚数

すべての数は，2進展開で表したときの1の個数に応じて，**鬼数** (odious number) または**愚数** (evil number) となる（奇数個の場合が鬼数で，偶数個の場合が愚数である）．これらはニム和において，通常の和における奇数と偶数のように振舞う．

$$\text{愚数} \overset{*}{+} \text{愚数} = \text{愚数} = \text{鬼数} \overset{*}{+} \text{鬼数},$$
$$\text{愚数} \overset{*}{+} \text{鬼数} = \text{鬼数} = \text{鬼数} \overset{*}{+} \text{愚数}.$$

代用ウミガメにおいて $\mathcal{G}(n)$ を計算するとき，それまでに出てきた鬼数より次に大きい鬼数は**決して**除外されない，というのは，2つの鬼数のニム和は愚数であるから．また，それより小さい愚数は**すべて**除外される．

もし $a_1, a_2, \ldots, a_n$ をニムの $\mathcal{P}$ 局面，すなわち，

$$a_1 \overset{*}{+} a_2 \overset{*}{+} \ldots \overset{*}{+} a_n = 0$$

をみたすとすると，代用ウミガメの対応する鬼数 $\mathcal{G}(a_i)$ に対して

$$\mathcal{G}(a_1) \overset{*}{+} \mathcal{G}(a_2) \overset{*}{+} \ldots \overset{*}{+} \mathcal{G}(a_n) = 0 \text{ または } 1$$

が成り立つ．もし n が偶数であれば，このニム和は愚数であり0となる．一方，もし n が奇数であれば，このニム和は鬼数であり1となる．したがって，n が偶数のときは，代用ウミガメの $\mathcal{P}$ 局面はニムの $\mathcal{P}$ 局面にほかならない．

代用ウミガメゲームにおいて，ウミガメの番号を0番からふったことに注意せよ．代用ウミガメと呼ばれる0番のウミガメは，他のウミガメと区別することなく扱われ，上のようにニムに変換するときには無視することができない．図14.3のウミガメ返しの局面から，代用ウミガメの $\mathcal{P}$ 局面を得るためには，この0番の代用ウミガメは4つの足を地面につけてゲームに参加させられなければならない．代用ウミガメにおいては，3, 5, 6 は $\mathcal{P}$ 局面**ではない**が，0, 3, 5, 6 は $\mathcal{P}$ 局面である（図14.4）．

4. メビウス，モーグル，モイドール

表14.3に最大 t 個 $(t = 1, 2, \ldots)$ のものをひっくり返すことのできる，代用ウミガメと似たゲームに対するニム値を示す．これらのニム値はM. J. T. Guy氏がコンピュータでチェックしてくれた．これらのニム値はこの本に現れる他のニム値よりもずっと大きいので，底8の記法（8進数）を用いている．8進数のニム和は次のように桁ごとに計算できる．

$$\begin{array}{r} 12345670 \\ \underline{13570246} \\ 1635436. \end{array}$$

表 **14.3** これらのニム値は 8 進数（底が 8）である．10 進数ではない．

		ウミガメ返し	代用ウミガメ		メビウス		モーグル		モイドール
n	$t=1$	2	3	4	5	6	7	8	9
代用ウミガメ	1		1		1		1		1
1	1	1	2	1	2	1	2	1	2
2	1	2	4	2	4	2	4	2	4
3	1	3	7	4	10	4	10	4	10
4	1	4	10	10	20	10	20	10	20
5	1	5	13	17	37	20	40	20	40
6	1	6	15	20	40	40	100	40	100
7	1	7	16	40	100	77	177	100	200
8	1	10	20	63	147	100	200	200	400
9	1	11	23	100	200	200	400	377	777
10	1	12	25	125	253	400	1000	400	1000
11	1	13	26	152	325	707	1617	1000	2000
12	1	14	31	200	400	1000	2000	2000	4000
13	1	15	32	226	455	1331	2663	4000	10000
14	1	16	34	253	526	1552	3325	7417	17037
15	1	17	37	333	667	1664	3551	10000	20000
16	1	20	40	355	733	2000	4000	20000	40000
17	1	21	43	367	756	2353	4726	31463	63147
18	1	22	45	400	1000	2561	5343	40000	100000
19	1	23	46	427	1056	2635	5472	52525	125253
20	1	24	51	451	1123	3174	6370	65252	152525
21	1	25	52	707	1617	3216	6435	100000	200000
22	1	26	54	1000	2000	3447	7116	113152	226325
23	1	27	57	1031	2063	3722	7644	200000	400000
24	1	30	61	1055	2132	4000	10000	213630	427461
25	1	31	62	1122	2245	10000	20000	263723	547646
26	1	32	64	1203	2407	20000	40000	306136	614274
27	1	33	67	1443	3106	34007	70017	400000	1000000
28	1	34	70	1537	3277	40000	100000	416246	1034515
29	1	35	73	1746	3714	54031	130063	521055	1242133
30	1	36	75	2000	4000	64052	150125	724616	1651435
31	1	37	76	2033	4066	70064	160151	1000000	2000000
32	1	40	100	2056	4134	100000	200000	1023305	2046613
33	1	41	103	2130	4261	114053	230126	1347214	2716431
34	1	42	105	2221	4443	124061	250143	2000000	4000000
35	1	43	106	2465	5153	130035	260072	2027151	4056322
36	1	44	111	2501	5203	144074	310170	2457261	5136542
37	1	45	112	3124	6250	150016	320035	3166444	6355111
38	1	46	114	3512	7225	160047	340116	4000000	10000000
39	1	47	117	4000	10000	174022	370044	4055666	10133554
40	1	50	121	4034	10071	200000	400000	4632577	11465377
41	1	51	122	4045	10113	214301	430603	5251417	12523036
42	1	52	124	4211	10423	224502	451205	7514712	17231625
43	1	53	127	4504	11211	230604	461411	10000000	20000000

この表において，最も興味深い $t = 3, 5, 7, 9$ の場合に限ってゲーム名を代用ウミガメ (Mock Turtles)，メビウス（Moebius），モーグル（Mogul），モイドール（Moidores）とした．これらの英語名の先頭の2文字は Mo で，3文字目の c, e, g, i はそれぞれちょうどアルファベットの3，5，7，9番目の文字となっていることに注目．簡便のためとウミガメをいじめたりしないために，読者はこれらのゲームをコインを用いてプレーするとよい．ウミガメが甲羅を上に向けているか，腹を上向けているかに応じて，コインはそれぞれ表または裏となる．また，ひっくり返す一番右のコインは，必ず表から裏にしなければならない．

5. 代用ウミガメ定理

t が偶数 $t = 2m$ であるゲームの $\mathcal{P}$ 局面を1つ選び，左端に特別なコイン（代用ウミガメ）を追加して，表が全体で偶数枚になるように配置する．こうして得られる局面を，t がその次の奇数 $t = 2m + 1$ の場合に対する“良い”局面ということにする．この良い局面は，実はまさしく $t = 2m + 1$ のゲームの $\mathcal{P}$ 局面になっていることを示そう．

まず，高々 $2m + 1$ 枚のコインをひっくり返すことでは，良い局面から別の良い局面へ移ることはできないことを示そう．もしそのようなことができるとすると，ひっくり返すコインの数は偶数枚である必要がある．というのは，良い局面は偶数枚のコインが表だからである．ゆえにひっくり返すコインの数は高々 $2m$ 枚である．しかしながら，このことは $2m$ ゲームにおいて，$\mathcal{P}$ 局面から $\mathcal{P}$ 局面への手があることになってしまう．

あとは，$2m + 1$ ゲームの任意の悪い局面から，良い局面への手があることを示せばよい．もし，その悪い局面が $2m$ ゲームの $\mathcal{N}$ 局面に対応しているとすれば，ある $\mathcal{P}$ 局面への手が存在し，必要があれば代用ウミガメをひっくり返すことで，$2m + 1$ ゲームの良い局面への手が得られる．その他の悪い局面は $2m$ ゲームの中の $\mathcal{P}$ 局面に対応したもので，奇数個の表からなっている．この場合には，一番右の表のコインをひっくり返すことで，$2m$ ゲームの中で $\mathcal{N}$ 局面となる局面が得られる．次に高々 $2m$ 枚のコインをさらにひっくり返すことによって，この局面を $\mathcal{P}$ 局面にすることができる．そして，良い局面を得るために必要ならば代用ウミガメをひっくり返す．ひっくり返したコインは全部で高々 $2m + 2$ 枚であったが，表が奇数枚ある局面から出発し偶数枚で終わったので，実際にひっくり返したコインは高々 $2m + 1$ 枚であり，$2m + 1$ ゲームにおける合法的な手になっている．

この結果は次の主張と同値である．

> $2m + 1$ ゲームに対するニム値はすべて鬼数であり，
> 対応する $2m$ ゲームのニム値はその2進表現の
> 最後のビットを取り除くことで得られる．

代用ウミガメ定理

6. なぜメビウスか？

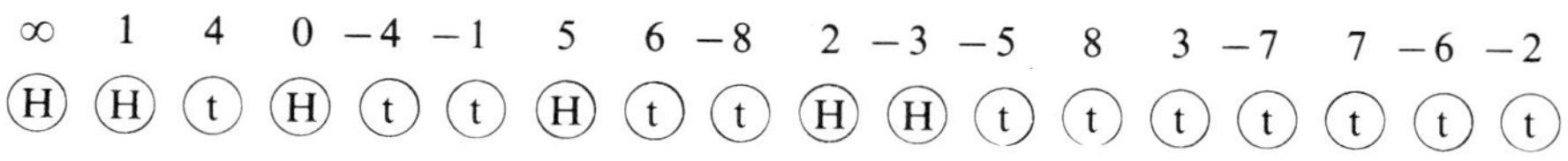

∞	1	4	0	−4	−1	5	6	−8	2	−3	−5	8	3	−7	7	−6	−2
Ⓗ	Ⓗ	ⓣ	Ⓗ	ⓣ	ⓣ	Ⓗ	ⓣ	ⓣ	Ⓗ	Ⓗ	ⓣ	ⓣ	ⓣ	ⓣ	ⓣ	ⓣ	ⓣ

図 14.5 メビウスのラベルは $\mathcal{P}$ 局面を見つけやすくする.

18枚のコインに限ったとき，$t = 5$ のゲームの $\mathcal{P}$ 局面は特筆すべき対称性をもつ．この対称性を見るために，図14.5に示すように，ある局面の表のコインに数を対応させる．たとえば，一番左の6枚のコインだけが表の $\mathcal{P}$ 局面は $\infty, 0, \pm 1, \pm 4$ である．この記法において，$\mathcal{P}$ 局面は，その局面を表す数にどんな定数を法17で加えても（∞ を加えても ∞ は変化せず），$\mathcal{P}$ 局面のままである．数 $\infty, 0, \pm 1, \pm 4$ のそれぞれに1を加えると $\infty, 1, 2, 0, 5, -3$ となるので，図14.5に示す局面が新たな $\mathcal{P}$ 局面となる．このように，表14.4に示す15個の局面は，全部で $15 \times 17 = 255$ 個の $\mathcal{P}$ 局面を生成する．また，$\mathcal{P}$ 局面は，すべての位置のコインの表と裏を入れ替えても $\mathcal{P}$ 局面のままである．したがって，コインがすべて裏，またはすべて表という2つの局面も $\mathcal{P}$ 局面になり，全部で $2 \times 255 + 2 = 512$ 個の $\mathcal{P}$ 局面が得られる．その分布は次のようになる．

表の数	0	6	8	10	12	18
$\mathcal{P}$ 局面の数	1	102	153	153	102	1.

代用ウミガメを取り除くと，17枚のコインに対する $t = 4$ のゲームの $\mathcal{P}$ 局面が，次のように分布していることがわかる．

表の数	0	5	6	7	8	9	10	11	12	17
$\mathcal{P}$ 局面の数	1	34	68	68	85	85	68	68	34	1.

表 14.4 メビウスの $\mathcal{P}$ 局面.

6枚が表			8枚が表			
$\infty, 0$	± 1	± 4	$\infty, 0$	± 1	± 5	± 7
$\infty, 0$	± 2	± 8	$\infty, 0$	± 2	± 3	± 7
± 1	± 3	± 6	$\infty, 0$	± 3	± 4	± 6
± 2	± 5	± 6	$\infty, 0$	± 5	± 6	± 8
± 4	± 5	± 7	± 1	± 2	± 4	± 8
± 3	± 7	± 8	± 1	± 2	± 3	± 5
			± 2	± 4	± 6	± 7
			± 3	± 4	± 5	± 8
			± 1	± 6	± 7	± 8

任意の$\mathcal{P}$局面を表す数を（法17で）2倍して，別の$\mathcal{P}$局面を得ることもできる．ゆえに図14.5の$\infty, 0, 1, 2, -3, 5$は$\infty, 0, 2, 4, -6, -7$になる．法17で逆数にしてもよい．すなわち$1/2 = -8$, $1/3 = 6$, $1/5 = 7$であるから，図14.5の数の逆数をとると$0, \infty, 1, -8, -6, 7$となる．実際，法17で下記のどんな変換を施してもよい．

$$x \to \frac{ax+b}{cx+d}, \quad ad - bc = 1.$$

これらの変換はメビウス変換として知られているので，われわれはこのゲームを偉大な数学者にちなんでメビウスと名づけた．

7.　モーグル

24枚のコイン上の$t = 7$のゲームはさらに対称性に富む．先頭から24番までの位置の中での$\mathcal{P}$局面は次のように分布する．

表の数	0	8	12	16	24
$\mathcal{P}$局面の数	1	759	2576	759	1.

図14.6を用いて，ちょうど8枚のコインが表，または同じことだが，ちょうど8枚のコインが裏になる，759個の$\mathcal{P}$局面を見出すことができる．どちらの場合でも，それぞれの8つの位置の集合は**オクタッド**と呼ばれる．図14.6には35の**絵**があり，どの絵も24の位置が6組（白，黒，星，丸，プラス，ドットの6色）の「4位置」で示されている．同じ絵の中にある任意の2組の4位置（任意の2色）が1つのオクタッドをなす．この方法は，特にちょうど4つの位置が最後の（黒と白の）2行の中にあるオクタッドを与え，また，最後の2行の組自体もオクタッドをなす．一番下の2行を同じ絵の最初の2行，または中間の2行と交換することによって，すべてのオクタッドを得ることができる．というのは，これらの2行の組はすべてオクタッドをなし，他のすべてのオクタッドはそれらの少なくとも一方と，ちょうど4つの位置で一致することが示せるからである．

このミラクル・オクタッド生成器(MOG)はR. T. Curtis氏によるが，ここではモーグルのプレーヤーの便宜のために少しだけ修正した．経験豊富なユーザは，ミラクル・オクタッド生成器の配置における多様な規則正しい特徴を用いて，任意に与えられた5個の位置に対して，その5個の位置を含むただ1つのオクタッドの位置を容易に発見することができる．24枚のモーグル・ゲームでは，12枚が表の$\mathcal{P}$局面を使わなくても勝てるように思われる．

8.　モトレー

これは任意の枚数のコインをひっくり返して構わないゲームである．このゲームは，順当にプレーした場合，高々1手しか続かない．というのは，表のコインをすべて一度に裏にひっくり返

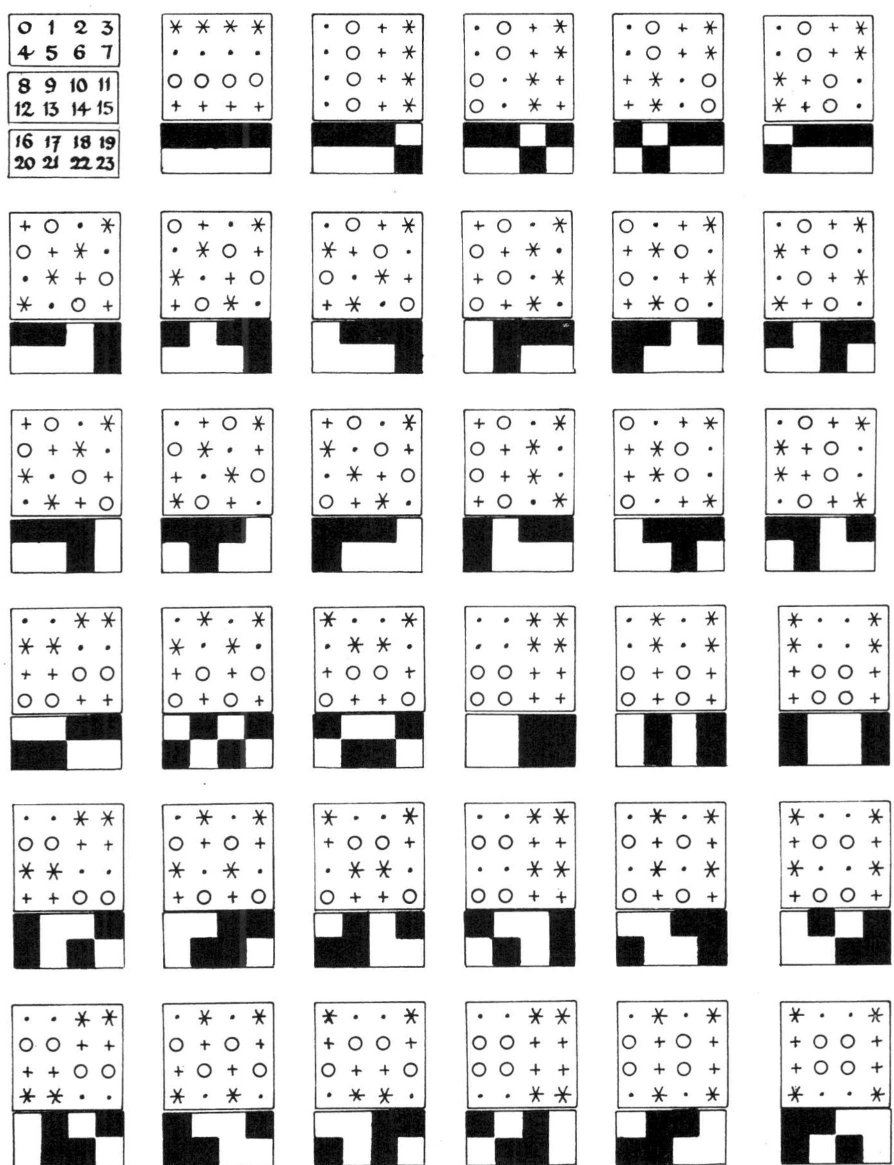

図 **14.6** Curtis のミラクル・オクタッド生成器.

すことができるからである！ このゲームのニム値は次のように 2 の冪乗になる.

$$1, 2, 4, 8, 16, 32, 64, 128, 256, 512, \ldots$$

したがって，複数のコイン列でプレーした場合，モトレーはまた別の偽装ニムになる．すなわち，1 つの列の中の表の位置が，対応するニム山の豆の数を 2 進表現したときの 1 の位置になる.

9.　2枚返し, 3枚返し など

2枚返し (Twins) という，**ちょうど** 2枚のコインをひっくり返すゲームや，**3枚返し** (Triplets) という，ちょうど3枚のコインをひっくり返すゲーム，等々をプレーすることもできる．ちょうどt枚のコインをひっくり返すt枚返しに対するニム値の列は，**高々**t枚のコインをひっくり返すゲームのニム値の列の先頭に$t-1$個のゼロをくっつけたものとなる．したがって3枚返しのニム値は次のようになる．

$$0, 0, 1, 2, 4, 7, 8, 11, 13, 14, 16, 19, 21, 22, 25, \ldots.$$

左方の$t-1$枚のコインは，高々t枚のコインをひっくり返すゲームに対する手を適切に補完するために用いる，$t-1$匹の代用ウミガメと考えるとよい．

10.　定規ゲーム

連続したコインをひっくり返すこと以外には制約のない（一番右のコインは表から裏にしなければならないことを除く）場合は，ニム値は次のルールによって計算する．

$$\mathcal{G}(n) = \operatorname{mex}\left\{\begin{array}{l} 0 \\ \mathcal{G}(n-1) \\ \mathcal{G}(n-1) \overset{*}{+} \mathcal{G}(n-2) \\ \mathcal{G}(n-1) \overset{*}{+} \mathcal{G}(n-2) \overset{*}{+} \mathcal{G}(n-3) \\ \cdots\cdots \end{array}\right\}.$$

これは定規分割（第13章の図13.7）を連想させる．

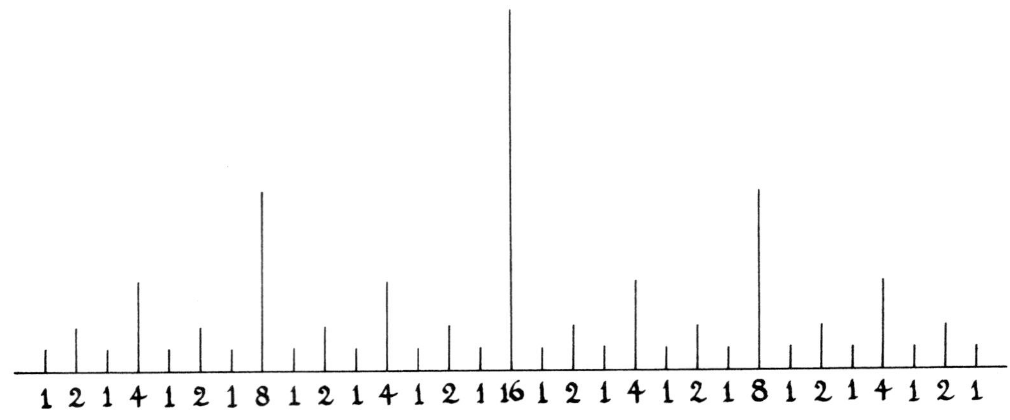

図 14.7　定規ゲームのニム値.

コインの番号が1から始まっていれば，$\mathcal{G}(n)$はnを割り切る最も大きい2の冪乗になる．

11. ひっくり返す範囲が制約を受けるゲーム

これらのどんなゲームも，ひっくり返すコインたちが離れすぎないという制約を追加して，プレーすることができる．たとえば，**代用ウミガメ5**(Mock Turtle Fives)では，5枚の連続したコインのうち**3枚まで**をひっくり返すことができる．**3枚返し5**(Triplet Fives)では，連続した5枚のコインのうち**ちょうど3枚**をひっくり返す．**定規5**(Ruler Fives)では，1枚から5枚までの連続したコインをひっくり返すことができる．これらのゲームのニム値は次のようになる．

代用ウミガメ5：1 2 4 7 8 1 2 4 7 8 1 2 4 7 8 1 2 4 7 8 ...
3枚返し5：0 0 1 2 4 0 0 1 2 4 0 0 1 2 4 0 0 1 2 4 ...
定規5：1 2 1 4 1 2 1 4 1 2 1 4 1 2 1 4 1 2 1 4 ...

これらは一般的なパターンの一部である．したがって，たとえば**メビウス19**はメビウスの最初の19個の値を無限に繰り返したニム値をもつだろう．このことは，定規ゲームを除く上述のすべてのゲームに当てはまる．定規ゲームの場合は，定規4，定規6，定規7は定規5と同じ値をもつが，定規8から定規15まではすべて次のニム値をもつ．

1 2 1 4 1 2 1 8 1 2 1 4 1 2 1 8 1 2 1 4 1 2 1 8 1 2 1 4 1 2 1 8 1....

12. ターニップス

このゲームは奥の深い理論をもつ．しかし，たくさんのコインでプレーする裕福な人たちにしかターニップスの完全な理論が必要とされないのは，大変残念なことである．ターニップスの1手は，任意の等しい間隔で並ぶ3枚のコインを，いつも通り一番右だけは表から裏に，ひっくり返すことである．0番から番号をつけると，0から100までのニム値は表14.5のようになる．
一般に$\mathcal{G}(n)$を求めるには，nを3進展開すればよい．

	nの3進展開								$\mathcal{G}(n)$	
$\phi=0$, または 1	...	ϕ	ϕ	ϕ	ϕ	ϕ	ϕ	ϕ	0	
$?=0,1$, または 2	...	?	?	?	?	?	?	2	1	鬼数
	...	?	?	?	?	?	2	ϕ	2	が
	...	?	?	?	?	2	ϕ	ϕ	4	順番に
	...	?	?	?	2	ϕ	ϕ	ϕ	7	現れる
	...	?	?	2	ϕ	ϕ	ϕ	ϕ	8	
	...	?	2	ϕ	ϕ	ϕ	ϕ	ϕ	11	
	...	...	...	...	...	...	...	...	...	...

言葉で述べると，nの3進展開のどの桁にも数字2が現れないときは$\mathcal{G}(n)=0$となり，数字2の現れた最も右の桁が第k桁であるときはk番目の鬼数になる．このときのnをk**数**と呼ぶ．3

表 14.5 ターニップスのニム値.

0-8	0	0	1	0	0	1	2	2	1			
9-17	0	0	1	0	0	1	2	2	1			
18-26	4	4	1	4	4	1	2	2	1			
27-35	0	0	1	0	0	1	2	2	1			
36-44	0	0	1	0	0	1	2	2	1			
45-53	4	4	1	4	4	1	2	2	1			
54-62	7	7	1	7	7	1	2	2	1			
63-71	7	7	1	7	7	1	2	2	1			
72-80	4	4	1	4	4	1	2	2	1			
81-89	0	0	1	0	0	1	2	2	1			
90-100	0	0	1	0	0	1	2	2	1	4	4	...

進展開に数字2が現れないnを**空数**と呼ぶ.

このことを確かめるため，$\mathcal{G}(n)$がすべての

$$\mathcal{G}(n-\delta) \overset{*}{+} \mathcal{G}(n-2\delta), \quad \delta = 1, 2, \ldots$$

に対する最小除外数であることに注意する．最初に，$\mathcal{G}(n)$の暫定値がこれらの数のいずれにも一致しないこと，または同値であるが，次式が成り立つことを示す.

$$\mathcal{G}(n) \overset{*}{+} \mathcal{G}(n-\delta) \overset{*}{+} \mathcal{G}(n-2\delta) \neq 0.$$

3つの鬼数のニム和は鬼数であるので，このことは

$$\mathcal{G}(n), \quad \mathcal{G}(n-\delta), \quad \mathcal{G}(n-2\delta)$$

のうち1つがゼロで残りの2つが一致ということがなければ正しい．しかしながら，δの最後の非ゼロの3進数字 ($x=1$ または $x=2$) がk番目の位置にあるとき，$n, n-\delta, n-2\delta$の3進展開は，nがj $(j<k)$ 番目の位置に数字2をもつかもたないかに応じて，次のような形になる.

$$\begin{array}{ll} & \quad\;\; k \qquad\quad j \\ \delta: & ???x000000 \\ \hline n & ???0???2\phi\phi \\ n-\delta & ???1???2\phi\phi \\ n-2\delta & ???2???2\phi\phi \end{array} \qquad \text{または} \qquad \begin{array}{ll} & \quad\;\; k \\ \delta: & ???x00000 \\ \hline n & ???0\phi\phi\phi\phi\phi \\ n-\delta & ???1\phi\phi\phi\phi\phi \\ n-2\delta & ???2\phi\phi\phi\phi\phi \end{array}$$

最初の場合には，3つのニム値の暫定値はすべてj番目の鬼数になり，2番目の場合には，3つのうちの1つだけがk番目の鬼数になる．したがって，3つの数のニム和はゼロにならない.

ここで，代用ウミガメの解析から，それぞれの鬼数は，それより前の2個のニム和，または1個，または0と一致しない最初の数であることがわかっている．nがk数であれば，k未満の任意のiとjに対して，$n-\delta$と$n-2\delta$がそれぞれi数とj数（または空数）になるようにδを選べることを示せば十分である．表14.6にこの操作の方法を示す.

表 14.6 $n-\delta$ と $n-2\delta$ を i 数または j 数（または空数）にする仕方.

				k			j			i		
δ :							2	0	0	1	0	0
n :	…	?	?	2	ϕ	ϕ	1	ϕ	ϕ	1	ϕ	ϕ
$n-\delta$:	…	?	?	?	?	?	2	ϕ	ϕ	0	ϕ	ϕ
$n-2\delta$:	…	?	?	?	?	?	?	?	?	2	ϕ	ϕ
δ :							1	0	0	1	0	0
n :	…	?	?	2	ϕ	ϕ	0	ϕ	ϕ	1	ϕ	ϕ
$n-\delta$:	…	?	?	?	?	?	2	ϕ	ϕ	0	ϕ	ϕ
$n-2\delta$:	…	?	?	?	?	?	?	?	?	2	ϕ	ϕ
δ :							1	2	2	2	0	0
n :	…	?	?	2	ϕ	ϕ	1	ϕ	ϕ	0	ϕ	ϕ
$n-\delta$:	…	?	?	?	?	?	2	ϕ	ϕ	1	ϕ	ϕ
$n-2\delta$:	…	?	?	?	?	?	?	?	?	2	ϕ	ϕ
δ :							0	2	2	2	0	0
n :	…	?	?	2	ϕ	ϕ	0	ϕ	ϕ	0	ϕ	ϕ
$n-\delta$:	…	?	?	?	?	?	2	ϕ	ϕ	1	ϕ	ϕ
$n-2\delta$:	…	?	?	?	?	?	?	?	?	2	ϕ	ϕ

											k		
δ	1	0	0	0	1	0	1	0	0	1	0	0	
n :	ϕ	2	ϕ	ϕ	ϕ	2	ϕ	2	ϕ	ϕ	2	ϕ	ϕ
$n-\delta$:	ϕ	1	ϕ	ϕ	ϕ	1	ϕ	1	ϕ	ϕ	1	ϕ	ϕ
$n-2\delta$:	ϕ	0	ϕ	ϕ	ϕ	0	ϕ	0	ϕ	ϕ	0	ϕ	ϕ
								k			i		
n :	ϕ	2	ϕ	ϕ	ϕ	2	ϕ	2	ϕ	ϕ	1	ϕ	ϕ
$n-\delta$:	?	?	?	?	?	?	?	?	?	?	2	ϕ	ϕ
$n-2\delta$:	0	0	0	0	0	0	0	ϕ	0	0	0	ϕ	ϕ
n :	ϕ	2	ϕ	ϕ	ϕ	2	ϕ	2	ϕ	ϕ	0	ϕ	ϕ
$n-\delta$:	?	?	?	?	?	?	?	?	?	?	2	ϕ	ϕ
$n-2\delta$:	0	0	0	0	0	0	0	ϕ	0	0	1	ϕ	ϕ

上の最後の 2 つの場合，最後の行の最初（=最下位）の ϕ が 0 か 1 かにかかわらず，$n-2\delta$ はnと同じパリティをもつ．したがって，δ は nと$n-2\delta$ から求まる.

13. グラント

このゲームの 1 手では，左右対称の配置をなす 4 枚のコインをひっくり返さなければならない．その最初のコインは，このゲームの左端のコインであり，最後のコインは表から裏にひっくり返さなければならない．コインに 0 番から番号を振ると，この制約は番号が

$$0,\ a,\ n-a,\ n,\quad 0<a<\frac{1}{2}n$$

のコインをひっくり返すことを意味する．ニム値は次のようになる.

n	0	1	2	3	4	5	6	7	8	9	10	11	12	13	14	15	16	17	18	19	20	21	22	...
$\mathcal{G}(n)$	0	0	0	1	0	2	1	0	2	1	0	2	1	3	2	1	3	2	4	3	0	4	3	....

図 14.8 グラントにおける必勝手.

$\mathcal{G}(0)=0$ であるので，$\mathcal{G}(n)$ は次の形をしたすべての数に対する最小除外数として，もっと簡単に計算できる.

$$\mathcal{G}(a) \overset{*}{+} \mathcal{G}(n-a),\quad 0<a<\frac{1}{2}n.$$

したがってこのゲームは，任意の山を大きさが違う 2 つの小さい山に分ける Grundy のゲーム（第 4 章参照）の偽装である.

14. シム

ニム値の列にパターンらしきものを何も見出すことのできない1つの例を与えるものとして，ひっくり返すコイン集合が任意の左右対称形に配置され，必ずしも左端（第0番）を含まなくてよいゲーム，シム（Sym）を考えてみよう．ニム値は次のようになる（最後の4個の値は Donald Knuth 氏による）．

$$\begin{array}{rcl} n & = & 0\ 1\ 2\ 3\ 4\ 5\ 6\ \ 7\ \ 8\ \ 9\ 10\ 11\ 12\ 13\ \ 14\ 15\ \ 16\ 17\ \ 18\ 19\ \ \ 20\ \ldots \\ \mathcal{G}(n) & = & 1\ 2\ 4\ 3\ 6\ 7\ 8\ 16\ 18\ 25\ 32\ 11\ 64\ 31\ 128\ 10\ 256\ \ 5\ 512\ 28\ 1024\ \ldots . \end{array}$$

読者はまた，ひっくり返すコインの対称な集合の中に最左端のコインを必ず含むという制約のある**シムプラー** (Sympler) というゲームを解いてみることもできるだろう．

2次元のひっくり返しゲーム

これまでのすべての1次元ゲームは，ひっくり返す最も右のコインを表から裏にするという制約の下でプレーした．2次元ゲームでは，それに対応して，最も南東にあるひっくり返すコインを表から裏にするという制約を課す．そうした2次元ゲームにおいて，a 行 b 列にあるコインの値を $\mathcal{G}(a,b)$ と書く．

15. アクロスティック2枚返し

とっても簡単なゲームから始めよう．このゲームの1手は，同じ行または列にある2枚のコインをひっくり返すことである．したがってニム値の表の典型的なエントリーは，同じ行または同じ列に，それより前に現れていない最小の数であり，表14.7のようになる．ゆえにアクロスティック2枚返しはニム和

$$\mathcal{G}(a,b) = a \overset{*}{+} b$$

を定義する．

表 14.7 アクロスティック 2 枚返しを上手にプレーするための情報.

0	1	2	3	4	5	6	7	8	9	10	11	12	13	14	15
1	0	3	2	5	4	7	6	9	8	11	10	13	12	15	14
2	3	0	1	6	7	4	5	10	11	8	9	14	15	12	13
3	2	1	0	7	6	5	4	11	10	9	8	15	14	13	12
4	5	6	7	0	1	2	3	12	13	14	15	8	9	10	11
5	4	7	6	1	0	3	2	13	12	15	14	9	8	11	10
6	7	4	5	2	3	0	1	14	15	12	13	10	11	8	9
7	6	5	4	3	2	1	0	15	14	13	12	11	10	9	8
8	9	10	11	12	13	14	15	0	1	2	3	4	5	6	7
9	8	11	10	13	12	15	14	1	0	3	2	5	4	7	6
10	11	8	9	14	15	12	13	2	3	0	1	6	7	4	5
11	10	9	8	15	14	13	12	3	2	1	0	7	6	5	4
12	13	14	15	8	9	10	11	4	5	6	7	0	1	2	3
13	12	15	14	9	8	11	10	5	4	7	6	1	0	3	2
14	15	12	13	10	11	8	9	6	7	4	5	2	3	0	1
15	14	13	12	11	10	9	8	7	6	5	4	3	2	1	0

16. コーナー返し

これはもっとおもしろいゲームである．このゲームの 1 手は，水平の辺と垂直の辺をもつ任意の長方形の 4 隅をひっくり返すことである．ニム値は，次式を使って計算できる．

$$\mathcal{G}(a,b) = \operatorname{mex}\left\{\mathcal{G}(a',b) \overset{*}{+} \mathcal{G}(a,b') \overset{*}{+} \mathcal{G}(a',b')\right\}.$$

ここに a' と b' は，それぞれ a と b より小さい任意の数である（図 14.9 を見よ）．表 14.8 に 16 未満の a と b に対する値を与える．

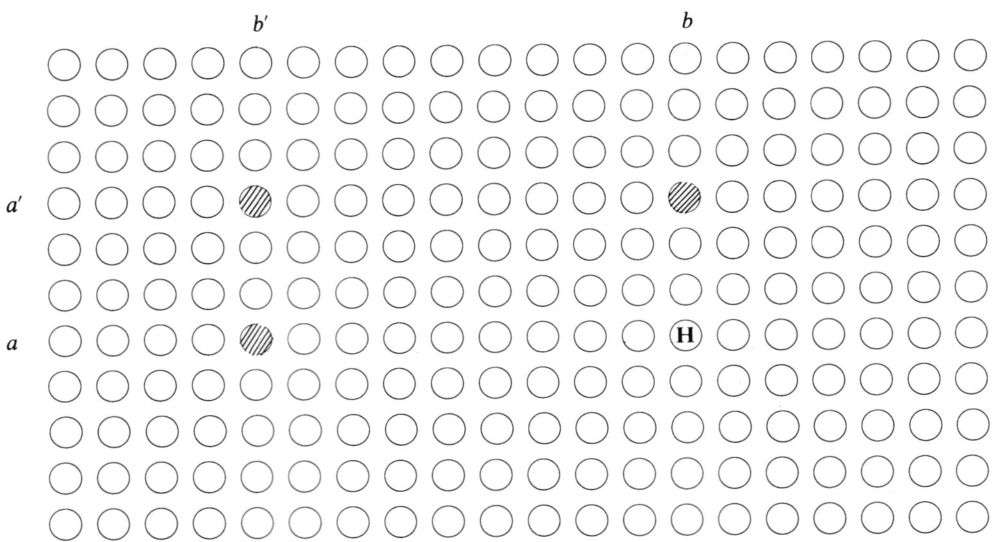

図 **14.9** コーナー返しにおける典型的な1手.

表 **14.8** ティムス表を学習した？

0	0	0	0	0	0	0	0	0	0	0	0	0	0	0	0
0	1	2	3	4	5	6	7	8	9	10	11	12	13	14	15
0	2	3	1	8	10	11	9	12	14	15	13	4	6	7	5
0	3	1	2	12	15	13	14	4	7	5	6	8	11	9	10
0	4	8	12	6	2	14	10	11	15	3	7	13	9	5	1
0	5	10	15	2	7	8	13	3	6	9	12	1	4	11	14
0	6	11	13	14	8	5	3	7	1	12	10	9	15	2	4
0	7	9	14	10	13	3	4	15	8	6	1	5	2	12	11
0	8	12	4	11	3	7	15	13	5	1	9	6	14	10	2
0	9	14	7	15	6	1	8	5	12	11	2	10	3	4	13
0	10	15	5	3	9	12	6	1	11	14	4	2	8	13	7
0	11	13	6	7	12	10	1	9	2	4	15	14	5	3	8
0	12	4	8	13	1	9	5	6	10	2	14	11	7	15	3
0	13	6	11	9	4	15	2	14	3	8	5	7	10	1	12
0	14	7	9	5	11	2	12	10	4	13	3	15	1	8	6
0	15	5	10	1	14	4	11	2	13	7	8	3	12	6	9

17. ニム積

ニム値が $\mathcal{G}(0,n)=0$ や $\mathcal{G}(1,n)=n$ をみたすことから，これは一種の掛け算であると推測できる．ゆえに，コーナー返しにおける一般的なニム値 $\mathcal{G}(a,b)$ を

$$a \overset{*}{\times} b$$

と書こう（“a ティムス b”（“a **tims** b”）と読む）．これを a と b の**ニム積**と呼ぶことにしよう．

ONAG（第 6 章）において，この特筆すべき演算は，通常の乗算がもつ代数的な性質をすべてもつことが示されている．特にこの演算は，ニム和とともに分配法則

$$a \overset{*}{\times} (b \overset{*}{+} c) = a \overset{*}{\times} b \overset{*}{+} a \overset{*}{\times} c$$

に従っている． たとえば次式が成り立つ．

$$7 \overset{*}{\times} (5 \overset{*}{+} 6) = 7 \overset{*}{\times} 3 = 14,$$

$$7 \overset{*}{\times} 5 \overset{*}{+} 7 \overset{*}{\times} 6 = 13 \overset{*}{+} 3 = 14.$$

しかし，たとえば6と6のニム和は 6 の 2 倍でなく 6 の 0 倍であることに注意せよ．というのは $1 \overset{*}{+} 1$ は 2 でなく，0 になるからである．

より大きな数のニム積の計算では，2 の**フェルマー冪乗**

$$2,\quad 4,\quad 16,\quad 256,\quad 65536,\quad 4294967296,\quad \ldots,\quad 2^{2^n},\quad \ldots$$

が，ニム和における**すべての** 2 の冪乗が果たしたのと似た役割をする．ニム和において，N を 2 の任意の冪乗とするとき，次が成り立つことを思い出そう．

$$n < N \text{ に対して}, N \overset{*}{+} n = N + n,$$
$$N \overset{*}{+} N = 0.$$

ニム積については，N を任意の 2 のフェルマー冪乗とすると，次式が成り立つ．

$$n < N \text{ に対して } N \overset{*}{\times} n = N \times n,$$
$$N \overset{*}{\times} N = \frac{3}{2}N.$$

たとえば，通常どおり $16 \overset{*}{\times} 5 = 80$ は成り立つが，$16 \overset{*}{\times} 16 = 24$ となる．表 14.9 に 2 の冪乗のニム積を示す．

表 14.9 2の冪乗のニム積.

1	2	4	8	16	32	64	128	256	...
2	3	8	12	32	48	128	192	512	...
4	8	6	11	64	128	96	176	1024	...
8	12	11	13	128	192	176	208	2048	...
16	32	64	128	24	44	75	141	4096	...
32	48	128	192	44	52	141	198	8192	...
64	128	96	176	75	141	103	185	16384	...
128	192	176	208	141	198	185	222	32768	...
256	512	1024	2048	4096	8192	16384	32768	384	...

18. スワーリング・タータンズ

図14.10は，このゲームの典型的な1手でひっくり返えされるコインを示している．ボックスに囲われた場所を**タータン**と呼ぶ．一般には，行と列がいくつかずつ選ばれ，選ばれた行と列が交わることでできる場所がタータンになる．**スワーリング・タータンズ**では，**任意**のタータンの中のコインを全部ひっくり返す．しかし他のゲームでは，選ばれる行と列に制約が課される．表14.9は実はスワーリング・タータンのニム値の表である．これは次の理論の特別な場合になっている．

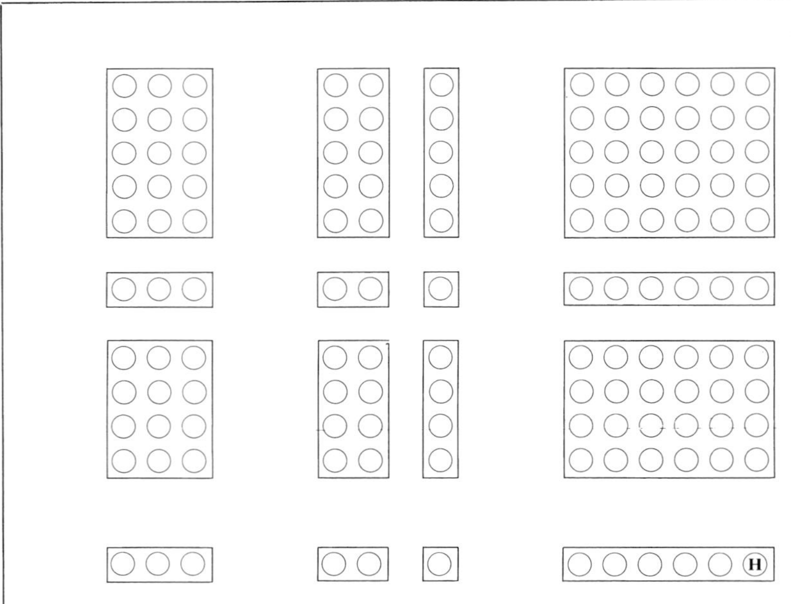

図 14.10 タータン.

19. タータン定理

2つの1次元ひっくり返しゲーム A, B から，**タータンゲーム** $A \times B$ を次のように作ることができる．すなわち，タータンの行を，ゲーム A の手でひっくり返すことができるコインに対応させ，タータンの列をゲーム B の手でひっくり返すことができるコインに対応させる．A と B の両方を，**どんな**コインの集合もひっくり返すことのできるモトレーのゲームとすれば，次が成り立つ．

$$\text{モトレー} \times \text{モトレー} = \text{スワーリング・タータンズ}.$$

次のタータン定理から，スワーリング・タータンズに対するニム値は，2つのモトレーゲームに対するニム値のニム積になる — というのは，2つのモトレーゲームに対するニム値はちょうど2の冪乗になり，これは表14.9についてのわれわれの主張を正当化している．より一般的には，次の定理が成り立つ．

タータンゲーム $A \times B$ に対するニム値は， A と B のニム値のニム積になる． $\mathcal{G}_{A\times B}(a,b) = \mathcal{G}_A(a) \overset{*}{\times} \mathcal{G}_B(b).$

タータン定理

ここでわれわれは証明を与えないが，それはニム積 $a \overset{*}{\times} b$ の次の際立った性質に依存している．

もし，$x_1, x_2, \ldots$ が $a = \mathrm{mex}(a \overset{*}{+} x_i)$ をみたす数であり，また，$y_1, y_2, \ldots$ が $b = \mathrm{mex}(b \overset{*}{+} y_j)$ をみたす数であるとすれば， $a \overset{*}{\times} b = \mathrm{mex}(a \overset{*}{\times} b \overset{*}{+} x_i \overset{*}{\times} y_j)$ が成り立つ．

この性質はONAGの55ページの結果から導かれる．

20. 織物，カーペット，窓，扉

コーナー返しにおいては，1つの長方形の四隅をひっくり返したので，

コーナー返し ＝ 2枚返し × 2枚返し

となる．**織物**では，ある長方形の内部にある**すべて**のコインをひっくり返す．言い換えると，タータンは，連続した行のブロックと連続した列のブロックで定義されなければならない．定規ゲームの1手は，連続したコインのブロックを1つひっくり返すことであったので，

定規 × 定規 ＝ 織物

が成り立ち，ニム値は表14.10のようになる．

表 14.10　ニム値が織り込まれた織物.

1	2	1	4	1	2	1	8	1	2	1	4	1	2	1	16
2	3	2	8	2	3	2	12	2	3	2	8	2	3	2	32
1	2	1	4	1	2	1	8	1	2	1	4	1	2	1	16
4	8	4	6	4	8	4	11	4	8	4	6	4	8	4	64
1	2	1	4	1	2	1	8	1	2	1	4	1	2	1	16
2	3	2	8	2	3	2	12	2	3	2	8	2	3	2	32
1	2	1	4	1	2	1	8	1	2	1	4	1	2	1	16
8	12	8	11	8	12	8	13	8	12	8	11	8	12	8	128

カーペットは，図14.11に示すように，行と列の両方がともに対称性をもつ集合をなすタータンである．したがって，対応するゲームである**カーペット**は表14.11のニム値をもつ．

カーペット ＝ シム × シム.

敷き詰めカーペットでは，部屋にぴったり敷いたカーペットの隅をひっくり返すことだけが許される．ゆえに，

敷き詰めカーペット ＝ シムプラー × シムプラー

となる．このゲームの解析は読者に残しておく．

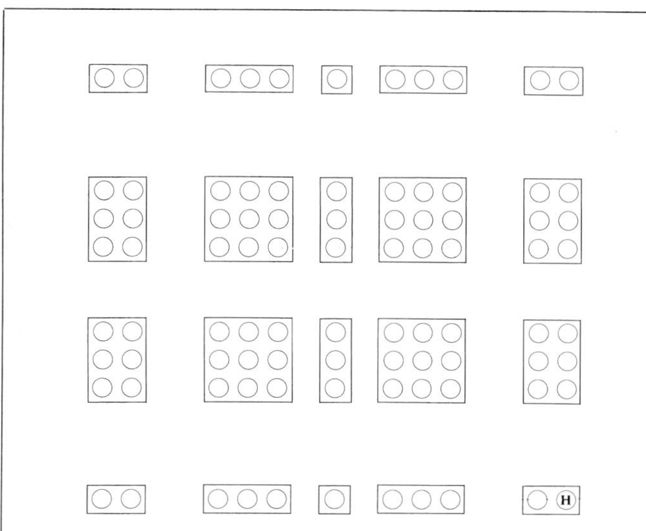

図 **14.11** カーペット.

窓では，図 14.12 のように，等しい間隔で並んだ 3 つの行が等しい間隔で並んだ 3 つの列と交わる，9 枚のコインをひっくり返す．したがって次が成り立つ．

$$窓 = ターニップス \times ターニップス.$$

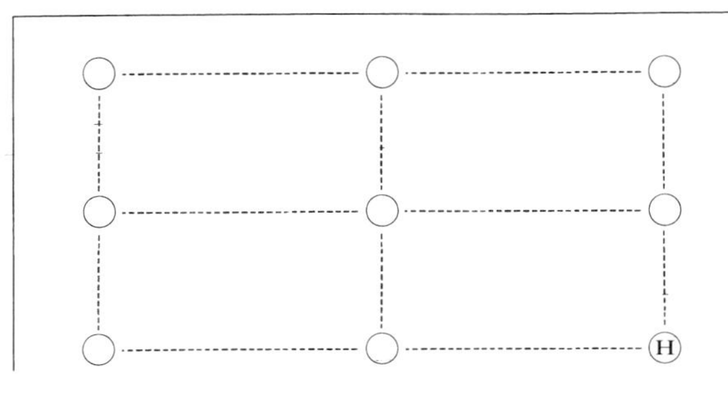

図 **14.12** 窓の 1 手.

ニム値はこれまで発見したものの中で最も複雑になる．ある与えられた位置のニム値を計算するためには，次の 4 つの連続した操作を必ず行わなければならない．

1. 表のコインの座標の値 2 つを 3 進展開し，数字 2 が位置する最下位の桁を（もしあれば）それぞれ求める．
2. 各座標をそれぞれ求められた桁に対応する鬼数（またはゼロ）で置き換える．この操作は 2 進展開を含んでいる．
3. 置き換えられた 2 つの鬼数の**ニム積**を，表のコイン各々に対して得る．
4. すべての表のコインに対して，上のようにして得られた数の**ニム和**を求める．

表 14.11 大きな値のついたカーペット.

384	2560	32768	7936	16384	2816	8192	6400	4608	4096	2048	1792	1536	768	1024	512	256
2560	14	16	167	48	4	240	171	175	160	1	6	12	5	3	15	10
32768	16	222	173	185	144	198	221	77	141	208	240	112	64	176	192	128
7936	167	173	17	91	184	124	117	205	232	130	123	100	58	65	37	31
16384	48	185	91	103	112	141	187	203	75	176	160	224	192	96	128	64
2816	4	144	184	112	15	208	178	189	176	9	1	10	6	7	13	11
8192	240	198	124	141	208	52	204	28	44	192	144	176	16	128	48	32
6400	171	221	117	187	178	204	20	166	136	133	120	97	55	79	46	25
4608	175	77	205	203	189	28	166	27	56	140	121	107	49	72	35	18
4096	160	141	232	75	176	44	136	56	24	128	112	96	48	64	32	16
2048	1	208	130	176	9	192	133	140	128	13	15	7	4	11	12	8
1792	6	240	123	160	1	144	120	121	112	15	4	3	14	10	9	7
1536	12	112	100	224	10	176	97	107	96	7	3	5	13	14	11	6
768	5	64	58	192	6	16	55	49	48	4	14	13	2	12	1	3
1024	3	176	65	96	7	128	79	72	64	11	10	14	12	6	8	4
512	15	192	37	128	13	48	46	35	32	12	9	11	1	3	8	2
256	10	128	31	64	11	32	25	18	16	8	7	6	3	4	2	1

これまでのすべてのゲームでは，どんな着手においても，最も南東にあるコインは表から裏にひっくり返さなければならないという条件があった．次のゲームをその名前のとおりにするため，「上下をひっくり返して」プレーし，最も北東にあるコインに対して同じ条件を課すことにする．**扉**の1手は，等しい間隔で並んだ任意の3つの列と，対称的に配置された4つの行の交わりにある12枚のコインをひっくり返すことであり，図14.13に示すように，その中に最下行を

含まなければならない．これは次式を示している：

$$\text{扉} = \text{ターニップス} \times \text{グラント}.$$

したがって読者は，第 100 行第 100 列にあるコインだけが表となっている扉の局面に対するニム値を即座に求められるようになっているはずだ．（注意：最初の行が第 0 行である．）

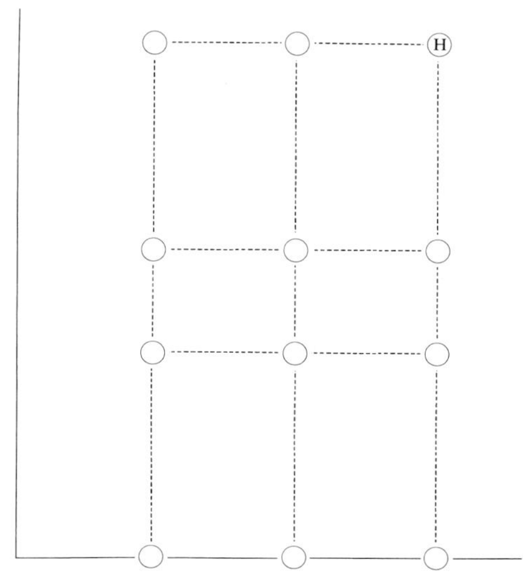

図 14.13 扉に対する典型的な 1 手．

21. アクロスティック・ゲーム

2 つの 1 次元ひっくり返しゲーム A と B から，1 つの 2 次元ゲームを構成する別の仕方がある．**アクロスティック積** $A \cup B$ では，ひっくり返すコインはすべて同じ列にあるか，すべて同じ行にあるかのどちらかでなければならない．もしひっくり返すコインがすべて同じ列にあれば，それらはゲーム A の手に対応しなければならず，逆にひっくり返すコインがすべて同じ行にあれば，それらはゲーム B の手に対応しなければならない．すでにこのタイプのゲームを知っている．

$$\text{アクロスティック 2 枚返し} = \text{2 枚返し} \cup \text{2 枚返し}.$$

アクロスティック・ターニップスではもちろん，等間隔に並んだ，同じ行または列にある 3 つのターニップスをひっくり返さなければない．ただし場の角から最も遠くにあるコインは表から裏にひっくり返す．

$$\text{アクロスティック・ターニップス} = \text{ターニップス} \cup \text{ターニップス}.$$

最初の 1681 個のニム値を表 14.12 に示す．0 から始まる行または列はすべてターニップスのニム列になっていること，その一方で，0 から始まらない行と列の交わる位置のニム値は 1 となる

表 14.12 ターニップスの場.

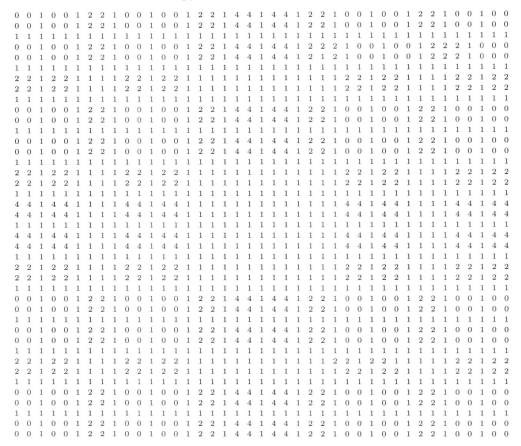

0	0	1	0	0	1	2	2	1	0	0	1	0	0	1	2	2	1	4	4	1	4	4	1	2	2	1	0	0	1	0	0	1	2	2	1	0	0	1	0	0
0	0	1	0	0	1	2	2	1	0	0	1	0	0	1	2	2	1	4	4	1	4	4	1	2	2	1	0	0	1	0	0	1	2	2	1	0	0	1	0	0
1	1	1	1	1	1	1	1	1	1	1	1	1	1	1	1	1	1	1	1	1	1	1	1	1	1	1	1	1	1	1	1	1	1	1	1	1	1	1	1	1
0	0	1	0	0	1	2	2	1	0	0	1	0	0	1	2	2	1	4	4	1	4	4	1	2	2	2	1	0	0	1	0	0	1	2	2	2	1	0	0	0
0	0	1	0	0	1	2	2	1	0	0	1	0	0	1	2	2	1	4	4	1	4	4	1	2	1	2	1	0	0	1	0	0	1	2	2	2	1	0	0	0
1	1	1	1	1	1	1	1	1	1	1	1	1	1	1	1	1	1	1	1	1	1	1	1	1	1	1	1	1	1	1	1	1	1	1	1	1	1	1	1	1
2	2	1	2	2	1	1	1	1	2	2	1	2	2	1	1	1	1	1	1	1	1	1	1	1	1	1	2	2	1	2	2	1	1	1	1	2	2	1	2	2
2	2	1	2	2	1	1	1	1	2	2	1	2	2	1	1	1	1	1	1	1	1	1	1	1	1	1	2	2	1	2	2	1	1	1	1	2	2	1	2	2
1	1	1	1	1	1	1	1	1	1	1	1	1	1	1	1	1	1	1	1	1	1	1	1	1	1	1	1	1	1	1	1	1	1	1	1	1	1	1	1	1
0	0	1	0	0	1	2	2	1	0	0	1	0	0	1	2	2	1	4	4	1	4	4	1	2	2	1	0	0	1	0	0	1	2	2	1	0	0	1	0	0
0	0	1	0	0	1	2	2	1	0	0	1	0	0	1	2	2	1	4	4	1	4	4	1	2	2	1	0	0	1	0	0	1	2	2	1	0	0	1	0	0
1	1	1	1	1	1	1	1	1	1	1	1	1	1	1	1	1	1	1	1	1	1	1	1	1	1	1	1	1	1	1	1	1	1	1	1	1	1	1	1	1
0	0	1	0	0	1	2	2	1	0	0	1	0	0	1	2	2	1	4	4	1	4	4	1	2	2	1	0	0	1	0	0	1	2	2	1	0	0	1	0	0
0	0	1	0	0	1	2	2	1	0	0	1	0	0	1	2	2	1	4	4	1	4	4	1	2	2	1	0	0	1	0	0	1	2	2	1	0	0	1	0	0
1	1	1	1	1	1	1	1	1	1	1	1	1	1	1	1	1	1	1	1	1	1	1	1	1	1	1	1	1	1	1	1	1	1	1	1	1	1	1	1	1
2	2	1	2	2	1	1	1	1	2	2	1	2	2	1	1	1	1	1	1	1	1	1	1	1	1	1	2	2	1	2	2	1	1	1	1	2	2	1	2	2
2	2	1	2	2	1	1	1	1	2	2	1	2	2	1	1	1	1	1	1	1	1	1	1	1	1	1	2	2	1	2	2	1	1	1	1	2	2	1	2	2
1	1	1	1	1	1	1	1	1	1	1	1	1	1	1	1	1	1	1	1	1	1	1	1	1	1	1	1	1	1	1	1	1	1	1	1	1	1	1	1	1
4	4	1	4	4	1	1	1	1	4	4	1	4	4	1	1	1	1	1	1	1	1	1	1	1	1	1	4	4	1	4	4	1	1	1	1	4	4	1	4	4
4	4	1	4	4	1	1	1	1	4	4	1	4	4	1	1	1	1	1	1	1	1	1	1	1	1	1	4	4	1	4	4	1	1	1	1	4	4	1	4	4
1	1	1	1	1	1	1	1	1	1	1	1	1	1	1	1	1	1	1	1	1	1	1	1	1	1	1	1	1	1	1	1	1	1	1	1	1	1	1	1	1
4	4	1	4	4	1	1	1	1	4	4	1	4	4	1	1	1	1	1	1	1	1	1	1	1	1	1	4	4	1	4	4	1	1	1	1	4	4	1	4	4
4	4	1	4	4	1	1	1	1	4	4	1	4	4	1	1	1	1	1	1	1	1	1	1	1	1	1	4	4	1	4	4	1	1	1	1	4	4	1	4	4
1	1	1	1	1	1	1	1	1	1	1	1	1	1	1	1	1	1	1	1	1	1	1	1	1	1	1	1	1	1	1	1	1	1	1	1	1	1	1	1	1
2	2	1	2	2	1	1	1	1	2	2	1	2	2	1	1	1	1	1	1	1	1	1	1	1	1	1	2	2	1	2	2	1	1	1	1	2	2	1	2	2
2	2	1	2	2	1	1	1	1	2	2	1	2	2	1	1	1	1	1	1	1	1	1	1	1	1	1	2	2	1	2	2	1	1	1	1	2	2	1	2	2
1	1	1	1	1	1	1	1	1	1	1	1	1	1	1	1	1	1	1	1	1	1	1	1	1	1	1	1	1	1	1	1	1	1	1	1	1	1	1	1	1
0	0	1	0	0	1	2	2	1	0	0	1	0	0	1	2	2	1	4	4	1	4	4	1	2	2	1	0	0	1	0	0	1	2	2	1	0	0	1	0	0
0	0	1	0	0	1	2	2	1	0	0	1	0	0	1	2	2	1	4	4	1	4	4	1	2	2	1	0	0	1	0	0	1	2	2	1	0	0	1	0	0
1	1	1	1	1	1	1	1	1	1	1	1	1	1	1	1	1	1	1	1	1	1	1	1	1	1	1	1	1	1	1	1	1	1	1	1	1	1	1	1	1
0	0	1	0	0	1	2	2	1	0	0	1	0	0	1	2	2	1	4	4	1	4	4	1	2	2	1	0	0	1	0	0	1	2	2	1	0	0	1	0	0
0	0	1	0	0	1	2	2	1	0	0	1	0	0	1	2	2	1	4	4	1	4	4	1	2	2	1	0	0	1	0	0	1	2	2	1	0	0	1	0	0
1	1	1	1	1	1	1	1	1	1	1	1	1	1	1	1	1	1	1	1	1	1	1	1	1	1	1	1	1	1	1	1	1	1	1	1	1	1	1	1	1
2	2	1	2	2	1	1	1	1	2	2	1	2	2	1	1	1	1	1	1	1	1	1	1	1	1	2	2	1	2	2	1	1	1	1	1	2	2	1	2	2
2	2	1	2	2	1	1	1	1	2	2	1	2	2	1	1	1	1	1	1	1	1	1	1	1	1	1	2	2	1	2	2	1	1	1	1	2	2	1	2	2
1	1	1	1	1	1	1	1	1	1	1	1	1	1	1	1	1	1	1	1	1	1	1	1	1	1	1	1	1	1	1	1	1	1	1	1	1	1	1	1	1
0	0	1	0	0	1	2	2	1	0	0	1	0	0	1	2	2	1	4	4	1	4	4	1	2	2	1	0	0	1	0	0	1	2	2	1	0	0	1	0	0
0	0	1	0	0	1	2	2	1	0	0	1	0	0	1	2	2	1	4	4	1	4	4	1	2	2	1	0	0	1	0	0	1	2	2	1	0	0	1	0	0
1	1	1	1	1	1	1	1	1	1	1	1	1	1	1	1	1	1	1	1	1	1	1	1	1	1	1	1	1	1	1	1	1	1	1	1	1	1	1	1	1
0	0	1	0	0	1	2	2	1	0	0	1	0	0	1	2	2	1	4	4	1	4	4	1	2	2	1	0	0	1	0	0	1	2	2	1	0	0	1	0	0
0	0	1	0	0	1	2	2	1	0	0	1	0	0	1	2	2	1	4	4	1	4	4	1	2	2	1	0	0	1	0	0	1	2	2	1	0	0	1	0	0

ことを示すことは難しくない.

22. ストリッピングとストリーキング

一般のアクロスティク積 $A \cup B$ をプレーする方法は，たとえ2つの1次元ゲーム A と B が完全にわかっているとしても，まったくわからない．しかしながら，もし2つのゲームの両方において，たまたますべての場所のニム値が7または2の冪乗のどちらかであることが起きれば — 実際このことは起こる — いくつかの手助けを提供することができる．最初に，この種類の2つの簡単なゲームを議論する．

ストリーキングでは，任意の行（または列）の集合にあるコイン全部（**ストリーク**）をひっくり返す，ゆえに

$$\text{ストリーキング} = \text{モトレー} \cup \text{モトレー}$$

となる．モトレーのニム値は2の冪乗であり，ストリーキングのニム値は，同じ行または列にあるそれより前のニム値の和に対する最小除外数であるので，表14.13が得られる．

表 14.13 ストリーキングの値.

1	2	4	8	16	32	64	128	256	...
2	1	5	9	17	33	65	129	257	...
4	5	2	10	18	34	66	130	258	...
8	9	10	4	20	36	68	132	260	...
16	17	18	20	8	40	72	136	264	...
32	33	34	36	40	16	80	144	272	...
64	65	66	68	72	80	32	160	288	...
128	129	130	132	136	144	160	64	320	...
256	257	258	260	264	272	288	320	128	...

ストリッピングでは，1つの行（または列）にある連続したコイン（**ストリップ**）をひっくり返さなければならない．表14.14のエントリーは，

表 14.14 ストリッピングの値.

1	2	1	4	1	2	1	8	1	2	1	4	1	2	1	16
2	1	2	5	2	1	2	9	2	1	2	5	2	1	2	17
1	2	1	4	1	2	1	8	1	2	1	4	1	2	1	16
4	5	4	2	4	5	4	10	4	5	4	2	4	5	4	18
1	2	1	4	1	2	1	8	1	2	1	4	1	2	1	16
2	1	2	5	2	1	2	9	2	1	2	5	2	1	2	17
1	2	1	4	1	2	1	8	1	2	1	4	1	2	1	16
8	9	8	10	8	9	8	4	8	9	8	10	8	9	8	20
1	2	1	4	1	2	1	8	1	2	1	4	1	2	1	16
2	1	2	5	2	1	2	9	2	1	2	5	2	1	2	17
1	2	1	4	1	2	1	8	1	2	1	4	1	2	1	16
4	5	4	2	4	5	4	10	4	5	4	2	4	5	4	18
1	2	1	4	1	2	1	8	1	2	1	4	1	2	1	16
2	1	2	5	2	1	2	9	2	1	2	5	2	1	2	17
1	2	1	4	1	2	1	8	1	2	1	4	1	2	1	16
16	17	16	18	16	17	16	20	16	17	16	18	16	17	16	8

$$\text{ストリッピング} = \text{定規} \cup \text{定規}$$

のニム値であり，外見上は表14.13のエントリーから得られる．どう説明できるだろうか？

23.　アグリー積と零因子

ここで大胆な仕方を導入する．表14.13（または表14.14）のエントリーを，一番端の行または列にある2つの2の冪乗の**アグリー積**といい，たとえば次のように書く．

$$4 \overset{*}{\cup} 8 = 10 \quad (\text{“4 アグル 8 (4 uggles 8) は 10”})$$

すると他の数に対するアグリー積は，分配則を用いて求められる．

$$4 \overset{*}{\cup} 11 = 4 \overset{*}{\cup} (8 \overset{*}{+} 2 \overset{*}{+} 1) = 10 \overset{*}{+} 5 \overset{*}{+} 4 = 11,$$
$$5 \overset{*}{\cup} 11 = (4 \overset{*}{+} 1) \overset{*}{\cup} 11 = 11 \overset{*}{+} 11 = 0.$$

後の式は5と11が**零因子**であることを示している．16までのアグリー積を表14.15に与える．

表 14.15　16までのアグリー積の表．

0	0	0	0	0	0	0	0	0	0	0	0	0	0	0	0	0
0	1	2	3	4	5	6	7	8	9	10	11	12	13	14	15	16
0	2	1	3	5	7	4	6	9	11	8	10	12	14	13	15	17
0	3	3	0	1	2	2	1	1	2	2	1	0	3	3	0	1
0	4	5	1	2	6	7	3	10	14	15	11	8	12	13	9	18
0	5	7	2	6	3	1	4	2	7	5	0	4	1	3	6	2
0	6	4	2	7	1	3	5	3	5	7	1	4	2	0	6	3
0	7	6	1	3	4	5	2	11	12	13	10	8	15	14	9	19
0	8	9	1	10	2	3	11	4	12	13	5	14	6	7	15	20
0	9	11	2	14	7	5	12	12	5	7	14	2	11	9	0	4
0	10	8	2	15	5	7	13	13	7	5	15	2	8	10	0	5
0	11	10	1	11	0	1	10	5	14	15	4	14	5	4	15	21
0	12	12	0	8	4	4	8	14	2	2	14	6	10	10	6	6
0	13	14	3	12	1	1	15	6	11	8	5	10	7	4	9	22
0	14	13	3	13	3	0	14	7	9	10	4	10	4	7	9	23
0	15	15	0	9	6	6	9	15	0	0	15	6	9	9	6	7
0	16	17	1	18	2	3	19	20	4	5	21	6	22	23	7	8

もっと大きな数に対しては次の法則を使ってよい．

> N が任意の 2 の冪乗で $n < N$ であれば，
>
> $$N \overset{*}{\cup} n = \begin{cases} N + \left\lfloor \dfrac{1}{2} n \right\rfloor & n \text{ が鬼数であるとき} \\ \left\lfloor \dfrac{1}{2} n \right\rfloor & n \text{ が愚数であるとき,} \end{cases}$$
>
> $$N \overset{*}{\cup} N = \left\lceil \frac{1}{2} N \right\rceil .$$

7 および 2 の冪乗に対応する表 14.15 の行と列はボールド体で書かれており，ボールド体の行と列が交わるところは四角で囲まれている．これらの行に対しては次の性質を用いる．

> 1. 任意のボールド体の行のエントリーは相異なる．つまり a が 7 または 2 の冪乗であり，かつ $b \neq \bar{b}$ であれば，$a \overset{*}{\cup} b \neq a \overset{*}{\cup} \bar{b}$ が成り立つ．
> 2. 四角で囲まれたエントリーはそれぞれ，同じ行および同じ列にある，それより前のエントリーに対する最小除外数である．つまり，a と b の両方が 7 または 2 の冪乗であるとき，$a \overset{*}{\cup} b$ は次の形をしたすべての数に対する最小除外数である．
> $a' \overset{*}{\cup} b$ または $a \overset{*}{\cup} b'$, $a' < a$, $b' < b$.

これらは次の定理を証明するのに使われる．

> ゲーム A と B のどちらのニム値も 7 または 2 の冪乗であれば，アクロスティックゲーム $A \cup B$ のニム値は，A と B に対するニム値のアグリー積によって得られる．
>
> $$\mathcal{G}_{A \cup B}(a, b) = \mathcal{G}_A(a) \overset{*}{\cup} \mathcal{G}_B(b).$$

アグリー積定理

この定理を確かめるために，ゲーム A と B の典型的な手において，それぞれ

$$a_1 < a_2 < \ldots < a$$

と

$$b_1 < b_2 < \ldots < b$$

の位置にあるコインをひっくり返すとする． これらの場所のニム値をそれぞれ

$$\alpha_1, \alpha_2, \ldots, \alpha$$

および

$$\beta_1, \beta_2, \ldots, \beta$$

と表す．すると，アクロスティック積 $A \cup B$ におけるニム値 $\mathcal{G}(a, b)$ は，

$$\alpha_1 \overset{*}{\cup} \beta \overset{*}{+} \alpha_2 \overset{*}{\cup} \beta \overset{*}{+} \ldots$$

または

$$\alpha \overset{*}{\cup} \beta_1 \overset{*}{+} \alpha \overset{*}{\cup} \beta_2 \overset{*}{+} \ldots,$$

の形の数すべてに対する最小除外数である．つまり次の形のすべての数に対する最小除外数である．

$$\bar{\alpha} \overset{*}{\cup} \beta \quad \text{または} \quad \alpha \overset{*}{\cup} \bar{\beta},$$

ここに $\bar{\alpha}$ と $\bar{\beta}$ は次で定義される．

$$\begin{aligned} \bar{\alpha} &= \alpha_1 \overset{*}{+} \alpha_2 \overset{*}{+} \ldots \\ \bar{\beta} &= \beta_1 \overset{*}{+} \beta_2 \overset{*}{+} \ldots. \end{aligned}$$

すると α はこのようにして現れるすべての数 $\bar{\alpha}$ に対する最小除外数であり，β もすべての数 $\bar{\beta}$ に対する最小除外数である．ゆえにすべての $\alpha' < \alpha$ は $\bar{\alpha}$ の1つであり，すべての $\beta' < \beta$ は $\bar{\beta}$ の1つである．しかしながら，仮定より α と β のどちらも7または2の冪乗であるので， 確かに $\alpha \overset{*}{\cup} \beta$ は

$$\alpha' \overset{*}{\cup} \beta \text{ または } \alpha \overset{*}{\cup} \beta'.$$

の形のすべての数に対する最小除外数になっている．また，α はすべての $\bar{\alpha}$ と相異なり，したがって $\alpha \overset{*}{\cup} \beta$ はすべての $\bar{\alpha} \overset{*}{\cup} \beta$ と相異なり，同様に $\alpha \overset{*}{\cup} \bar{\beta}$ とも異なる．ゆえに $\alpha \overset{*}{\cup} \beta$ は**それら**に対する最小除外数でもある．

このことを用いて，ストリッピングに対して求めた値が説明でき，また，2, 3の類似のゲームを議論できる． たとえば，水平方向にはストリップの形に，垂直方向ではストリークの形に，コインをひっくり返すゲームである**ストリップ・アンド・ストリーク**では，最初の少しのニム値は表14.16のようになる．

表 **14.16** ストリップ・アンド・ストリーク.

1	2	1	4	1	2	1	8	1	2	1	4	1	2	1	16	1	2 …
2	1	2	5	2	1	2	9	2	1	2	5	2	1	2	17	2	1 …
4	5	4	2	4	5	4	10	4	5	4	2	4	5	4	18	4	5 …
8	9	8	10	8	9	8	4	8	9	8	10	8	9	8	20	8	9 …
16	17	16	18	16	17	16	20	16	17	16	18	16	17	16	8	16	17 …

表 14.17 に**アクロスティック・代用ウミガメ 5** のニム値を示す．これは，長さ 5 の水平方向または垂直方向のストリップの中のコインを**高々 3 枚をひっくり返す**ゲームである．

表 **14.17** アクロスティック・代用ウミガメ 5.

1	2	4	7	8	1	2	4	7	8	1	2	4	7	8 …
2	1	5	6	9	2	1	5	6	9	2	1	5	6	9 …
4	5	2	3	10	4	5	2	3	10	4	5	2	3	10 …
7	6	3	2	11	7	6	3	2	11	7	6	3	2	11 …
8	9	10	11	4	8	9	10	11	4	8	9	10	11	4 …
1	2	4	7	8	1	2	4	7	8	1	2	4	7	8 …
2	1	5	6	9	2	1	5	6	9	2	1	5	6	9 …

付　録

24.　扉の開錠

ターニップスに対して，表 14.5 は $\mathcal{G}(99) = 4$ を示している．一方，グラントに対して，第 4 章の Grundy のゲームに対する議論から，$\mathcal{G}(99) = 5$ がわかる．ゆえに，第 100 行第 100 列に表のコインが 1 つだけある扉は次の値をもつ．

$$4 \overset{*}{\times} 5 = 2.$$

25.　スパーリング，ボクシング，フェンシング

ひっくり返しゲームは任意の次元でプレーすることができる．ここでは 3 つの 3 次元ゲームを述べる．**スパーリング**では，ちょうど「方解石（spar）」の両端のように，同じ行，列，または垂直方向にある任意の 2 つのコインをひっくり返す．ニム値の表の典型的なエントリーは，同じ行，列または垂直方向にあるそれより前のエントリーに対する最小除外数になる．ゆえに次式が成り立つ：

$$\mathcal{G}(a, b, c) = a \overset{*}{+} b \overset{*}{+} c.$$

ボクシングでは，1 つの直方体，すなわち，「ボックス（box）」の 8 個の角をひっくり返す．これはコーナー返しの 3 次元版であり，そのニム値は 3 つの項のニム積になる：

$$\mathcal{G}(a, b, c) = a \overset{*}{\times} b \overset{*}{\times} c.$$

フェンシングでは，1 つの長方形の「フェンス（fence）」の 4 つの角をひっくり返す．ここでフェンスの 4 つの辺は，3 つの座標軸の 2 つと平行になるようにする．次式が成り立つことが示される：

$$\mathcal{G}(a, b, c) = b \overset{*}{\times} c \overset{*}{+} c \overset{*}{\times} a \overset{*}{+} a \overset{*}{\times} b.$$

どのゲームの場合も，原点から一番離れたひっくり返すコインは表から裏にしなければならない．

26.　可算無限個(または 2^{2^N} 個)の「面」をもつコイン(またはニム山)

可算無限個（または 2^{2^N}）個の「面」をもつ「コイン」（または山）は，その理論にニム積を含んだ，たくさんの新しい「ひっくり返し」ゲームを与えるのに使われるかもしれない．ゆえに，もし1手が，一番右側を減らすように高々2つの山 $H_{-1}, H_0, H_1, \ldots$ を変えることであれば，$\mathcal{P}$ 局面は次の2式をみたす：

$$H_0 \overset{*}{+} H_1 \overset{*}{+} H_2 \overset{*}{+} \cdots = 0 \quad \text{かつ} \quad 0 \overset{*}{\times} H_0 \overset{*}{+} 1 \overset{*}{\times} H_1 \overset{*}{+} 2 \overset{*}{\times} H_2 \overset{*}{+} \cdots = H_{-1}.$$

参考文献と先の読みもの

J. H. Conway, *On Numbers and Games,* A K Peters, Ltd., Natick, MA 2001, Chapter 6.

J. H. Conway, Integral lexicographic codes, *Discrete Math.*, **73**(1990) 219–235.

J. H. Conway & N. J. A. Sloane, Lexicographic codes: error-correcting codes from game theory, *IEEE Trans. Inform. Theory*, *IT*-**32**(1986) 337–348.

Richard K. Guy, She loves me, she loves me not; relatives of two games of Lenstra, Een Pak met een Korte Broek, papers presented to H. W. Lenstra, 77:05:18, Mathematisch Centrum, Amsterdam.

Aviezri Fraenkel, Error-correcting codes derived from combinatorial games, in Richard Nowakowski (ed.) *More Games of No Chance*, (Berkeley CA 2000) *Math. Sci. Res. Inst. Publ.*, **42**(2002) Cambridge Univ. Press, Cambridge, UK, 417–431.

Donald Knuth, *The TeXbook*, Addison-Wesley, Reading, MA, 1984, p.241.

H. W. Lenstra, Nim multiplication, Sèminaire de Théorie des Nombres, 1977–78 exposé No. 11, Université de Bordeaux.

Vera Pless, Games and codes, in R. K. Guy (ed.) Combinatorial Games, *Proc. Symp. Appl. Math.*, **43**(1991) 101–110.

第 15 章

チップと細長ボード

なにか良くない企みが蔭でくすぶつてゐるやうで，
どうも落ちつかない．ゆうべ金袋の夢を見たのでな．
（福田恒存訳，「シェイクスピア全集」，新潮社版より）
William Shakespeare，『ヴェニスの商人』，第 2 幕，第 5 場．

この章の多くのゲームはニムから何らかの方法で導かれる．通常，ニムはチップの山を複数使ってプレーするが，1 枚の細長いボードの上にコインを置いてプレーすることもできる．この場合の手は任意のコインを任意のマスの数だけ左に進めることになる．図 15.1 は両方の形式の同じニム局面を示している．1 枚のコインを左に進めることは，1 つの山のサイズを減らすことに対応する．

ニム山のサイズを減らすための条件，つまりコインを動かすための条件をさまざまに変えることにより，変形されたニムをたくさん得ることができる．

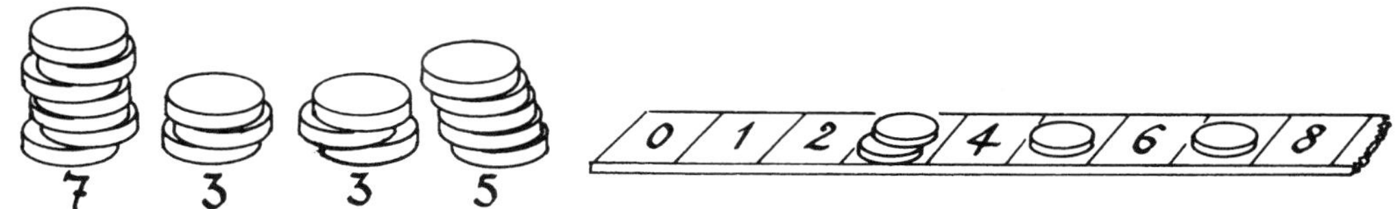

図 15.1　ニムの 2 つの形式．

1.　シルバーダラー・ゲーム

最初の変形として，1 つのマスに入るコインは高々 1 個であり，かつコインは他のコインを飛び越えることは**できない**とするゲームを考えよう．このゲームが，第 3 章のポーカーニムのゲームと関係する巧妙な偽装ニムであることを見抜くには，長い時間がかかるかもしれない．ニム山たちのサイズは，一番右側のコインから始めて左に向かって現れるコインの間隙を 1 つおきにとったその長さの集まりになる（図 15.2）．

ニム山に対応した間隙の右側のコインを進めるとこれらの数の 1 つを望むように**減らせるこ**

と，および, その間隙の**左側**のコインを進めるとこれらの数の 1 つをいくらか**増やせる**こと，に注意せよ．両方のタイプの手の例を図 15.2 に示した．しかしながら，ポーカーニムの理論のように，増加させる手は単に遅延させるための可逆手であり，勝者はニムを想定してプレーすることによって勝つ．

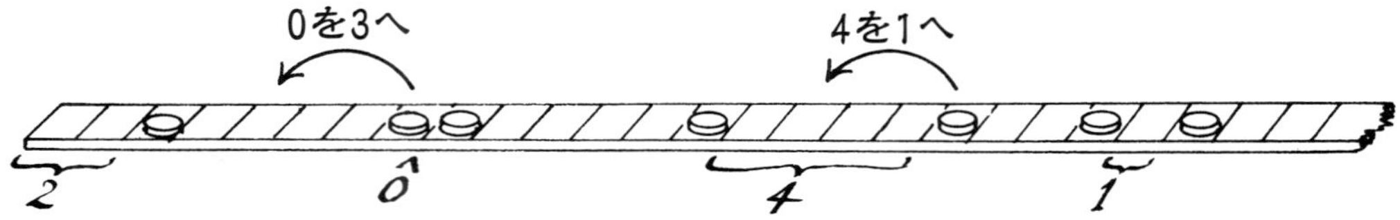

図 15.2 銀貨を使わないシルバーダラー・ゲーム．

N. G. De Bruijn は，左端のマスをコインが何枚でも入る金袋に変え，また，1 枚のコインを他のすべてのコインの合計よりも価値の高い銀貨に変えることによって，このゲームをより興味深いものにした．このゲームでは，まだ金袋に入っていない一番左端のコインを 1 手で金袋に入れることができる．そして，銀貨を金袋に入れたプレーヤーが負けとなる．というのは，銀貨の入った金袋を獲得するのも 1 手として許されているからだ！

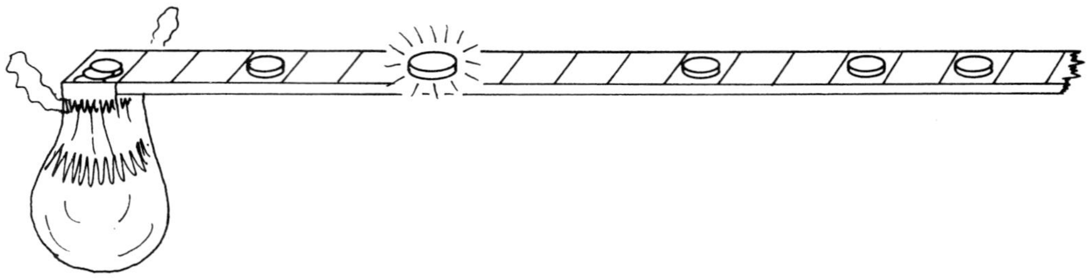

図 15.3 De Bruijn シルバーダラー・ゲーム．

このバージョンでは，銀貨が金袋の右にある最初のコインとなったとき，金袋を**満杯の**マスとみなして，そこに動かす手はないと考えるのがよい．そうでないときは空マスとみなす（銀貨が金袋から一番近いコインのときに金袋が満杯であると考えるのは，銀貨を金袋に入れさせられたくないからである！）．このニムゲームに勝つには，銀貨を金袋に入れさせられないようにしないといけない．

別のバージョンとして，銀貨を金袋に入れると同時に金袋を獲得することも 1 手でできるものとしてみよう．このときは，金袋と銀貨の間にちょうど 1 枚の別のコインがあるときだけ，金袋を**満杯の**マスとみなすのがよい．（このコインを金袋に入れたくないのだ．そんなことをすれば，直ちに敵は銀貨を金袋に入れるに違いない．）

図 15.3 において 2 つのバージョンの必勝手を求めよ．

2. ゲーム表を役立てよ

本書で解析されて**いない**ゲームに出会ったらあなたはどうするか？ 運が良ければ最初に何回かゲームをした後でコツをつかむかもしれない．しかし，もしあなたが何が起きているのかよくわからず，またわれわれの理論が十分な手掛りを提供しているように思えないならば，最善の方法は**ゲーム表**を作成することである．ゲーム表をうまく作成するには，情報を組織化するための技術がいくらか必要になる．この章ではいろいろな形の例がいくつか与えられる．

3. アントニム

反発するニムニム (Antipathetic Nim)，略してアントニム (Antonim) は，同じ個数のチップの山をつくることを許さないニムである．もちろん，空の山は例外で，いくつあっても目に見えない．それで，もし細長ボード上でコインを用いてプレーしたければ，この条件は，金袋（0 番のマス）以外のマスには複数のコインを置いてはいけないということになる．

3 コイン・アントニムであれば 1 つの表の中で解析できる（表 15.1）．表の行と列の見出しは 2 つのニム山のそれぞれのサイズを表し，表のエントリーはこれらのニム山に加えると $\mathcal{P}$ 局面となることで一意に決まる第 3 のニム山のサイズである．エントリーには，同じ行または同じ列にある，それより前のエントリーと一致せず，かつ行と列の見出しにも一致しない最小の数が

表 15.1 3 コイン・アントニムの $\mathcal{P}$ 局面.

	0	1	2	3	4	5	6	7	8	9	10	11	12	13	14
0	0	2	1	4	3	6	5	8	7	10	9	12	11	14	13
1	2	X	0	5	6	3	4	9	10	7	8	13	14	11	12
2	1	0	X	6	5	4	3	10	9	8	7	14	13	12	11
3	4	5	6	X	0	1	2	11	12	13	14	7	8	9	10
4	3	6	5	0	X	2	1	12	11	14	13	8	7	10	9
5	6	3	4	1	2	X	0	13	14	11	12	9	10	7	8
6	5	4	3	2	1	0	X	14	13	12	11	10	9	8	7
7	8	9	10	11	12	13	14	X	0	1	2	3	4	5	6
8	7	10	9	12	11	14	13	0	X	2	1	4	3	6	5
9	10	7	8	13	14	11	12	1	2	X	0	5	6	3	4
10	9	8	7	14	13	12	11	2	1	0	X	6	5	4	3
11	12	13	14	7	8	9	10	3	4	5	6	X	0	1	2
12	11	14	13	8	7	10	9	4	3	6	5	0	X	2	1
13	14	11	12	9	10	7	8	5	6	3	4	1	2	X	0
14	13	12	11	10	9	8	7	6	5	4	3	2	1	0	X

記入されている．X は非合法の局面を表す．次のような明らかな規則性が見られる．

> $(a+1, b+1, c+1)$ がニムの $\mathcal{P}$ 局面であるとき，そのときに限り，
> (a, b, c) はアントニムの $\mathcal{P}$ 局面である．

4 コイン・アントニムでは 3 次元の表が必要になるが，それを複数の層に分けて表現することができる．表 15.2 に示されている層は，局面

$$(1, a, b, c)$$

に対してさえも簡単な法則はなさそうであることを示唆しているので，それ以降の層の表は短縮した（表 15.3）．

表 15.2　アントニムの $\mathcal{P}$ 局面 $(1, a, b, c)$.

1

	0	1	2	3	4	5	6	7	8	9	10	11	12	13	14
0	2	X	0	5	6	3	4	9	10	7	8	13	14	11	12
1	X	X	X	X	X	X	X	X	X	X	X	X	X	X	X
2	0	X	X	4	3	6	5	8	7	10	9	12	11	14	13
3	5	X	4	X	2	0	7	6	9	8	11	10	13	12	15
4	6	X	3	2	X	7	0	5	12	11	14	9	8	15	10
5	3	X	6	0	7	X	2	4	11	12	13	8	9	10	16
6	4	X	5	7	0	2	X	3	14	13	12	15	10	9	8
7	9	X	8	6	5	4	3	X	2	0	15	14	16	17	11
8	10	X	7	9	12	11	14	2	X	3	0	5	4	16	6
9	7	X	10	8	11	12	13	0	3	X	2	4	5	6	17
10	8	X	9	11	14	13	12	15	0	2	X	3	6	5	4
11	13	X	12	10	9	8	15	14	5	4	3	X	2	0	7
12	14	X	11	13	8	9	10	16	4	5	6	2	X	3	0
13	11	X	14	12	15	10	9	17	16	6	5	0	3	X	2
14	12	X	13	15	10	16	8	11	6	17	4	7	0	2	X

表 **15.3** アントニムの $\mathcal{P}$ 局面 (k, a, b, c), $2 \le k \le 5$.

2

	0	1	2	3	4	5	6	7
0	1	0	X	6	5	4	3	10
1	0	X	X	4	3	6	5	8
2	X	X	X	X	X	X	X	X
3	6	4	X	X	1	7	0	5
4	5	3	X	1	X	0	7	6
5	4	6	X	7	0	X	1	3
6	3	5	X	0	7	1	X	4
7	10	8	X	5	6	3	4	X

3

	0	1	2	3	4	5	6	7
0	4	5	6	X	0	1	2	11
1	5	X	4	X	2	0	7	6
2	6	4	X	X	1	7	0	5
3	X	X	X	X	X	X	X	X
4	0	2	1	X	X	6	5	8
5	1	0	7	X	6	X	4	2
6	2	7	0	X	5	4	X	1
7	11	6	5	X	8	2	1	X

4

	0	1	2	3	4	5	6	7
0	3	6	5	0	X	2	1	12
1	6	X	3	2	X	7	0	5
2	5	3	X	1	X	0	7	6
3	0	2	1	X	X	6	5	8
4	X	X	X	X	X	X	X	X
5	2	7	0	6	X	X	3	1
6	1	0	7	5	X	3	X	2
7	12	5	6	8	X	1	2	X

5

	0	1	2	3	4	5	6	7
0	6	3	4	1	2	X	0	13
1	3	X	6	0	7	X	2	4
2	4	6	X	7	0	X	1	3
3	1	0	7	X	6	X	4	2
4	2	7	0	6	X	X	3	1
5	X	X	X	X	X	X	X	X
6	0	2	1	4	3	X	X	8
7	13	4	3	2	1	X	8	X

7 以下の数をもつ $\mathcal{P}$ 局面が次のようになることを示すのは難しくはない.

(0)12, (0)34, (0)56, 135, 146, 236, 245,
1234, 1256, 1367, 1457, 2357, 2467, 3456,
(0)123456.

3 つ山の $\mathcal{P}$ 局面は，図 15.4 において，頂上の節点を 0 と解釈したときの直線である．また，4 つ山の $\mathcal{P}$ 局面は，頂上の節点を 7 と解釈したときの直線の補集合となっている．

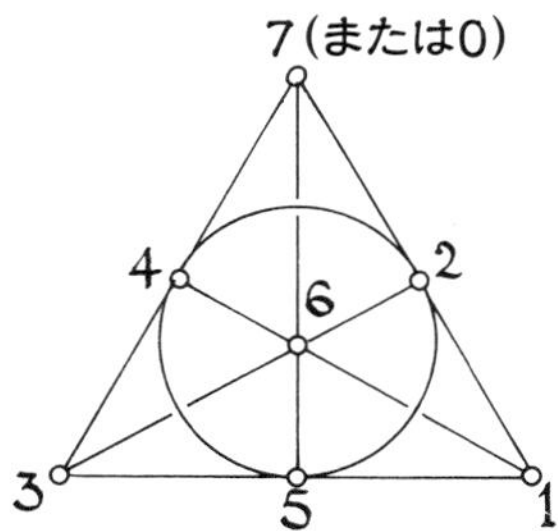

図 **15.4** Fano による極上のアントニム $\mathcal{P}$ 局面発見器.

3.1 シノニム

同調する (Sympathetic) ニム，略してシノニム（Synonim）では，同じサイズのニム山は同じように扱わなければならない — あるサイズのニム山を減らすときには，それと同じサイズのすべてのニム山を同じ量だけ減らさなければならない（違うサイズのニム山には影響を与えてはならない）．細長ボードを用いるバージョンでは，1手はあるマスに入っている**すべての**コインをまとめて，それより前の任意のマスへ動かすことである．

われわれはこのゲームに長く手間取る必要はない．ある与えられたサイズのすべての山はすべて同じに扱われなければならないので，1つの山として考えて構わない．この1つの山を，すでに存在している山のサイズまで減らすことは，その山を完全に消すことと同じ効果を与える．つまり山はいつも違うサイズでなければならない．したがって，

> シノニムは
> アントニムの単なる
> 同義語である！

3.2 シモニム

シモニム (Simonim, SImilar MOve NIM) は Simon Norton によって再発見された．シモニムは次の特徴を追加したニムである．プレーヤーは，手のすべてが完全に似ている，すなわち，ある数 a から別の数 b に減らすという意味で同じならば，何手でも続けて打って構わない．シモニムは，ある与えられたサイズの山を**すべて**減らすことを求められていない点で，シノニムとは異なる．シモニムを細長ボードの上でコインを使ってプレーするときは，このルールは，任意のマスから任意の枚数のコインをそれより前の任意のマスへ，そのマスに他のコインがあってもなくても，動かしてよい，ということになる．表15.4を計算するのは少し難しい．

われわれはいつもどおり，表のエントリーに，それより前に同じ行または同じ列に（対角線上でもそれより前に）現れない最小の数を記入して表を作成することを試みる．ただし，1行の中の高々1つのエントリー n は列のラベルと等しいことがあり（$\overrightarrow{n}$ と記す），1列の中の高々1つのエントリー m は行のラベルと等しいことがあり（$\downarrow m$ と記す），さらに対角線上のエントリー0は，その行と列のラベルの**両方**と一致してよい（$\downarrow\overrightarrow{0}$ と記す）．

表15.4を1，2時間じっと見つめていれば，さまざまなパターンに気づくだろう，それらが構造をきわめて明解にしている．左上を1つの角とする実線で仕切られた，

$$1 \times 1, \quad 5 \times 5, \quad 13 \times 13$$

の区画，一般には

$$(2^n - 3) \times (2^n - 3)$$

の区画はラテン方陣をなしている．矢印のついたエントリーは 2×2 の箱の中に収まっている．また，この表のいろいろな部分がニム和の表と似ている．

表 15.4 3コイン・シモニムの $\mathcal{P}$ 局面.

	0	1	2	3	4	5	6	7	8	9	10	11	12	13
0	↓$\overrightarrow{0}$	2	1	4	3	6	5	8	7	10	9	12	11	14
1	2	3	0	↓1	$\overrightarrow{4}$	7	8	5	6	11	12	9	10	15
2	1	0	4	$\overrightarrow{3}$	↓2	8	7	6	5	12	11	10	9	16
3	4	$\overrightarrow{1}$	↓3	2	0	9	10	11	12	5	6	7	8	17
4	3	↓4	$\overrightarrow{2}$	0	1	10	9	12	11	6	5	8	7	18
5	6	7	8	9	10	11	0	1	2	3	4	↓5	$\overrightarrow{12}$	19
6	5	8	7	10	9	0	12	2	1	4	3	$\overrightarrow{11}$	↓6	20
7	8	5	6	11	12	1	2	9	0	↓7	$\overrightarrow{10}$	3	4	21
8	7	6	5	12	11	2	1	0	10	$\overrightarrow{9}$	↓8	4	3	22
9	10	11	12	5	6	3	4	$\overrightarrow{7}$	↓9	8	0	1	2	23
10	9	12	11	6	5	4	3	↓10	$\overrightarrow{8}$	0	7	2	1	24
11	12	9	10	7	8	$\overrightarrow{5}$	↓11	3	4	1	2	6	0	25
12	11	10	9	8	7	↓12	$\overrightarrow{6}$	4	3	2	1	0	5	26
13	14	15	16	17	18	19	20	21	22	23	24	25	26	27

この表を3次元に拡張し2倍に拡大したのちに，われわれは4つ山シモニムに対する一般的な規則を見つけることができた．われわれはSimonの助力を得て，その一般的な規則を証明することさえできた！

正の整数を次のような**領域**に分割する．

$$1,\ 2-3,\ 4-7,\ 8-15,\ 16-31,\ \ldots.$$

そして，シモニムの局面を次のように変換せよ．

数 n が最初に出現したときそれを n' で，出現が2回目であればそれを n'' で，3回目であれば n''' で置き換える．ここに，

$$n' = \begin{cases} n+3 & \text{このように変換した後の局面において，} \\ & \text{この数が最も大きい領域に入るとき．} \\ \text{そうでない場合には，} & \\ n+1 & \text{このように変換した後の局面において，} \\ & \text{この数が2番目に大きい領域に入るとき．} \\ n & \text{それ以外のとき．} \end{cases}$$

$$n'' = \begin{cases} n' \text{が含まれる領域より1つ前の領域の最大の数，} \\ \text{ただし，もし} n \text{がもとの局面において2番目に} \\ \text{大きい数ならば，} n' \text{が含まれる領域より1つ前の} \\ \text{領域の2番目に大きい数．} \end{cases}$$

$$n''' = n'' \text{が含まれる領域より1つ前の領域の最大の数}$$

とする．

変換された局面がニムの $\mathcal{P}$ 局面であるとき，そのときに限り，もとのシモニムの局面は $\mathcal{P}$ 局面である．

4つ山シモニムに関する規則

この規則をあてはめるときには，数を降順に並べるのが最善である．局面

n	16	9	4	1
n'	19	10	4	1

の場合はどうなるか？ 変換すると（上表の n' の行）となり，ニム和は16を含むので，これは $\mathcal{P}$ 局面ではない．$\mathcal{P}$ 局面にするには，16をある数 x に減らして $x+3$ が領域 $16-31$ に入らないようにしなければならない．すると，

n	x	9	4	1
n'	?	12	5	1

となるので，？は $12 \overset{*}{+} 5 \overset{*}{+} 1 = 8$ でなければならない．この8は変換された局面においても一番大きい領域に入るので，

x は $8-3=5$ でなければならない．よって，(9,5,4,1) がシモニム $\mathcal{P}$ 局面となる．

次の局面を考えてみよう.

n	9	9	7	2
n'	12		10	2
n''		7		

これらのニム和は3.

ニム値の2を1に変えるか, 10を9に変えるか, または7を4に変えると, 次の$\mathcal{P}$局面を得る.

n	9	9	7	1
n'	12		10	1
n''		7		

9	9	6	2
12		9	2
	7		

9	3	7	2
12	4	10	2

次の例は実に技巧的である.

n	44	33	22	11
n'	47	36	23	11

ニム和 23.

ニム値47, 36, 11 のいずれかを23変化させることは望めない. 一方で, もし22の山を取り除けば

n	44	33	0	11
n'	47	36	0	12

ニム和 7

となり, $\mathcal{P}$局面には至らない. このトリックは2つの小さい山を等しくすることである.

n	44	33	11	11
n'	47	36	12	
n''				7

ニム和 0.

3.3 階段ファイブス

このゲームは階段でコインを用いてプレーする (図15.5). このゲームの手では, 1つの段から**5枚未満**の任意の数のコインをとり, それらをそれより下の**5段未満**離れた任意の段に置く. 最後の1枚のコインを一番下の段に置いた人が勝ちとなる.

コインが4枚で階段が5段であれば, この "5" という制約は重要でなくなり, このゲームはシモニムに帰着する. 4つ山シモニムに対する規則を適用すると, 予想外に簡単なルールが得られる.

> 心の中で2段目と4段目のコインの数を入れ替えよ.
> すべてのコインの高さの和が5の倍数であるとき,
> そのときに限り, その局面は$\mathcal{P}$局面である.

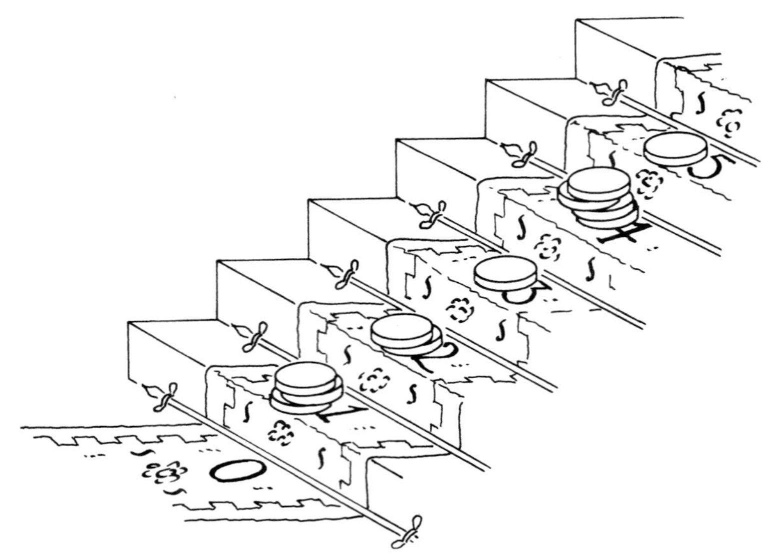

図 15.5　階段上のスタック．

したがって，あなたは自分の手のあとで

0段目にa枚，1段目にb枚，2段目にc枚，3段目にd枚，4段目にe枚

のコインを，

$$0 \cdot a + 1 \cdot b + 4 \cdot c + 3 \cdot d + 2 \cdot e$$

が5で割り切れるように配置するべきである．

このルールは，より多くのコインやより多くの段数がある場合でも，$5n+2$段目と$5n+4$段目を交換することでそのまま成り立つ．

4.　ツッピン

ツッピンは第4章のケイレス（**·77**）とDawsonのケイレス（**·07**）を一般化したボーリングゲームである．ここでは列は1ピン，または束ねた2ピンからなり，ケイレスと同様に，1つの列または隣接する2つの列を取り除くのが合法的な投げ方になる．ただし，1ピンの列だけを取り除くことはできないという追加のルールをもつ．

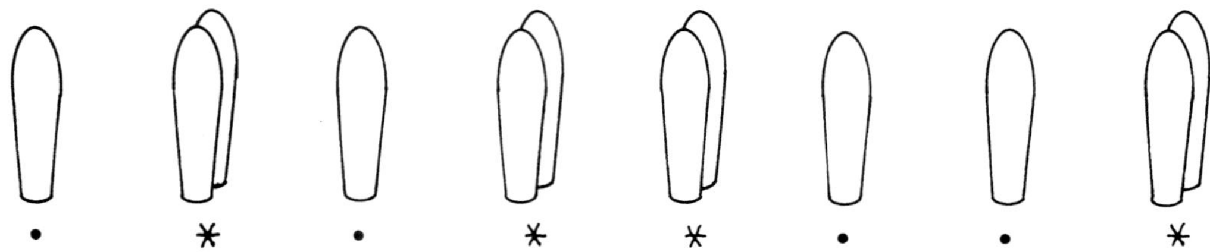

図 15.6　ツッピンのゲーム．

ツッピンの配置を議論するときには，われわれは

1 ピン列に対して $\bullet$,
2 ピン列に対して $*$

という記法を用いる．これにより，n 個の空でないツッピン列の 2^n 個の可能な配置は，$*$ と $\bullet$ から成る長さ n の 2^n 個の系列によって表現される．たとえば，次の性質が成り立つ．

$$\bullet = 0, \quad \bullet\bullet = \bullet\bullet\bullet = \bullet * = \bullet * \bullet = *, \quad *\bullet* = * + * = 0.$$

そして幸せなことに，$*$, $**$, $***$ はそれぞれ $*$, $*2$, $*3$ の値をもつ．しかしながら，$****= *$ である．幸い，いくつかの有用な同値関係があるので，起こり得るすべての系列を個別にリストアップする必要はない．たとえば，プレーの中では

$$\sim\!\sim\!\sim\!\sim\!\sim\!\sim *\bullet \qquad \sim\!\sim\!\sim\!\sim\!\sim\!\sim \bullet\bullet \qquad \sim\!\sim\!\sim\!\sim\!\sim\!\sim *$$

が同じように振る舞い，一方で

$\sim\!\sim\!\sim\!\sim\!\sim\!\sim *\bullet\bullet\bullet* \sim\!\sim\!\sim\!\sim\!\sim\!\sim$ は $\sim\!\sim\!\sim\!\sim\!\sim\!\sim *** \sim\!\sim\!\sim\!\sim\!\sim\!\sim$ のように振る舞う

ことを理解するのはやさしい．また，次の有用な**ツッピン分解定理**もある．

$$\sim\!\sim\!\sim\!\sim\!\sim\!\sim *\bullet* \sim\!\sim\!\sim\!\sim\!\sim\!\sim \; = \; \sim\!\sim\!\sim\!\sim\!\sim\!\sim * + * \sim\!\sim\!\sim\!\sim\!\sim\!\sim$$

これらの定理を用いると，すべての系列は両端にスター $*$ をもち，ドット $\bullet$ は中に含まれる 3 個以上の並びになると考えてよい．また，n 個のスターの列 $(*)^n$ はケイレスの局面 K_n のように振る舞い，一方で系列 $(\bullet)^n$ と $*(\bullet)^{n-4}*$ は Dawson のケイレスの局面 D_n のように振る舞う．ゆえにそれらの値は第 4 章から読み取ることができる．われわれはツッピン車輪（図 15.7）を用いて，

$$*\bullet\bullet\bullet\bullet*\bullet\bullet\bullet\bullet*, \text{ ニム値 } 1$$

を除く，長さが 9 以下のすべてのツッピン系列のニム値を求めることができる．

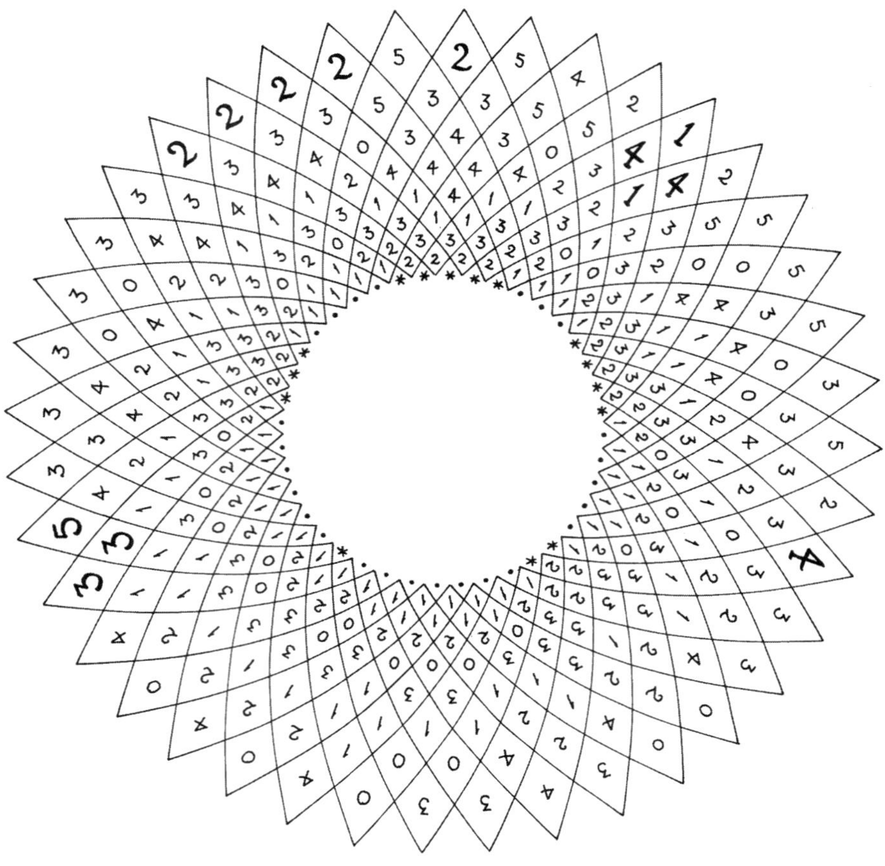

図 15.7　ツッピン車輪.

上のすべての同値関係は，ミゼールプレーにおいてもそのまま成り立つ．ただし，ツッピン車輪のエントリーは次の方式に従って読み換える必要がある．

元の値	読み換え	属性	元の値	読み換え	属性
0	0	0^1	**0**	$2+2$	0^0
1	1	1^0	**1**	$3+2$	1^1
2	2	2^2	**2**	$k_1k3_22_230$	2^2
3	3	3^3	**3**	$2_221=d$	3^{1431}
4	$2_2321=k$	4^{146}	**4**	3_2320	4^{046}
5	$k+1$	5^{057}	**5**	$kd3_2210$	5^{3146}

ツッピンは点と箱（第 16 章）と次のクラムに応用される．

5. クラム

クラムはMartin Gardnerが選択肢共通ドミニーリングにつけた名前である．クラムはまた，これまでプラグ，点と対とも呼ばれていて，Geoffrey Mott-Smith, Sol Golomb, John Conway の名前と結びついている．あなたはクラムを通常のドミニーリング（第5章，Martin Gardner はドミニーリングをクロスクラムと呼んだ）と同じようにプレーするが，唯一の例外は**どちら**のプレーヤーも自分のドミノを**どちら**の向きに置いてもよいことである．あなたは文字通りどんどんドミノを詰め込むのです．

もしあなたが縦と横の寸法が偶数の長方形のボードを用いてゲームを始めるとすると，最後の手を打つことを目的とするなら2番目のプレーヤーには単純な対称戦略がある．もし縦横の寸法の一方が偶数で他方が奇数であれば，先手のプレーヤーは，最初のドミノをボードの中央に配置した後，同じ対称戦略をとることで勝つ．

ドミノを置くことができる領域を，コル（第2章）とスノート（第6章）を扱ったときのようにグラフで置き換えるのは，これから先の内容を理解するのに役立つ．ここにグラフでは，各正方形が各節点に対応し，2つの正方形が隣り合っているときに辺で結ばれる．

この形式では，手は2つの隣接した節点とそれらの節点に接続するすべての辺を取り除くことに対応する．あなたは任意のグラフの上でこのゲームをプレーすることができる．グラフの抽象的な構造だけを問題にすればよく，見かけは異なる多くの形の領域が同じグラフをもつことがある．たとえば，

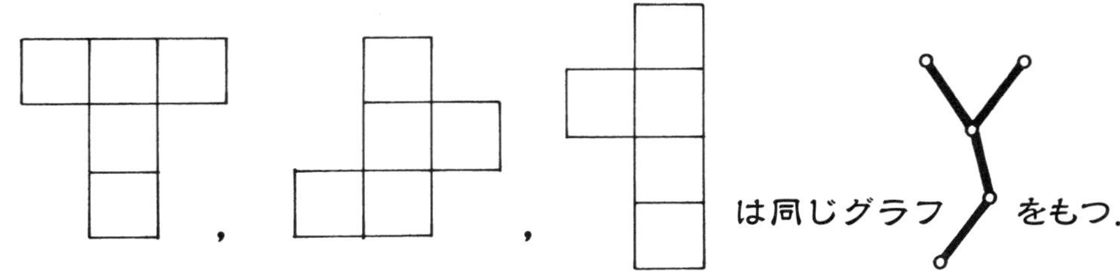

他の多くのものと同様に，このグラフはいも虫である．形式的にいえば，**いも虫**とは，**体**は節点の連鎖からなり，節点のいくつかは**房**（または脚），すなわち1本以上の辺でそれらがなければ孤立する節点に向かう辺，をもっているものである．幸運なことに，最も複雑ないも虫（図15.8）でも，

房のない体の節点を • で置き換え，
任意の房の節点を ∗ で置き換える

ことにより，ツッピンの配置と等価になる．

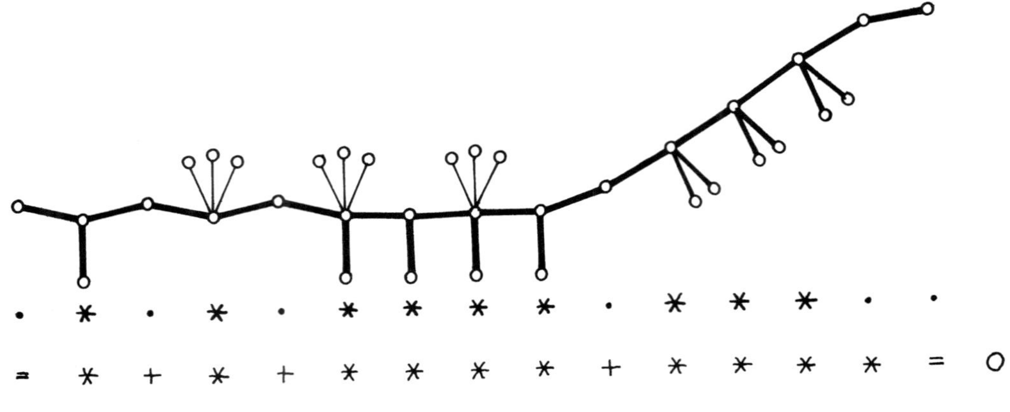

図 15.8　複雑なクラムのいも虫もツッピンの局面である.

この記法の下で，ツッピンの同値性は次のようになる.

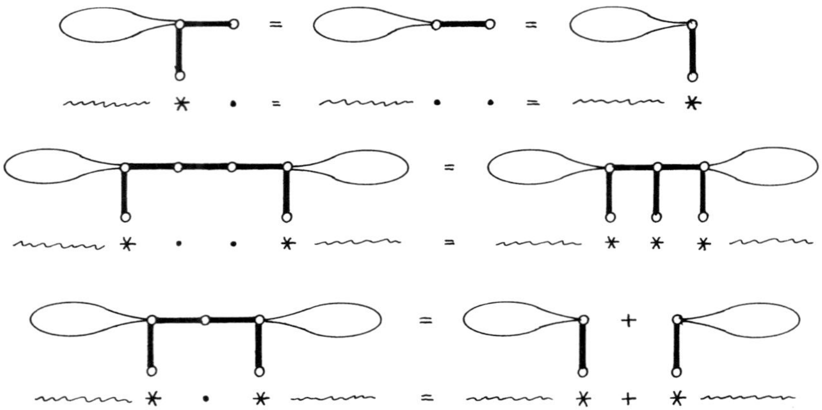

値に影響を与えることなく取り除くことのできる辺はすべて細い線で描くことにすると，上に示した最後の等式は次の図

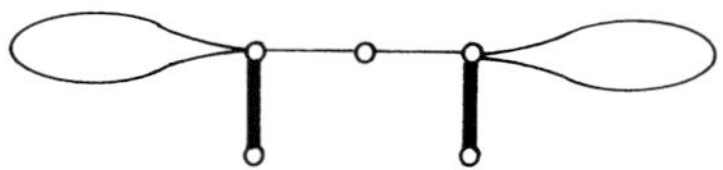

のように表される.

図の中の風船はいも虫の形をしている必要はなく，交わっていてもよい．それで，上の最後の恒等式は次のようになる．

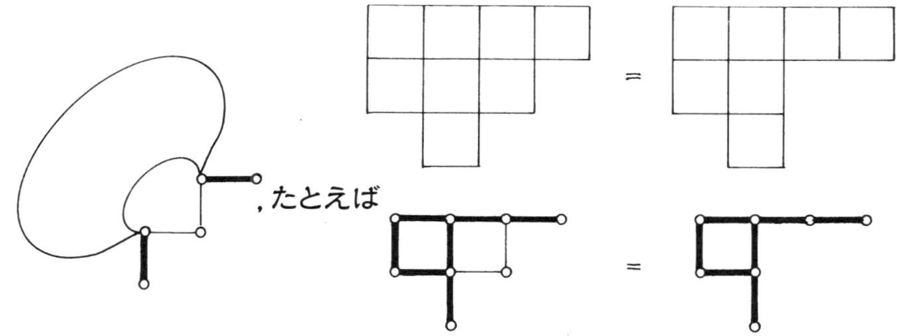

図 15.9 の中のダイヤグラムはいずれもよく似た性質をもっている．たとえば，ダイヤグラムの中で**すべての**細い辺を取り除いてもその値に影響を与えない．

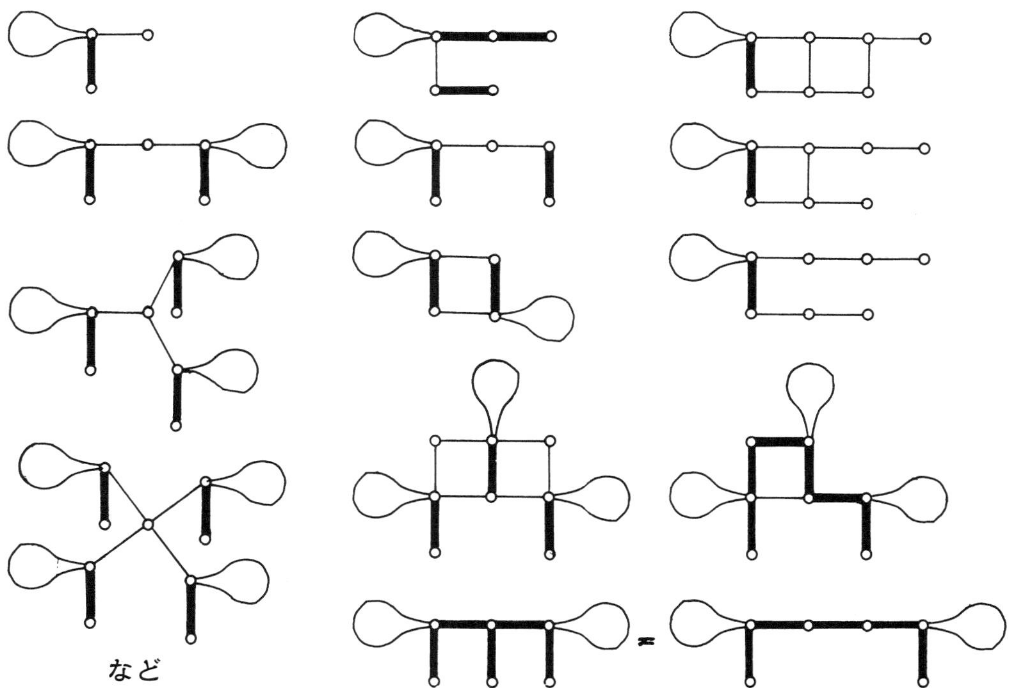

図 15.9 クラム局面のいろいろ．

表 15.5 はたくさんのクラム局面の値を与えている．点線は n 本の辺のつながりを表し，n は表の一番上の数字で示す．あなたがミゼールクラムをプレーできるように，すべての属性を与えた．表の最後の列では，ニム山にならないゲームを表すために以下の文字を用いた．

表 15.5　多様なクラム局面の属性.

点線の中の辺の個数 n	0	1	2	3	4	5	6	**左の非ニム山の局面**
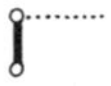	1	1	2	0	3	1	1	–
	2	2	3	3	1	2	4^{146}	k
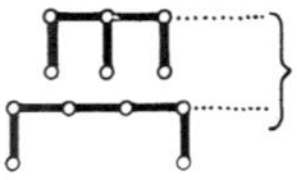	3	3	1	2	4^{146}	3	3	k
	1	1	4^{146}	0	3	5^{057}	2^2	$k, k+1, k_1k3_22_230$
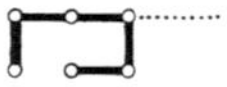	3	3	2	2	0	3	5^{057}	$kd3_2320$
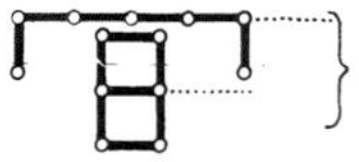	1	1	2	0	3	1	2^{0520}	$k3_230$
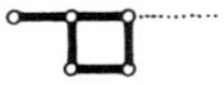	0	0	1	1	2	2^{1420}	3	f
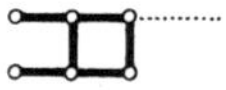	0	3	1	2	2^{1420}	3	5^{3146}	$e, ked3_210$
	3	1	2	0	3^{1431}	3	2^{0520}	$d, d+1$
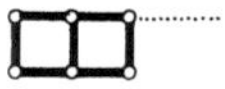	1	1	2	0	3	1	2^{0520}	$kd3_230$
		3	1	0^0	4^{146}	1^1	3	$2_2, k, 3_2$
		1	2	2	3	3^{31}	5^{057}	$kf3_2210, k+1$
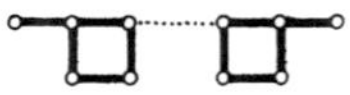		2	2^{1420}	0	1	1	2	f

k　は　2_2321　（ケイレスの局面 K_5），
d　は　2_221　（Dawson のケイレスの局面 D_{10}），
e　は　2_231　（士官ゲームもどき ·**06** で出現），
f　は　2_21　（Flanigan のゲーム ·**34** で出現）．

図 15.10 に他の値を示す．はしごの値は特に覚えやすく，房についての注意書きによりその有

用性が強調される.

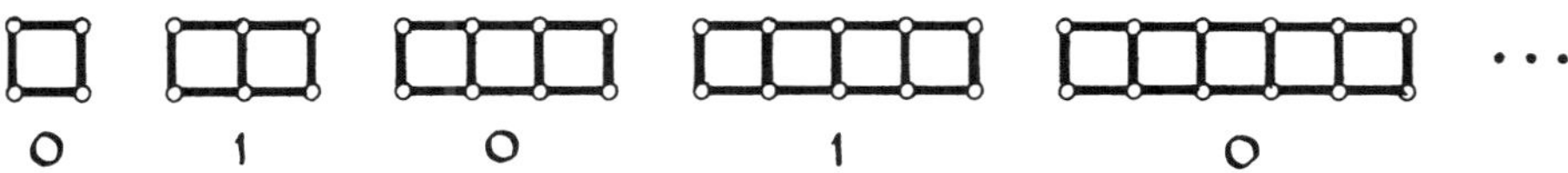

(はしごの値は1つおきに等しく,房が2個までついても影響を受けない.)

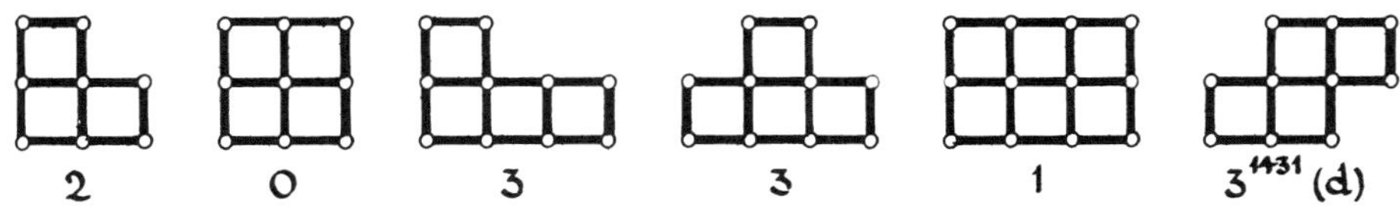

図 **15.10** クラムの値をもう少し.

6. Welter ゲーム

Welter ゲームは,1つのマスの中に高々1枚のコインが入る細長ボード上のコインゲームである.このゲームでは,1枚のコインを,それより左側の任意の空のマスに動かす手を打つことができ,この際,他のコインを飛び越えてもよい.Victor Meally は,もし他のコインを飛び越えることができないならば,このゲームがシルバーダラー・ゲームになることを明らかにした.最も簡単な場合が Roland Sprague によって研究されたが,一般の場合のたくさんの特筆すべき性質は C. P. Welter によって見出された.簡単化されたバージョンの理論は ONAG で与えられている.ここではわれわれはその答を教えるとともに,いくつかの新しい発見を記述する.

k 個の異なるマス

$$a,\ b,\ c,\ \ldots$$

にコインがある Welter ゲームの局面のニム値を

$$[a|b|c|\ldots]_k \qquad (\text{“}a\ \textbf{ウェルト}\ b\ \text{ウェルト}\ c\ \text{ウェルト} \ldots\text{”})$$

と書こう.項の数が明らかであるときにはしばしば k を省略する.この **Welter 関数**を計算する一番簡単な仕方は**つがい法**である.

これら k 個の数のうち,最も高次の2のべき乗を法として合同になる2つの数を**つがいにする**.次に,同じルールに従って,残りの $k-2$ 個から1対を選びつがいにする.以下この操作を繰り返す.いずれは,すべての数を

$$(a,b),\ (c,d),\ \ldots,\ \text{ときに}\ s$$

というような,(ときに)1つの数(**仲間はずれ** s)を除いて,つがいとして組むことになる.すると次式が成り立つ.

$$[a|b|c|\ldots]_k = [a|b] \overset{*}{+} [c|d] \overset{*}{+} \ldots (\overset{*}{+} s,\quad \text{もし}\ k\ \text{が奇数であれば}).$$

2 項の Welter 関数は

$$[x|y] = (x \overset{*}{+} y) - 1$$

という公式を用いて評価できる．たとえば，仲間はずれがいない場合は

$$\begin{aligned}&[2|3|5|7|11|13|17|19]_8\\&= [3|19] \overset{*}{+} [5|13] \overset{*}{+} [7|11] \overset{*}{+} [2|17]\\&= 15 \overset{*}{+} 7 \overset{*}{+} 11 \overset{*}{+} 18 = 17\end{aligned}$$

となる．一方，

$$\begin{aligned}&[0|1|4|9|16|25|36]_7\\&= [4|36] \overset{*}{+} [0|16] \overset{*}{+} [9|25] \overset{*}{+} 1\\&= 31 \overset{*}{+} 15 \overset{*}{+} 15 \overset{*}{+} 1 = 30\end{aligned}$$

においては 1 が仲間はずれである．この例では，同じ 16 を法として合同な対 (0, 16) と (9, 25) があった． こうした場合，どちらの対を先につがいにするかは問題にならない．

6.1 4 コイン・Welter ゲームは単なるニム

あなたが 2, 3 回このゲームをプレーすれば，たくさんの人たちと同様に，すぐに 4 コイン・Welter ゲームではニムと同様の戦略で十分なことに気がつくだろう．すなわち，

$$a \overset{*}{+} b \overset{*}{+} c \overset{*}{+} d = 0 \text{ のとき，そのときに限り } [a|b|c|d] = 0$$

が成り立つ．Welter 理論は，次の考察によりこのことを説明している．a, b と c, d をそれぞれ結婚している対としたとき，上の 2 つの等式はそれぞれ

$$a \overset{*}{+} b = c \overset{*}{+} d \quad \text{および} \quad [a|b] = [c|d]$$

に帰着し，この 2 式は $[x|y] = (x \overset{*}{+} y) - 1$ より同値である．

6.2 だから，3 コイン・Welter ゲームも！

もしあなたの 4 枚のコインのうち 1 枚が 0 番のマスの上にあるならば，0 番以外を 1 マスずつ前にずらした 3 コイン・Welter ゲームを，プレーしていることになる．記号で書くと，

$$[0|a|b|c] = [a-1|b-1|c-1],$$

または

$$[a|b|c] = [0|a+1|b+1|c+1]$$

となる．したがって，2, 5, 7 番にコインがある Welter ゲームの局面は，コインが $0, 3, 6, 8$ 番にある Welter ゲームまたはニムの局面と同値である．この 4 コイン局面は，8 番のコインを 5 番に動かすことで $\mathcal{P}$ 局面になるので，3 コイン局面ではわれわれは 7 番のコインを 4 番に動かすべきである．

6.3 法 16 で合同

つがい法はニム値を求めるのを大変容易にするが，どの手がニム値を 0 に戻す手であるのかを見出すのはさほどやさしくはない．しかしながら，コインの枚数が 4 の倍数であれば，ニムとの間に特筆すべき関係がある．

$$[a|b|c|\ldots]_{4k} \equiv 0 \mod 16$$
であるのはちょうど
$$a \overset{*}{+} b \overset{*}{+} c \overset{*}{+} \ldots \equiv 0 \mod 16$$
のときである．

特にこのことは，Welter ゲームにおいて左から 16 個のマスに $4k$ 個のコインがあるときの $\mathcal{P}$ 局面は，相異なる数のニム山をもつニムにおける $\mathcal{P}$ 局面とちょうど同じになることを保証している．次の局面

$$(0, 1, 2, 3, 5, 7, 11, 13)$$

からの良い手は何だろうか？

8 つの数	0	1	2	3	5	7	11	13	のニム和は 4 なので，
4 とのニム和	4	5	6	7	1	3	15	9	が得られる．
印	×	×	×	×	×	×	×	√	は，最後だけが採用可能なことを示す（それ以外

は数が増えるか，またはすでにコインのあるマスへの手である）．したがって，ただ 1 つの良い手は 13 から 9 へ動かすことである．

では次の場合を見てみよう．

	2	3	5	7	11	13	17	19	のニム和は 7．
7 とのニム和	5	4	2	0	12	10	22	20	が得られ，
法 16 では	5	4	2	0	12	10	6	4	に帰着する．
	×	×	×		×				

したがって，望みのある手は

7 を 0 に，　13 を 10 に，　17 を 6 に，　19 を 4 に

だけとなる．しかし，Welter 関数

$$[2|3|5|0|11|13|17|19], \quad [2|3|5|7|11|10|17|19], \quad [2|3|5|7|11|13|6|19], \quad [2|3|5|7|11|13|17|4]$$

のうち，3 番目だけが 0 になり得る（17 のつがいの相手を考えると，その 2 進展開の 16 の位には 1 がなければならないことがわかる）．ゆえにただ 1 つの良い手は 17 を 6 にすることである．

コインの枚数が 4 の倍数で**ない**ときは何が起こるだろうか？　6 枚のコインが，たとえば次の局面

$$1, 2, 3, 5, 8, 13$$

にあるとすると，あなたは本当は 8 枚のコインが，-2 から始まるいつもと違った細長ボード上の

$$-2, -1, 1, 2, 3, 5, 8, 13$$

の位置にあると装うことができる．番号を0から付け直すと次のようになる．

0	1	3	4	5	7	10	15	のニム和は1
1	0	2	5	4	6	11	14	
×	×		×	×		×		

この場合には次の3つの良い手がある．

	3から2へ，	7から6へ，	15から14へ，	（新しい記法で）
すなわち	1から0へ，	5から4へ，	13から12へ．	（元の記法で）

もしコインの枚数が5枚であれば，たとえば

				2	3	5	7	11	に対して，
3増やす：	0	1	2	5	6	8	10	14	のニム和は12.
12とのニム和で				9	10	4	6	2	
				×	×		×	×	
3減らす：						1			

これは，5から1への一手だけが良い手であることを示している．

6.4 フリーゼ・パターン

次のように数の並んだパターン

```
1   1   1   1   1   1   1   1   1   1   1   1   1   ...
  1   2   2   3   1   2   4   1   2   2   3   1   ...
    1   3   5   2   1   7   3   1   3   5   2   ...
      1   7   3   1   3   5   2   1   7   3   ...
    1   2   4   1   2   2   3   1   2   4   ...
  1   1   1   1   1   1   1   1   1   1   ...
```

（それぞれの数のダイヤモンド

$$\begin{matrix} & b & \\ a & & d \\ & c & \end{matrix} \quad \text{は}\ ad = bc + 1,\ \text{すなわち}\ d = \frac{bc+1}{a}\ \text{をみたす}$$）

はたくさんのすばらしい性質をもつ．たとえば，1が横に並んだ2つの行と，それらをつなぐ任意のジグザグの1の並び，たとえば

```
1   1   1   1   1   1   1   1   1   1   1
  1   ?   ?   ?   ?   !   ?   ?   !   .   .
    1   ?   ?   ?   !   ?   ?   ?   !   .
  1   ?   ?   ?   !   ?   ?   ?   !   .   .
    1   ?   ?   ?   !   ?   ?   ?   !   .
      1   ?   ?   !   ?   ?   ?   ?   !   .
        1   1   1   1   1   1   1   1   1
```

から始めると，すべてのエントリーには整数が入り，各！には1が入って同じパターンが上下反転しながら繰り返されることを見出すだろう．これらの自己チェックの性質は，子どもが算術を練習するときにおもしろさを感じることを意味する．もし上の例において自分の算術の結果をチェックしたければ付録を見よ．

G. C. Shephard は，それぞれのダイヤモンド

$$\begin{array}{ccc} & b & \\ a & & d \\ & c & \end{array} \quad \text{が}\ (a+d)=(b+c)+1,\ \text{すなわち}\ d=b+c+1-a\ \text{をみたす}$$

ようにして，乗算を加算で置き換えられることを発見した．最初に配置したすべての1を0に置き換えると，得られるパターン

```
0   0   0   0   0   0   0   0   0   0   0   0   0      ...
  0   1   2   4   3   0   1   2   4   3   0   1     ...
    0   2   5   6   2   0   2   5   6   2   0   2      ...
      0   4   6   4   1   0   4   6   4   1   0     ...
    0   1   4   3   2   0   1   4   3   2   0   1      ...
  0   0   0   0   0   0   0   0   0   0   0   0     ...
```

は類似の性質をもつ．しかしながら，今度は同じ向きの繰り返しパターンとなる．

われわれは，基本演算を通常の乗算や加算でなくニム和にすることは，よいアイディアかもしれないと考えた．そして驚くべきことに，Welter 関数を計算する新しい方法を発見したのである！

あなたは，評価したい Welter ゲームの局面に0が並んだ行を追加してスタートする．そしてそれぞれのダイヤモンド

$$\begin{array}{ccc} & b & \\ a & & d \\ & c & \end{array} \quad \text{が}\ (a \overset{*}{+} d)=(b \overset{*}{+} c)+1,\ \text{すなわち}\ c=((a \overset{*}{+} d)-1) \overset{*}{+} b\ \text{をみたす}$$

ように下向きに計算する．そして，まったく計算ミスをしないことは難しいことだが，三角形の一番下の頂点が Welter 関数の値になる．たとえば

$$\begin{array}{ccccccccccccccccc}
0&&0&&0&&0&&0&&0&&0&&0&&0\\
&2&&3&&5&&7&&11&&13&&17&&19&\\
&&0&&5&&1&&11&&5&&27&&1&&\\
&&&7&&6&&14&&6&&16&&8&&&\\
&&&&5&&6&&12&&16&&12&&&&\\
&&&&&4&&7&&29&&11&&&&&\\
&&&&&&4&&21&&5&&&&&&\\
&&&&&&&23&&18&&&&&&&\\
&&&&&&&&17&&&&&&&&
\end{array}$$

により，前と同じ答が得られる．ゆえに**われわれは**たぶん，計算ミスをしていない！　このルールは，ONAG（p. 159）にある次の恒等式と同値である．

$$[a|b|\ldots|y|z]_{k+1} = \Big[[a|b|\ldots|y]_k \,\Big|\, [b|\ldots|y|z]_k\Big] \overset{*}{+} [b|\ldots|y]_{k-1}.$$

この計算を手で行うことは大変長くかかるように見えるが，もしあなたがコンピュータにWelterゲームを教えたければ，この方法は使える良い技法である．

6.5 Welter関数の逆転

あなたがすでに

$$[a|b|c|\ldots] = n$$

を計算して，心の中に別の数$n' \neq n$をもっているとしよう．すると，ある数

$$a' \neq a,\ b' \neq b,\ c' \neq c, \ldots$$

が一意的に存在して

$$\begin{aligned}
[a'|b|c|\ldots] &= n',\\
[a|b'|c|\ldots] &= n',\\
[a|b|c'|\ldots] &= n',\\
&\cdots\cdots\cdots
\end{aligned}$$

をみたす．さらに，式

$$[a|b|c|\ldots] = n$$

は，文字$a, b, c, \ldots, n$のうち任意の**偶数個**を，対応するプライム（$'$）のついた文字に置き換えても正しく成立する．この幸せな状況を1つの“等式”

$$\left[\begin{array}{c|c|c|c} a & b & c & \ldots \\ a' & b' & c' & \ldots \end{array}\right] = \begin{array}{c} n \\ n' \end{array}$$

で表す．この「偶数個置き換え定理」とフリーゼ・パターンの性質を用いて，あなたのコンピュータは Welter 関数を逆転することができる．

たとえば，もし Welter 関数が

$$[a|b|c|d|e] = n$$

となる 5 つの数があり，等式

$$\left[\begin{array}{c|c|c|c|c} a & b & c & d & e \\ a' & b' & c' & d' & e' \end{array}\right] = \begin{array}{c} n \\ n' \end{array}$$

をみたす 5 つの数

$$a', b', c', d', e'$$

を求めたいとすると，あなたはフリーゼ・パターン

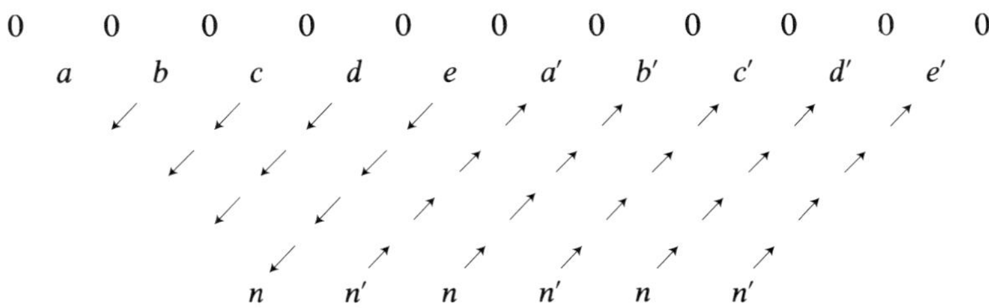

を完成させるべきである．ここに一番下の行には n と n' が交互に配置して，図に示された矢印の方向に従って作業する．

したがって，

$$1 \quad 4 \quad 9 \quad 16 \quad 25$$

から良い手を求めるには，Welter 関数が 0 になるようにこの中の 1 つの数を変更しなければならない．次の計算

0 0 0 0 0 0 0 0 0 0 0 0 0
1 4 9 16 25 36 33 12 13 28 1 4
4 12 24 8 60 4 44 0 16 28 4
3 26 31 42 19 6 39 2 23 22
20 28 60 4 16 12 36 4 28
29 0 29 0 29 0 29 0

（右端の斜め 2 列の数字は計算をチェックするためだけのものである）は

$$\left[\begin{array}{r|r|r|r|r} 1 & 4 & 9 & 16 & 25 \\ 36 & 33 & 12 & 13 & 28 \end{array}\right] = \begin{array}{r} 29 \\ 0 \end{array}$$

を示しており，ゆえにただ 1 つの良い手は 16 を 13 にすることである．

6.6　算盤局面

ある日，われわれは何気なく次のような無限に続くフリーゼ・パターンを書いた.

```
… 0  0  0  0  0  0  0  0 / 0 \ 0  0  0  0  0  0  0  0 …
 … 14 12 10 8  6  4  2 / 0  1 \ 3  5  7  9  11 13 15 …
  … 1  5  1  13 1  5 / 1  0  1 \ 5  1  13 1  5  1 …
   … 15 9  3  13 7 / 1  0  1  0 \ 6  12 2  8  14 …
    … 0  8  0  8 / 0  1  0  1  0 \ 8  0  8  0 …
     … 14 4  10 / 0  1  0  1  0  1 \ 11 5  15 …
      … 1  13 / 1  0  1  0  1  0  1 \ 13 1 …
       … 15 / 1  0  1  0  1  0  1  0 \ 14 …
        … / 0  1  0  1  0  1  0  1  0 \ …
         … … … … … … … … … …
```

これは次の一連の等式を示唆した.

$$\left[\begin{array}{c}0\\1\end{array}\right]=\begin{array}{c}0\\1\end{array}\quad\left[\begin{array}{c|c}2&0\\1&3\end{array}\right]=\begin{array}{c}1\\0\end{array}\quad\left[\begin{array}{c|c|c}4&2&0\\1&3&5\end{array}\right]=\begin{array}{c}1\\0\end{array}\quad\left[\begin{array}{c|c|c|c}6&4&2&0\\1&3&5&7\end{array}\right]=\begin{array}{c}0\\1\end{array}\ \ldots$$

$$\ldots\left[\begin{array}{r|r|r|r|r|r|r|r}14&12&10&8&6&4&2&0\\1&3&5&7&9&11&13&15\end{array}\right]=\begin{array}{c}0\\1\end{array}\ \ldots$$

偶数個の対

$$(a,a'),\ (b,b'),\ (c,c'),\ \ldots,\ (n,n')$$

を任意に入れ替えても Welter 関数の値は変わらない（奇数個なら関数の値 $0,1$ も入れ替わる）ので，これらの等式の順序を変更すると次の等式を得ることができる：

$$\left[\begin{array}{c}0\\1\end{array}\right]=\left[\begin{array}{c|c}0&1\\3&2\end{array}\right]=\left[\begin{array}{c|c|c}0&1&2\\5&4&3\end{array}\right]=\left[\begin{array}{c|c|c|c}0&1&2&3\\7&6&5&4\end{array}\right]=\left[\begin{array}{c|c|c|c|c}0&1&2&3&4\\9&8&7&6&5\end{array}\right]=\ldots=\begin{array}{c}0\\1\end{array}$$

特に等式

$$\left[\begin{array}{c|c|c|c|c}0&1&2&3&4\\9&8&7&6&5\end{array}\right]=\begin{array}{c}0\\1\end{array}$$

はわれわれに算盤（図 15.11）を連想させたので，次の等式

$$\left[\begin{array}{c|c|c|c|c|c|c}0&1&2&\ldots&k-3&k-2&k-1\\2k-1&2k-2&2k-3&\ldots&k+2&k+1&k\end{array}\right]_k=\begin{array}{c}0\\1\end{array}$$

で評価される局面を k コイン・**算盤局面**と呼ぶ．したがって，等式

$$[9|1|2|6|5]_5=1$$

は，Welter 関数（またはニム値）が 1 の 5 コイン・算盤局面を示している.

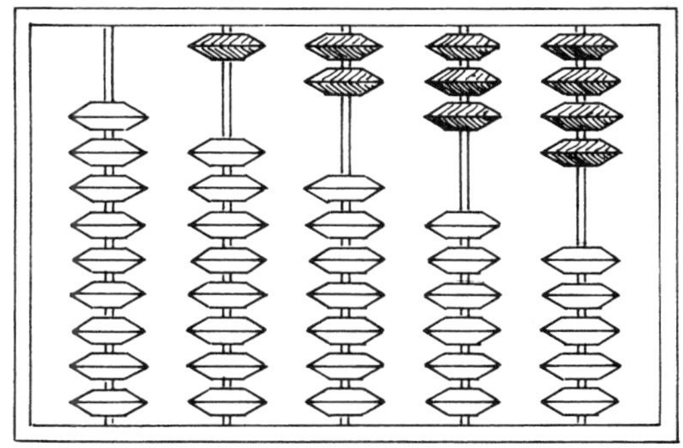

図 **15.11** 中国式算盤.

6.7 算盤戦略

われわれは算盤局面に対する戦略を陽に与えることができる．いま，等式

$$[a|b|c|\ldots]_k = 0$$

によって表される，Welter 関数が 0 の算盤局面の 1 つを想定してみよう．

$$a' = 2k-1-a, \quad b' = 2k-1-b, \quad c' = 2k-1-c, \quad \ldots$$

と定義する．このとき不等式

$$a > a', \ b > b', \ c > c', \ \ldots$$

のうち偶数個が成り立つことに注意せよ．さて，あなたの敵が a を x に置き換える手を打つとする．$2k-1$ 以下のすべての数がリスト

$$a, a', b, b', c, c', \ldots$$

の中に現れるから，x は

$$a', b', c', \ldots$$

のどれかでなければならない．これを b' または a' とする．もし $x = b'$ であれば，

$$a > b' \text{ でなければならず，したがって } b > a' \text{ をみたす.}$$

そして，

$$[b'|a'|c|\ldots]_k = 0$$

はより簡単な算盤局面を表すから，b を a' にする手を打って応じることができる．もし $x = a'$ であれば，$a > a'$ であり，したがって

$$b > b', \ c > c', \ \ldots$$

のうち奇数個が成り立つので，われわれは

$$b \text{ から } b' \text{ へ}, \ c \text{ から } c' \text{ へ}, \ \ldots$$

のどれか1つの手で応じることができる．同様の戦略により，

$$[a|b|c|\ldots]_k = 1$$

によって表される，Welter 関数の値が確実に1であるような算盤局面の1つである場合も，敵の，ゲームの最終手以外のすべての手に対して，われわれは算盤局面への手で応じることができる．

6.8 Welter ゲームのミゼール版

われわれがすぐ上で述べた事実は，算盤局面のニム値が0または1であることだけでなく，Welter ゲームのミゼール版においてさえも，それらの算盤局面はサイズ0および1のニム山と同値であることを示している．それは，任意の非終端算盤局面から反対の値をもつ算盤局面への手が打てることは容易に理解できることによる．第13章の言葉を用いると

すべての算盤局面は**浮気**である．

というのは，サイズ0および1のニム山では，標準プレーからミゼールプレーに変化すると勝敗が逆になるからである．一方，

すべての**非**算盤局面は**堅気**である．

結果として，

Welter ゲームはまさに飼い馴らされている！

もし，ある非算盤局面

$$(x, b, c, \ldots)$$

から，ある算盤局面

$$(a, b, c, \ldots)$$

への手が打てるものとすると，われわれは反対の値の算盤局面への手が打てることを示せば十分である．実際，先に用いた記法の下で，もし $x > a'$ ならば，われわれは

$$(a', b, c, \ldots)$$

への手が打てる．そうでなければ $x < a'$ でなければならない．というのは

$$(a', b, c, \ldots)$$

は算盤局面だからである．$2k-1$ 以下のすべての数は

$$a,\ a', b,\ b', c,\ c', \ldots$$

の中に現れるから，われわれはたとえば $x = b'$ と考えてよい．ここに

$$b' < a' \text{ であり，したがって } a < b \text{ であるから，}$$

われわれは

$$(b', a, c, \ldots)$$

への手が打てたことになる．

> Welter ゲームに**負ける**つもりなら，算盤局面
> に入るまで勝つつもりでプレーせよ．そして，
> 標準プレーとは逆のそろばん局面への手を打て．

T. H. O'Beirne は Welter ゲームのミゼール形式を考察した．しかしながら，われわれの完全な解析は，Yamasaki の解析と独立に同じ結論に到達しているが，O'Beirne の簡単な規則は大変小さい数に対してのみ機能することを示している．

7. Kotzig ニム

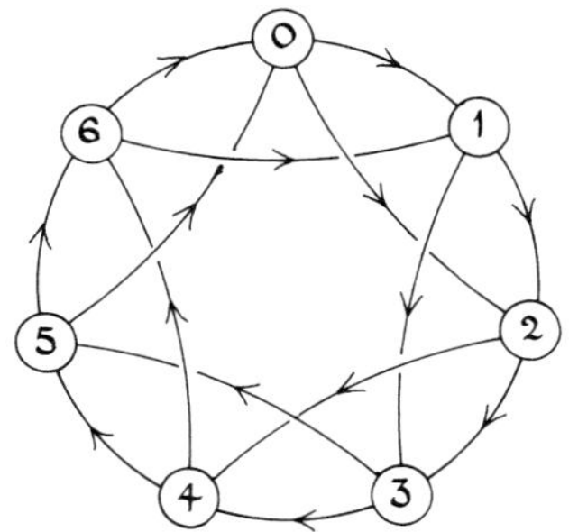

図 15.12 手の集合 {1,2} をもつ 7 マス環状ボード上の Kotzig ニム．

このゲームは環状のボードにコインを置いてプレーする．始めは任意のマスに 1 枚のコインを置く ― その後，各プレーヤーは交互に，直前にコインを置いたマスから時計回りに m だけ離れたマスに，1 枚のコインを置く．m はあらかじめ決められた**手の集合**から選ばなければならない．もし，あなたがコインを置こうとするすべてのマスがすでに占められていたならば，― それらのマスに置けるコインは 1 枚までなので ― あなたの負けになる．図 15.12 の有向グラフは（これは Anton Kotzig が最初にこのゲームを記述したときの仕方である），手の集合が $\{1, 2\}$ で 7 マスの環状ボードでこのゲームをプレーするときに，次に占めることが可能なマスの位置を表す．何が起こるだろうか？　対称性から，われわれは第 1 プレーヤーが 0 のマスにコインを置くと仮定できる．そうすると第 1 プレーヤーは次のようにすれば必ず勝つことができる．

第2	第1	第2	第1	第2	第1
1?	3!	$\sim$	6!		
2?	4!	5?	6	1	3
		6?	1	3	5

記号$\sim$は“任意の合法的な手”を意味する．手が選択できるところには，勝ちか負けかを示す記号！か？を記した．他の手は，選択の余地がない手である．

もし手の集合に含まれるのがmの1手だけであれば，このゲームは単に「愛してる，愛してない」になる．もし環状ボードにn個のマスがあれば，ちょうどn/d手が打たれる．ここにdはmとnの最大公約数である．n/dが偶数であれば，第2プレーヤーが勝つ．逆に奇数であれば，第1プレーヤーが勝つ．

手の集合が$\{1,2\}$のときは，$n=1,3,7$の場合を除いて，すべてのnの値が$\mathcal{P}$局面になる．われわれはすでに，$n=7$が$\mathcal{N}$局面であることを見た．$n=1$および3のときも，容易に$\mathcal{N}$局面であることを確認することができる．その他のすべての場合の第2プレーヤーの戦略は次のようになる：

	第1	第2	第1	第2	第1	第2		第2	第1	第2	第1	第2
$n=3k+2\ (k\geq 0)$	0?	1!	$\sim$	4!	$\sim$	7!	$\sim\ldots\sim$	$(3k+1)!$				
$n=3k\ (k\geq 2)$	0?	2!	3?	4!	$\sim$	7!	$\sim\ldots\sim$	$(3k-2)!$	$3k-1$	1		
			4?	5!	$\sim$	8!	$\sim\ldots\sim$	$(3k-1)!$	1	3		
$n=3k+1\ (k=1,\,k\geq 3)$	0?	2!	3?	5!	$\sim$	8!	$\sim\ldots\sim$	$(3k-1)!$	$3k$	1		
			4?	6!	7?	8!	$\sim\ldots\sim$	$(3k-1)!$	$3k$	1	3	5
					8?	9!	$\sim\ldots\sim$	$(3k)!$	1	3	5	7

（最後の場合において，$k=1$のときは，手4はありえないので，プレーは 0? 2! 3 1 と進む）．

われわれは，始めの少しの例外を除いた後で規則的に振る舞うゲームにすっかり慣れてきた．手の集合が$\{1,3\}$のときは，ゲームは完全に周期的で周期6になる．$\mathcal{N}$局面は$n\equiv 1$または$3\pmod 6$のときだけである．Richard Nowakowskiは次のように説明している．

nが偶数のときは，第1プレーヤーはいつも偶数番のマスにコインを置く．ゆえに，第2プレーヤーは常に$m=1$の手を打てば勝つことができる．

nが奇数のときは，環状ボードの1周目において，もしプレーヤーAが，pのマスに置かれたコインに応じて，$p+1$のマスにコインを置くなら，もう一方のプレーヤーは（$p+2<n$である限り）$p+2$のマスにコインを置くと勝つ．プレーヤーAは次の周回のときにブロックされていることに気がつくだろう．したがって，各プレーヤーは$m=3$の手をできる限り長く使う．

したがって，$n\equiv 3\pmod 6$のときは，第1プレーヤーが$n-3$のマスに到着し，次いで第2プレーヤーは$n-2$のマスにコインを置かされ，$n-1$のマスに達した第1プレーヤーが次の周回で勝つ．

$n\equiv 1\pmod 6$のときは，第1プレーヤーが$n-1$のマスに到着する．2周目は両方のプレーヤーが$p\equiv 2\pmod 3$のマスに置き，最後の第3周では$p\equiv 1\pmod 3$のマスに置くことになる．nは奇数であるので，第1プレーヤーの勝ちになる．

$n \equiv 5 \pmod 6$ のときは，1 周目で第 2 プレーヤーが $n-2$ のマスに到着するので，第 2 プレーヤーの勝ちになる．なぜなら，第 1 プレーヤーが $n-1$, 1 のどちらのマスにコインを置いても，第 2 プレーヤーが 2 のマスにコインを置くことが勝利手になるからである．

手の集合が $\{2,3\}$ のときに次を確認することは読者に残しておく．

$n \equiv 0,1,4 \pmod 5$ は $n=1,5,11$ を**除いて** $\mathcal{P}$ 局面である．
$n \equiv 2,3 \pmod 5$ は $n=2$ を**除いて** $\mathcal{N}$ 局面である．

熱心な読者は，手の集合が $\{1,2,3\}$ のときに

$n \equiv 0,1,2 \pmod 4$ は $n=1,5$ を除いて $\mathcal{P}$ 局面である，
$n \equiv 3 \pmod 4$ は $n=7$ を除いて $\mathcal{N}$ 局面である

ということを確認するだろう．また手の集合がより複雑な場合も調べるだろう．

Kotzig ニム（またはモジュラーニム） をより一般的なグラフに拡張したゲームは，Fraenkel によって**ジオグラフィ**と名づけられている．Nowakowski & Poole，および Hogan & Horrocks は，2 つのサイクルの積となっているゲームを調べた．ゲームは $3 \times n$ の場合には周期 42 で周期的になり，$4 \times n$ の場合には $n \equiv 11 \pmod{12}$ のときに限り $\mathcal{P}$ 局面になる．

8. フィボナッチ・ニム

このゲームはチップの山 1 つだけでプレーし，最初のプレーヤーはチップを好きなだけ取れるものとする．ただしチップの山全部を取ることはできない．その後，各プレーヤーは，直前のプレーヤーが取ったチップの数の 2 倍以下のチップを取ってよい．誰が勝つだろうか？

フィボナッチ数

$$u_1 = u_2 = 1, \quad u_3 = 2, \quad u_4 = 3, \quad u_5 = 5, \quad 8, \quad 13, \quad 21, \quad 34, \quad 55, \quad 89, \quad \ldots$$

のチップの山は $\mathcal{P}$ 局面であることがわかる．Zeckendorf は，たとえば

$$54 = 34 + 13 + 5 + 2$$

のように，任意の整数が**隣り合っていない**フィボナッチ数の和として**一意的に**表されるという注目すべき定理を得た．チップの数がフィボナッチ数**でない**山は，次プレーヤー（先手）の勝ち（$\mathcal{N}$ 局面）だが，その手は次のようにする．山のサイズのフィボナッチ数展開列において，小さい頃から大きい方へ向かって適当な所で打ち切った和の数のチップを取り除く．ただし，その和は次の項の半分より少ないという条件をみたすものとする．たとえば，54 枚の山からは 2 枚は取れるが，$2+5=7$ 枚はあなたの敵が 13 枚取ってしまうので取れない．

より一般的な枚数制限のあるニム

いま，上のルールが

“2 倍以下取ってよい”

から

“2倍未満取ってよい”

にほんの少し変わったとする．この変更により結果は大きく変わるだろうか？ 十分興味深いことに，ルールを

“同数以下取ってよい”

と変更したのと同じ結果が得られる．

チップの数が2のべき乗のときは，いずれも$\mathcal{P}$局面である．そうでなければ，チップ数を割り切る2の一番高いべき乗の枚数のチップを取ることで，先手が勝てるからである．

もちろん，ルールが

“同数未満取ってよい”

であれば，1枚より多くのチップがあるという条件の下で，あなたは1枚取ることでたちまち勝ってしまう．というのは，敵は合法的な手がまったく打てないからである．これは「彼女はいつも私を愛してる」の偽装である．

そのようなゲームには，ルールが

“k倍未満取ってよい”

というものと，

“k倍以下取ってよい”

というものの2種類がある．“未満”のゲームでは，$\mathcal{P}$局面の数列$\{a_n\}$は次の漸化式をみたす：

$$a_{n+1} = a_n + a_{n-l} \quad (n \geq n_l \text{ に対して}).$$

また，“以下”のゲームの漸化式は次のようになる：

$$a_{n+1} = a_n + a_{n-m} \quad (n \geq n_m \text{ に対して}).$$

ここにl, m, n_l, n_mは次の表で与えられる．

$k =$	1	2	3	4	5	6	7	...
$l =$	−	0	2	5	7	10	13	...
$m =$	0	1	3	5	7	10	13	...
$n_l =$	−	2	5	13	14	23	28	...
$n_m =$	2	3	6	9	11	19	24	...

フィボナッチ数の通常のラベルづけと整合するように，われわれはそれぞれの数列を$a_2 = 1$から始める．すると“未満”の数列は

$$a_i = i - 1 \ (2 \leq i \leq k+1), \ \ a_i = 2i - k - 2 \ (k+1 \leq i \leq (3k+2)/2), \ldots$$

となり，“以下”の数列は

$$a_i = i - 1 \ \ (2 \le i \le k+2), \ \ a_i = 2i - k - 3 \ \ (k+2 \le i \le (3k+5)/2), \ \ldots$$

となるが，k が増加するに従って，数列が落ち着くまで長く長くかかるようになる．これまでわれわれと共に過ごしてきた熱心な読者は，これらの数列と表がこの先どうなるかを知る正確な方法を間違いなく見出すだろう．

9. Epstein 平方数足し引きゲーム

このゲームもただ1つのチップの山を用いてプレーする．それぞれの手番では，たった2つのこと，すなわち山にあるチップの数以下の最大の平方数のチップを加えることか，取り除くことができる．たとえば，山にあるチップ数が0以外の平方数のとき，先手は山全体を取り除くことによって勝つことができる．

これはループをもつゲームである．2の山から始めるとき，許される手は1を加えるか1を取るかのどちらかである．最初のプレーヤーは1を取って平方数を残したくないので，彼は1を加えて3にする．同じ理由で彼の敵も1を**加え**たくない．よって敵は1を取り，ゲームはドローとなる．

しかし5は，5 ± 4 が両方とも平方数であるので $\mathcal{P}$ 局面である！ そして $4 \times 5 = 20$, $9 \times 5 = 45$, $16 \times 5 = 80$ もまた $\mathcal{P}$ 局面である．なぜ125は違うのか？ これらより少しだけおもしろい $\mathcal{P}$ 局面は29である．先手は25を**引きたく**ない．しかし彼が25を足して54にすると，彼の敵は5に行って勝つことができる．

図15.13は10から始めるゲームの解析の一部である．もしあなたがこの図を続けていけば，すぐに，われわれがEpsteinゲームの完全解析を与えない理由がわかるだろう．平方数と他の $\mathcal{N}$ 局面は四角の箱で囲み，$\mathcal{P}$ 局面は丸で囲んである．

遠隔数 ≤ 14 で5000未満のすべての $\mathcal{P}$ 局面と，興味深い $\mathcal{N}$ 局面については少数にとどめたリストを示す．われわれの最初のリストをThea van Roodeが拡大したものである．

もしあなたが92の山からどうやって勝つかを知りたければ付録を見よ．

このゲームのミゼール版はおもしろくない．というのは，数を増やす手がいつも打てるからである．

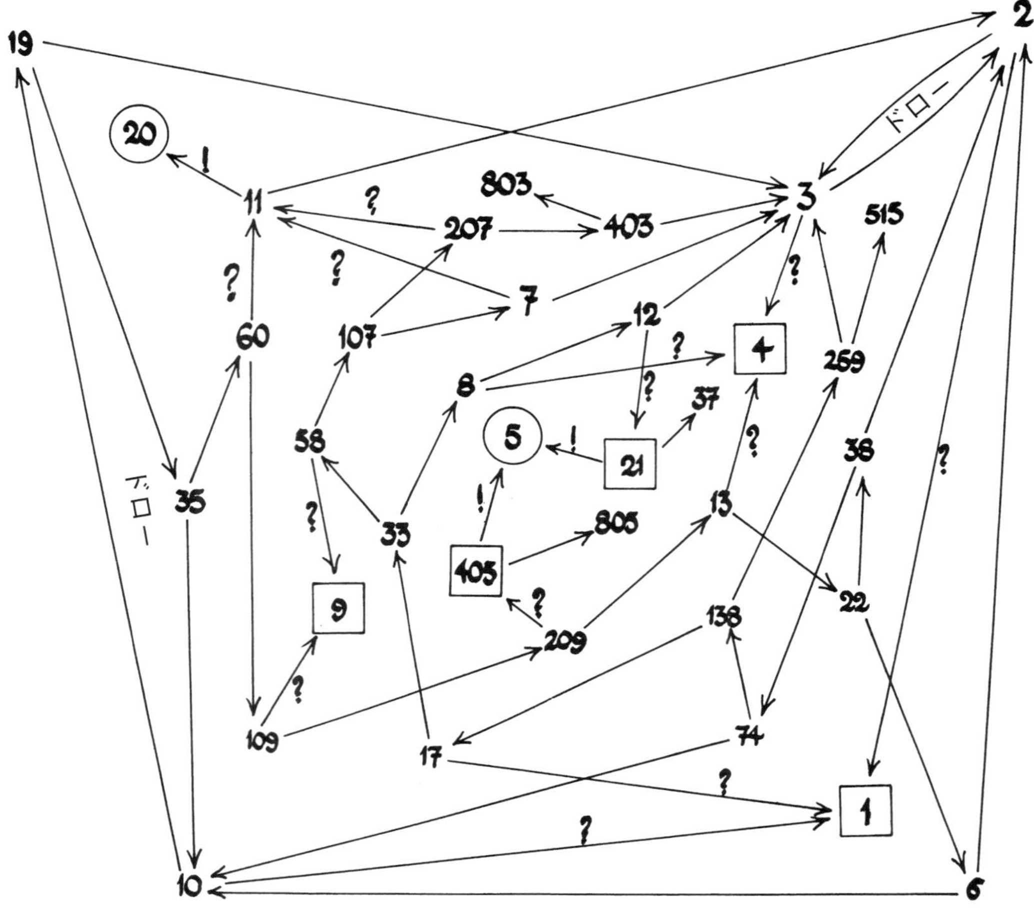

図 **15.13** 10の山の部分的な解析.

トリビュレーションとフィビュレーション

もし平方数の代わりに他の数列を使うと何が起こるだろうか？ 1つのやさしい場合は 2^k-1 であるが，もっと興味深い場合がすでに示唆されている．すなわち，三角数1, 3, 6, 10, 15, 21, ...の場合 (Simon Norton) とフィボナッチ数に1を加えた 1, 2, 3, 4, 6, 9, 14, 22, 35, ...の場合 (Mike Guy) である．付録を見よ．

$\mathcal{P}$ 局面	$\mathcal{N}$ 局面
遠隔数 0 : 0	
	遠隔数 1 : すべての平方数
遠隔数 2 : 5, 20, 45, 80, 145, 580, 949, 1305, 1649, 2320, 3625, 4901, 5220, ...	
	遠隔数 3 : 11, 14, 21, 30, 41, 44, 54, 69, 86, 105, 120, 126, 141, 149, 164, 174, 189, 201, 216, 230, 261, 291, 294, 329, 366, ...
遠隔数 4 : 29, 101, 116, 135, 165, 236, 404, 445, 540, 565, 585, 845, 885, 909, 944, 954, 975, 1125, 1310, 1350, 1380, 1445, 1616, 1654, 1669, 2325, 2340, 2405, 2541, 2586, 2705, 3079, 3150, 3185, 3365, 3380, 3405, 3601, 3630, 3705, 4239, 4921, 4981, 5225, 5265, ...	
	遠隔数 5 : 52, 71, 84, 208, 254, 284, 296, 444, ...
遠隔数 6 : 257, 397, 629, 836, 1177, 1440, 1818, 1833, 1901, 1937, 1988, 2210, 2263, 2280, 2501, 2516, 2612, 2845, 2861, 3039, 3188, 3389, 3621, 3654, 3860, 4053, 4105, 4541, 4693, 4708, 4813, 4930, ...	
	遠隔数 7 : 136, 436, 601, 918, 1291, ...
遠隔数 8 : 477, 666, 5036, ...	
	遠隔数 9 : 252, 342, ...
遠隔数 10 : 173, ...	
	遠隔数 11 : 92, ...
遠隔数 12 : 3341, 3573, 3898, 4177, 4229, 4581, ...	
	遠隔数 13 : 1809, 1962, ...
遠隔数 14 : 1918, ...	
……	……

10. 最後から3本目の幸運

通常のニムは，プレーヤーの1人が最後の棒を取ったときに終了する．ミゼールニムは残った棒が1本になるとき終了すると考えてよい．もし，残った棒がちょうど2本になるときにゲームが終了し，最後から3本目の棒を取ったプレーヤーが勝者だとすれば，何が起こるだろうか？　このゲームは3山の場合でも大変難しい．

最初の山に m 本，2番目の山に n 本の棒があるとき，$\mathcal{P}$ 局面となる3番目の山のサイズは一意的に定まる．固定したmに対して，このサイズはnについていずれは算術周期的になる．mに対する周期は次のとおりである．

$m=$	1	2	3	4	5	6	7	8	9	10	11	12	13	14	15	16	17	18	19	...
周期	1	2	4	2	12	12	12	8	8	10	60	60	84	84	84	16	18	180	20	...

11. ヒッコリー・ディッコリー・ドック

Dean Hickersonは，1手がサイズnの山を

$$k,\ n-k,\ n-2k, \quad ただし\ 1 \le k \le \frac{1}{2}n$$

の3つの山に置き換えるゲームを示唆した． このゲームは前章のターニップスのように見えるが，実際には$n=1,2,3,\ldots$に対するニム値は，定規ゲーム（第14章図14.7）のニム値の指数部$0,1,0,2,0,1,0,3,0,\ldots$である．

12. D.U.D.E.N.E.Y

D.U.D.E.N.E.Y は，

必ず減らす (Deductions Unfailing)，こだま禁止 (Disallowing Echoes)，
Yを越えない (Not Exceeding Y)

というゲームであり，特別な場合がDudeneyの記述した“37パズルゲーム”になる．

各プレーヤーは1つの数から1からYまでの任意の数を引いていく．つまり，

“Yを越えない．”

ただし直前に引いた数は繰り返してはいけない．つまり，

“こだま禁止．”

そしてあなたがいつも手を打てるなら，あなたの勝ちだ．つまり，敵はどこかで失敗し，あなたは

“必ず減らす．”

もしこだまが禁じられて**いなければ**，$\mathcal{P}$局面はY+1の倍数になり，勝者はいつもX減らされたあとにY+1−X減らすだろう．Yが偶数であればY+1−Xは決してXに等しくならないので，この戦略はD.U.D.E.N.E.Yでも有効である．したがって，これ以降はYが奇数であると考えることにしよう．

Y= 3のとき，数Nからの良い手は次のようになる．

N =	0	1	2	3	4	5	6	7	8	9	10	11	...
減らす数	?	1	1,2	3	?	1	1,2,3	3	?	1	1,2,3	3	...

そしてY = 5のときは次のようになる．

N=	0	1	2	3	4	5	6	7	8	9	10	11	12	
減らす数	?	1	1,2	3	4	5	**3**	?	1,4	2,3	3,5	4	5	
N=	13	14	15	16	17	18	19	20	21	22	23	24	25	...
減らす数	?	1	1,2,4	3	4,5	5	**3**	?	1	1,2,3	3,5	4	5	...

Y= 3のときはちょうど周期4をもつ．Y= 5のときの周期は13である．勝つための最も簡単な方法は，数Nの中の**真珠**の1つに動かすことである．真珠はエントリー？で表され，先手が打てる良い手がまったくないことを教えてくれる．真珠は前の手が何であっても$\mathcal{P}$局面であるが，ただ1つの必勝手がこだま禁止のルールで許されない別の$\mathcal{P}$局面もある．

一般には，真珠は

$$\begin{aligned} \mathrm{E} &= \mathrm{Y}+1,\ \text{Y の次の偶数, または} \\ \mathrm{D} &= \mathrm{Y}+2,\ \text{Y の次の奇数} \end{aligned}$$

のどちらかの間隔をおいて並んでいるというのは，もしPが真珠であれば，P + EまたはP + Dからのほとんどの手のあとで，直接Pに行くことができるからである．例外は次の2つの手である．

$$\mathrm{P}+\mathrm{E}\ \text{から}\ \mathrm{P}+\frac{1}{2}\mathrm{E}\ \text{へ，}\quad \text{および}\quad \mathrm{P}+\mathrm{D}\ \text{から}\ \mathrm{P}+\mathrm{E}\ \text{へ.}$$

これら2つの手のうち左側が悪い手であればP + Eが真珠であり，逆に良い手であればP + Dが真珠となる．

ある与えられた局面から，通常はあなたの敵が前方の真珠に動かすのを妨げる手はただ1つであるが，時によって2つの手があることもある．危険な手

$$\mathrm{P}+\mathrm{E}\ \text{から}\ \mathrm{P}+\frac{1}{2}\mathrm{E}\ \text{へ}$$

について，1本または2本の道筋に沿って調べて良い手か悪い手かを決定することは，かなりやさしい．Y= 5の場合は，2つの危険な手

13 から 10 へ，　および 26 から 23 へ

は悪い手である．というのは，これらの手は

10 から 5 へ，　および 23 から 18 へ

と応じられるからである．しかしながら，

6 から 3 へ，　または 19 から 16 へ

は良い手であり，減らす数は**3**のように太字で記されている．

表 15.6　奇数全体の $\frac{53}{64}$ を占める Y に対する D.U.D.E.N.E.Y の真珠の列.

Y	真珠の列	Y	真珠の列
$3+8r$	(E)EEE ...	41	(DDDEDE) ...
$5+8r$	(DE)DEDE ...	55	DD(EDE)EDE ...
7	(DEE)DEE ...	$63+128r$	(E)EE
9	(DDE)DDE ...	$65+128r$	(DDDE)DDDE ...
$15+32r$	(E)EE ...	$71+64r$	(DE)DEDE ...
$17+32r$	(DDE)DDE ...	$73+128r$	(DDEDE)DDEDE ...
23	(DDEDDDDEE) ...	$87+128r$	(DDE)DDE ...
$25+32r$	(DE)DE ...	95	DDEE(DDE)DDE ...
$31+128r$	(DEE)DEE ...	97	(DDEDDDE) ...
33	(DDDEDDE) ...	103	(DE)DEDE ...
$39+128r$	(DEE)DEE ...	$105+128r$	(DE)DEDE ...

12.1　真珠の列

真珠を知ることは，あなたがゲームに勝つ上で役に立つ．真珠に直接動かせるときは直接真珠に動かせ．そうでなければあなたの敵が真珠に直接動かすことを妨害せよ．したがって，真珠と真珠の間隔 D と E の系列をあなたに教えることだけが必要になる．この系列は周期的（ときに，究極的に周期的 — 55 と 95 のエントリーを見よ）である．表 15.6 では周期は括弧の中に示されており，また $r \geq 0$ である．これらの仕事のほとんどは John Selfridge と Roger Eggleton によってなされた．

Schuh は，彼の本の引き算ゲームの章で，このゲームをミゼール版と合わせて議論し，また，もしプレーを 1 で終了させるとすると勝敗が異なるが，この場合について 2 つの変形も議論した．

12.2　Schuh 列

Schuh 教授は，0 減らす手（つまり，パス）も許すが，最初に 0 に到達した人が勝ちではある，という変形版についても論じている．

任意の正の整数 n から始めると，あなたにはいつも少なくとも 1 つの良い手がある．というのは，あなたが減らす数がいくつであっても勝てないときは 0 を減らすことができ，あなたの敵も似た状況になるが今度は 0 減らす手は打てないからである．正の数 g を減らす手

$$n \text{ から } n-g \text{ へ}$$

は良い手となり得るだろうか？　$n-g$ から禁じられるただ 1 つの手は

$$n-g \text{ から } n-2g \text{ へ}$$

であるから，この手も $n-g$ からのただ 1 つの良い手に違いない．しかしながら，同様に

$$n-2g \text{ から } n-3g \text{ へ},$$
$$n-3g \text{ から } n-4g \text{ へ},$$
$$\cdots\cdots\cdots\cdots\cdots$$

も良い手に違いなく，この形の最後の手は

$$g \text{ から } 0 \text{ へ}$$

となるはずである．したがって，正の数 g 減らすことは，g の倍数の列（**g 倍列**と呼ぶ）

$$g,\ 2g,\ 3g,\ \ldots,\ kg,\ \ldots$$

に対してのみ良い手となる．$(k+1)g$ から g 減らす手が良い手となるのは，それが kg からの**ただ 1 つの**良い手であるとき，またそのときに限られる．g 倍列は，良い手がほかにもある最初の g の倍数で終わる．したがって，減らす数が 0, 1, 2, 3, 4, 5(Y = 5) であるとき，良い手を見出すと次のようになる：

$n=$	1	2	3	4	5	6	7	8	9	10	11	12	13	14	15	16	17	18	19	20	…
減らす数	1	1,2]	3	4	5	3	0	4	3	5	0	3,4]	0	0	5	0	0	0	0	5	…

1 倍列と 2 倍列は 2 で終了し，3 倍列と 4 倍列は 12 で終了するが，5 倍列は限りなく続く．
一般に，2 つ以上の数

$$a, b, \ldots$$

についての倍列がまだ終了していないときには，最初の数が 2 番目以降の倍列で現れたところでそれらの倍列は終了する．永遠に続く倍列は高々 1 つである．表 15.7 において，エントリー (a, b) は a 倍列と b 倍列がそれらの最小公倍数で終了することを意味するが，一方，エントリー $g\infty$ は無限に続く g 倍列に対応し，引く最大の数 (Y) が奇数のときのみ関係する．3 個以上の倍列が同時に終了する Schuh ゲームがあるかどうかは知られていない．

13. 王女とバラ

最初に『数学ゲーム必勝法』を計画したときには，王女は自分自身のための 1 章をもつはずであった．しかし他の美しく魅力的な女性たちと同様，われわれはおそらく王女と一緒に長くたわむれすぎた感があった．いまは王女との対面の記憶を短いレジュメに書くに留めるのがよさそうである．われわれの物語はたぶん，Schuh 教授の独創的で飾り気のない解説と，その後の Filet de Carte Blanche 氏の止めどない空想との間をたどるコースを操縦することになるだろう．

ロマンティカ王女には求婚者として 2 人の王子，ハンサムなハンスとチャーミングなチャールズがいることが知られている．2 人の求婚者は交互にバラの庭園に行き，1 本のバラ，もしくは別々の木から 2 本のバラを持ち帰る．図 15.14 では，王女が，チャーミングなチャールズが一番高い木から取ってきたばかりの美しいバラの香りを嗅いでいるのを見ることができる．いずれは図 15.15 のように，庭に 1 輪のバラもないことに気づいた求婚者のひとりが，王女にバラを捧

表 15.7 さまざまな最大の減数 Y に対応する Schuh 列.

<table>
<tr><th>2 または 3</th><th>4 または 5</th><th>6 または 7</th><th>8 または 9</th><th>10 または 11</th><th>12 または 13</th><th>14 または 15</th></tr>
<tr><td>(1,2)</td><td>(1,2)</td><td>(1,2)</td><td>(1,2)</td><td>(1,2)</td><td>(1,2)</td><td>(1,2)</td></tr>
<tr><td>3∞</td><td>(3,4)</td><td>(3,6)</td><td>(3,6)</td><td>(3,6)</td><td>(3,6)</td><td>(3,6)</td></tr>
<tr><td></td><td>5∞</td><td>(4,5)</td><td>(4,8)</td><td>(4,8)</td><td>(4,8)</td><td>(4,8)</td></tr>
<tr><td colspan="2">(1,2)</td><td>7∞</td><td>(5,7)</td><td>(5,10)</td><td>(5,10)</td><td>(5,10)</td></tr>
<tr><td colspan="2">(3,6)</td><td>(1,2)</td><td>9∞</td><td>(7,9)</td><td>(9,12)</td><td>(7,14)</td></tr>
<tr><td colspan="2">(4,8)</td><td>(3,6)</td><td>(1,2)</td><td>11∞</td><td>(7,11)</td><td>(9,12)</td></tr>
<tr><td colspan="2">(5,10)</td><td>(4,8)</td><td>(3,6)</td><td>(1,2)</td><td>13∞</td><td>(11,13)</td></tr>
<tr><td colspan="2">(7,14)</td><td>(5,10)</td><td>(4,8)</td><td>(3,6)</td><td>(1,2)</td><td>15∞</td></tr>
<tr><td colspan="2">(9,18)</td><td>(7,14)</td><td>(5,10)</td><td>(4,8)</td><td>(3,6)</td><td>(1,2)</td></tr>
<tr><td colspan="2">(11,22)</td><td>(9,18)</td><td>(7,14)</td><td>(5,10)</td><td>(4,8)</td><td>(3,6)</td></tr>
<tr><td colspan="2">(12,24)</td><td>(11,22)</td><td>(9,18)</td><td>(7,14)</td><td>(5,10)</td><td>(4,8)</td></tr>
<tr><td colspan="2">(13,26)</td><td>(12,24)</td><td>(11,22)</td><td>(9,18)</td><td>(7,14)</td><td>(5,10)</td></tr>
<tr><td colspan="2">(15,20)</td><td>(15,20)</td><td>(12,16)</td><td>(12,16)</td><td>(9,18)</td><td>(7,14)</td></tr>
<tr><td>(21,27)</td><td>(16,17)</td><td>(13,16)</td><td>(15,20)</td><td>(15,20)</td><td>(12,16)</td><td>(9,12)</td></tr>
<tr><td>(16,17)</td><td>(19,21)</td><td>(17,19)</td><td>(13,17)</td><td>(11,13)</td><td>(11,13)</td><td>(11,13)</td></tr>
<tr><td>(19,23)</td><td>(23,25)</td><td>(21,23)</td><td>(19,21)</td><td>(17,19)</td><td>(15,17)</td><td>(15,16)</td></tr>
<tr><td>25∞</td><td></td><td>25∞</td><td>23∞</td><td>21∞</td><td>19∞</td><td>17∞</td></tr>
<tr><td>27</td><td>26</td><td>25 または 24</td><td>23 または 22</td><td>21 または 20</td><td>19 または 18</td><td>17 または 16</td></tr>
</table>

げられなくなったことに落胆して地面に伏し，もうひとりの求婚者が王女の手に渡す最後のバラを掲げるに至る．どちらが幸運の王子だろうか？

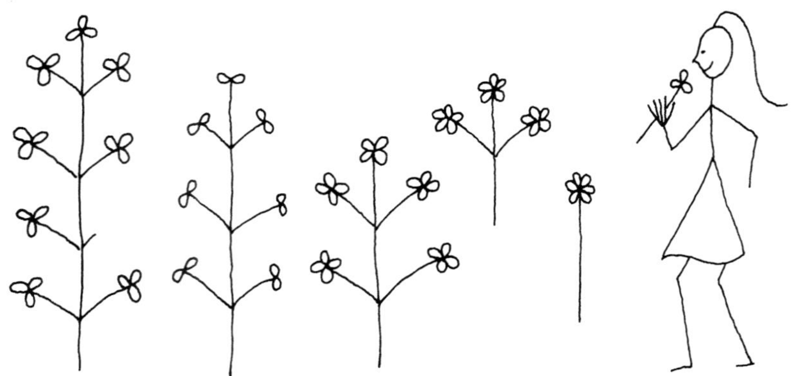

図 15.14 ロマンティカ王女はチャーミングなチャールズのバラの香りを嗅ぐ.

もちろんあなたはこのゲームをチップの山のゲームとしてプレーすることもできる．この山のゲームで合法的な手は，1枚のチップを取るか，もしくは相異なる2つの山から1枚ずつ合計

2枚のチップをとるかのどちらかである．Schuh教授は，5本の木がある庭において，王子が何としても勝ちを望むなら，木にある花の数を降順に並べたときに必ず次のどれか1つのパターンにすべきであることを示した．

偶数-偶数-偶数-偶数-偶数,
偶数-奇数-奇数-奇数-奇数,
奇数-偶数-偶数-奇数-奇数,
奇数-奇数-奇数-偶数-偶数.

明らかにチャールズは自分が何をしているか知っており，Schuh教授の研究に何の疑いをもつことなく，自分が図15.15に描かれた男性になれるはずだと思っている．

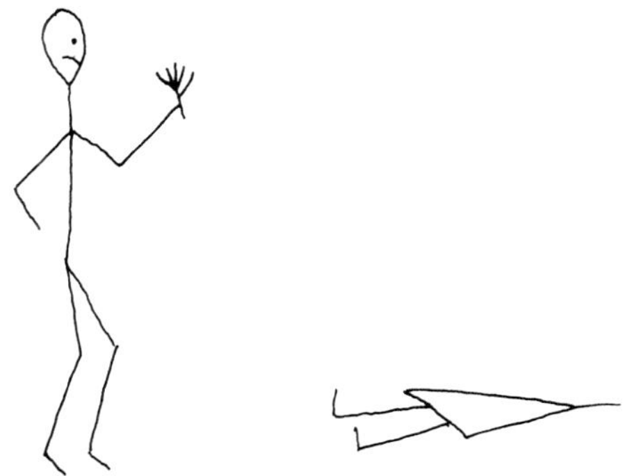

図 15.15 王女の手に最後に渡せるのはどっち？

あなたは，木の本数が少ないときに（木にはたくさんのバラが咲いていてよい）Schuh教授の法則を理解できるだろう．

パリティ（偶奇性）を考えることが第一である．

しかしながら，バラの数が少ない木がたくさんあるときには，

3跳びが勝利を呼ぶ．

というのは，極限的には$\mathcal{P}$局面は単にバラの数の合計が3の倍数になる局面になるからである．

このことは，次の形

$$3^x2^y1^z \qquad \text{または} \qquad a.2^y1^z \qquad \text{または} \qquad a.b.1^z,$$

すなわち

$$\left.\begin{array}{r}3\text{輪のバラの木}\,x\,\text{本}\\2\text{輪のバラの木}\,y\,\text{本}\\1\text{輪のバラの木}\,z\,\text{本}\end{array}\right\}\ \text{または}\ \left.\begin{array}{r}a\text{輪のバラの木}\,1\,\text{本}\\2\text{輪のバラの木}\,y\,\text{本}\\1\text{輪のバラの木}\,z\,\text{本}\end{array}\right\}\ \text{または}\ \left.\begin{array}{r}a\text{輪のバラの木}\,1\,\text{本}\\b\text{輪のバラの木}\,1\,\text{本}\\1\text{輪のバラの木}\,z\,\text{本}\end{array}\right\}$$

におけるすべての $\mathcal{P}$ 局面のリストである表15.8，15.9，15.10において，最後の下付き文字が3である理由になっている．　これらの表において，エントリー n_3 は無限の等差数列

$$n,\ n+3,\ n+6,\ n+9,\ \ldots$$

のすべての数を表し，$m_d\,n$ は有限の等差数列

$$m,\ m+d,\ m+2d,\ \ldots,\ n$$

を表す．（初項 m は省略するとして）たとえばエントリー ${}_6 7_5 17_3$ は1, 7, 12, 17, 20, 23, 26, 29, ...を表す．

表 15.8　$3^x2^y1^z$ タイプの $\mathcal{P}$ 局面．エントリーは z の値の集合である．

x \ y	0	1	2	3	4	5	6	7	8	9	10	11
0	0_3	${}_4 4_3$	${}_5 5_3$	0_3	${}_4 4_3$	${}_5 5_3$	0_3	${}_4 4_3$	${}_5 5_3$	0_3	${}_4 4_3$	${}_5 5_3$
1	${}_4 6_3$	4_3	2_3	3_3	4_3	2_3	3_3	4_3	2_3	3_3	4_3	2_3
2	${}_5 6_3$	4_3	2_3	3_3	1_3	2_3	3_3	1_3	2_3	3_3	1_3	2_3
3	0_3	${}_4 4_3$	${}_5 5_3$	0_3	1_3	2_3	0_3	1_3	2_3	0_3	1_3	2_3
4	3_3	4_3	2_3	0_3	1_3	2_3	0_3	1_3	2_3	0_3	1_3	2_3
5	${}_5 6_3$	4_3	2_3	0_3	1_3	2_3	0_3	1_3	2_3	0_3	1_3	2_3
6	0_3	1_3	2_3	0_3	1_3	2_3	0_3	1_3	2_3	0_3	1_3	2_3
7	0_3	1_3	2_3	0_3	1_3	2_3	0_3	1_3	2_3	0_3	1_3	2_3

表 15.9　$a.2^y1^z$ タイプの $\mathcal{P}$ 局面．エントリーは z の値の集合である．

y \ a	0	1	2	3	4	5	6	7	8	9	10	11
0	0_3	2_3	${}_4 4_3$	${}_4 6_3$	${}_4 8_3$	${}_4 10_3$	${}_4 12_3$	${}_4 14_3$	${}_4 16_3$	${}_4 18_3$	${}_4 20_3$	${}_4 22_3$
1	${}_4 4_3$	3_3	${}_5 5_3$	4_3	${}_6 6_3$	$4_4 8_3$	${}_6 6_4 10_3$	$4_4 12_3$	${}_6 6_4 14_3$	$4_4 16_3$	${}_6 6_4 18_3$	$4_4 20_3$
2	${}_5 5_3$	4_3	0_3	2_3	${}_4 4_3$	${}_4 6_3$	${}_4 8_3$	${}_4 10_3$	${}_4 12_3$	${}_4 14_3$	${}_4 16_3$	${}_4 18_3$
3	0_3	2_3	${}_4 4_3$	3_3	${}_5 5_3$	4_3	${}_6 6_3$	$4_4 8_3$	${}_6 6_4 10_3$	$4_4 12_3$	${}_6 6_4 14_3$	$4_4 16_3$
4	${}_4 4_3$	3_3	${}_5 5_3$	4_3	0_3	2_3	${}_4 4_3$	${}_4 6_3$	${}_4 8_3$	${}_4 10_3$	${}_4 12_3$	${}_4 14_3$
5	${}_5 5_3$	4_3	0_3	2_3	${}_4 4_3$	3_3	${}_5 5_3$	4_3	${}_6 6_3$	$4_4 8_3$	${}_6 6_4 10_3$	$4_4 12_3$
6	0_3	2_3	${}_4 4_3$	3_3	${}_5 5_3$	4_3	0_3	2_3	${}_4 4_3$	${}_4 6_3$	${}_4 8_3$	${}_4 10_3$
7	${}_4 4_3$	3_3	${}_5 5_3$	4_3	0_3	2_3	${}_4 4_3$	3_3	${}_5 5_3$	4_3	${}_6 6_3$	$4_4 8_3$

表 15.10 $a.b.1^z$ タイプの $\mathcal{P}$ 局面．エントリーは z の値の集合である．

b \ a	0	1	2	3	4	5	6	7	8	9	10	11
0	0_{3}	2_{3}	${}_{4}4_{3}$	${}_{4}6_{3}$	${}_{4}8_{3}$	${}_{4}10_{3}$	${}_{4}12_{3}$	${}_{4}14_{3}$	${}_{4}16_{3}$	${}_{4}18_{3}$	${}_{4}20_{3}$	${}_{4}22_{3}$
1	2_{3}	1_{3}	3_{3}	${}_{4}5_{3}$	${}_{4}7_{3}$	${}_{4}9_{3}$	${}_{4}11_{3}$	${}_{4}13_{3}$	${}_{4}15_{3}$	${}_{4}17_{3}$	${}_{4}19_{3}$	${}_{4}21_{3}$
2	${}_{4}4_{3}$	3_{3}	${}_{5}5_{3}$	4_{3}	6_{3}	$4_{4}8_{3}$	$6_{4}10_{3}$	$4_{4}12_{3}$	$6_{4}14_{3}$	$4_{4}16_{3}$	$6_{4}18_{3}$	$4_{4}20_{3}$
3	${}_{4}6_{3}$	${}_{4}5_{3}$	4_{3}	${}_{5}6_{3}$	${}_{5}8_{3}$	${}_{6}7_{3}$	${}_{6}9_{3}$	${}_{6}7_{4}11_{3}$	${}_{6}9_{4}13_{3}$	${}_{6}7_{4}15_{3}$	${}_{6}9_{4}17_{3}$	${}_{6}7_{4}19_{3}$
4	${}_{4}8_{3}$	${}_{4}7_{3}$	6_{3}	${}_{5}8_{3}$	${}_{5}10_{3}$	${}_{5}9_{3}$	${}_{6}6_{5}11_{3}$	${}_{6}10_{3}$	${}_{6}12_{3}$	${}_{6}10_{4}14_{3}$	${}_{6}12_{4}16_{3}$	${}_{6}10_{4}18_{3}$
5	${}_{4}10_{3}$	${}_{4}9_{3}$	$4_{4}8_{3}$	${}_{6}7_{3}$	${}_{5}9_{3}$	${}_{5}11_{3}$	${}_{5}13_{3}$	${}_{6}7_{5}12_{3}$	${}_{6}9_{5}14_{3}$	${}_{6}13_{3}$	${}_{6}15_{3}$	${}_{6}13_{4}17_{3}$
6	${}_{4}12_{3}$	${}_{4}11_{3}$	$6_{4}10_{3}$	${}_{6}9_{3}$	${}_{6}6_{5}11_{3}$	${}_{5}13_{3}$	${}_{5}15_{3}$	${}_{5}14_{3}$	${}_{6}6_{5}16_{3}$	${}_{6}10_{5}15_{3}$	${}_{6}12_{5}17_{3}$	${}_{6}16_{3}$
7	${}_{4}14_{3}$	${}_{4}13_{3}$	$4_{4}12_{3}$	${}_{6}7_{4}11_{3}$	${}_{6}10_{3}$	${}_{6}7_{5}12_{3}$	${}_{5}14_{3}$	${}_{5}16_{3}$	$3_{5}18_{3}$	${}_{6}7_{5}17_{3}$	${}_{6}9_{5}19_{3}$	${}_{6}13_{5}18_{3}$
8	${}_{4}16_{3}$	${}_{4}15_{3}$	$6_{4}14_{3}$	${}_{6}9_{4}13_{3}$	${}_{6}12_{3}$	${}_{6}9_{5}14_{3}$	${}_{6}6_{5}16_{3}$	$3_{5}18_{3}$	${}_{5}20_{3}$	${}_{5}19_{3}$	${}_{6}6_{5}21_{3}$	${}_{6}10_{5}20_{3}$
9	${}_{4}18_{3}$	${}_{4}17_{3}$	$4_{4}16_{3}$	${}_{6}7_{4}15_{3}$	${}_{6}10_{4}14_{3}$	${}_{6}13_{3}$	${}_{6}10_{5}15_{3}$	${}_{6}7_{5}17_{3}$	${}_{5}19_{3}$	${}_{5}21_{3}$	${}_{5}23_{3}$	${}_{6}7_{5}22_{3}$
10	${}_{4}20_{3}$	${}_{4}19_{3}$	$6_{4}18_{3}$	${}_{6}9_{4}17_{3}$	${}_{6}12_{4}16_{3}$	${}_{6}15_{3}$	${}_{6}12_{5}17_{3}$	${}_{6}9_{5}19_{3}$	${}_{6}6_{5}21_{3}$	${}_{5}23_{3}$	${}_{5}25_{3}$	${}_{5}24_{3}$
11	${}_{4}22_{3}$	${}_{4}21_{3}$	$4_{4}20_{3}$	${}_{6}7_{4}19_{3}$	${}_{6}10_{4}18_{3}$	${}_{6}13_{4}17_{3}$	${}_{6}16_{3}$	${}_{6}13_{5}18_{3}$	${}_{6}10_{5}20_{3}$	${}_{6}7_{5}22_{3}$	${}_{5}24_{3}$	${}_{5}26_{3}$

これらの表はまた，偶奇性の領域と三重性の領域の間に，勝敗が法 4 と法 5 に応じて異なる場所があることを示している．ゆえに

4 跳びも 1 つの特性である．

5 跳びはよく出現する．

そして

6 跳びも重要かもしれない

というヒントもある．しかしながら他の領域を調べたところ悲しいかな

ランダム性が支配している

ようである．

M. de Carteblanche は，このゲームに関する最初の論文で，1 輪のバラの咲く木 1 本を含む 6 本のバラの庭園における王子たちのやり方を尋ねた．あなたはそのやり方を付録で見出すことができる．2 番目の論文では，2 人の王子がそれぞれ，ロマンティカ王女，その妹でもっと美しいベラドンナ王女と結婚した後に，このバラのゲームをチョコレートを用いた別のゲームにどう焼き直したか，またもっとおもしろくプレーできるゲームをどう見つけたかを記述している．

ワンステップ・ツーステップ

これは任意の枚数のコインを1つのマスに置くことができる細長ボード上のゲームであり，1ステップの手，または2ステップの手が打てる．ここに**ステップ**は，どれか1つのコインをちょうど1マス左に動かすことである．2ステップの手で2度目に動かすコインは前と同じでも違ってもよいとする．

a_n を n のマスにあるコインの数とするとき，われわれはいつ局面

$$a_0\,a_1\,a_2\,\ldots$$

が $\mathcal{P}$ 局面となるのかを知りたい．0のマスにあるコインは決して再び動くことがないので，答えは間違いなく a_0 には依存しない．

このゲームと先ほどのゲームの間には驚くべきつながりがある．実際，上で述べた局面はちょうど王女とバラのゲームにおける

$$a_1+a_2+a_3+\ldots+a_n,\quad a_2+a_3+\ldots+a_n,\quad a_3+\ldots+a_n,\quad \ldots,\quad a_{n-1}+a_n,\quad a_n$$

の局面の振る舞いをする！　この理由の解明は熱心な読者に残しておく．

したがってコインがすべて初めの6マスにあるとき，あなたはSchuh教授の法則を焼き直して $\mathcal{P}$ 局面を与えることができ，その $\mathcal{P}$ 局面は

$$?eeeee,\quad ?deeed,\quad ?deded,\quad ?eedee$$

となる．ここに e は偶数，d は奇数を意味し，？ は任意の数を表す．

14.　引き算ゲームについてもっと詳しく

1つの山に n 個の豆がある引き算ゲーム（第1巻第4章を見よ）

$$S(s_1, s_2, \ldots, s_k)$$

において，$\mathcal{G}(n)$ はそれより前の k 個の値，すなわち

$$\mathcal{G}(n-s_1),\quad \mathcal{G}(n-s_2),\quad \ldots,\quad \mathcal{G}(n-s_k)$$

にのみ依存するので，$\mathcal{G}(n) \le k$ であることがわかる．さらに，この k 個の値の系列はいずれは繰り返すことになるので，すべての引き算ゲームのニム値の系列は（究極的に）周期的になる．しかしながら，この議論による周期の長さの上界は，実際と比べると天文学的になる．真の値により近い何かを見出すことができるだろうか？

すでにわれわれは，g.c.d.$(s_1, s_2, \ldots, s_k)$ が $d>1$ であれば，ゲームは，より単純なゲームの d 重複 (d-plicate) ゲームであることを見た．したがって，$S(s_1)$ は $S(1)$，すなわち「愛してる・愛してない」の s_1 重複になるので，周期 $2s_1$ をもち，ニム列 $\dot{0}.00\ldots0111\ldots\dot{1}$ をもつ．

われわれは $S(s_1, s_2)$ および $S(s_1, s_2, s_1+s_2)$ を完全に解析することもできる．いま適当な h を用いて

$$s_1 = a,\quad s_2 = b = 2ha \pm r \quad (0 \le r \le a \text{ に対して})$$

と書こう．上の最大公約数に関する注意より，$a=1$ でなければ，われわれは $r=0$ または a の場合を考慮する必要がない．

$S(1,2h)$ は周期 $2h+1$ とニム列 $\dot{0}.10101\ldots01\dot{2}$ をもち，$S(1,2h+1)=S(1)$ をみたす（実際，$s_1=1$ かつすべての s_i が奇数ならば，「愛してる・愛してない」になる）．

$a>1$ に対しては $S(a,b)$ の周期列は $a+b$ 個の数字からなり，最後の $a-r$ 個の 0 がすべて 2 で置き換えられることを除けば，a 個の 0 のブロックと a 個の 1 のブロックが交互に繰り返す．ここに r は上と同様である．たとえば，$a=3$, $r=1$ となる $S(3,11)$ および $S(3,13)$ のニム列は

$$\dot{0}.001110001112\dot{2} \quad \text{および} \quad \dot{0}.00111000111022\dot{1}$$

となる．

以下に，$S(s_1,s_2\ldots,s_k)$ を解析するための一般的な方法を示す．$k+1$ 個の列に数を書け．最初の行は

$$0, s_1, s_2, \ldots, s_k$$

である．その下の行は次の形である．

$$l,\ l+s_1,\ l+s_2,\ \ldots,\ l+s_k.$$

ここに l は，それより前の行に現れていない数の中で一番小さいものである．この表はいずれは次の意味で周期的になる．すなわち，ある適当な c と p に対して，連続した c 行のブロックが，それより前にある連続した c 行のブロックのすべてのエントリーに p を足した形になっている．

(a)

$\mathcal{G}(n)=$	0	1	2	3
$n=$	0	1	10	11
	2	3	12	13
	4	5	14	15
	6	7	16	17
	8	9	18	19
	20	21	30	31
	22	23	32	33
	24	25	34	35
	26	27	36	37
	28	29	38	39
	40	41	50	51
	42	…		

(b)

$\mathcal{G}(n)=$	0	1	3	2	特例
$n=$	0	1	9	10	$\mathcal{G}(9)=1$
	2	3	11	12	
	4	5	13	14	
	6	7	15	16	
	8	9	17	18	
	19	20	28	29	$\mathcal{G}(28)=1$
	21	22	30	31	
	23	24	32	33	
	25	26	34	35	
	27	28	36	37	
	38	39	47	48	$\mathcal{G}(47)=1$
	40	…			

図 15.16 引き算ゲーム S(1,10,11) と S(1,9,10).

最初の列は $\mathcal{G}(n)=0$ となるすべての数 n を含み，2 番目の列は Ferguson の対の性質から，ちょうど $\mathcal{G}(n)=1$ となるすべての数 n になる．3 番目以降の列は，2 番目の列のエントリーが再度現れる場合を除き，$\mathcal{G}(n)\geq 2$ をみたす数を含む．$S(1,b,b+1)$ で図解しよう．b が偶数のとき（図 15.16(a)）はそのような反復は存在せず，周期 $2b$ となりニム列は次のようになる．

$$\dot{0}.101\ldots012323\ldots2\dot{3}.$$

b が奇数のとき（図 15.16(b)）は各周期に対して 1 つの反復 (9, 28, 47, . . .) があり，周期の長さは $2b+1$ である．ニム列は前と同様であるが，最後の 3 が除かれる．

$$\dot{0}.101\ldots012323\ldots\dot{2}.$$

$S(a,b,a+b)$ の解析を完成させるため，まず $a>1$, $b=2ha-r$, $0<r<a$ の場合を考察しよう．この場合は比較的簡単であることがわかる．図 15.17 より $S(a,b,a+b)$ は ha 行の周期をもつことがわかる．長さ r の反復（図中で四角で囲まれている）があるので，周期は $4ha-r=2b+r$ となる．この周期列は a 個の 0 と a 個の 1 からなる h 個のブロック，それに続く a 個の 2，a 個の 3 からなる $h-1$ 個のブロック，そして a 個の 2，$a-r$ 個の 3 から構成される．

$b=2ha+r$, $0<r<a$ の場合はもっと複雑である．周期は a 倍の $(2b+r)a$ になる．図 15.18 に $a=5$, $b=43$, $h=4$, $r=3$ の特別な場合を図示する．$a\,r$ (=15) 個の反復を四角で囲んで示している．

$G(n)=$	0	1		
$n=$	0	a	$2ha-r$	$(2h+1)a-r$
	1	$a+1$	$2ha-r+1$	$(2h+1)a-r+1$
	2	$a+2$	$2ha-r+2$	$(2h+1)a-r+2$
	……	……	……	……
	$r-1$	$a+r-1$	$2ha-1$	$(2h+1)a-1$
	r	$a+r$	$2ha$	$(2h+1)a$
	……	……	……	……
	$a-1$	$2a-1$	$(2h+1)a-r-1$	$(2h+2)a-r-1$
	$2a$	$3a$	$(2h+2)a-r$	$(2h+3)a-r$
	$2a+1$	$3a+1$	$(2h+2)a-r+1$	$(2h+3)a-r+1$
	……	……	……	……
	$3a-1$	$4a-1$	$(2h+3)a-r-1$	$(2h+4)a-r-1$
	$4a$	$5a$	$(2h+4)a-r$	$(2h+5)a-r$
	$4a+1$	$5a+1$	$(2h+4)a-r+1$	$(2h+5)a-r+1$
	……	……	……	……
	$5a-1$	$6a-1$	$(2h+5)a-r-1$	$(2h+6)a-r-1$
	……	……	……	……
	$(2h-2)a$	$(2h-1)a$	$(4h-2)a-r$	$(4h-1)a-r$
	$(2h-2)a+1$	$(2h-1)a+1$	$(4h-2)a-r+1$	$(4h-1)a-r+1$
	……	……	……	……
	$(2h-1)a-r-1$	$2ha-r-1$	$(4h-1)a-2r-1$	$4ha-2r-1$
	$(2h-1)a-r$	$2ha-r$	$(4h-1)a-2r$	$4ha-2r$
	……	……	……	……
	$(2h-1)a-1$	$2ha-1$	$(4h-1)a-r-1$	$4ha-r-1$

図 15.17　$S(a,b,a+b)$, $b=2ha-r$, $0<r<a$, $(a,b)=1$ の解析．

$b = 2ha \pm r$ のどちらの場合も，$\mathcal{G}(n) = 0$ をみたす i 番目の n の値は

$$n_i = i + \left\lfloor \frac{i}{a} \right\rfloor a + \left\lfloor \frac{2i}{b+r} \right\rfloor b$$

であり，Ferguson の対の性質から $\mathcal{G}(n) = 1$ をみたす i 番目の値は $a + n_i$ である．

0	5	43	48	93	98	136	141					269	274	312	317				
1	6	44	49	94	99	137	142					270	275	313	318				
2	7	45	50	95	100	138	143					271	276	314	319				
3	8	46	51	96	101	139	144					272	277	315	320				
4	9	47	52	97	102	140	145					273	278	316	321				
10	15	53	58	103	108	146	151	186	191	229	234	279	284	322	327	362	367	405	410
11	16	54	59	104	109	147	152	187	192	230	235	280	285	323	328	363	368	406	411
12	17	55	60	105	110	148	153	188	193	231	236	281	286	324	329	364	369	407	412
13	18	56	61	106	111	149	154	189	194	232	237	282	287	325	330	365	370	408	413
14	19	57	62	107	112	150	155	190	195	233	238	283	288	326	331	366	371	409	414
20	25	63	68	113	118	156	161	196	201	239	244	289	294	332	337	372	377	415	420
21	26	64	69	114	119	157	162	197	202	240	245	290	295	333	338	373	378	416	421
22	27	65	70	115	120	158	163	198	203	241	246	291	296	334	339	374	379	417	422
23	28	66	71	116	121	159	164	199	204	242	247	292	297	335	340	375	380	418	423
24	29	67	72	117	122	160	165	200	205	243	248	293	298	336	341	376	381	419	424
30	35	73	78	123	128	166	171	206	211	249	254	299	304	342	347	382	387	425	430
31	36	74	79	124	129	167	172	207	212	250	255	300	305	343	348	383	388	426	431
32	37	75	80	125	130	168	173	208	213	251	256	301	306	344	349	384	389	427	432
33	38	76	81	126	131	169	174	209	214	252	257	302	307	345	350	385	390	428	433
34	39	77	82	127	132	170	175	210	215	253	258	303	308	346	351	386	391	429	434
40	45	83	88	133	138	176	181	216	221	259	264	309	314	352	357	392	397	435	440
41	46	84	89					217	222	260	265	310	315	353	358	393	398	436	441
42	47	85	90	177	182	220	225	218	223	261	266					394	399	437	442
				178	183	221	226	219	224	262	267	354	359	397	402	395	400	438	443
86	91	129	134	179	184	222	227					355	360	398	403	396	401	439	444
87	92	130	135	180	185	223	228	263	268	306	311	356	361	399	404				

図 **15.18** $S(5, 43, 48)$ の解析．

15. 一番小さいニムと一番大きいニム

一番小さいニムでは，山には黒と灰色の 2 色がある．任意の個数の豆を**一番小さい**黒の山から取るか，または任意の灰色の山から取るかのどちらかの手が打てる．一番小さい黒の山に n 個の豆があり，そうした n 個の黒の山が k 個ある局面のニム値を計算するとき，もしほかに黒の山がなければ，すべての黒の山は k が奇数か偶数かに応じてそれぞれサイズ n または $n-1$ の 1 つの灰色の山だと考えてよい．しかしながら，ほかに n より大きい黒の山があるときは，k が奇数か偶数かに応じてそれぞれサイズ $n-1$ または n の 1 つの灰色の山だと考えることができる．

一番大きいニムでは2つの色は灰色と白であり，任意の個数の豆を任意の灰色の山から取るか，もしくは**一番大きい**白の山から取るかのどちらかの手が打てる．任意の2つ以上の白の山が同じサイズ（これをnとする）であるとき，すべてのnより小さい白の山をなくして，残ったn個またはより多くの豆の山すべてから$n-1$個の豆を取り去っても，局面の値は変わらない．任意の偶数個のサイズ1の山は捨てても構わず，われわれはこの操作を繰り返す．すると一番大きなニムの任意の局面は，すべて異なるサイズの白い山をもつ一番大きなニムの局面と同値になる．熱心な読者は2つのそうした白い山の値の計算を楽しんで，一番大きいニムは一番小さいニムよりもいくぶん複雑であると結論づけるであろう．

Trevor Green, Claudio Baiocchi, と Philippe Fondanaiche は，すべての山が黒またはすべての山が白という特別な場合に，すべての$\mathcal{P}$局面を見出した．数編の論文が2000年11月の時点で数学の魔法ウェブサイト http://www.stetson.edu/efriedma/mathmagic/1100.html で利用可能である．

16. Moore の $\mathbf{Nim}_k$

E. H. Moore は，1手でk個以下の任意の山の大きさを減らすことができるゲームを考案した．たとえば，Nim_1は通常のニムであり，Nim_2は**1つ**または**2つ**の山を減らすことができるゲームである．かなり驚くことに，このゲームの理論は底2と底$k+1$の計算を含む．

数を底2で**展開せよ**，そして

それらを底$k+1$で，桁を繰り上げることなく**足せ**.

あなたはこの“和”がゼロになる局面になるように手を打つべきである．

たとえば，$k=2$であなたが次の局面に直面したとき，

$$\begin{array}{rr@{\qquad}rr}
5 = & 101 & 5 = & 101 \\
6 = & 110 & 6 = & 110 \\
9 = & 1001 & 3 = & 11 \\
10 = & \underline{1010} & 7 = & \underline{111} \\
 & 2222 & & 000
\end{array}$$

となり，あなたは9と10の山を，それぞれ3と7になるまで減らさなければならない．

選択的合成（第12章）のSmithの解析も似ている．Mooreのゲームに対するニム値はJenkynsとMayberryによって見出された．Yamasakiは，Mooreのゲームは飼い馴らされたゲームであること，局面が浮気である必要十分条件は，非ゼロの山がすべてサイズ1であり，かつ山の数が法$k+1$で0または1のときであることを示した．

16.1 もっといればもっと楽しい

Bob Li は，通常のニムを n 人のプレーヤーに対して適応できることを示唆した．n 人のプレーヤーはある固定された順番に手番が回ってくる．勝者には異なるグレードがある．

1 等賞は最後の手を打ったプレーヤーに送られる．

2 等賞はその直前の手を打ったプレーヤーに送られる，以下 $n-1$ 等賞まで同様．

最下位賞は最初に手を打てなくなったプレーヤーに送られる．

賞を共有することは許されない．ゲームが終わるとすぐに，各プレーヤーは賞を受けるとともに，他のプレーヤーから受けたかもしれない手助けに対するどんな内密の報酬を手渡すことなく，家に返らなければならない．

Li は自分のゲームが Moore のゲームに大変似ていることを発見して驚いた．あなたが直面している局面を見て，それぞれの山のサイズの 2 進展開を底 n で桁を繰り上げることなく足し合わせよ．その和が 0 であるとき，あなたは最下位になる．

16.2 Moore ともっと

もし n 人のプレーヤーそれぞれが k 個までの任意の数の山を減らす手を打つことができる場合は，その理論（これも Li による）は同じようになる．このゲームで最下位になるのは，山のサイズの 2 進展開を桁の繰り上がりなしで法 $k(n-1)+1$ で足してゼロになるプレーヤーである．

われわれは 3 人以上のプレーヤーに対するゲームを本書の他の箇所では議論していない．というのは，プレーヤーの結託を妨げるという条件が何か人工的であり，“抜き打ちテスト” タイプのパラドックスを生じるからである．参考文献の Paul Hudson の論文を見よ．

興味深い理論をもつニムの一般化はあまりにもたくさんあるので，確かにまだわれわれはニムを締めくくる最後の言葉を述べていない．というわけで

これがこの章の終わり方である，
これがこの章の終わり方である，
これがこの章の終わり方である，

16.3 バーンと決めるのでなくウィムで決めよう

たぶんあなたはニムをプレーしたがっているかもしれない．しかし，2 人のプレーヤーのうちの 1 人に一回限り，いつものニム手を打つ代りに，勝敗を標準プレーでするか，ミゼールプレーでするかを決めることができるとするウィムの実施を許すとしてみよう．もしわれわれが

0-ニムは標準のニムを意味し，
1-ニムはミゼールニムを意味し，
2-ニムはウィムを意味する

とすると，われわれはこの数列を

3-ニム ＝ **トリム**，

4-ニム = **クアム**,

……

と続けることができる．d-ニム（“**デニム**”），$d \geq 2$, の手は

ニムのように動かす**か，**
dだけ減らす**か，**　のどちらかである（しかし両方ではない）．

このゲームは，**区別のための山**を導入してどちらのゲームをあなたがプレーしているか整理することで容易に解析できる．するとこれらのゲームはそれぞれ山を1つ余計にもつニムになる．$2k \leq d \leq 2^{k+1}$ であれば，区別のための山はすべての他の山のサイズが 2^{k+1} 未満のときサイズ d の山のように振る舞い，そうでないときはサイズ $d-1$ の山のように振る舞う．

付　録

17.　あなたはシルバーダラー・ゲームで勝った?

あなたが最初のバージョンをプレーしているなら銀貨のすぐ後ろのコインを 2 マス動かして (3,2,1) とすれば勝つし，後のバージョンをプレーしているならそのコインを 1 マス動かして (2,3,1) とすれば勝つ．後のバージョンの場合には，銀貨と金袋の間には 1 枚しかコインがないことに注意せよ．

18.　あなたの算術はどうだった?

あなたがフリーズパターンを埋めたなら次のように見えたはずである．

```
1   1   1   1   1   1   1   1   1   1   1   1       ...
  1   2   3   2   2   1   4   3   1   2   3     ...
    1   5   5   3   1   3   11  2   1   5   5       ...
  1   2   8   7   1   2   8   7   1   2   8     ...
    1   3   11  2   1   5   5   3   1   3   11      ...
      1   4   3   1   2   3   2   2   1   4   3         ...
        1   1   1   1   1   1   1   1   1   1   1         ...
```

19.　平方数足し引きゲームにおいて 92 は $\mathcal{N}$ 局面

図 15.19 では $\mathcal{P}$ 局面が真ん中に書いてあり，平方数は右側に，他の $\mathcal{N}$ 局面が左側に書いてある．

20.　トリビュレーションとフィビュレーション

Norton は，彼のゲーム，トリビュレーションにおいて，どの局面も書き下すことができず $\mathcal{N}$ 局面の数は $\mathcal{P}$ 局面の数よりも黄金比の割合で多いと予想した．Richard Parker はこれらの主張を 5000 未満の数（計算の回数は時に何百万回となることもある）に対して検証した．遠隔数 R

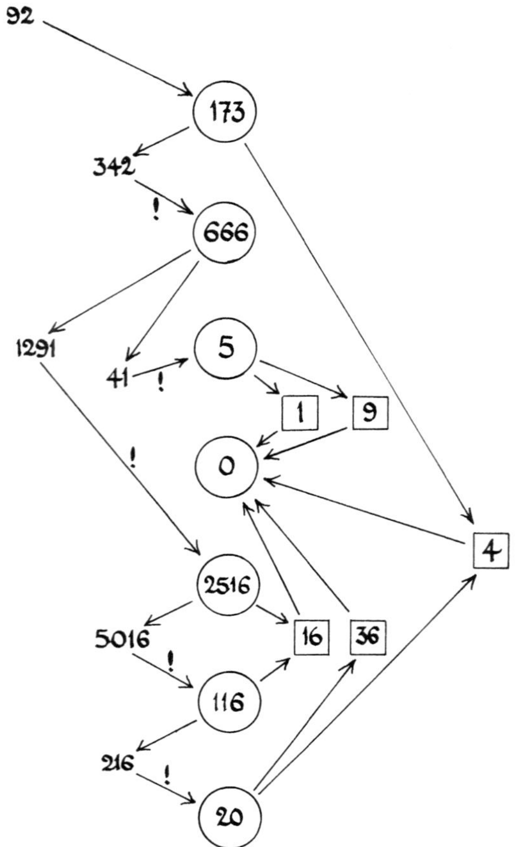

図 15.19 92 から始まる Epstein のゲームの勝ち方.

と緊張数 S（これらはおそらくいつも有限になる）を表 15.11 に示す．51, 2, 56 からプレーするのは特に興味深い．図 15.19 のような図を書いてみよ．

表 15.11 トリビュレーションに対する遠隔数 R と緊張数 S.

n	1	2	3	4	5	6	7	8	9	10	11	12	13	14	15	16	17	18	19	20	21	22	23	24	25
R	1	2	1	6	3	1	5	3	2	1	2	3	4	3	1	9	3	6	7	8	1	10	3	2	3
S	3	2	1	4	3	1	3	3	2	5	4	5	2	5	1	3	3	2	5	4	3	4	5	2	5

n	26	27	28	29	30	31	32	33	34	35	36	37	38	39	40	41	42	43	44	45	46	47	48	49	50
R	4	5	1	4	3	8	7	5	9	7	1	14	3	4	7	4	2	9	4	1	2	3	4	7	8
S	4	3	5	4	3	2	5	3	5	5	3	4	5	2	5	4	2	5	4	7	2	5	2	5	4

n	51	52	53	54	55	56	57	58	59	60	61	62	63	64	65	66	67	68	69	70	71	72	73	74	75
R	12	16	9	3	1	12	3	14	7	6	4	8	6	3	2	1	6	3	5	7	11	4	13	8	3
S	2	4	5	3	5	4	5	2	5	4	2	4	4	7	2	1	4	3	3	5	5	2	3	4	5

Mike Guy のゲーム・フィビュレーションに対しては，われわれは対応する主張を証明することができて，実際に完全に解析することができる．任意の数は **Zeckendorf** のアルゴリズム，その数から引くことができる最大のフィボナッチ数を常に引いていくアルゴリズム，を用いて

いくつかのフィボナッチ数の和として簡潔に表現できることはよく知られている．簡潔さは低下するが，われわれは**Secondoffのアルゴリズム**，その数から引くことができる**2番目**に大きいフィボナッチ数を常に引いていくアルゴリズム，を用いることもできる．たとえば次のようになる．

$$100 = 89 + 8 + 3 \text{ (Zeckendorf) または } 55 + 21 + 13 + 5 + 3 + 2 + 1 \text{ (Secondoff)}.$$

フィビュレーションにおいて，ある数が$\mathcal{P}$局面となるための必要十分条件は，

その Secondoff 展開が $3 + 1 + 1$ または $5 + 2 + 1$ で終わるか，
8 以上のフィボナッチ数よりも 3 大きいか

のどちらかであることである．

数	0,	11,	5,	8,	13,	21,	34,	55,	89,	144,	...
遠隔数	0,	8,	2,	2,	2,	4,	6,	8,	10,	12,	...

任意の他の$\mathcal{P}$局面の遠隔数は，これらの数にたどりつくまでの Secondoff アルゴリズムのステップ数の2倍を足すことで見出すことができ，$\mathcal{N}$局面の遠隔数はその$\mathcal{P}$局面に1を加えた数になる．たとえば，1000からは4回の引き算（610, 233, 89, 34を引く）の後34（遠隔数6）に到達するので，1000の遠隔数 は$6 + (4 \times 2) = 14$となる．一方，1001の遠隔数は3（13に移る）となる．われわれは，緊張数（すべて有限である）とニム値（すべて0, 1, 2 or ∞_0のどれかである）も同様のパターンをもつと信じているし，熱心な読者もそう確信するかもしれない．

21. 王子たちの振る舞いの決まり

6本のバラの庭園（1本だけバラ1輪）における王子たちの振る舞いの決まりは，これをワンステップ・ツーステップのゲームに焼き直すことで一番良く記述できる．次の局面

$$?edede1 \quad ?eddde1 \quad ?ddede1 \quad ?dddde1$$
$$?ededd1 \quad ?edddd1 \quad ?ddedd1 \quad ?ddddd1$$
$$?0eeee1 \quad ?0edee1 \quad ?ed0ed1 \quad ?dd0ee1$$

を除くすべての局面から Schuh の$\mathcal{P}$局面のどれか1つへ手が打てることが確認できる．またこれら12個の局面のクラスは，可能な手と組み合わせると図15.20に示すグラフをなす．図15.20において四角で囲まれた局面は$\mathcal{P}$，囲まれていない局面は$\mathcal{N}$であり，また

e	は任意の偶数（0 を含む）,
d	は任意の奇数,
E	は 2 以上の任意の偶数,
D	は 3 以上の任意の奇数,
?	は任意の数

を意味し，点線はその方向にのみ手が打てることを示している．?00dee1 および ?00eee1 の形の局面は，他のすべての局面から到達できないので，図 15.20 では省略されている．図 15.20 を完成させるには以下を加えよ．

?00dee1	?00eee1
除外	除外
?00dEE1	?00EEE1
?001021	?000E01
?001041	?002021.

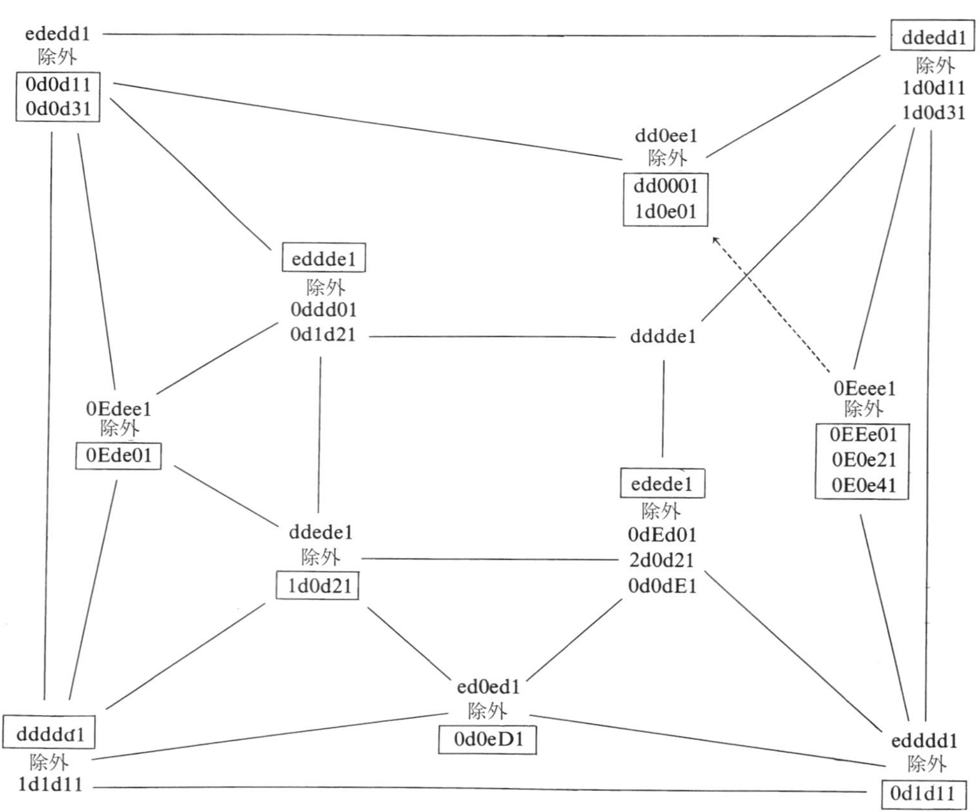

図 15.20 6 本のバラの庭園（1 本だけバラ 1 輪）における王子たちの振る舞いの決まり．

参考文献と先の読みもの

Richard Austin, Impartial and Partisan Games, M.Sc. thesis, University of Calgary, 1976.

W. W. Rouse Ball & H. S. M. Coxeter, *Mathematical Recreations and Essays*, 12th edn., University of Toronto Press, 1974 (especially pp. 38–39).

E. R. Berlekamp, Unsolved problem #4, in W. T. Tutte (ed.) *Recent Progress in Combinatorics*, Academic Press, New York and London, 1969, pp. 342–343.

E. R. Berlekamp, Some recent results on the combinatorial game called Welter's Nim, *Proc. 6th Conf. Information Sci. and Systems, Princeton*, 1972, 203–204.

F. de Carte Blanche, The princess and the roses, *J. Recreational Math.* **3** (1970) 238–239.

F. de Carte Blanche, The roses and the princes, ibid. **7** (1974) 295–298.

J. H. Conway, *On Numbers and Games*, A K Peters, Ltd., Natick, MA, 2001, Chapters 11 and 13, and p. 181.

J. H. Conway & H. S. M. Coxeter, Triangulated polygons and frieze patterns. *Math. Gaz.* **57** (1973) 87–94, 175–183; MR 57 #1254-5.

H. E. Dudeney, *536 Puzzles and Curious Problems*, (ed. Martin Gardner) Chas. Scribner's Sons, N.Y., 1967; #475 The 37 Puzzle Game, 186–187, 392–393.

Robert J. Epp & Thomas S. Ferguson, Remarks on take-away games and Dawson's Game, Abstract 742-90-3, *Notices Amer. Math. Soc.* **24** (1977) A-179.

Jim Flanigan, Generalized two-pile Fibonacci Nim, *Fibonacci Quart*, **16** (1978) 459–469.

A. S. Fraenkel & S. Simonson, Geography, *Theoret. Comput. Sci.* (*Math. Games*), **110** (1993) 197–214; MR 94h:90083.

A. S. Fraenkel, E. R. Scheinerman & D. Ullman, Undirected edge Geography, *Theoret. Comput. Sci.* (*Math. Games*), **112** (1993) 371–381; MR 94a:90043.

A. S. Fraenkel, A. Jaffray, A. Kotzig & G. Sabidussi, Modular Nim, *Theoret. Comput. Sci.* (*Math. Games*), **143** (1995) 319–333; MR 96f:90137.

Richard K. Guy, Anyone for Twopins?, in David Klarner (ed.) *The Mathematical Gardner*, Prindle Weber and Schmidt, 1980.

M. S. Hogan & D. G. Horrocks, Geography played on an n-cycle times a 4-cycle, *Integers: Elec. J. Combin. Number Theory*, **3** (2003) G2 (electron.)

Paul D.C. Hudson, The logic of social conflict: a game-theoretic approach in one lesson, *Bull. Inst. Math. Appl.* **14** (1978) 54–66.

Thomas A. Jenkyns & John P. Mayberry, The skeleton of an impartial game and the nim-function of Moore's Nim_k, *Internat. J. Game Theory* **9** (1980) 51–63.

S.-Y. R. Li, N-person Nim and N-person Moore's games, *Internat. J. Game Theory*, **7** (1978) 31–36; MR 58 #4367.

David Moews, Infinitesimals and coin-sliding. in Richard Nowakowski (ed.) *More Games of No Chance*, (Berkeley CA 2000) Math. Sci. Res. Inst. Publ., 42 (2002) Cambridge Univ. Press, Cambridge, UK, 315–327; MR **97h**:90094.

Eliakim H. Moore, A generalization of the game called Nim, *Ann. of Math. Princeton* **2**:11 (1910) 93–94.

J. von Neumann & O. Morgenstern, *Theory of Games and Economic Behavior*, Princeton, 1944.

Richard Nowakowski, ... Welter's Game, Sylver Coinage, Dots-and-Boxes, ..., in Richard K. Guy (ed.) *Combinatorial Games, Proc. Symp. Appl. Math.*, 43(1991), Amer. Math. Soc., Providence, RI,

155–182.

Richard J. Nowakowski & David J. Poole, Geography played on products of cycles, in Richard Nowakowski (ed.) *More Games of No Chance*, (Berkeley CA 2000) *Math. Sci. Res. Inst. Publ.*, 42 (2002) Cambridge Univ. Press, Cambridge, UK, 183–212; MR 97j:90102.

T. H. O'Beirne, *Puzzles and Paradoxes*, Oxford University Press, London, 1965, Chapter 9.

I. C. Pond & D. F. Howells, More on Fibonacci Nim, *Fibonacci Quart.* **3** (1965) 61.

Fred. Schuh, *The Master Book of Mathematical Recreations*, (transl. F. Göbel, from *Wonderlijke Problemen; Leerzaam Tijdverdrijf Door Puzzle en Spel*, W. J. Thieme, Zutphen, 1943; ed. T. H. O'Beirne) Dover, London, 1968. Chapter VI, 131–154; Chapter XII, 263–280.

Allen J. Schwenk, Take-away games, *Fibonacci Quart.* **8** (1970) 225–234, 241; MR 44 #1446.

G. C. Shephard, Additive frieze patterns and multiplication tables, *Math. Gaz.* **60** (1976) 178–184; MR 58 #16353.

Roland Sprague, *Recreations in Mathematics* (trans. T.H. O'Beirne) Blackie, 1963; #14: Pieces to be moved, pp.12–14, 41–42.

R. Sprague, Bemerkungen über eine spezielle Abelsche Gruppe, *Math. Z.* **51** (1947) 82–84; MR 9, 330–331.

C. P. Welter, The advancing operation in a special abelian group, *Nederl. Akad. Wetensch. Proc.* Ser. A 55 = *Indagationes Math.* **14** (1952) 304–314; MR 14, 132.

C. P. Welter, The theory of a class of games on a sequence of squares, in terms of the advancing operation in a special group, ibid. 57 = 16 (1954) 194–200; MR 15, 682; 17, 1436.

Michael J. Whinihan, Fibonacci Nim, *Fibonacci Quart.* **1** (1963) 9–13.

Yōhei Yamasaki, On misère Nim-type games, *J. Math. Soc. Japan*, 32 (1980) 461–475.

Michael Zieve, Take-away games, in Richard Nowakowski (ed.) *Games of No Chance*, (Berkeley CA 1994) Math. Sci. Res. Inst. Publ., 29 (1996) Cambridge Univ. Press, Cambridge, UK, 351–361; MR 97i:90136.

第 16 章

点と箱

おいで，子供たちよ，さあその箱を閉めよう．
William Makepeace Thackeray,『虚栄の市』，第 67 章．

私は，これらの忌々しい点が何を意味するかどうしてもわからなかった．
Lord Randolph Churchill.

1. 点と箱の対戦の一例

点と箱は，よく知られた紙と鉛筆の 2 人ゲームで，世界中のあちこちでいろいろな名前で呼ばれている．点を長方形状に配置して，各プレーヤーは交互に縦方向か横方向に隣り合う点を線で結ぶ．単位正方形（**箱**と呼ぶ）の 4 番目の辺を結んで箱を 1 つ完成させたら，その箱に自分のイニシャルを書き込み，線をもう 1 本引かなければならない（すなわち，箱を完成する手は褒賞手である）．すべての箱が完成したときゲームは終局し，イニシャルの数の多い方が勝ちとなる．

プレーヤーは，箱を完成**できる**場合でも，ほかにしたいことがあれば箱を完成しなくてもよい．このとき，箱を完成させなければならないことにすれば，ゲームはかなり簡単になるだろう．参考文献に挙げられている Holladay の論文を参照されたい．

図 16.1 は，アーサー（Arthur，男の子）とバーサ（Bertha，女の子）による最初の対戦を示している．アーサーが先手である．アーサーが 13 番目の不幸な手を打たされ，バーサに箱を 2 つ渡すまでは何も起こらない典型的な序盤である． バーサの最後のボーナス手のおかげで，アーサーは下段の 3 つの箱を取れたが，残りの 4 つをバーサに渡さなければならなかった．

子供たちの多くはこのようにプレーするが，バーサは彼らよりも賢かった．彼女はリターンマッチをアーサーの使った手で始めた．アーサーは喜んで前の対戦でのバーサの手を真似し，彼の破滅を招いた 13 番目の不幸な手まで彼女が続けたのを見て喜んだ（図 16.2）．彼はあの 2

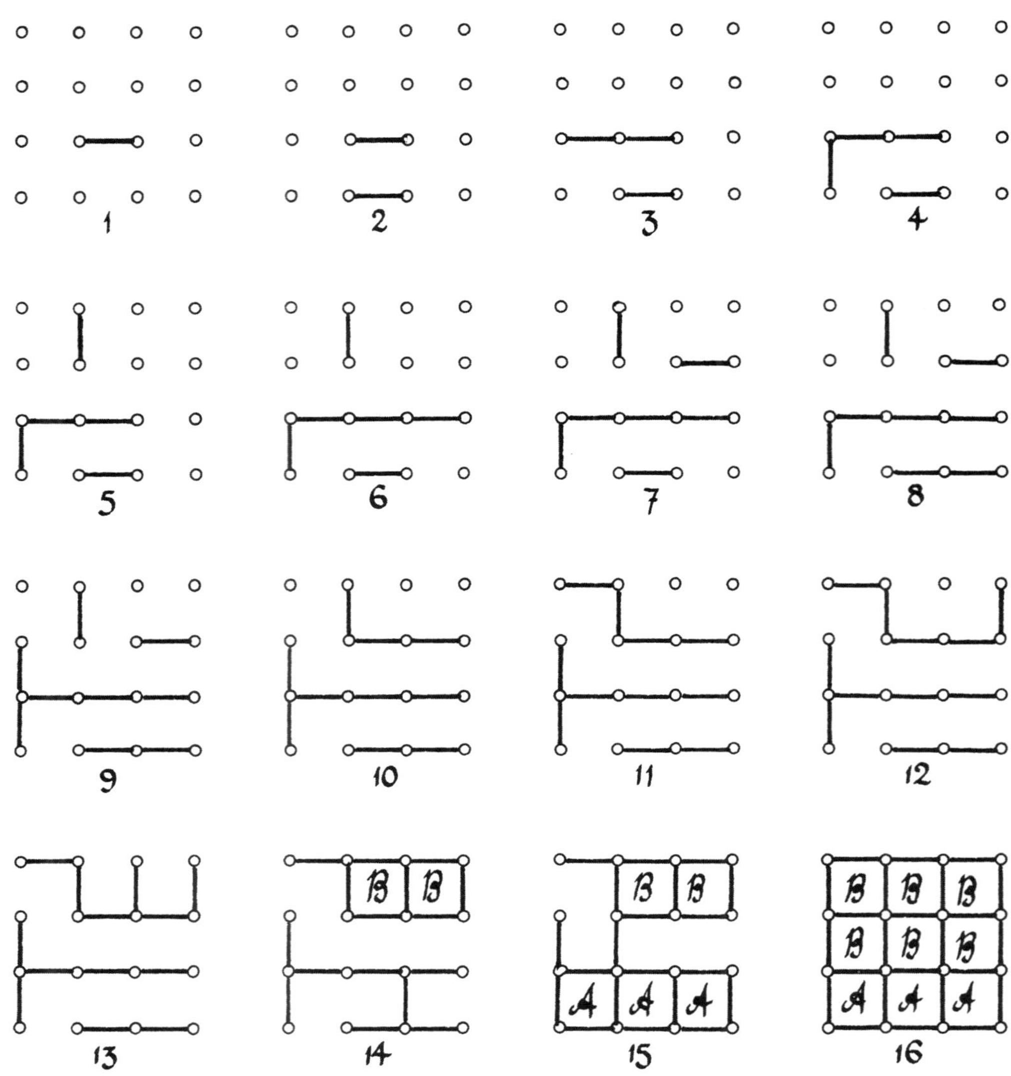

図 16.1　アーサーとバーサの最初の対戦.

つの箱を取り，代わりに4つ得ることを期待して，下段の3つを引き渡すつもりだった．ところがバーサは，箱2つを彼に譲って彼をびっくり仰天させた．彼はその2つに飛びついたが，ボーナス手を打つ段になったとき，はめられたことに気がついた！

バーサは，この策略ですべての友だちを打ち負かす．大抵の子供たちは，目を凝らして箱の鎖を開かないように注意するが，それ以外ではランダムに手を打つ．箱の鎖を開くとは，連続的に箱を完成できる局面を与えることである．鎖を開く以外に手のないときには，その中で最も短い鎖を開き，その代わりに2番目に短い鎖を取り返すという作戦を繰り返す．

しかし，あなたがバーサに対して長い鎖を開いたとき，彼女はその鎖を途中で打ち切ってあな

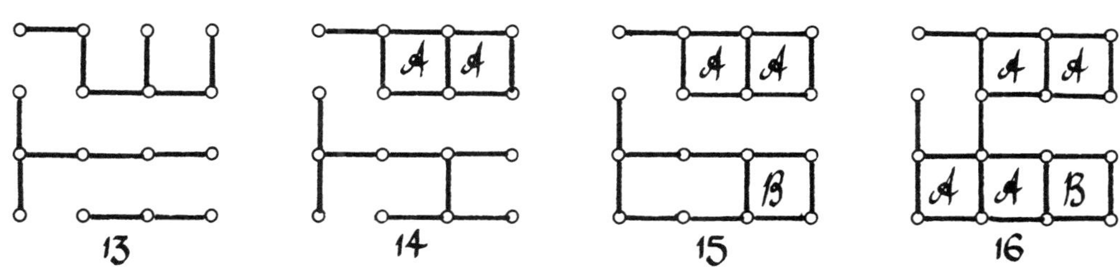

図 16.2　バーサの賢さがアーサーを驚かす.

たに残りの 2 箱を与えるという**策略手**を打つだろう（図 16.3）. この手によりあなたは再び長い鎖を開く手を強いられることになる. このようにして, **彼女**はゲームの主導権を最後まで確保する.

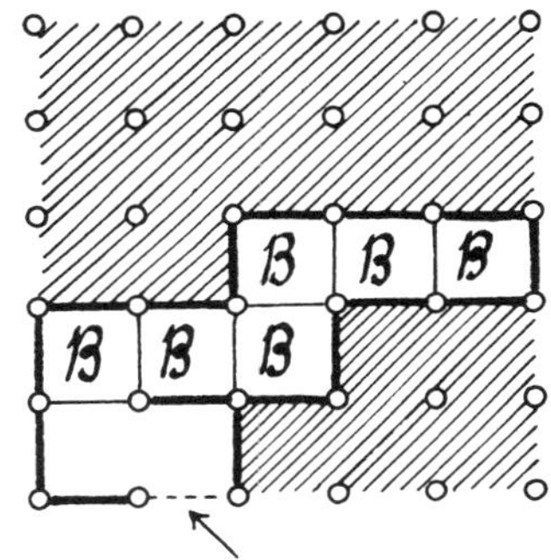

図 16.3　バーサの策略手.

この戦略がいかに有効かは図 16.4 を見ればわかる. バーサは, あなたが最後に差し出した皿以外の皿のケーキは 2 つを丁重に辞退することによって, 19 対 6 という圧勝をわがものとする. あなたならこの同じ局面で, 普通の子供を相手に 14 対 11 で勝つところだろう.

2. 策略手はハマリ手を導く

策略手には, 通常ただちに, 一筆で 2 つの箱を完成する手（**ハマリ手**）が続く（図 16.5）. これらの手は理論上非常に重要である. これらの一連の手順を**ハマリ手順**と呼ぶことにする. というのは, この手順を最後に締めくくるプレーヤーは大抵はめられているからだ！

バーサの戦略は次の指針を示唆する：

> できかけている長い鎖がいくつかあることを確かめ,
> そして, 長い鎖を最初に開かざるを得ないように
> 敵を追い込め.

主導権を得よ ...

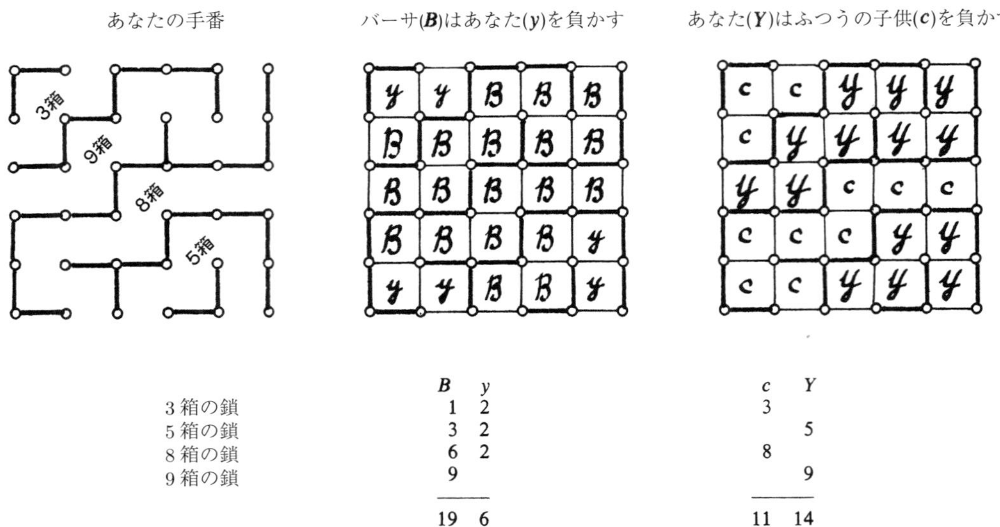

図 16.4　策略は元が取れる！

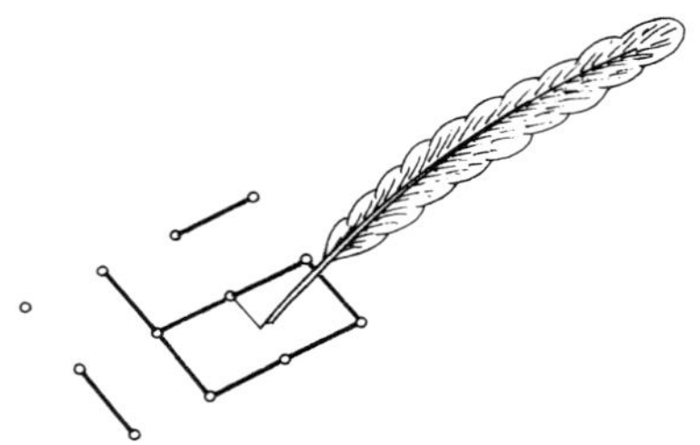

図 16.5　ハマリ手：一筆で箱 2 つ．

敵に長い鎖を開かせるプレーヤーは誰でも，ゲームの**主導権**を握っているということにする．そこで，

> 主導権を握っているならば，最後を除く
> すべての長い鎖の中の 2 つの箱は丁重に辞退して
> 確実に主導権を死守せよ．

... そして，それを死守せよ．

長い鎖がいくつかあるときは，通常，主導権を握っているプレーヤーが圧勝する．

したがって，実際には，戦いは主導権争いである．この貴重な主導権をどのようにして確実に手にするか？　それは，あなたの番が奇数番か偶数番かによる．

図 16.6 どっちがドディーで，どっちがエヴィー？

アーサーとバーサは，パール家の隣に住んでいる．その一家には，ドディー (Dodie) とエヴィー (Evie) と呼ばれる幼い姉妹がいる（バーサは，彼女らをオウム姉妹！ と呼んでよくからかう）．図 16.6 は，4 箱ゲームをしている彼女らである．ドディーはエヴィーより 1 歳年下で，2 人がゲームをするときは常に先手番を取った．2 人はそのようにするのに慣れてしまったので，他の人とゲームをするときでも，ドディーはいつも奇数番の手を取ることを主張し，エヴィーはいつも偶数番の手を取る：

ドディー・パール：奇数パリティ，
エヴィー・パール：偶数パリティ．

彼女らが主導権を取るのに役立つルールは：

ドディー は，「最初の点の数＋ハマリ手の数」が **奇数**となるように心がける． **エヴィー** は，この数が**偶数**となるように心がける．

「点＋ハマリ手」に関して**己れ**のパリティに従え！

単純なゲームでは，ハマリ手の数は長い鎖の数より 1 つ少なく，このルールは次のようになる：

長い鎖のルール

「最初の点の数＋結果として生じる長い鎖の数」が 敵が**エヴィー**のときには，**偶数**， 敵が**ドディー**のときには，**奇数** となるように心がけよ．

「点＋長い鎖」に関しては**敵**のパリティに従え！

これらのルールの根拠は，ゲームボードの形によらず，

$$
\begin{array}{rl}
& \text{最初の点の数} \\
+ & \text{ハマリ手の数} \\
\hline
= & \text{ゲームの総手番数}
\end{array}
$$

が成り立つことである．このことは付録で証明する．

3. “長い” とはどれくらいの長さ？

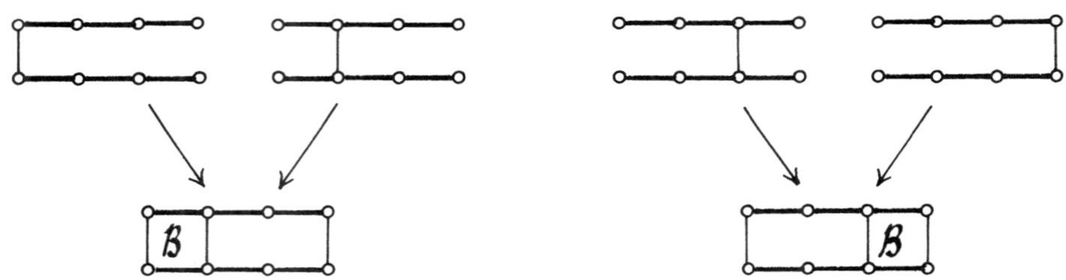

図 **16.7** バーサの寄せのテクニック．

バーサの寄せのテクニックを考えると，長いということの適切な定義に気がつく．**長い鎖**とは，3つ以上の箱を含む鎖である．その理由は，アーサーがその鎖を開くにあたってどの辺を引いても，バーサはその中の2つを除くすべての箱を取ることができ，箱を作らない辺を引いて彼女の番を終えることができるからである．図16.7は，3箱の鎖の場合を示している．2箱の鎖は**短い**．というのは，敵は**真ん中に**辺を挿入して，この同じ鎖の中で手番を終える方策をわれわれから奪ってしまうことができるからである．これは，**強要手**と呼ばれる（図16.8(a)）．

自分が勝っていると思われるが，箱のペアを諦めなければならないときには，常に，強要手を打って，敵がそれを受け入れざるを得ないようにしなければならない．もし，**撹乱手**（図16.8(b)）を打つと，敵は策略手を使って主導権を取り戻すかもしれない．一方，あなたが負けているならば，撹乱戦法（第1章付録）として撹乱手を試みてもよいだろう．はっきり言って，これは悪い手である．というのは，敵に判断力があればすばやく2つとも取るはずだから．しかし，少年の大半は，バーサの賢さに惑わされ，うっかり2つとも渡してしまうだろう．

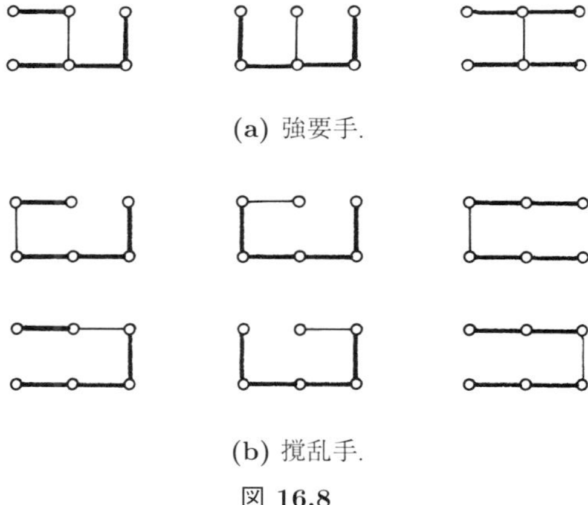

(a) 強要手.

(b) 攪乱手.

図 16.8

4. 4箱ゲーム

ドディーが**とても**幼かったとき，姉妹はよく4箱ゲームをした．どちらも2つの箱を取ったときは，エヴィー（後手）の勝ちとして，先手であるドディーの有利さを相殺した．

2対2は後手の勝ち

初めは，ドディーは，ほかに打つべき手があるときでも，箱を1つもあきらめようとはしなかった．あなたもわかるように，エヴィーはまさに対称プレーヤーで，常にドディーの手を真似て，ゲームボードの対称の位置に手を打って勝とうとした．しかし，ドディーは，エヴィーとプレーするバーサを観察したあと，彼女の7番目の手でギリシャ人の贈り物をすることによってこの対称戦略に対抗する方法に気がついた．もしドディーがあえて勝利の王道を踏み外せば，エヴィーはまだ勝つことができる．ただし，彼女は**すべての**手を対称にするという衝動に勝たなければならない（図16.9）．

ドディーが勝つとしても，巧妙な敵に対する最適なプレーを全部書き出すのはとても大変である．付録の図16.34にドディーにとって適切な戦略を示す．図16.35に双方のプレーヤーの$\mathcal{P}$局面の完全なリストを示す．この小さなゲームは，不用心なプレーヤーに対する罠に満ちている．プロボクサー（Box作り職人）になるためのアドバイスを求めるみなさんには，これらの表が4箱ゲームの競技会の予選を勝ち抜くのに非常に役に立つことがわかるであろう．鎖の長さが

		長さ4のループ
4	あるいは	2 + 2
3 + 1		1 + 1 + 1 + 1

ならば，勝者は，通常，長い鎖のルールに従って，それぞれ

ドディー　　あるいは　　エヴィー

となるが，この小さなゲームボード上では，ドディーは，しばしばこのルールではなく，鎖を2

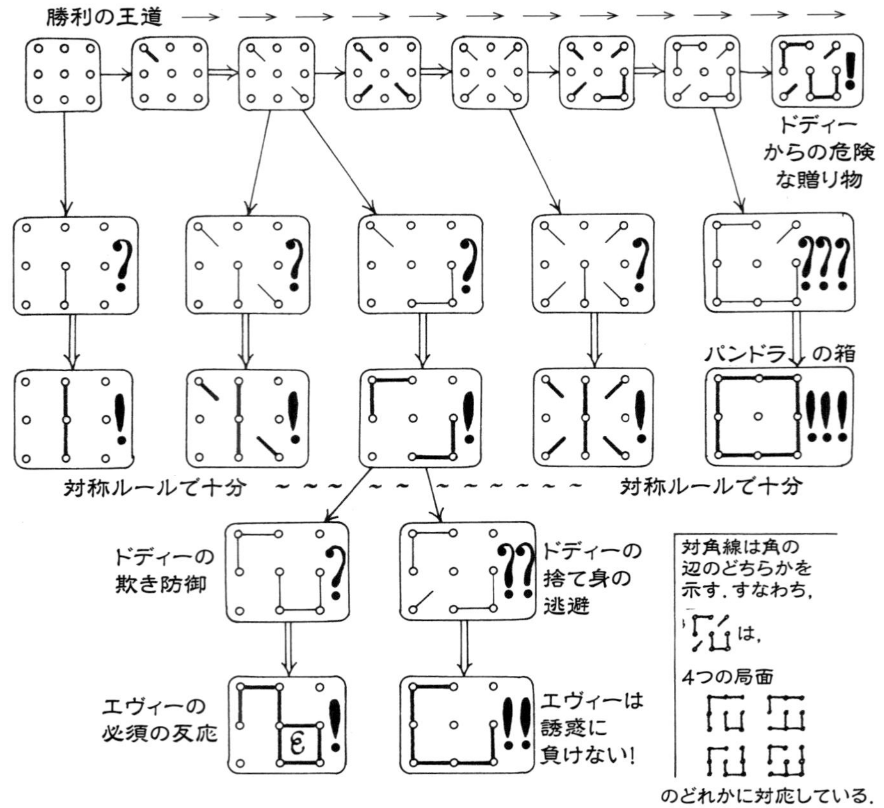

図 **16.9** エヴィーはすべての結末を予想する．

+ 1 + 1 に分割して勝利する．

5. 9箱ゲーム

驚くことに，長い鎖のルールによって，9箱ゲームが4箱ゲームよりやさしく見える．今度は，エヴィーが勝つ．彼女の基本戦略は，図16.10に示すように4つのスポークを引いて，長い鎖が中心を通るよう仕向けることである．ほとんどの子供に対しては，この戦略により少なくとも6対3でエヴィーの勝ちとなる．しかし，ドディーなら，おそらく中央の四角形を犠牲にすることによって，5対4にまで抑えることができる．そのときは，エヴィーはスポーク戦略を捨てざるをえない．もちろん，エヴィーの本当の目的は，長い鎖が1つだけとなるようにすることで，何らかの方法でそのような鎖を作ってスコアを改善することがよくある．

エヴィーは，通常，対辺にはすでに線が引かれている箱の1辺にスポークを置く手を好み，このとき図16.10に描かれているの2つのまんじ（卍）のパターンの**1つ**だけに絞ってスポークを注意深く置かねばならない．通常，ハマリ手はないので，エヴィーは(16 + 0 =) 16手目で

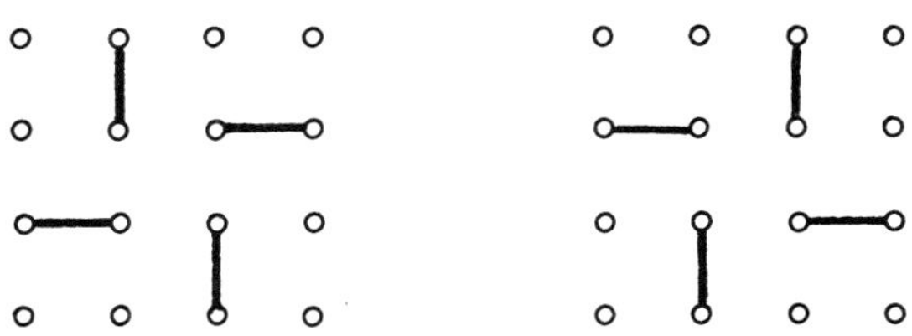

図 16.10 お守りの仕切りが長い鎖を1つだけにする．エヴィーはドディーの輪の中にスポークを置く．

勝つ．

ドディーは，スポークの挿入が犠牲にしかならないような手を打とうとして，できるだけ多くの鎖を切断する（おそらく中央を犠牲にして）**か，あるいは**，エヴィーが思ってもいないときに，**2つの**長い鎖を作る．時折，撹乱手が，彼女がすべてを失ったと思ったちょうどそのときに，彼女を救ったりする．

6. 16箱ゲーム

4×4 箱のゲームボード上では，誰が勝つかはわからない．そのことがゲームを非常におもしろくしている．エヴィーは，長い鎖の個数を2つにしようとする．一方，ドディーは，それを1つに減らすか3つに増やそうとする．

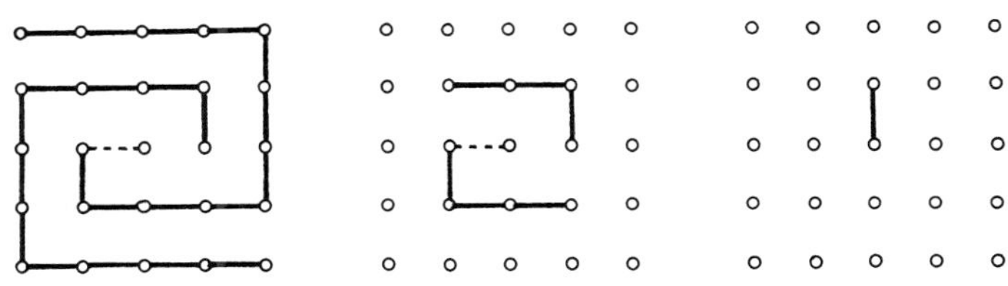

図 16.11 私の対称パーラーへお入りなさい！

エヴィーは，対称戦略で多くの子供に勝つが，ドディーは，4箱ゲームでの彼女のトリックを覚えている．敵が彼女の手をことごとく真似すると見れば，敵を図16.11左の蜘蛛の巣におびき寄せることができる．敵の出方がよくわからないときは，中央の蜘蛛の巣（図16.11中）を使うだけの方がより安全なことを知っている．通常，ドディーは図16.11右で始めることはない．というのは，対称戦略を破るのは非常に難しいことを知っているからだ．

7. 他の形状のゲームボード

より大きな正方形状あるいは長方形状のゲームボードで友だちすべてに勝つには，長い鎖のルールが本当に必要となるであろう．長さ4以上の閉じたループを**2つ**の長い鎖として勘定することと，どのハマリ手も（誰が打ったにせよ），あなたが欲しい長い鎖の個数を変化させることを忘れてはならない．（ハマリ手をすでに書き込まれた長い鎖として考えてみよ．）長い鎖をできるだけ長くすることと，可能ならば閉じたループを避けることは良い戦術である．というのは，ループを辞退すると**4つ**の箱を犠牲にするからである．これらのルールはすべての大きなゲームボード，たとえば，三角形のゲームボード上の点と箱（図16.12のようになる）でさえもうまく働く．

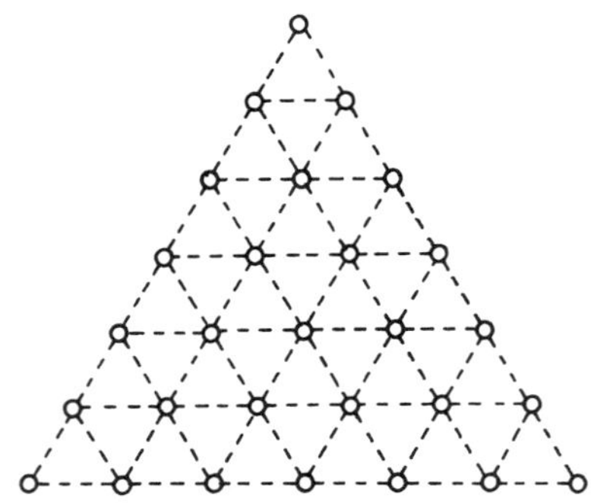

図 16.12 28個の点と36個の三角形のセルからなるゲームボード．

もちろん，敵もまた長い鎖のルールを使っていると，主導権をめぐる戦いは非常に厳しくなる．本章の後半で議論されるニム紐ゲームでは，主導権争いがすべてである．付録で，主導権を渡す方が賢いと思われるまれな場合をいくつか述べている．

8. 点と箱，紐とコイン

紐とコインと鋏を使って，点と箱と双対形のゲーム（**紐とコイン**と呼ばれる）ができる．紐の両端にはそれぞれコインが接着されているか，一端はコインに，もう一端は地面に接地されている（地面に接地するのは高々1つの端である）．プレーヤーは交互に新しい紐を切断する． あなたの切断でコインが完全に切り離されたときは，そのコインをポケットに入れ，他の紐を切断しなければならない（切断されていない紐があれば）． すべてのコインが切り離されたときにゲームが終局し，より多くのコインを得たものが勝者となる．

図16.13は，アーサーとバーサの最初の対戦の双対形を示している（図16.1と比較されたい）．9つのコインが24本の紐で結ばれている．そのうち12本はコインとコインの間で，残りの12本はコインと地面の間にある．地面に達している紐を小さな矢で表す．コインと紐は**グラフ**の節点と辺を形成する．点と箱の任意の局面に対応するグラフを描くのは容易である．しかし，そのような局面に対応**しない**グラフも多くある．たとえば，グラフが奇数長のサイクル，あるいは5つ以上の辺をもつ節点をもつかもしれない．あるいは，グラフが**非平面グラフ**かもしれない．実は，紐とコインは，点と箱の1つの一般化である．

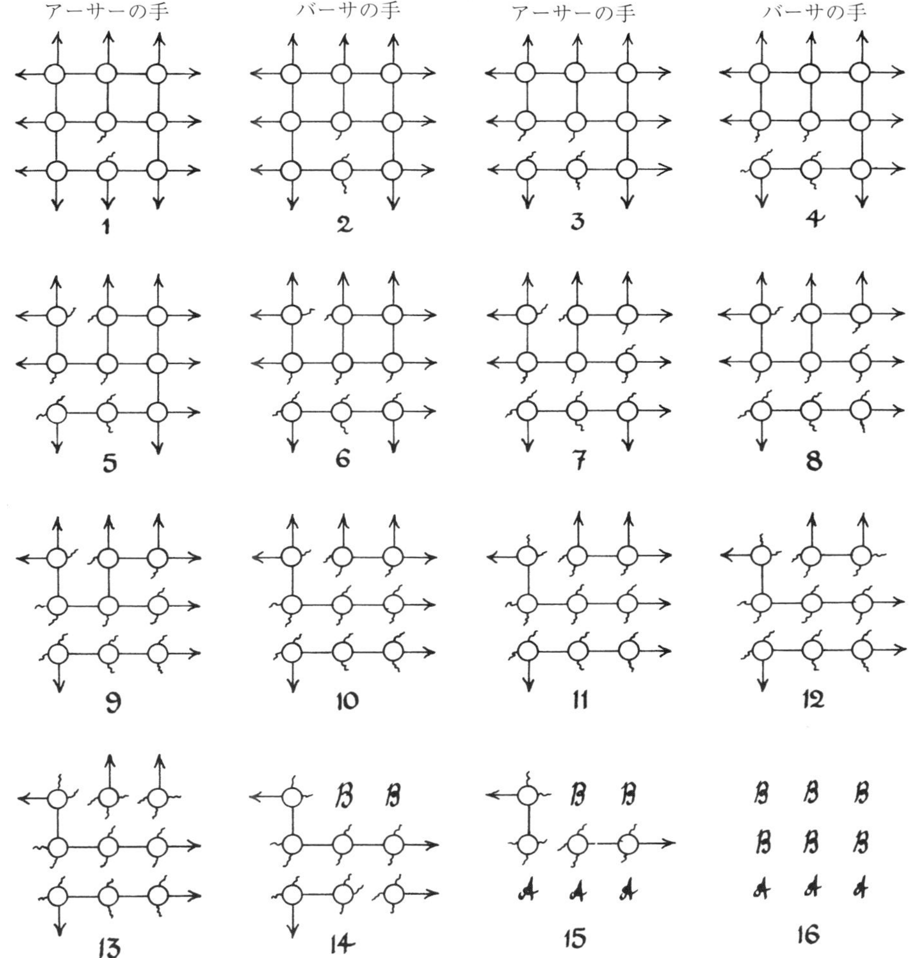

図 **16.13** 紐とコイン — 図 16.1 の双対形.

9. ニム紐

ニム紐は，紐とコインとまったく同じ種類のグラフ上で行われ，紐を切るというまったく同じ手を使う（コインを切り離す手は，**褒賞手**である）．紐とコインでは，多くのコインを切り離した方が勝者となるが，ニム紐では，標準プレールールに従う．したがって，ニム紐の通常の局面では，最後のコインを切り離した者が**敗者**となる．というのは，そのとき，ルールはさらに次の手を要求するが，それが打てないからである．（しかしニム紐グラフでは，地面と地面を結ぶ紐が**あるかもしれない**．もし最後の手が**その紐**を切断すれば，それはコインを切り離さないので，**勝ち**となる．）

ニム紐は，紐とコインとはまったく異なっているように見えるが，よく調べてみると，実際のところ，ニム紐は紐とコインの特別な場合であることがわかる．

> 紐とコインのすべてを知ることはできない，
> ニム紐のすべてを知らなければ！

このことを証明する構成を図 16.14 に示す．グラフ G は任意のニム紐の問題を表している．そのグラフに長い鎖を 1 つ付け加えた紐とコインを考える — その長い鎖は，G より多くのコインを持たなければならない．その鎖はそれほどに長く，そのうちの 1 つの紐を最初に切断すると，敵の番のときに，敵にすべてのコインを取られてしまうので，どちらのプレーヤーもその鎖を切断しないようにする．どちらのプレーヤーも，G のすべての紐が切断されるまでは，敵をその鎖上に強制的に向かわせることはできない．言い換えると，図 16.14(b) の紐とコインに勝つ唯一の方法は，G 上のニム紐に勝つことである．

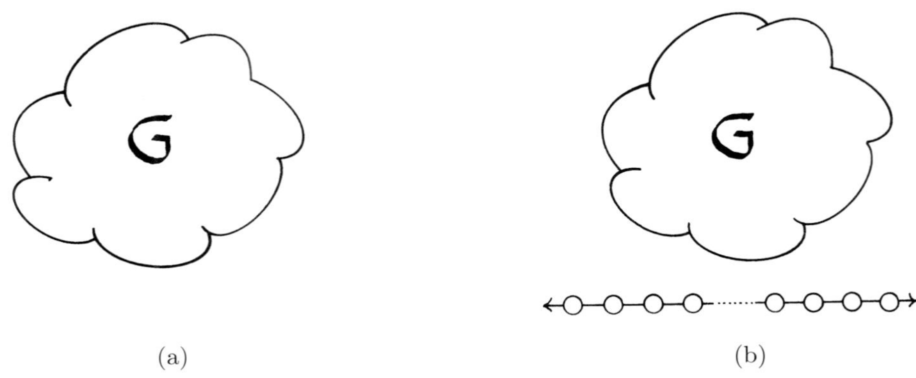

図 16.14　(a) ニム紐の難しい問題．(b) この紐とコインの問題は同じ程度に難しい．

図 16.15 はもう 1 つの構成を示している．今度は，ニム紐ゲーム G に長い鎖とサイクルをいくつか加えて，紐とコインを作る．これらが十分長ければ，この紐とコインの必勝戦略は次のようになる：

> **相手の手が G の中ならば，**
> G の中でニム紐必勝戦略の手で答えなさい．
> **長い鎖の中の手ならば，**
> その鎖のコインを **2 つ残してすべて**取りなさい，
> 2 つのコインを結ぶ紐だけを残して．
> **長いサイクルの中の手ならば，**
> そのサイクルのコインを 4 つ残して取りなさい，
> 紐で結ばれたコインの**ペアが 2 つ** 残るようにして．

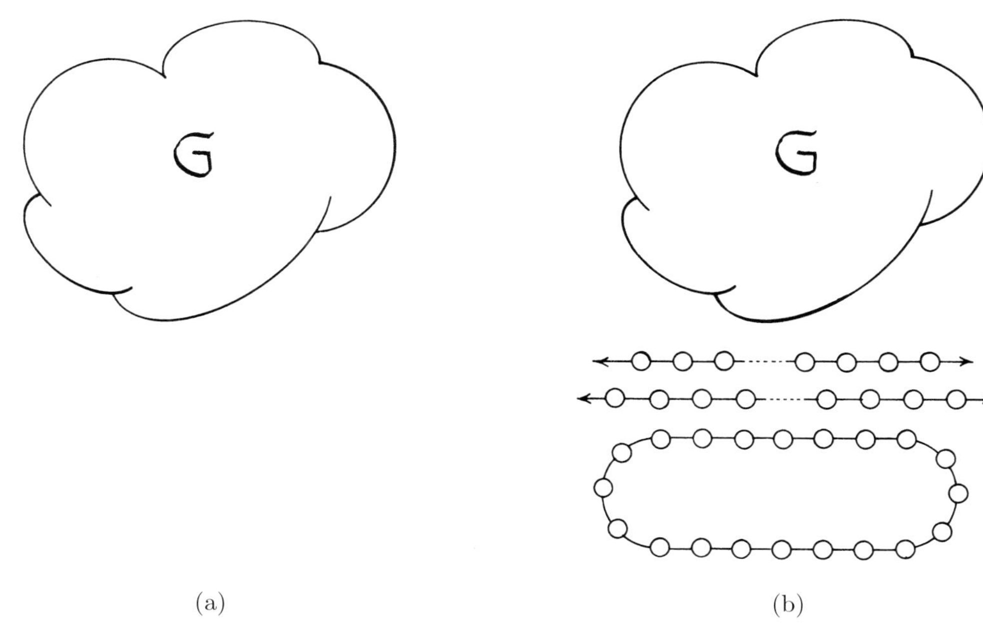

図 16.15　(a) もう 1 つのニム紐.　　(b) 対応する紐とコイン.

この戦略では，長い鎖のそれぞれから 2 つを残してすべてのコインと，長いサイクルそれぞれから 4 つを残してすべてのコインが得られるので，G に加えた鎖とサイクルの節点の総数が

G の節点数
＋　4 ×（加えた長い鎖の個数）
＋　8 ×（加えた長いサイクルの個数）

を超えれば，あなたの勝ちとなる．

実際には，ニム紐それ自体が（潜在的に）長い鎖を含む局面がよくあるので，この戦略はより広く適用できる．バーサが，アーサーとのリターンマッチで，「2 つを除いたすべて」の原則を使ったことを思い出しなさい（図 16.2）．うまくプレーされた点と箱は，通常，最後の最後を除いて，対応するニム紐のようにプレーされる．ニム紐での最後の長い鎖は，他のものと同じように扱われる．すなわち勝者は，最後の 2 つのコインを除いてすべてを取る．最後の 2 つのコインは，敗者への強要手である．点と箱の最後の鎖では，もちろん，勝者はすべてを取る！

10.　なぜ長いは長い

この議論は，なぜ「長い」が次のように正確に定義されねばならないかを説明している．鎖が 3 個以上のコインを含めば，鎖は**長い**と呼ぶべきである．というのは，敵が切断したのがそのような鎖のどの紐であったとしても，われわれは，紐を次々に切断してコインを取り込みながら，

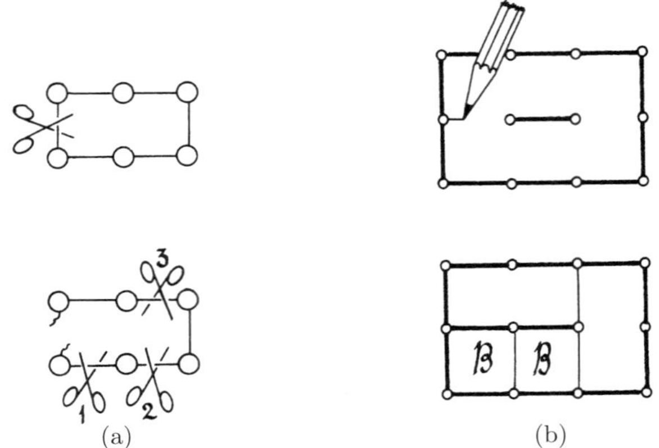

図 16.16 バーサは丁重に長いループを辞退する.

最後の2つのコインは取らずに地面に結ばれた紐のもう1つを切断して終了できるからである. 2つのコインからなる鎖は**短い**と呼ばなければならない. というのは, われわれが勝負にかかわる2つのコインを辞退する手 (強要手) を阻止しようと相手は2つのコインの間の紐を切断しようとするかもしれないからである. 同様の理由で, 2つまたは3つのコインからなる閉じたループも**短い**と呼ばれる (短いループは長方形状の点と箱では生じない). 一方, 少なくとも4つのコインをもつループは**長い**と呼ばれる. というのは, 敵がどの紐を切断しても, 最後の4つのコインを丁重に辞退できるからである. 図16.16(a) は, それをどのようにして行うかを長さ6のループ上で示している. 図にあるように敵が最初の紐を切断したときは, 2つのコインだけを取ってから, 残りの4つのコインの中央の紐を切断する. 図16.16(b) は, これが点と箱でのバーサのプレーとどのように一致しているかを示している.

上手にプレーされた点と箱は, しばしば, 図16.15(b) のような局面の双対に至る. コインのほとんどは, 長い鎖かループの中にあり, 敵にそれらの中の紐の1つを最初に切断させたプレーヤーが勝者となる. ニム紐の必勝戦略は紐とコインの必勝戦略をも与えるということは, ほとんど常に成り立つようだ. そうなることが証明できるグラフで図16.15(b) の条件をみたすものが多くある. 点と箱あるいは紐とコインのゲームに勝つには, 対応するニム紐に勝つようにすると同時に, かなり長い鎖をいくつか用意しなければならない. 本章の残りで, どのようにしてニム紐のエキスパートになるかを教えよう.

11. ニム紐ゲームにおいて, コインを取るべきか取らざるべきか

紐が1つだけついているコインは**獲得可能**である. 獲得可能なコインがあるときは, 次のプレーヤーは対応する紐を切断してそのコインを分離し, もう1手 (おまけのボーナス手) を打つという選択肢をもつ. あるグラフでは, これが最良の手である. 図16.2 のゲームでバーサが出会ったグラフの1つも含めた他のグラフでは, そのコイン出くわしたグラフの1つも含めた他のグラ

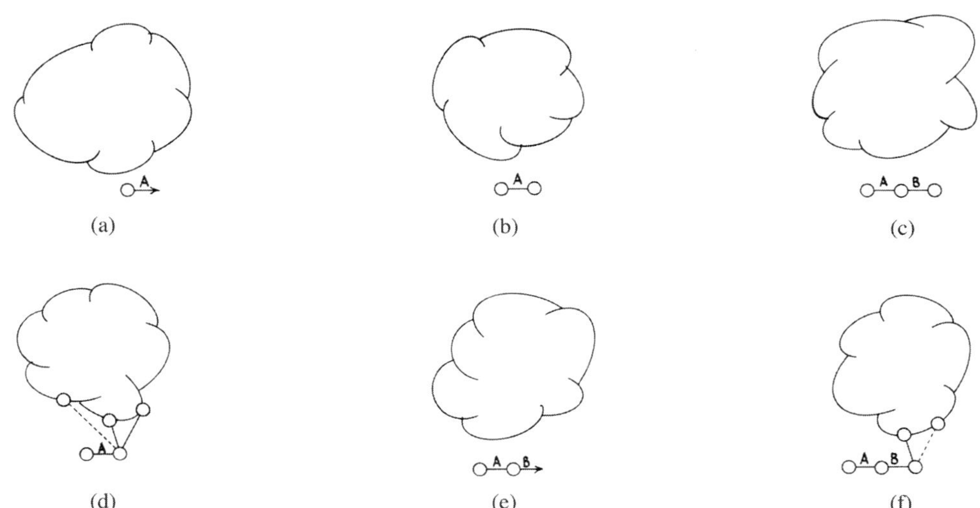

図 16.17 (a) **取りなさい！** 自由なコインを 1 つ．(b) **取りなさい！** 自由なコインを 2 つとハマリ手．(c) **取りなさい！** 自由なコインを 3 つとハマリ手．(d) **取りなさい！** 自由なコインを 1 つ．(e) **勝利！** (f) **勝利！** 撹乱手．

フでは，そのコインの切り離しをしないのが必勝戦略となる．あなたもわかると思うが，コインを取る方がよいのか取らない方がよいのかの決定は，しばしばグラフ全体に依存する．しかし，獲得可能なコインの近くのグラフの局所的な特性だけを吟味することで，かなりのことが推論できる．

獲得可能なコインは，図 16.17 の 6 つの可能性のどれか 1 つのように見えるはずである．獲得可能なコインから出る紐は，地面へ行く（図 16.17(a)）かもう 1 つのコインへ行く．もう 1 つのコインへ向かう場合は，そこの紐の数は，1 つか（図 16.17(b)），2 つか（図 16.17(c), (e), (f)），あるいは 3 つ以上（図 16.17(d)）である．紐が 2 つならば，2 番目の紐は，もう 1 つの獲得可能なコインに行くか（図 16.17(c)），地面に行くか（図 16.17(e)），あるいは，2 つ以上の紐をもつコインへ行く（図 16.17(f)）．6 つの場合のどれについても，雲は，獲得可能なコインに十分近いとは見なされないすべてのコインと紐を含んでいる．図 16.17(d) と (f) の点線はあってもなくてもどちらでもよい紐を表す．

最初の 4 つの場合（図 16.17(a)–(d)）では，手番のプレーヤーは紐 A を切断して，コインを取ってもよい．図 16.17(c) では，続けて紐 B を切ってコインをさらに 2 つ取ってもよい．というのは，これらのグラフから始める必勝戦略をあなたがもっていると仮定してみよう．もしその戦略の初手が，文字がつけられていないいくつかの紐を切断するだけであるときは，敵は**自分**の番のとき，文字つきの紐を最初に切断することから始めるという選択肢をもつ．しかし，その局面は，あなたが最初に文字つきの紐をすべて切断してから前と同じ文字のついていない紐を切断することによって，到達できるはずである．つまり，もしこれらの 4 つの場合から始まる何らかの必勝戦略があるとすれば，文字つきの紐を切断することから始まる必勝戦略があることになる．したがって，上手なプレーヤーは図 16.17(a)–(d) の 4 つのいずれにおいても，獲得可能なコインを**取る**，と仮定しても一般性を失わない．

残りの2つの局面（図16.17(e) と (f)）はもっと興味深い．あなたの手番がこれら2つのどちらかならば，紐Aを切断して獲得可能なコインを**切り離す**か，紐Bを切断して獲得可能なコインを**辞退する**ことができる．残りのグラフがどのようであっても，これら2つの手の**どちらか一方**が**勝ち**になる．しかし，必勝戦略が紐Aの切断で始まるかBの切断で始まるかの決定には，グラフ全体を調べることが必要となるかもしれない！

このいささか驚くべき結果は，戦略盗用（図16.18）を巧妙に使うことによって証明できる．

図16.17(e) と (f) のゲームについての問い：**文字のついていない紐だけからなる，より小さなゲーム *G***（図16.18(e) と (f)）**に勝つのは誰か**？

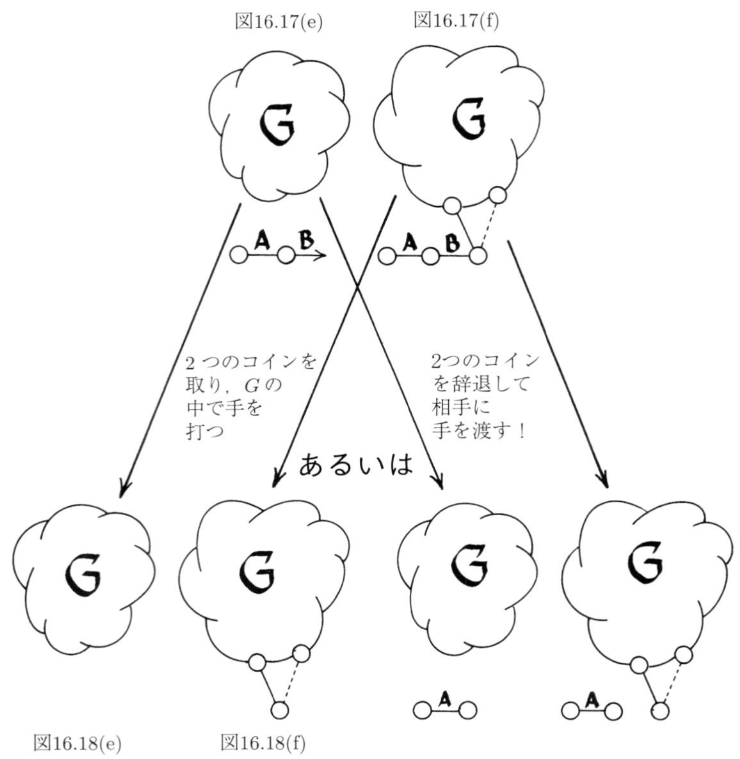

図 16.18　撹乱手の後の戦略盗用．

それは，Gから着手しなければならないプレーヤーか，そうしてはならないプレーヤーかのどちらかである．幸運なプレーヤーが誰であろうと，あなたは彼の戦略を盗んで利用しなければならない．もしGから着手しなければならないプレーヤーが勝てるとすれば，図16.17(e) または (f) からプレーするとき，あなたは紐Aの切断から始め（コインを切り離し，続けて），紐Bを切断し（もう1つのコインを切り離し，さらに続ける），そして，それからG上でゲームを始めなければならない．もちろん，最初のプレーヤーの必勝戦略に従ってプレーをすることになる．一方，Gから始める先手プレーヤーに必勝手がないとすれば，図16.17(e) あるいは (f)

からプレーするとき，あなたは紐 B を切断して直ちに自分の番を終了して，相手にゲーム G を開始させなければならない（そのとき，相手が紐 A の切断から始めてもかまわない；相手がそうしなければ，後であなたがすればよい）．

辞退手で 2 つのコインを相手に与えることは，ニム紐の場合には問題とならない．ニム紐では最後の手で勝者が決まるからである．紐とコイン（および点と箱）ゲームでは問題となる**かもしれない**が，長い鎖があるときには問題とならない．

12. ニム紐グラフに対する Sprague-Grundy 理論

さて，ニム紐グラフに対して値を定義しよう．その値がニンバーとなるようにしたい．そのようにすると，通常の Mex ルールとニム和ルールが使える． 問題は， 図 16.19 のような局面があることだけである．

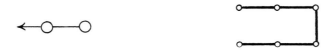

図 16.19 ニム紐（あるいは点と箱）のルーニー局面.

図 16.17(e) に関する議論から，どんなグラフ G が加えられても，結果は先手の勝ちであることがわかる．したがって，図 16.19 に想定される値 $*x$ は，次の性質をみたす．

$*x$ 自身も含めて任意のニンバー $*y$ に対して，

$$*x + *y \neq 0$$

が成り立つ．特に

$$*x + *x \neq 0$$

も成り立つ．

第 12 章を読んだ人は，このパラドックスをどのように解決するかがすぐにわかるだろう．図 16.19 は，**ルーニー**（間抜けな）局面と呼ばれ，その値は ☋ である．第 12 章の褒賞手とボーナス手に関する理論は，ニム紐にも当てはまり（褒賞手はコインを取得する手である），どの局面も通常のニム値か特別な値 ☋ のどちらかをもつことを示す．しかし，ニム紐の値を見つけるルールは次のように容易に要約することができるので，いま第 12 章を読み直す必要はない．

> 紐のないグラフの値は 0 である．
>
> 図 16.17(a)–(d) にある 4 つのタイプの獲得可能なコインをもつグラフの値は，それらの獲得可能なコインとその紐を取り除いた部分グラフの値と同じである．
>
> 図 16.17(e)–(f) にある 2 つのタイプの獲得可能なコインをもつグラフの値は，☽ である．
>
> 獲得可能なコインのないグラフの値は，各紐を 1 本切断した後に残るグラフの値から Mex ルール（第 4 章）によって求まる．

ニム紐の値

これらの値を加えるときには，通常のニム和ルールとともに，

$$☽ + 0 = ☽ + {*1} = ☽ + {*2} = \ldots = ☽ + ☽ = ☽$$

が成り立つことを思い出しなさい．

いくつかのグラフに対する計算を図 16.20 に示す．獲得可能なコインがないときは，それぞれの紐に対してその紐を切断した後の部分グラフのニム値を書き込む．最後の図の場合にはニム値が 0, 1, 3, すなわち，$*0$, $*1$, $*3$ の選択肢をもち，$2 = \text{mex}(0, 1, 3)$ であるから，このグラフの値は $*2$ となる．☽ 印がついている紐は，先手にとってルーニー選択肢である — たとえその局面に他のグラフがいくつか加えられたとしても，先手がその紐を切れば，敵にうまくプレーされると彼は**負ける**．各グラフのニム値は，その紐についている数値の mex からわかる．したがって，この場合，値 ☽ は無視しなければならない．その辺は自殺手になるからである．

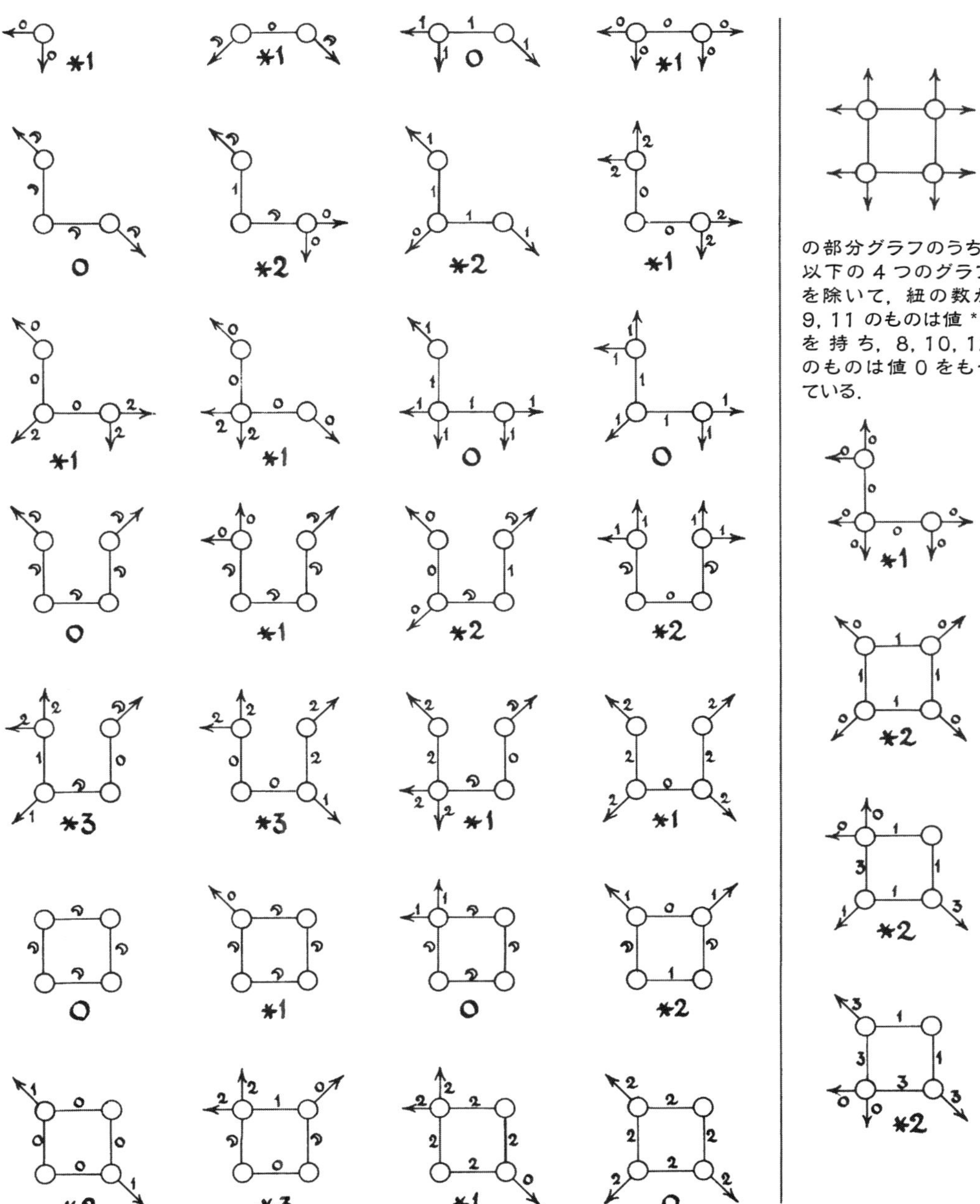

図 16.20　ニム紐グラフの値の算出.

ドディー（先手）は点と箱の 4 箱ゲームに勝つが，対応するニム紐の局面

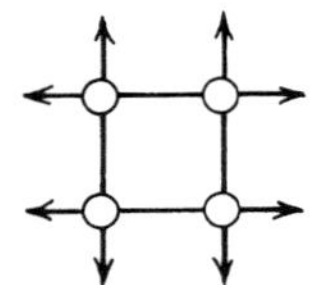

ではエヴィー（後手）が勝利することを，図 16.20 から導くことができる．このことは，次の点と箱ゲーム

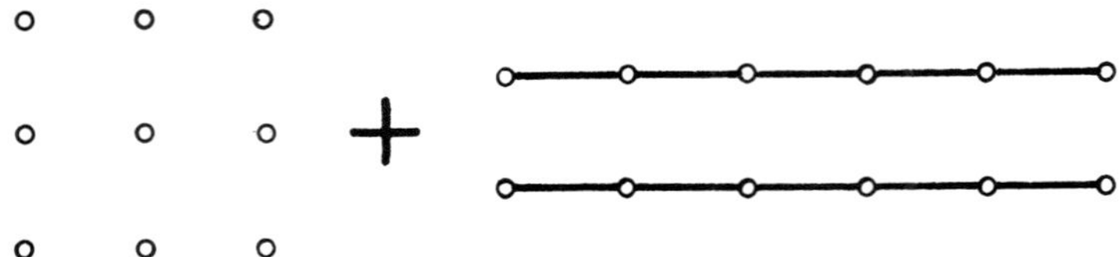

でもエヴィーは勝てるはずだということを意味する．

終端点（地面に向かう矢印の先端）が高々 4 つで内部にサーキットがないグラフすべてに対する答えを図 16.21 に集めた．終端点が 5 つの木の形をしたグラフに対するニム値の表を付録の図 16.38 に載せてある．

13.　すべての長い鎖は同じ

図 16.22 のさまざまな局面を見てごらんなさい．雲に隠されているものはまったく同一のもので，雲から下がっているネックレスはどれも 3 つ以上のビーズをもっている．これらのグラフはどれも，ニム紐では同じように振る舞う．というのは，見えている辺はどれも常にルーニー手だからである．

鎖の上に節点が 3 つ以上あるときは， 局面の値にとって節点の正確な個数は問題ではない．

この事実により，長い鎖に対する便利な次の略記号を利用できる：

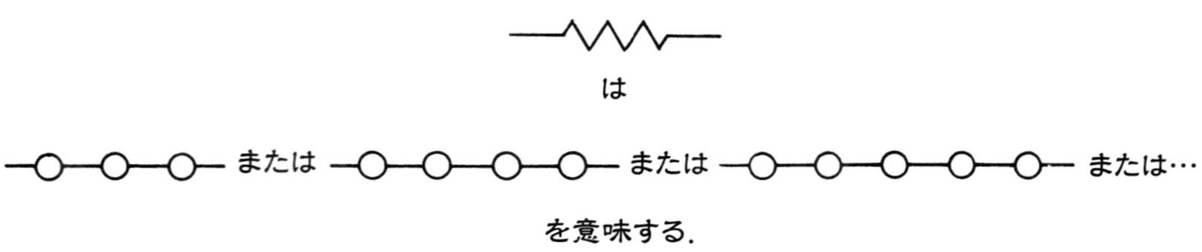

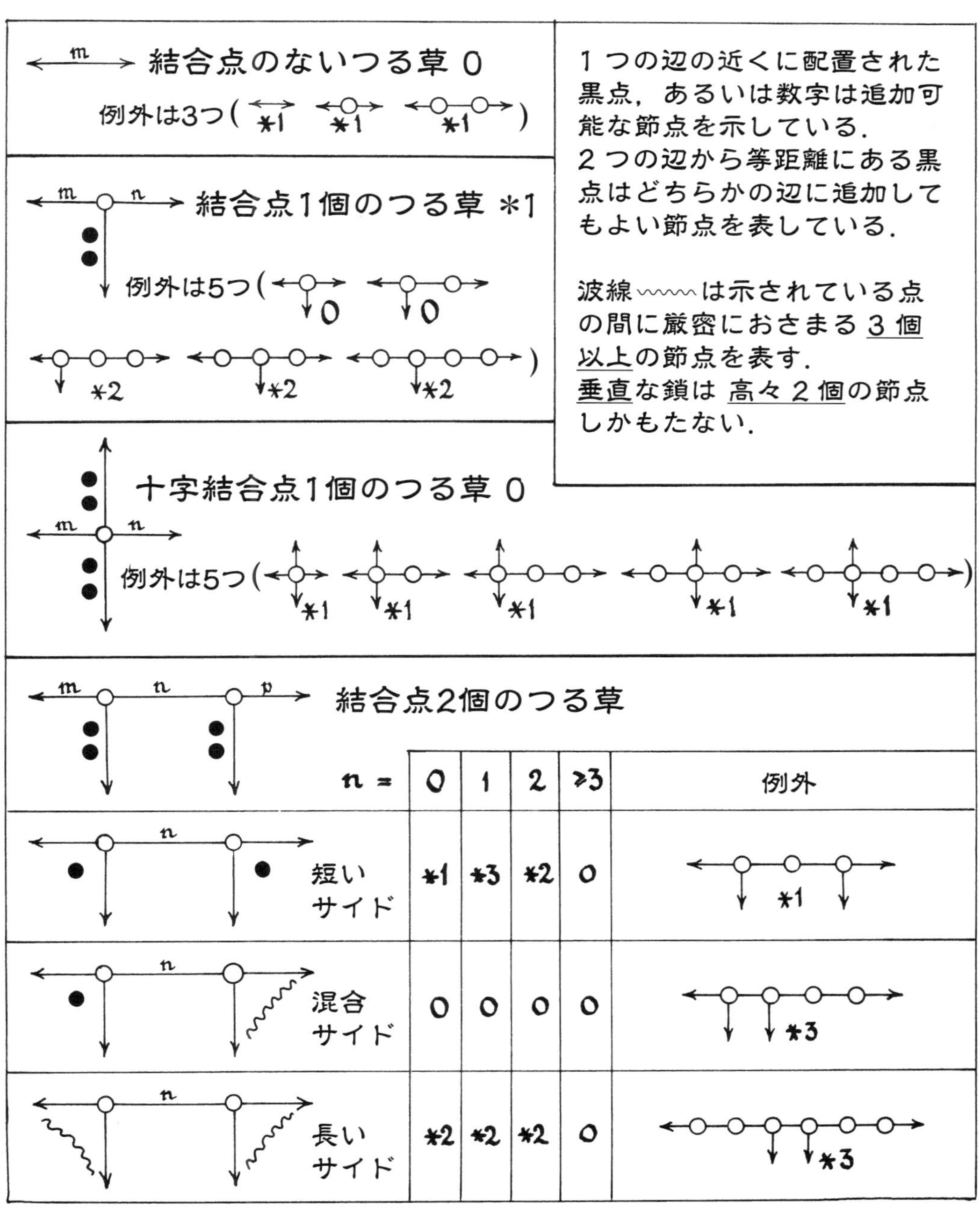

図 16.21 注目すべきニム紐のニンバー．

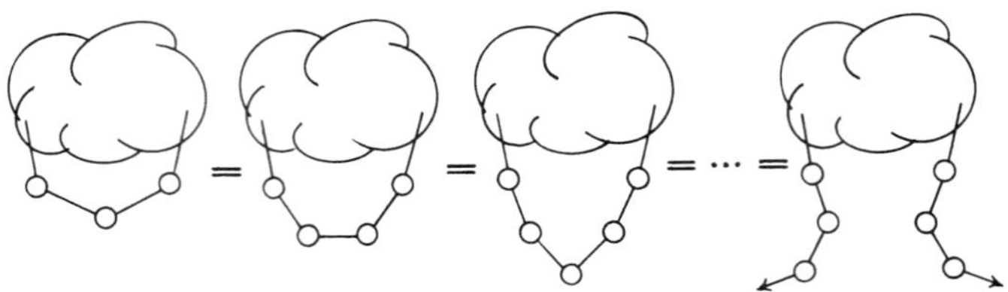

図 **16.22**　3節点以上はみな同じ.

14.　どんな変異が無害か？

より一般に，任意のニム紐グラフ G 上にビーズを置いたり，取り去ったりして，グラフの**変異種**を作ることができる（ビーズは，いうまでもなく，ちょうど2つの辺をもつ節点である）．図16.23は，グラフ G と2つの変異種 H と K である．

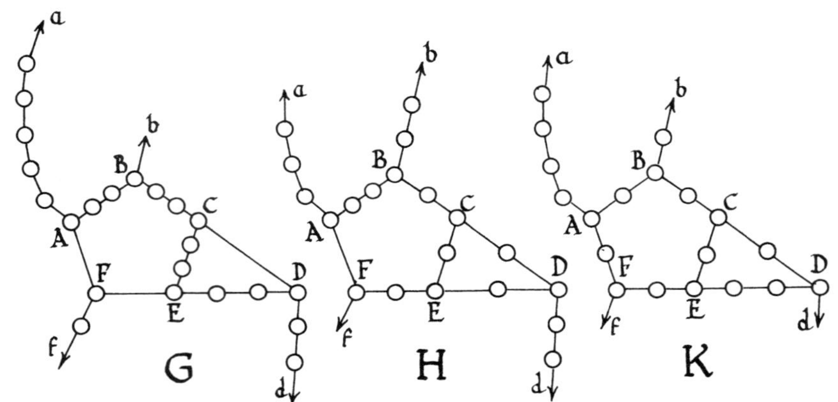

図 **16.23**　グラフとその無害変異種，および，有害変異種.

停止点という語を，地面に向かう矢印の先端（**終端点**）**か，あるいは**3つ以上の辺をもつ節点（**結合点**）を指すのに使う．2つの停止点間のパスは，中間の節点を3つ以上通るときに**長い**，そうでないときに**短い**という．通常，変異は値に影響を与えるが，そうでない**無害**変異も多くある：

> 2つのグラフ間の変異は，
> 一方のグラフの停止点間の短いパスがどれも，
> 他方のグラフの短いパスに対応するならば，
> 確かに無害である．

無害変異定理

図 16.23 では，H は G の無害変異である．というのは，短いパスは AE，Af, Ef と，停止点を通過しないパス（Aa は除く）だけであるからだ．しかし，グラフ K では AE は長く，Cd は短いので，この変異は定理の対象とはならない．実際，G と H の値は $*2$ で，一方 K の値は 0 である．

グラフ G と H が無害変異で関係づけられているときは，H を G のようにプレーするだけでよい．ルーニーでない手は，少なくともその手が打たれるまでは停止点であった A と B の間の短い鎖の紐を切断しているはずである．A と B は，元のグラフでは停止点であったに違いなく，A と B の間の距離は短くなるから，変異されたグラフでも同様にルーニーでない手を見つけることができる（図 16.24）．

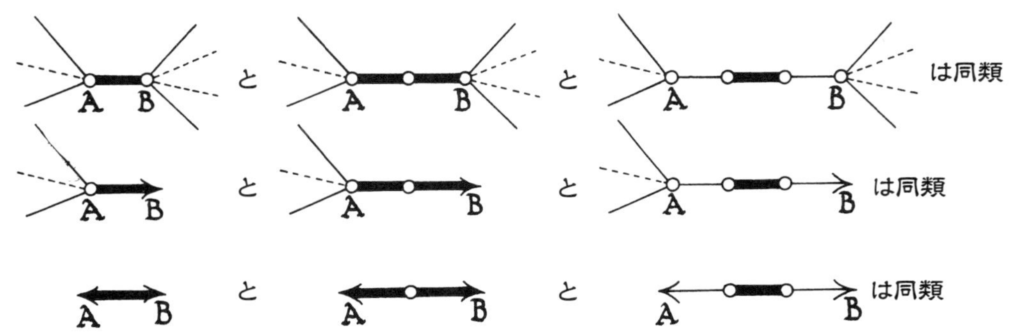

図 16.24 無害変異種での同類の手．

変異定理はもう少し強くできる：

> 2 つの停止点間のパスが
> 長い鎖の 1 つの終端点を通るときは，
> そのパスの長さを気にする必要はない．

（というのは，図 16.25 のようなグラフ — A あるいは B が終端点であったかもしれない — で

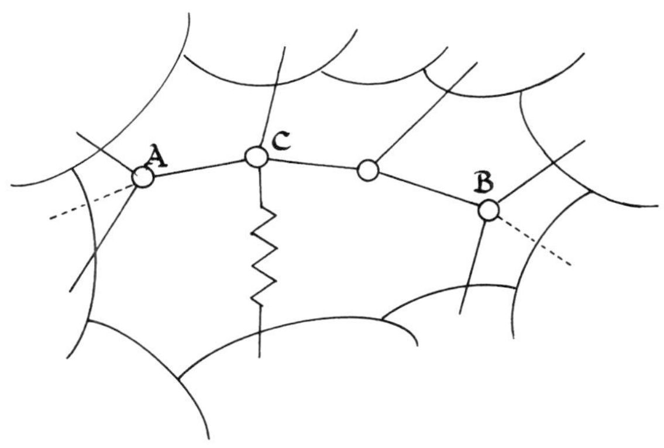

図 16.25 パス AB は長い鎖の端点 C を通る．

は，どちらかが C で終わる長い鎖を切断するというルーニー手を打たない限り，AB が鎖とはならないので.）

15. 刈り込みと変形

ニム紐グラフの値に影響を与えないもっとドラスティックな変形が多くある．たとえば：

長い鎖をパチン！

これは図 16.22 からヒントを得た．図 16.26(a) は，それを長い鎖の表記法で示したものである．

図 16.26 の残りの同値性はもっと興味深い．図 16.26(b) の中央の同値性は特に役に立つ（左の同値性は長い鎖のパチンである）．それは，2 つの長い鎖が出ている節点に入る 1 つの辺は，直接地面に向かう辺で置き換えてもよいことを保証している．より一般に，節点に 2 つの長い鎖がついているとき，その節点に入る他のすべての辺は地面に向かう辺で置き換えてもよい（図 16.26(c)）．

証明のアイデアは，2 つの長い鎖の終端にある節点は，誰かがルーニー手を打って敗北を認めるまでは，取得されることはないということである．図 16.26(b) の最初と最後の間の同値性を地面に向かっているすべての辺に適用して，すべてのグラフから地面に向かう辺を除去することができる．しかし通常は，他のやり方，新しい終端点を導入して多くの辺と節点を除去する方が，もっと都合がよい．そうすると，図 16.26(d) にあるように，地面と地面を結ぶ辺（サイズ 0×1 の点と箱ゲーム！）が発生することが時々ある．そのような辺は値 $*1$ の寄与をする．

図 16.26(e) の最初の 3 つを結ぶ等号は無害変異定理から導かれるが，これらと最後の 3 つとを結ぶ等号は導かれない．というのは，いくつかの短い鎖が変異後のグラフでは長くなっていたりするからである．対応する手に文字がつけられており，⅁ は無視すべき手を示している．図 16.26 の (b), (d), (f), (g) は，グラフからサーキットを除去できることを示している．—図 16.26(f) の最後のダイアグラムはその前の 3 つのどれかを表す簡便な表記法である．それらは互いに無害変異種である． 図 16.26(h) には多くの変種があるが，図 16.26(i) のように略記される（図 16.21 の表記法を使っている）．

16. つる草

つる草とは，サーキットも獲得可能な節点ももたないニム紐グラフで，そのすべての結合点が単一の長いパス （**茎**と呼ぶ）上にあり，どの結合点にもちょうど 3 つの辺がついているものをいう．終端点とそれに一番近い結合点を結ぶ鎖は**巻きひげ**と呼ばれる．結合点が 1 つだけの茎は，3 つの巻きひげをもつ（図 16.21）．2 個以上の結合点をもつつる草は，両端の 2 つの結合点に 2 つの巻きひげをもち，その間にある各結合点にちょうど 1 つの巻きひげをもつ．隣り合う 2 つの

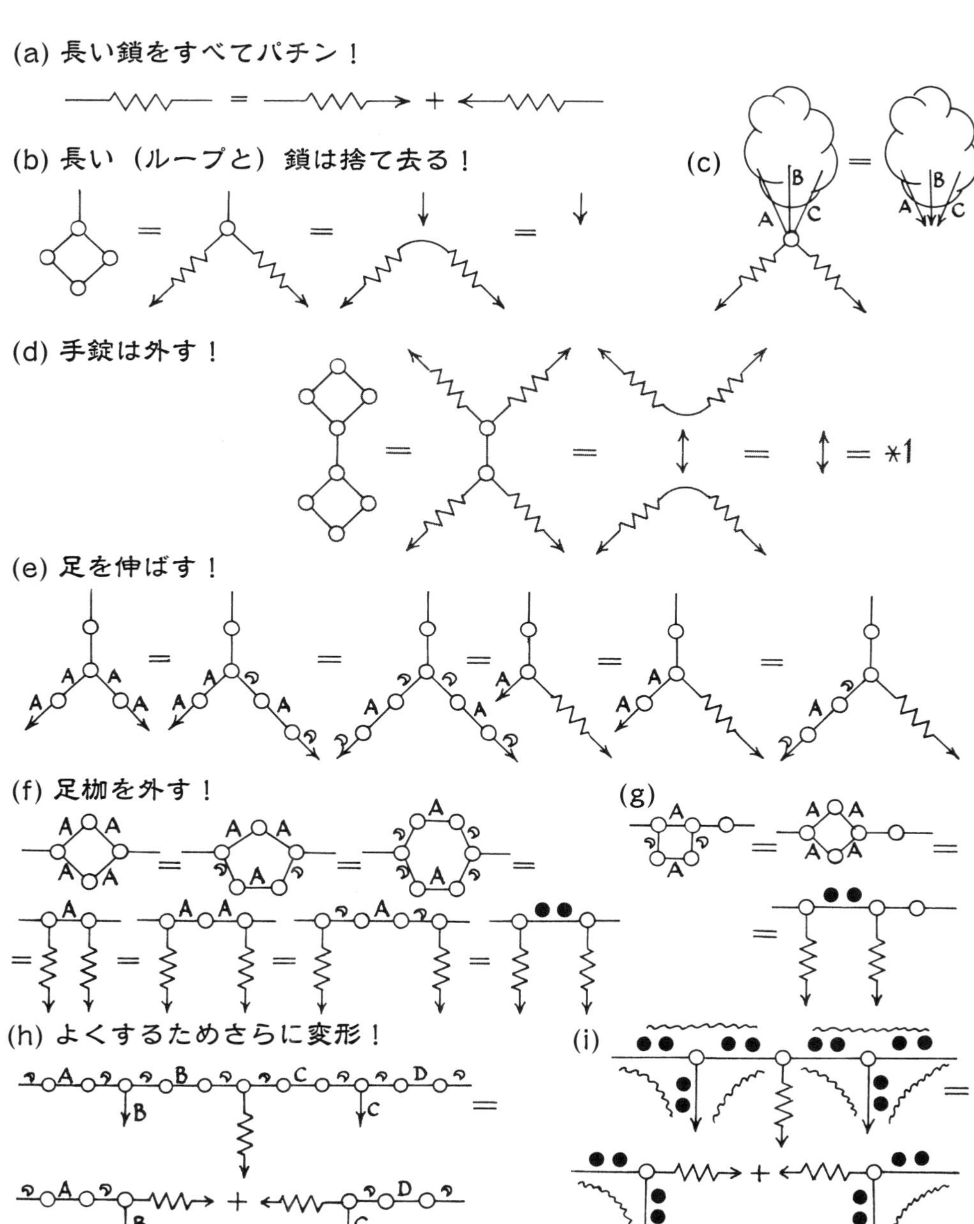

図 16.26　役に立つニム紐の同値性.

結合点間の距離が長ければ，長い鎖のパチンでつる草を小さな2つのつる草に分解できる．したがって，もしそうしたければ，その距離は**短い**と仮定しても構わない．

ツッピンつる草とは，隣接して**いない**停止点（終端点か結合点）間の距離がどれも**長い**つる草をいう．任意のツッピンつる草の値は，ツッピンゲーム（第15章第7節）での対応する配置の値と等しい．このことは注目すべき事実である．**短い**巻きひげをもつ結合点は，**2** ピン列（$*$）

となる（たとえ長い巻きひげももっているとしても）；他の結合点は，**1**ピン列（·）になる；遠く離れて隣り合う2つの結合点は，空のツッピン列に対応する（図16.27）．ツッピンゲームで1列のみを倒すボーリングショットは，ニム紐ゲームでは巻きひげへの手に対応する；列のペアを倒すショットは，つる草の茎への手に対応する．

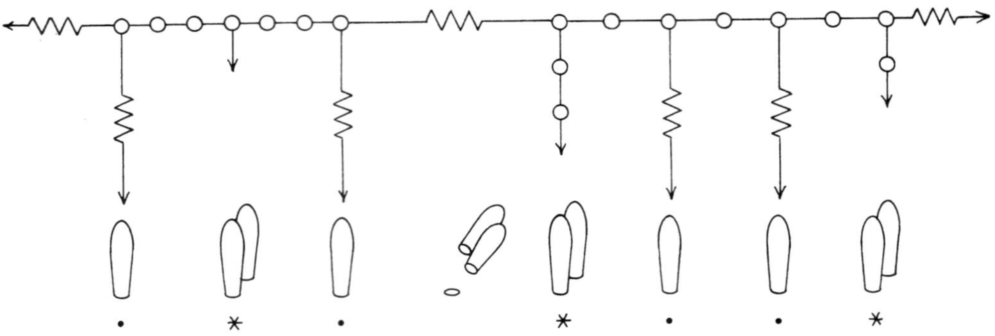

図 16.27 ツッピンつる草とツッピンゲーム．

つる草に関する注意を示すと：

> ツッピンについて
> すべて知り尽くしてなければ，
> ニム紐について何もわからない！

第15章を読んでいれば，ケイルスとDawsonケイルスはツッピンの特別な場合に過ぎないことがわかるだろう．そこで，この章のいくつかのスローガンをまとめると：

> ケイルスとDawsonケイルスについて
> 知り尽くしてなければ，
> 点と箱については何もわからない！

Dawsonつる草（ツタ属 ***dawsonia***）とは，その巻きひげがすべて長いツッピンつる草である．もちろん，隣り合う結合点間の距離でどこか長いところがあれば，Dawsonつる草は図16.28のようにパチンと切れる．これらの距離がすべて短かければ，n個の結合点をもつDawsonつる

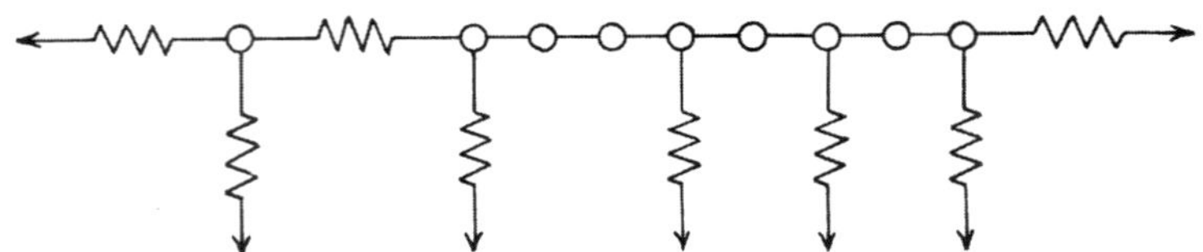

図 16.28 パチンできるDawsonつる草，$D_1 + D_4$，値 $0 + *2 = *2$．

草のニム値 D_n は次で与えられる（第4章）：

n	0	1	2	3	4	5	6	7	8	9		11		13		15		17		19		21		23		25		27		29		31		33
D_n	**0**	**0**	1	1	2	0	3	1	1	0	3	3	2	2	4	**0**	5	**2**	**2**	3	3	0	1	1	3	0	2	1	1	0	4	5	**2**	7
D_{n+34}	4	**0**	1	1	2	0	3	1	1	0	3	3	2	2	4	4	5	5	**2**	3	3	0	1	1	3	0	2	1	1	0	4	5	3	7
D_{n+68}	4	8	1	1	2	0	3	1	1	0	3	3	2	2	4	4	5	5	9	3	3	0	1	1	3	0	2 ...							

ケイルス局面は，すべての結合点で**短い**巻きひげをもつツッピンつる草に対応する．しかし，結合点と終端点の間の距離についてはあえて気にする必要がないことから，このクラスを拡張できる．

つる草は，
(i) どの結合点も**短い**巻きひげをもち，そして
(ii) どの2つの終端点間の距離，あるいは，
隣接しないどの2つの結合点間の距離も**長い**とき，
ケイルスつる草という．

また，ケイルスつる草の隣り合う結合点間の距離に**長い**ものがあれば，それはパチンと切れる（図16.29）．第4章から，n 個の結合点をもち，切ることのできないケイルスつる草のニム値 K_n は次で与えられる：

n	0	1	2	3	4	5	6	7	8	9	10	11	12	13	14	15	16	17	18	19	20	21	22	23
K_n	**0**	1	2	**3**	1	4	**3**	2	1	**4**	2	**6**	4	1	2	**7**	1	4	**3**	2	1	**4**	**6**	7
K_{n+24}	4	1	2	8	**5**	4	7	2	1	8	**6**	7	4	1	2	**3**	1	4	7	2	1	8	2	7
K_{n+48}	4	1	2	8	1	4	7	2	1	**4**	2	7	4	1	2	8	1	4	7	2	1	8	**6**	7
K_{n+72}	4	1	2	8	1	4	7	2	1	8	2	7	4	1	2	8	1	4	7	2	1	8	2	7

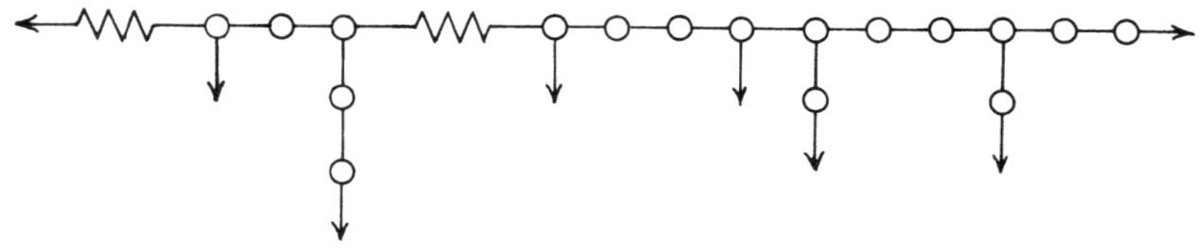

図 16.29 パチン可能なケイルスつる草，$K_2 + K_4$，値 $*2 + *1 = *3$.

ツッピンつる草とツッピンゲームの間の対応から，図16.26の (h) と (i) の分解定理をツッピンに対する分解定理の一般化として解釈することができる．ツッピンの同値関係すべてに対してニム紐への一般化ができる：

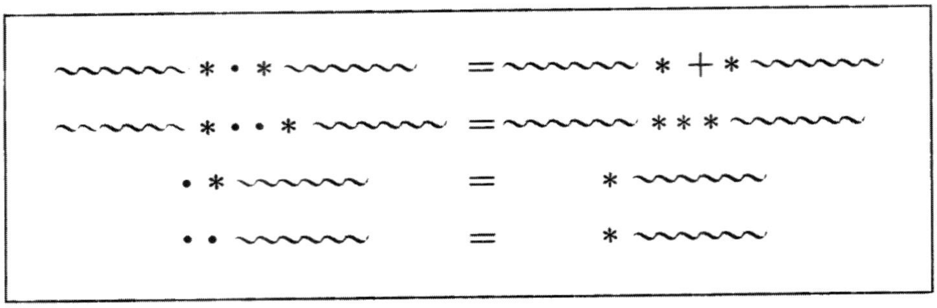

∼∼∼∼∼∼ * • * ∼∼∼∼∼∼ ＝ ∼∼∼∼∼∼ * + * ∼∼∼∼∼∼

∼∼∼∼∼∼ * • • * ∼∼∼∼∼∼ ＝ ∼∼∼∼∼∼ * * * ∼∼∼∼∼∼

• * ∼∼∼∼∼∼ ＝ * ∼∼∼∼∼∼

• • ∼∼∼∼∼∼ ＝ * ∼∼∼∼∼∼

最後の 2 つから，ツッピンつる草の最も端にある結合点は短い巻きひげをもつと仮定することができる（図 16.26(b) を使うことに対応する）．全体として，ツッピンの同値関係から，短い巻きひげをもたない結合点は，厳密に内部の長さ 3 以上のブロックとして現われると仮定できるので，最も単純なツッピンつる草はすべてケイルスつる草の複合に帰着することができる．図 16.30 は，第 4 章と第 15 章から抜粋したツッピンの小辞書である．図 16.26 の同値関係から，つる草のようには見えない多くのグラフが実はつる草と同値であることを示すことができる．たとえば，図 16.31(a) は D_8 と同値である．

ケイルスつる草，K_n		n	Dawsonつる草，D_n				その他のツッピンつる草	
*	= *1	1	•	=		= 0	* * • • • *	= *2
* *	= *2	2	• •	=	*	= *1	* * * • • • *	= *3
* * *	= *3	3	• • •	=	* •	= *1	* * • • • * *	= *1
* * * *	= *1	4	• • • •	=	* *	= *2	* * • • • • *	= *4
* * * * *	= *4	5	• • • • •	=	* + *	= 0	* * * * • • • *	= *5
* * * * * *	= *3	6	• • • • • •	=	* * *	= *3	* * * • • • * *	= *4
* * * * * * *	= *2	7	• • • • • • •	=	* • • • *	= *1	* * * • • • • *	= *3
* * * * * * * *	= *1	8	• • • • • • • •	=	* • • • • *	= *1	* * • • • • * *	= *3
* * * * * * * * *	= *4	9	• • • • • • • • •	=	* • • • • • *	= 0	* * • • • • • *	= *3
* * * * * * * * * *	= *2	10	• • • • • • • • • •	=	* • • • • • • *	= *3	* • • • * • • • *	= *1

図 16.30　さまざまなつる草の値．

ツッピンつる草は，そのつる草の枝のどれかが除去されたとき，新しいつる草は — しばしば鎖をパチンすることによって — 2 つの小さなつる草に分解される，という意味で**分解的**である．同様の意味で分解的なつる草は，図 16.31(b) を含めて，ほかにもある．分解的つる草の値を，部分つる草たちの値から計算することはかなり容易である．その部分つる草たちは元の巻きひげの連続する列のすべてを含む．そのような部分つる草の個数は，巻きひげの個数の 2 乗に比例するに過ぎないので，このアイデアはかなり長い分解的なつる草に対して実行可能であるし，コンピュータに容易に実装できる．

点と箱ゲームは，他の優れたゲームと同様に，いろいろなレベルの技量に応じたプレーができるという点で，すばらしい．

- 第一に，アーサーのやり方がある：そうしなければならない限り，どの箱の鎖も開けない．

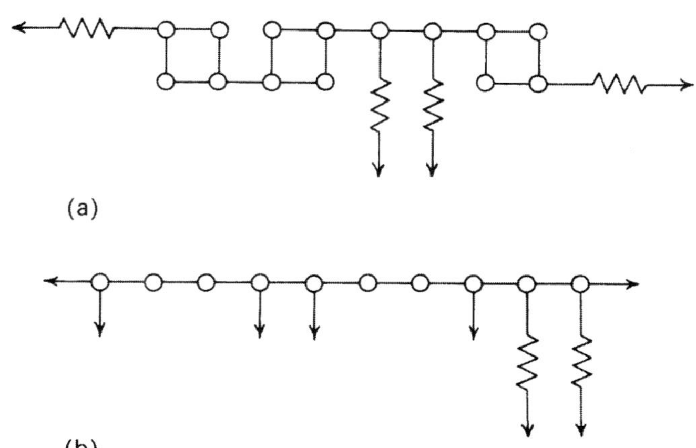

図 16.31　図 16.26 の 2 つの利用法. (a) Dawson つる草 D_8 と同値なグラフ. (b) 分解的つる草.

開けるにしてもできるだけ少なく. これは, 多くのプレーヤーが到達する唯一のレベルと思われる.

- 次に, バーサの策略手による寄せのテクニックがある. それは, 最後に多くの箱を勝者にもたらし, ニム紐が役立つだろうと思わせる.
- その次に, 長い鎖に対するオウム姉妹たちのパリティ・ルールがある.
- 正しいパリティを得ることは, Sprague-Grundy 理論の練習問題であること, したがって, ニム値の表が必要であることがわかる.
- これらの表は使いにくいので, 同値定理が使えるときはそれを使い, 解析可能なグラフの興味深いクラスを探すことを余儀なくされる.
- ツッピン理論を使って, 多くのゲームをよく知られたケイルスや Dawson ケイルスゲームの局面に帰着させることができる.
- 最後に, エキスパートは, ニム紐理論が点と箱の勝者を正しく決められないまれなケースについて何か重要なことを知る必要があるだろう.

図 16.32 の局面に対して, あなたならどのような手を推奨しますか？　われわれの推奨手を付録に示す.

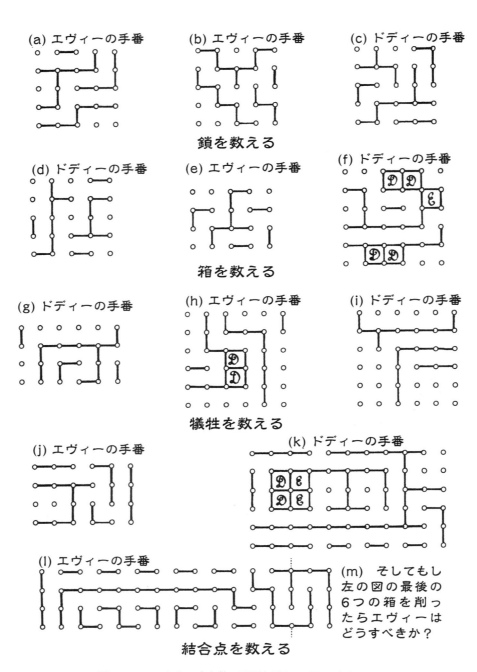

図 16.32 これらの点と箱の問題を試してごらんなさい.

付　録

17.　点の数 ＋ ハマリ手の数 ＝ 手番数

D 個の点をもつ点と箱ゲームにおいて，手番数 T で L 本の線を引き，B 個の箱を作って終了するプレーを考えよう．その場合，ハマリ手がなければ，最後の線以外の各線は，ちょうど 1 つの箱を作るか，手番を相手に渡すかなので $L = B+T-1$ が成り立つ．一般の場合には，ハマリ手は一筆で 2 箱を作るので，線の総数 L は $L = (B-[\text{ハマリ手の数}])+T-1 = B+(T-[\text{ハマリ手の数}])-1$ となる．一方，図 16.33 に証明が示されているオイラーの多面体定理

$$L = B + D - 1$$

が成立している．

したがって，$D = T - [\text{ハマリ手の数}]$ となり，点の数＋ハマリ手の数＝手番数が示された．

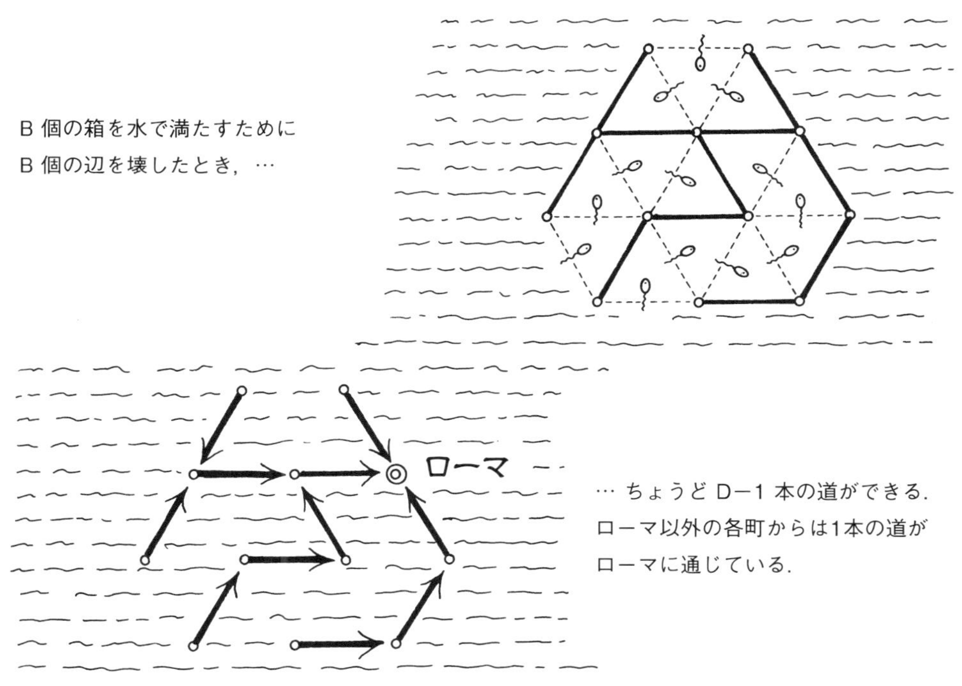

図 **16.33**　オイラーの多面体定理（Rademacher と Toeplitz による証明）．

18. ドディーはどのようにすれば4箱ゲームに勝てるか

図16.34は，4箱ゲームでドディーが勝つために十分な$\mathcal{P}$局面の集合を示している．図16.35には，**すべての**$\mathcal{P}$局面を，打たれた手数で分類して示した．ただし，一方のプレーヤーが勝利するのに十分な数のサインされた箱がある局面は除く．図16.36は，犠牲を払えば勝つが，払わないと**負ける**3つの$\mathcal{N}$局面を示している．これらの図中の破線はすでに3辺が引かれている箱を表す．

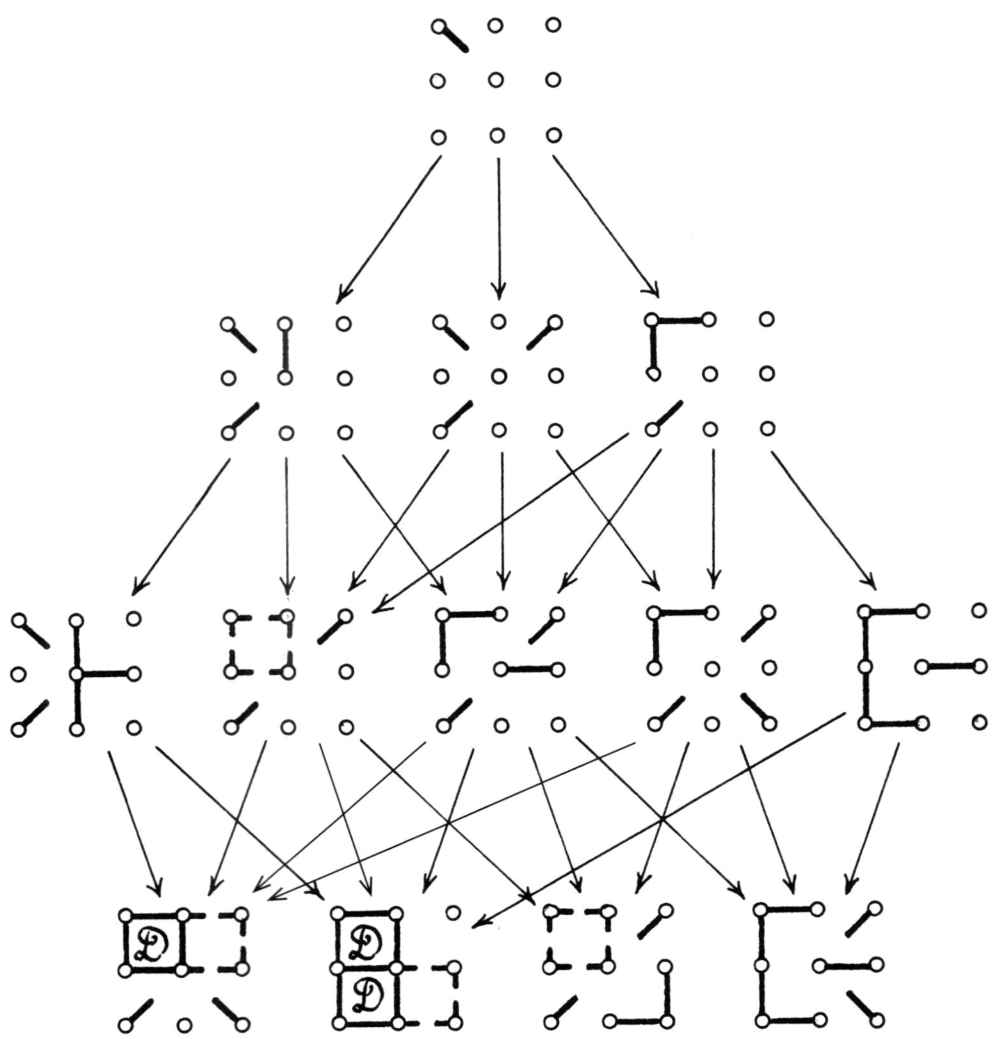

図 **16.34**　ドディーの必勝戦略.

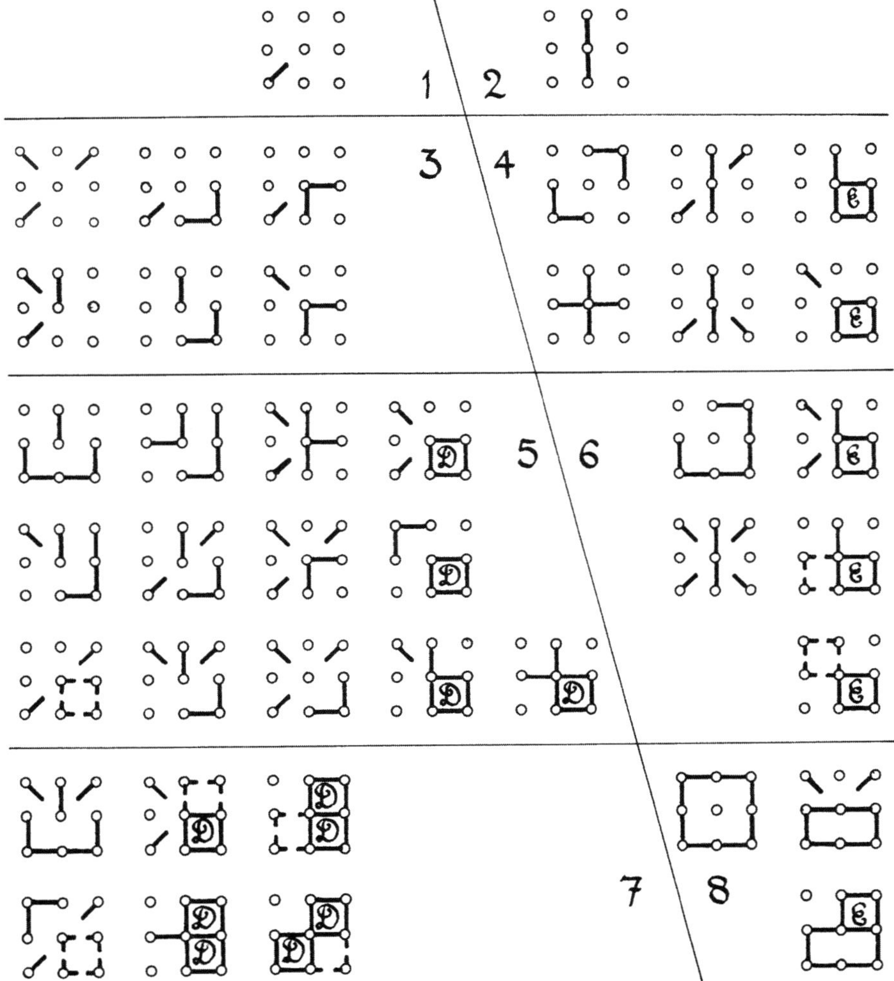

図 **16.35**　4箱ゲームにおけるすべての $\mathcal{P}$ 局面.

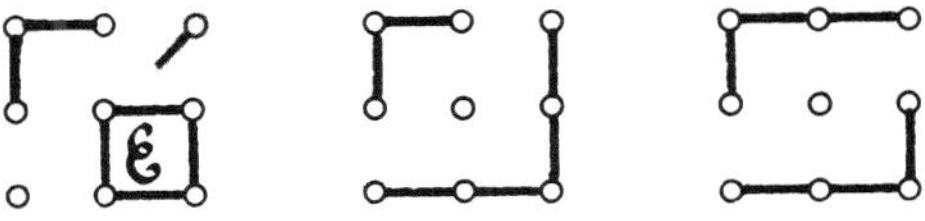

図 **16.36**　油断ならない3つの $\mathcal{N}$ 局面.

19. 主導権を渡す最良のときは？

主導権を保持することが常によいというわけではないことは明らかである．ゲーム終盤に1001個のすべて長さ3の鎖が残り，敵がこれらの最初の鎖を開いたばかりとしよう．もしあなたが最後まで闇雲に主導権を維持しようとすると，最後を除いた各鎖毎に2つの箱を敵に与えるはめになり，あなたは1003個にとどまり，敵は2000個を得ることになる．

問題は，詰まるところ，こういうことになる：敵が長い鎖を開くか撹乱手を打ったとき，あなたは，バーサのように最後の2箱を辞退するべきか，あるいは，アーサーのように，それらを全部取って仕方なくどこかへもう一手打つべきか？　差し当たり，バーサの戦術を使って，敵に残りの場所へ先に手を打たせるために箱2つを諦めるとしよう．それ以後，完璧にプレーすれば相手より D 個多く箱を得ることができるものとする．このとき，アーサーの戦術ならば，2つの箱を取って，あなたに敵より D 個少ない箱を与えることになるだろう．比較すると：

バーサの戦術	アーサーの戦術
$-2+D$	$2-D$

なので，

> バーサの戦術を採りなさい，
> もし D が2より小さくなければ．
> （D がちょうど2の場合も，それでよい．）

それはそうだが，D の値を知らなければどちらがよいかはまだわからない．このことについて一般的なことはあまり言えないが，すべてが長い鎖で，それぞれの長さが

$$a, b, c, \ldots.$$

からなる局面のときに，D を与えるルールがある．そのような局面に対しては，

$$D = (a-4) + (b-4) + (c-4) + \ldots + 4$$

が成り立つ．ただし，右辺は正とする．そうでないときは $D=1$ または 2 となる．

このルールを使って，すべてが鎖である局面に対する答えが得られる．

> 短い鎖が**偶数**個あって，**かつ**
> 長い鎖がない**か，あるいは**
> 長い鎖を2つの集合に分けてそれぞれの
> 平均長が厳密に4より小さくできる
> **ということでない限り，**
> 主導権を維持するか，獲得するべきである．

長い鎖が少ないときの主導権に関する心得．

もちろん，そのような局面では，主導権を得たり維持することによってまだ開かれていない短い鎖が偶数個に保たれるならば，バーサの手を打つ，そうでなければアーサーの手を打つことになる．

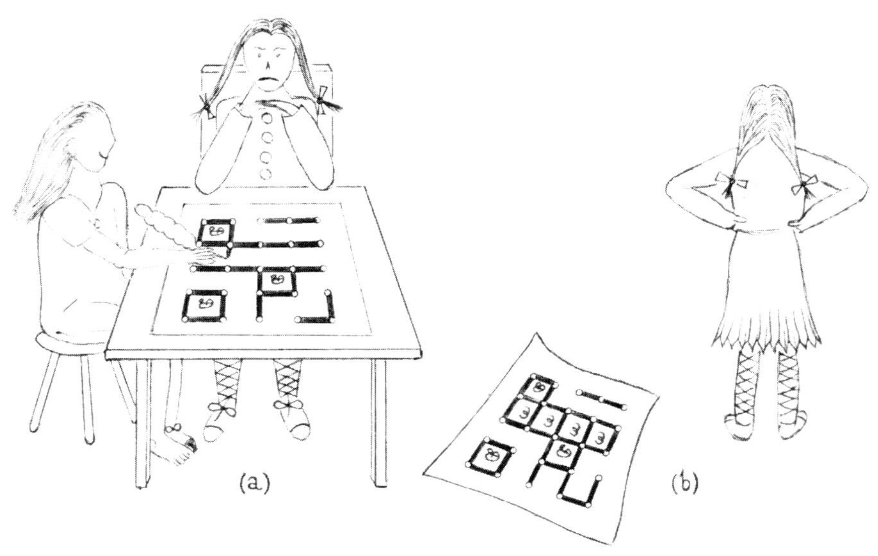

図 16.37 ドディーがゲームをドローにする — エヴィーが主導権を失う．

図16.37(a) は，エヴィーが，気分上々というわけではないが，3つの箱を犠牲にしてそれまでなんとか主導権を維持してきた局面を示している．ドディーは愚かにも，そこに示されている手で長さ4の鎖をまさに開こうとしている．残りの長い鎖は上記の心得の除外条件をみたしているので，エヴィーの最良な手（図16.37(b)）は，アーサーの**戦術**を採用して主導権を**渡し**，箱4つをすべて取ることである．そして箱は次のように分配される：

		長さ4の鎖	長さ3の鎖				
エヴィーに		4	2	2		8	引き分け，
ドディーに	すでに 3 +		1	1	3	8	

このとき，バーサの**戦術**を採用すれば

		長さ4の鎖	長さ3の鎖				
エヴィーに		2	1	1	3	7	負け
ドディーに	すでに 3 +	2	2	2		9	

となるだろう．

20. つる草の値の計算

ツッピンつる草と長い鎖からなるほとんどのグラフでは，ニム紐の勝利戦略は，点と箱のゲームで間違いなく勝利する．というのは，分離しているつる草の個数を V とする．ただし，長い鎖

は結合点のないつる草と見なす．図 16.26(a) を使って長い茎をもつつる草を分解しては**いけない** — **その代わりに**，それらの内部の長い茎の個数を I とし，結合点の総数を J とし，ニム紐の敗者の現在のスコアを L として，敗者の手と勝者の応手の間での２つの量

$$f = L + 2J + 2V, \quad g = I + 2L + 3J + 4V$$

を調べよう．ある手で取られた箱は次の手ではなくその手に割り当てる．まず，ニム紐の勝者の手では：

	変化量					
打つ場所	I	L	J	V	f	g
茎	0	≤ 2	-2	1	≤ 0	≤ 2
内部の巻きひげ	≤ 1	≤ 2	-1	0	≤ 0	≤ 2
両端の巻きひげ	≤ 0	≤ 2	-1	0	≤ 0	≤ 1

そしてニム紐の敗者の手では：

	変化量						勝者の応手も含めて	
打つ場所	I	L	J	V	f	g	f	g
茎	0	0	-2	1	-2	-2	≤ -2	≤ 0
内部の巻きひげ	≤ 1	0	-1	0	-2	≤ -2		
両端の巻きひげ	≤ 0	0	-1	0	-2	≤ -3		
勝者が受けなければならない茎へのルーニー手	≤ 0	0	-2	1	-2	≤ -2	≤ -2	≤ 0
勝者が受けなければならない巻きひげへのルーニー手	≤ 1	0	-1	0	-2	≤ -2	≤ -2	≤ 0
鎖へのルーニー手（勝者が辞退）	0	2	0	-1	0	0	0	≤ 0
茎へのルーニー手（勝者が辞退）	≤ 0	2	-2	1	0	≤ 2	0	$\leq 2^{\dagger}$
巻きひげへのルーニー手（勝者が辞退）	≤ 1	2	-1	0	0	≤ 2	0	$\leq 2^{\dagger}$

（勝者であれば鎖へのルーニー手は**打たない**．というのは，**辞退する**ことで値を変えないで済むからである．）右から２番めの列は，f が**決して**増加しないことを示しており，したがって：

節点の個数 N がゲームで

$4(J+V)$

より多ければ，ニム紐の勝者は
点と箱で勝つ.

（なぜならば，敗者のスコアはゲームの終わりで $N/2$ より小さくなるからである.）

すべての Dawson つる草 と多くのツッピンつる草は結合点 1 個につき 5 個以上の節点をもつので，この条件をみたす．もし g が決して増加しなければ，ニム紐戦略が

$$N > I + 3J + 4V$$

をみたすツッピンつる草でも上手く働くことを，同様に主張できる．しかし，†印のついている項は正のこともあるので，上手なニム紐の敗者が点と箱でまれに勝つかもしれない.

そのようなケースは非常にまれである．ニム紐の敗者は，勝者が辞退しなければならないルーニーな茎あるいは巻きひげでの手（大抵のルーニー手は受け入れられる）を選ぶことでのみ g を増やすことができる．通常，勝者は端の巻きひげでプレーするか 2 箱以上は譲らない手を打つことによって g を減らす機会をもつ．いくつかの例（図 16.32(m)）を作ってきたが，それらを構成することの難しさとスコアの接近がわれわれの意見をより説得力のあるものにする：

点と箱での
ベストチャンスは
見つけられそう，
ニム紐戦略によって.

21. ルーニーな寄せゲームはNP困難

すべての辺が長い鎖上にあるような局面に直面したら，あなたはニム紐で負けるだろう．というのは，ルーニー手しか打てないので．しかし，もしすでに多くの箱を取っていれば，まだなんとか点と箱を勝てるかもしれない．相手に追いつかれないようにするにはどのルーニー手を選べばよいか？

議論を簡単にするために，最後の手が鎖上（地面と地面の間の）で生じるとしよう．その鎖は，相手の最適戦略がニム紐戦略であることを保証するのに十分なほど長いとする．その結果，彼は，最後を除いて，各手番を策略手で終える必要がある．孤立したサイクル上でのあなたの m 手はどれもあなたに 4 箱与える．また，鎖上の n 手は（最後を除いて）どれもあなたに 2 箱与える．したがって，スコアは

$$4m + 2n - 2$$

となる．ここで，接地している終端点の結合価を1とする．グラフは j 個の結合点をもち，全体で v の結合価をもつとする．孤立しているサイクル上の手は結合価を変えないが，鎖上の手は各終端点で結合価を1減らす．ただし，結合点の結合価が3から2に変化するときは，その結合点は消える．このことは，各結合点でちょうど一度だけ生じるので，

$$v = 2n + 2j$$

が成り立ち，あなたのスコアは

$$4m + v - 2j - 2$$

となる．v と j は固定されているので，孤立したサイクル上でできるだけ多くの手を打ちたい．これらの孤立したサイクルは互いに素で，また，互いに素なサイクルの集合はどれも，最初に鎖への手をすべて打つことによって孤立化できる．

> 任意のグラフ（非平面グラフを含む）の
> 互いに共通節点をもたないサイクルの集合で
> 最大のものを見つける方法について
> すべてを知らなければ，
> 点と箱（あるいはその一般化）について
> すべてを知ることはできない．

グラフのなかで，互いに素なサイクルの集合で最大のものを求めることは，NP困難として知られている（第7章の付録を参照）．実際には，点と箱のほとんどは適当に小さなゲームボード上で行われ，10×10 より大きいことはまれである．小さなゲームボード上で出会うルーニー局面すべてで，共通点をもたないループの極大集合を，1分以内の手作業で簡単に見つけることができた．しかし，相手に主導権を維持させるルーニー手を打つ順番を見つけることは，いまだに挑戦的な問題である．それについては Berlekamp と Scott の論文で論じられている．

22.　点と箱問題への解答

図16.32の問題に対する**われわれの**答えを示す．

(a) エヴィーは，偶数個の長い鎖が欲しい．彼女は，ただちに左上隅のどちらかの辺を引くことでちょうど2つの長い鎖を作る．

(b) 今度は，エヴィーは，中央の点が左下隅である箱を犠牲にして，2つの長い鎖を作る．もし，そこにドディーが3つめの長い鎖を作ろうとしたら，左下隅にもう1つ犠牲が必要になる．

(c) ドディーは奇数個の長い鎖が欲しい．彼女は，中央の点から右へ向かって引いた非常な施

しで2箱を犠牲にしなければならない．そして，9対7で勝つだろう．

(d) どちらのプレーヤーも中央のループの4箱を犠牲にする余裕はないので，長い鎖の理論は実際には適用できない．どちらのプレーヤーもタイに持ち込むことができる（犠牲無しで）．上手にプレーされた終盤では，一番上と一番下に長さ3の鎖，中央に長さ4のループができる．左側には長さ4の鎖が1つかあるいは長さ1と3の鎖の組ができる．どちらの局面もタイである．

(e) ニム紐プレーヤーに対するちょっとした罠！　**点線**の手だけがニム紐の良い手だが，犠牲があまりにも多く，非常に上手な相手では5対7で点と箱で負けるだろう．**破線**の手はニム紐では敗着であるが，相手が次の番で，箱2つを犠牲にして盤面を多くの小さなピースに分割すれば，われわれはタイに持ち込める．

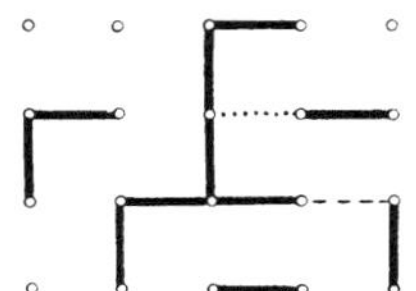

(f) ニム紐ゲームは本質的には終わっているが，点と箱では，左上隅が長さ2の鎖になるか長さ1の鎖2つになるかが肝心である．ドディーは，最上段の2番めに線を引いて前者になるようにするべきで，そうすれば，12対13で負ける代わりに13対12で勝つであろう．

(g) ドディーは，2箱の犠牲を3回強いる！　彼女は，偶数個の長い鎖が欲しいけれど1つしか見つけられない．点線の彼女の初手は，次の手で EFG に2つ目の長い鎖を作ると脅す．エヴィーは，3つ目の長い鎖 を作ることが阻止されるかもしれないので，2つの箱を犠牲にして，F と G の間を切断しなければならない．ドディーはそれらを受け取って，破線の手で脅しを繰り返す．その手は，CDE に長い鎖を作ると脅し，エヴィーに D と E を犠牲にさせる．ドディーはそれらを受け取り，B の左辺に線を引いて，また脅しを繰り返す．エヴィーは，B と C を犠牲にしてニム紐に勝つが，ドディーは，点と箱を勝つに十分な8つの箱：F, G; D, E; B, C; N, O を得る．

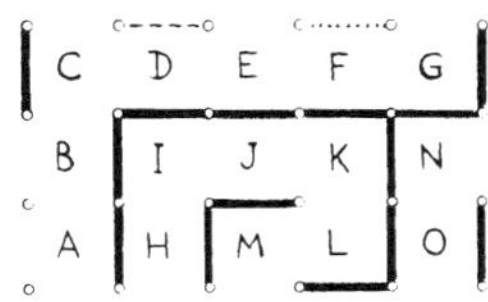

(h) エヴィーも同様にする！　最上段の辺の最後から2番目から始めて，3つめの長い鎖を右側に作るという脅しを繰り返す．ドディーは，3回2箱を犠牲にすることによってのみ阻止できる．そしてエヴィーは，すでに取られている2つの箱の左の長さ3の鎖を譲るというルーニー手を打ち， 結果として生ずるハマリ手で2つの箱を得る．彼女は主導権を渡したので，左上隅にもう1つの長い鎖を作ると脅し，ドディーにさらなる犠牲を強いる．そして，長さ7の鎖をそれ以上延ばすのを止めて，最後の3つの箱を待ち受けて，13対12で勝つ．

(i) 非常に複雑な局面！　ドディーは3番目の長い鎖が最上段にできるのを阻止しなければならない．彼女は，まず最上段隅の箱を1つ犠牲にし（おそらくさらに犠牲が必要になるだろう），彼女の長い鎖を延ばして，できるだけ多くの空きスペースを食いつぶすように用心深く努力する．もし，エヴィーが長い鎖のどちらかをあまりにも早く犠牲にすれば，ドディーは受け入れる．

(j) 簡単！ 値が $*3$ の 3 結合点のケイレスつる草と，左下隅に 4 つの箱，その値は図 16.20 から $*2$，がある．エヴィーは，最上段中央の辺か最下段右端の辺を引くことで勝つ．そうすると K_3 から K_2 になる．（このようにする他の手もあるが，あまりにも犠牲が多くなる．）

(k) 値が $*1$ の 4 結合点のケイレスつる草が底にあり，右上隅に，図 16.20 から値が $*3$ の 4 つの箱がある．図の残りは 5 結合点のケイレスつる草で，値は $*4$ である．それは偽装されているが，図 16.26(a) と (b) をよく見ると見破ることができる．ドディーのニム紐の手は，したがって，K_5 を $K_3 + K_1$ に置き換えなければならない．それには，左上隅に縦の辺を引くか，取得されている箱の右側のループを孤立させればよい．この問題では，ドディーのニム紐戦略が点と箱でも勝利するのは，彼女が注意深くプレーした場合に限る．ニム紐の手がいくつかあるときは，より多くの箱を得る手を選ぶべきである．ケイレスつる草では，茎上の手（どちらのプレーヤでも）は，結局，もう 1 つの長い鎖へ導き，エヴィーに 2 つの箱を与えることになるだろう．したがって，ドディーは，可能なときはいつも，巻きひげへの手の方を選ぶ．一方，エヴィーは，ドディーがより多くの茎の手で応じることになるような茎への手を選ぶ．

(l) 唯一の勝ち手！ N から O を切り離して，12 結合点ケイレスつる草を 2 つの 5 結合点ケイレスつる草にする．後は簡単である！

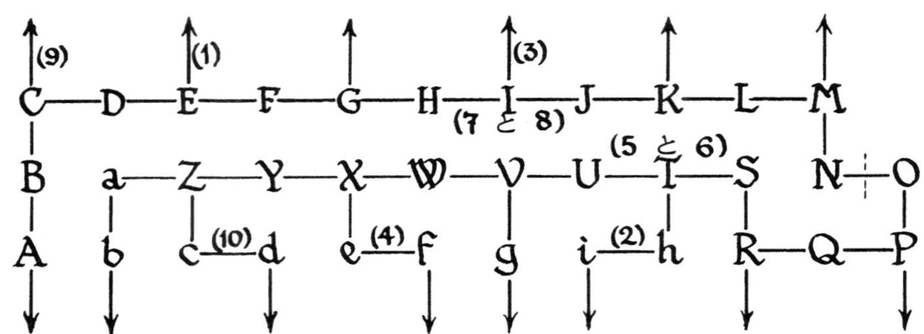

(m) 修正された問題では，もしエヴィーがドディーの腕前を本当に尊敬していれば，諦めるであろう！ 彼女が，前と同様に N と O を犠牲にすることから始めると，ドディーは，E を地面から切り離すことができる．すると，エヴィーは，$K_3 + K_1 + K_5$ に直面する．そして，ニム紐での応酬は，ドディーにさらに 2 つの箱，e と f あるいは h と i を与える．後者 (2) としよう．するとドディーは (3) で I を地面から切り離し，$4K_1 + K_3$ とする．エヴィーには，ドディーに e と f（たとえば）を与える手 (4) より良い手はない．エヴィーは，ここで $6K_1$ をもち，ニム紐に勝つが，ドディーは，STU 上でルーニー手 (5) を打つ．それによって，エヴィーは，悲しいことに手 (6) を辞退しなければならず，さらに 2 つの箱を諦める．ドディーは HIJ 上でもう 1 つルーニー手 (7) を打ち (8) と同じようにこれらのうち 2 つを得ることができる．最後に (9) で，ドディーは C を地面から切り離すことによって，$2K_1$ を K_1 に減らし，エヴィーに犠牲 c, d（あるいは a,b）を払わすことができる (10)．その結果，局面は

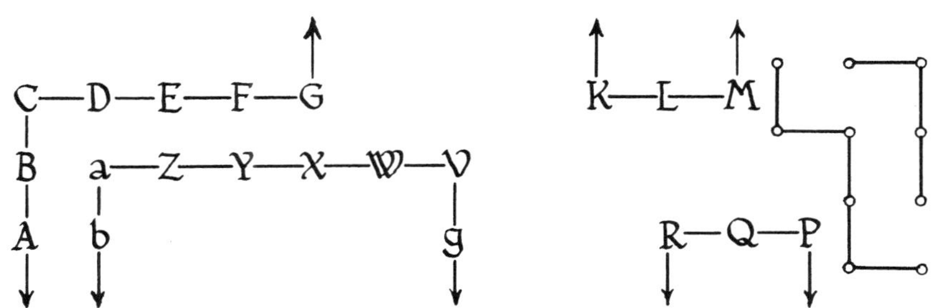

となり，長さ 3, 3, 4, 7, 8 の 5 つの鎖をもつ．エヴィーは，ドディーの 12 個に対して，たった 2 つの箱しかもたない．残った鎖のうちから，エヴィーは，ドディーの 8 つに対して，17 個の箱を集めるが，ドディーが 20 対 19 で勝つ！　この恥辱を受ける危険を冒すより，E を地面から切り離すような弱気な手で始めることをエヴィーに勧める；というのも，ドディーが最初の 9 つのケイレスの値を覚えていないという可能性が十分考えられるからだ！

23.　さらにいくつかのニム紐値

図 16.21 と同じように，辺の側の点は任意に追加される節点で，2 つの辺から等距離にある点はどちらの辺上に置いてもよい．波線は，表示された点の間（表示された点は含まない）の 3 個以上の節点を意味する．記号

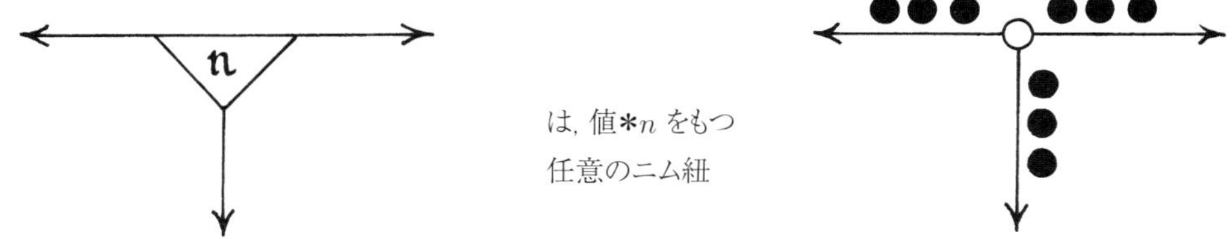

を意味する（図 16.21 参照）．

24.　ニム紐配列のニンバー

長方形配列の接地側を示すために，次の例のようにプライム記号（あるいは 2 重プライム記号）をつける：

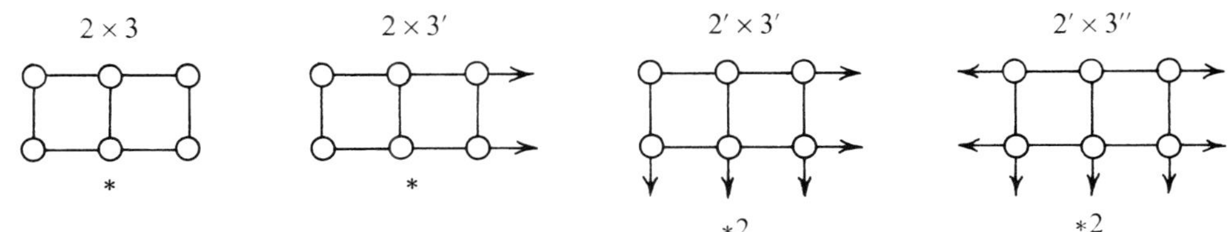

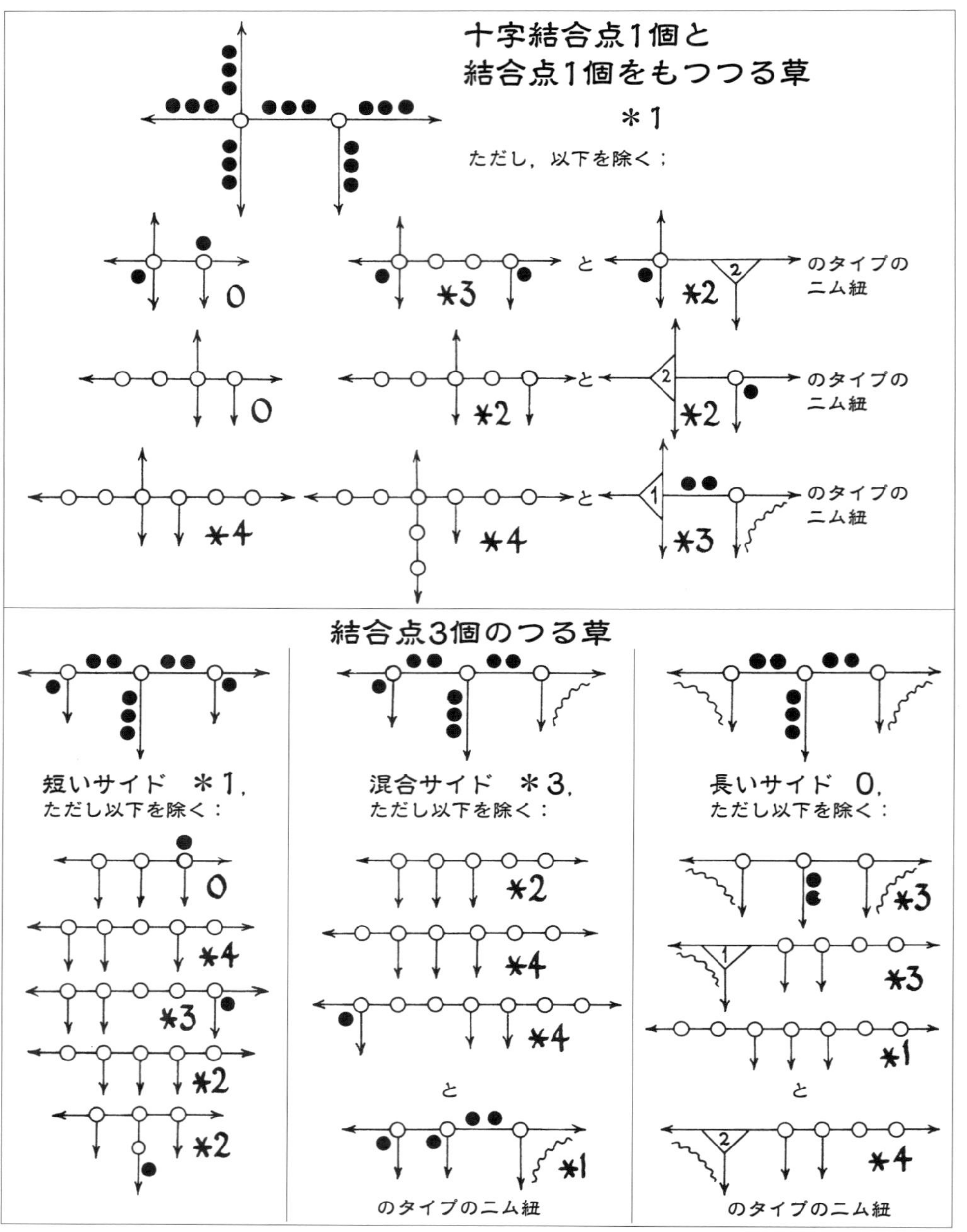

図 16.38 ニム紐辞書の第2巻.

表 16.1 と表 16.2 は，そのような長方形配列に対する値を与えている．

表 16.1 接地していないか一辺が接地している長方形配列のニム値．

	$1'$	2	$2'$	3	$3'$	4	$4'$	5	$5'$	6	$6'$	7	$7'$	8
2	$*$	0	$*2$	$*$	$*$	0	$*2$	$*$	$*3$	0	$*2$	$*$	$*3$	0
3	$*2$	$*$	$*2$	$*$	$*2$	$*$	$*2$	$*$						

表 16.2 1, 2 あるいは 3 つの辺で接地している長方形配列のニム値．

n	2	3	4	5	6	7	8	9	10	11
$1' \times n$	$*$	$*2$	$*$	$*2$	$*3$	0	$*3$	0	$*$	$*2$
$1' \times n'$	0	$*$	0	$*3$	$*2$	$*3$	$*2$	$*5$	$*4$	$*5$
$1' \times n''$	$*$	0	$*$	0	$*$	$*2$	$*3$	$*$	$*3$	
$2' \times n$	$*2$	$*2$	$*$	$*$	$*$					
$2' \times n'$	$*2$	$*2$	$*$	$*$						
$2' \times n''$	0	$*2$	$*5$	$*$						

図 16.39 に，少し不規則なニム紐配列のニム値をいくつか示す．

どんなグラフ上でもニム紐ゲームができることを見てきた．ここに，小さな完全グラフ K_n と完全 2 部グラフ $K_{m,n}$ のニム値を示す：

n	2	3	4	5	6	7	8	9	10
K_n	0	$*$	0	$*$	$*$				
$K_{2,n}$	0	$*$	0	$*$	0	$*$	0	$*$	0
$K_{3,n}$	$*$	$*$	$*$	$*$	$*$	$*$			
$K_{4,n}$	0	$*$	0	$*$					

$K_{m,n}$ の値は $(m-1)(n-1)$ のパリティだけで決まるか？

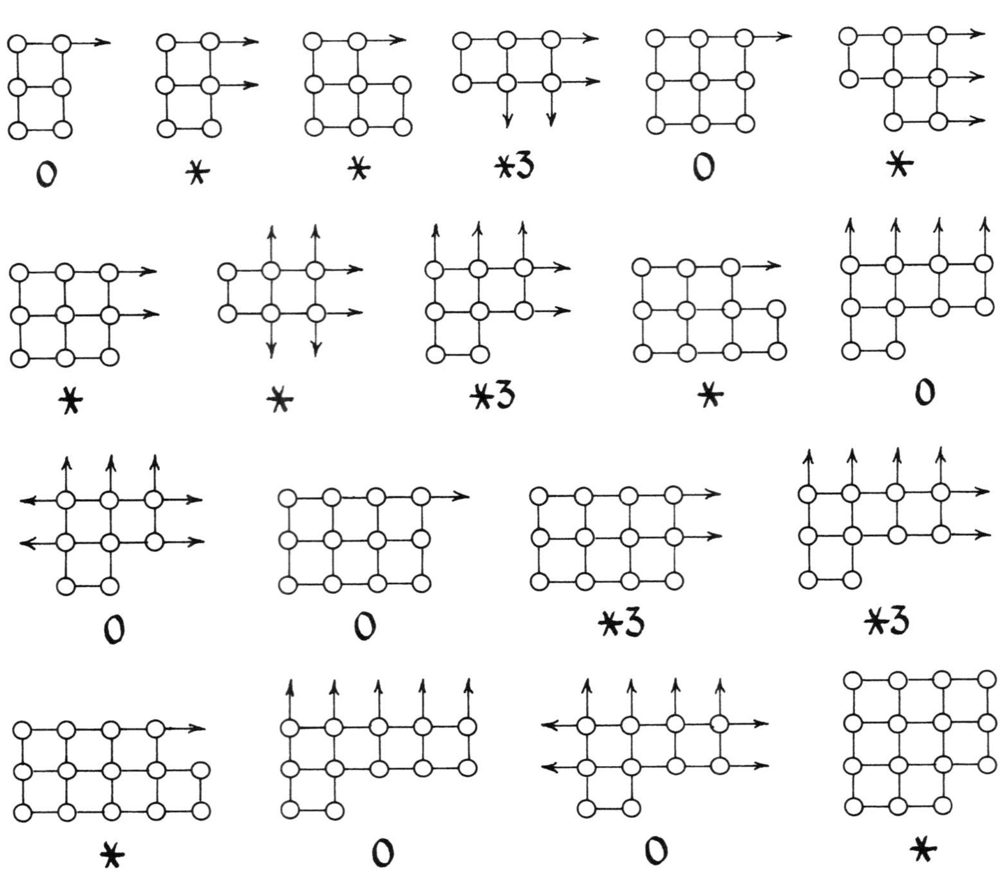

図 16.39　さまざまなニム紐配列のニンバー．

参考文献と先の読みもの

点と箱に関していくつかの新しい結果がBerlekampの小冊子にある．それは100以上の問題と解答を含んでいる．その冊子の初版にあった問題のいくつかに対するさらに完全で精密な解答が http://www.cae.wisc.edu/~dwilson/boxes/ で見つけることができる．

Elwyn Berlekamp, *The Dots and Boxes Game: Sophisticated Child's Play*, A K Peters, Ltd, Natick, MA, 2000; MR 2001i:00005.

Elwyn Berlekamp & Katherine Scott, Forcing your opponent to stay in control of a loony Dots-and-Boxes endgame, in Richard Nowakowski (ed.) *More Games of No Chance*, (Berkeley CA 2000) Math. Sci. Res. Inst. Publ., 42 (2002) Cambridge Univ. Press, Cambridge, UK, 317–330.

John C. Holladay, A note on the game of dots, *Amer. Math. Monthly*, **73** (1966) 717–720: M.R.

Hans Rademacher & Otto Toeplitz, *The Enjoyment of Mathematics*, Princeton University Press, 1957. Pages 75–76 give the proof of Euler's theorem.

Katherine Scott, Loony endgames in dots and boxes, MSc. thesis, Univ. of California, Berkeley, 2000.

Julian West, Championship-level play of Dots-and-Boxes, in Richard Nowakowski (ed.) *Games of No Chance*, (Berkeley CA 1994) Math. Sci. Res. Inst. Publ., 29 (1996) Cambridge Univ. Press, Cambridge, UK, 79–84.

第17章

スポットとスプラウト

死刑だとも．見たまえ，このスポット一つで奴も地獄行さ．
William Shakespeare,「ジュリアス・シーザー」第IV幕 第1場 6

ここで取り上げるゲームはすべて，紙の上にいくつかのスポット（またはクロス）を書いてからプレーを開始し，それらの2つのスポットを曲線でつなぐことを手とする．スポットのつなぎ方にはゲームのルールとしていくつか条件が与えられる．**曲線が自分自身，あるいは他の曲線と交差しないことは共通の約束事である．**このようなゲームにこれまで1章ずつ割いてきたが，ここではその理論が数ページに収まるものをいくつか考察する．まったく自明ということではないし，また完全に解明されているわけでもない．ただし，われわれが大いに気に入っているルーカスタは例外で，それには多くのページを割かざるを得ない．

1. リム

このゲームにおける手は単純に，1つ以上任意個のスポットを通るループを描くことである．ループが交差してはならないという以外に制限はない．リムの典型的な局面を図17.1に示す．標準プレーの下で，次の一手は何か？

この局面を調べると，平面がループによってそれぞれ5, 2, 3, 1, 1個のスポットを含む領域に分かれていることがわかる（内部にスポットをもった領域をいくつか含む領域も見られる）．n個のスポットのある領域で手を打つと，それぞれスポットをa個およびb個含む2つの領域を作ることになる．このときa, bは非負の整数で，$a+b$はnより小さくなければならない．したがって，リムとは，いま減じたばかりの山をさらに2つに分割もできるというルールを加えて変装したニムに過ぎない．このゲームは第4章の8進数表示では$\mathbf{0{\cdot}\dot{7}}$であるので，選択の可能性が増えてもゲームの戦略は変わらないことがわかる．したがって，図17.1における良い手は唯一，5スポット領域で4個のスポットを通るループを作ることである．ミゼール理論によれば，ミゼール・リムでも同じ手を打つべきである．つまり，スポットの個数のニム和をゼロにする手を打てばよい．ただし，ミゼール・リムでは，すべての領域のスポットの個数が0か1のときに，ニム和を1としなければならないという違いがある．

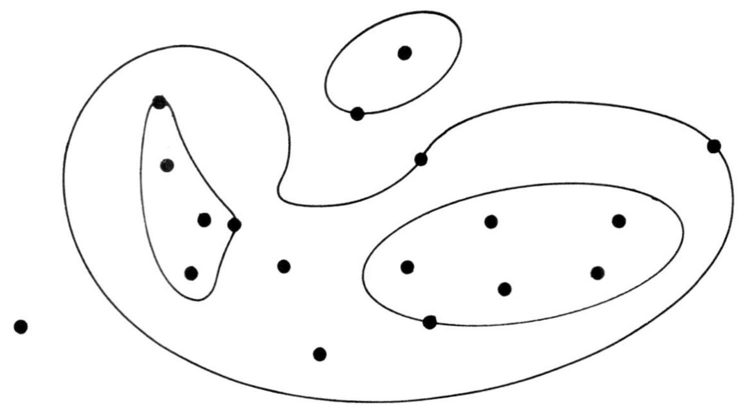

図 17.1　リム・ゲーム（または，レール・ゲーム）．

2.　レール

このゲームのルールは，ループの通るスポットの数が1個または2個に限られる以外は，リムと同じである．今度は図17.1でどんな手が良いか？　nスポットにおいて許される手は，$a+b$が$n-1$か$n-2$になるように，スポットの個数がaとbの領域を作ることである．これはケイルスにおいて許される手とまったく同じであるから，そのゲームの理論に帰着される．したがって，図17.1のレール・ゲームの局面では，標準プレーでもミゼール・プレーでも，5スポット領域において残りのスポットを分割しないようにスポットを1つ通るループを描くのが良い手になる．

これ以外にも多くの8進ゲームがスポットとループのゲームに巧みに書き換えることができ，このやり方ならこのゲームをやってみようという気を起こす人が増えるのをわれわれは経験している．幾何学的な形式にゲームを表現することにより，特定のルールがきわめて自然に示唆されることがしばしばある．その一方で，示唆されるルールが山を用いた自然なゲームにまったく対応しないこともある．さらに2つの例を示そう．

3.　ループと枝

このゲームの手は，2つのスポットをつなぐ枝をつくるか，**または**，1つのスポットをそれ自身とつないで1つのループをつくるかである．もちろん，一度使われたスポットは二度と使うことはできない．このゲームは8進ゲーム **·73** と同型であり，そのニム値は第4章（表4.6）に計算してあり，単純形は第13章に与えられている（付録の表13.5のノートのAとT，蛇を参照）．表17.1のパターンは限りなく続く．

したがって，標準プレーでもミゼール・プレーでも完全戦略がある．どちらの場合もニム値のニム和が0になる手を選べばよい．**ただし**，ミゼール・プレーにおいては，すべての領域にスポットが高々1個しかない場合に，ニム和を1にしなければならない．

表 **17.1** ループと枝のニム値と単純形.

n	0	1	2	3	4	5	6	7	8	9	...
ニム値	0	1	2	3	0	1	2	3	0	1	...
単純形	0	1	2	3	$2+2$	$3+2$	$2+2+2$	$3+2+2$	$2+2+2+2$	$3+2+2+2$	...

4. 等高線

このゲームはもう少しおもしろい．その手はスポットを1つだけ通る閉ループ（**等高線**）を描くことだが，どのループも内側に（他の等高線のさらに内側でもよい）1つ以上のスポットを含まなくてはならないという条件がつく．等高線を実際の地図で考えると，すべての丘には最高地点（谷には最低地点）があるという事実に対応する．

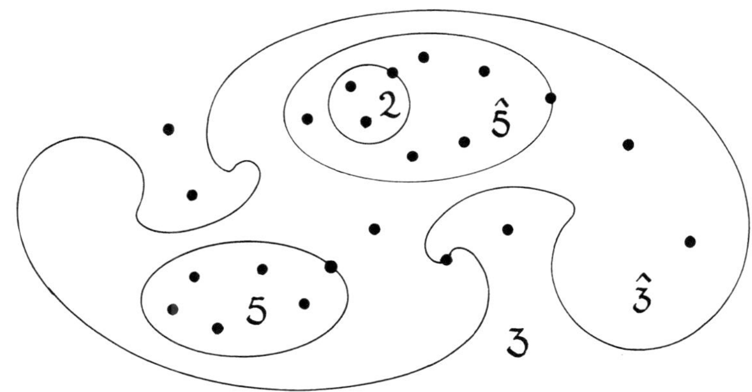

図 **17.2** 等高線ゲーム.

このゲームでは，n 個のスポットを含むがそれ以外を含まない領域（タイプ n）と，n 個の自由なスポット以外に内側にスポットのある1つ以上の等高線を含む領域（タイプ $\widehat{n}$）とを区別する必要がある．ただしタイプ $\widehat{n}$ の領域では内部の等高線の個数や構造は問わず，それらの等高線内のスポットの個数は n には含めない．図 17.2 にはタイプがそれぞれ $\widehat{5}, 5, \widehat{3}, 3, 2$ の5つの領域がある．ここではどんな手を選ぶべきか？

一般の局面における可能な手は次のとおり：

$$n \text{ または } \widehat{n} \text{ を } a+\widehat{b}\ (a>0) \text{ にする.}$$

$$\widehat{n} \text{ を } \widehat{a}+\widehat{b} \text{ にする.}$$

このとき，どちらも $a+b=n-1$ である．したがって，表 17.2 に示すニム値の表ができる．

$n \geq 12$ のときは2つのニム列は一致し，周期8が観測される．n 個のスポットをもつ初期局面は，標準プレーでは n が 1, 3, 5, 11 のどれかに等しいか，または8の倍数のときにのみ $\mathcal{P}$ 局面である．ミゼール解析はまだ完成していないが，表 17.3 は属性解析（第13章参照）の最初の部分である．

表 **17.2** 等高線ゲームのニム値.

n:	0	1	2	3	4	5	6	7	8	9	10	11	12	13	14	15	16	17	18	19	20	...
$\mathcal{G}(n)$:		0	1	0	1	0	3	2	0	5	2	0	1	4	3	2	0	5	2	3	1	...
$\mathcal{G}(\widehat{n})$:	0	1	2	3	1	4	3	2	0	5	2	3	1	4	3	2	0	5	2	3	1	...

表 **17.3** 等高線ゲームの属性.

n	0	1	2	3	4	5	6	7	8	9	10	11	12	13	14	15	16
n の属性		0	1	0	1	0	3	2	0	$5^{057}_{A_1}$	2^{2}_{C}	0^3	1^0	4^{146}	3^3	2^{20}	0^1
$\widehat{n}$ の属性	0	1	2	3	1	4^{146}_{A}	3	2	0^{1}_{B}	$5^{057}_{A_1}$	2^{2}_{D}	3^3	1^0	4^{146}	3^3	2^{20}	0^1

$A = 2_2321$, $B = A_2A_1321$ である．n が 10 以下のすべての局面に関する属性は，$A+A = B = 0$, $C = D = 2$ とみなして正しく計算される．

図 17.2 の局面ではニム値は 4, 0, 3, 0, 1 であり，ニム値 4 を 2 に変える手を選ぶ必要がある．これはタイプ $\widehat{5}$ の領域をタイプ $\widehat{3}$ と $\widehat{1}$ の 2 つの領域に変えることでのみ可能となる．したがって，少なくとも標準プレーにおいては，この領域内の等高線と 1 点または 3 点とを囲むループを描かなければならない．ミゼール・プレーでもまったく同じ手が良いことがわかる．

5. ルーカスタ

これは Lucas によって最初に紹介された古いゲームである．特に決まった名前はないようなので彼にちなんだ名前をつけた．すばらしいことに，標準プレーとミゼールプレーの双方に，初期局面からの完全戦略を与えることができる．しかしその一般理論はかなり複雑だ．標準プレーにおける戦略はそれがわかればその証明は簡単だが，ミゼールプレーにおける戦略はかなり技巧的である．

その手は異なる 2 つのスポットを端点とする曲線を描くことである．これらの 2 端点はそれ以前に描かれた 1 本の曲線の 2 端点であっては**ならない**（ただし，これらの 2 端点が中間のスポットを通る曲線の鎖で結ばれているなら構わない）．2 本の曲線は交差してはならない．また，どのスポットも 2 本より多くの曲線の端点であってはならない．したがって，曲線は 3 つ以上のスポットを通る鎖または閉じたループのいずれかに組み込まれることになる．

ループは，これまでのゲームと同様，平面を連結されたいくつかの領域に分割するが，今度は，領域の状態を十分に記述するために 3 つの数の組 (a, b, c) が必要となる．a は**原子** (atom)，すなわち，孤立スポットの個数，b は 2 つのスポットをつなぐ**枝** (branch) の個数，c は枝の列でつながれた 3 つ以上のスポットからなる**鎖** (chain) の個数である．鎖（スポット 3 個以上）は原子や枝 （スポットは 1 個か 2 個）から区別される必要はあるが，鎖の上のスポットの個数は重要ではないことがわかる．

可能な手は次のように分類される：

aa: 2 個の原子をつないで枝を作る．
ab: 1 個の原子と 1 個の枝をつないで鎖を作る．
bb: 2 個の枝をつないで 1 個の鎖を作る．
ac: 1 個の鎖と 1 個の原子をつないで鎖を伸ばす．
bc: 1 個の鎖と 1 個の枝をつないで鎖を伸ばす．
$c!$: 1 個の鎖を**閉じる**．すなわち，鎖の両端をつないでループを作る．

1 個の鎖を閉じると領域が 2 つに分割されるが，その結果は新たなループが原子，枝，鎖をどう分けるかに依存する．この手を（たとえば）$c!(a^3)$ や $c!(ab)$ などで表す．それぞれ，3 個の原子を囲むこと，原子と枝を 1 個ずつ囲むことを意味する．2 つの鎖をつないで長い鎖にする手 cc も可能であるが，それと同じ効果は鎖の 1 つを**すっきり**取り除く，つまりスポットや枝を分けないループにして閉じることで得られる（この手を $c!!$ で表す）．

5.1 標準ルーカスタへのお子様ガイド

ルーカスタのニム値を計算した結果，幸いにも鎖の個数が 1 以下であるすべての局面の勝敗のパターンがわかった．そのパターンを表 17.4 に示す．表のエントリー (a, b) は

P $(a, b, 0)$ が $\mathcal{P}$ 局面のとき， したがって $(a, b, 1)$ は $\mathcal{N}$ 局面．
$+$ $(a, b, 1)$ が $\mathcal{P}$ 局面のとき， したがって $(a, b, 0)$ は $\mathcal{N}$ 局面．
$-$ $(a, b, 0)$ と $(a, b, 1)$ がともに $\mathcal{N}$ 局面のとき

である．列は 5 列目以降，周期 4 で繰り返し，行は 1 行おきに同じであることに注目してほしい．

表 17.4 鎖が 1 個以下のルーカスタ．

	$a=0$	1	2	3	4	5	6	7	8	9	10	11	12	13	14	15
$b=0$	P	P	$-$	$+$	P	P	P	$-$	P	P	P	$-$	P	P	P	$-$
1	P	P	$-$	$-$	$-$	P	$-$	$-$	$-$	P	$-$	$-$	$-$	P	$-$	$-$
2	P	P	$-$	$+$	P	P	P	$-$	P	P	P	$-$	P	P	P	$-$
3	P	P	$-$	$-$	$-$	P	$-$	$-$	$-$	P	$-$	$-$	$-$	P	$-$	$-$
4	P	P	$-$	$+$	P	P	P	$-$	P	P	P	$-$	P	P	P	$-$
5	P	P	$-$	$-$	$-$	P	$-$	$-$	$-$	P	$-$	$-$	$-$	P	$-$	$-$
6	P	P	$-$	$+$	P	P	P	$-$	P	P	P	$-$	P	P	P	$-$
7	P	P	$-$	$-$	$-$	P	$-$	$-$	$-$	P	$-$	$-$	$-$	P	$-$	$-$

完全な解析は難しいと思われるが，コンピュータの計算はおそらく，ニム値が b と c に関して周期 2 をもつことを示すであろう．しかしながら，鎖の個数が少ない場合には，勝てるはずのすべての局面に対して必勝戦略を与えることができる．この戦略はまた表 17.4 のパターンが際限なく続くことを証明することにもなっている．それは特別な $\mathcal{P}$ 局面：

$$(0,b,0),\quad (1+4k,b,0),\quad (3,2m,1),\quad (4+2k,2m,0),\quad (0,2m,2),\qquad b,k,m\geq 0$$

を利用する．鎖にはいくつもの異なる閉じ方があるので，鎖を残すとほぼ常に，悪い局面になる．

敵が上記の特別な局面から手を打つときは，2個以上の鎖を残す手はほんの数通りしかない．もし敵が2個の枝をつないで鎖にしたら，こちらはそれをすっきり取り除けばよい．もし敵が1個の枝を鎖につないだら，こちらはもう1個の枝をつなげばよい．どちらの場合も枝を2個除去する効果をもつ．それ以外の唯一の手は ab により局面 $(3,2m,1)$ を $(2,2m-1,2)$ に移すことだが，このときは2個の原子をつないで $(0,2m,2)$ という局面にすればよい．鎖が1個以下の局面に応じる手は表17.5に示されている．これでわれわれが表17.4の正しさを完全に示したことを知ってほしい．われわれの戦略の根拠となるニム値を表17.6に示す．表のエントリー (a,b) は $c=0,1,2,\ldots$ に対するニム値の系列である．系列の最後の2項は常に無限に繰り返される．た

表 17.5 ルーカスタの必勝法.

	$a=0,1,5,\ldots,1+4k$	$a=2$	$a=3$	$a=4,6,\ldots,4+2k$	$a=7,11,\ldots,7+4k$
$c=0$	$\mathcal{P}$ 局面; 不運！ 敵の失策を待つ	aa により $(0,b+1,0)$	aa により $(1,b+1,0)$	b 偶数：$\mathcal{P}$ 局面; 不運！ b 奇数：$k=0$ のとき ab により $(3,2m,1)$, そうでないとき aa により $(2+2k,\,2m+2,0)$	aa により $(5+4k,\,b+1,0)$
$c=1$	すっきり除去 $c!!$ により $(0,b,0)$，または $(1+4k,b,0)$	$c!(a)$ により 原子1個 を囲んで $(1,0,0)+$ $(1,b,0)$	b 偶数：$\mathcal{P}$ 局面; 不運！ b 奇数： bc により $(3,2m,1)$	$c!$ により 原子と枝を 分離して， $(0,b,0)+$ $(4+2k,0,0)$	$c!$ により 1つを除く原子と 枝を分離して $(1,b,0)+$ $(6+4k,0,0)$

表 17.6 ルーカスタの局面 (a,b,c) のニム値.

	$a=0$	1	2	3	4	5	6	7
$b=0$	01	023	13145	10201	0351732	01023245	0245713101	13169498
1	023	01	124567	13132	1464601	02518189	230645	154578Xx
2	01	023	2356745	10401	0258589	046262Tt	06798	1316XTFf
3	023	01	15478967	13132	1567Xx	020101tFf		
4	01	023	2376945	10401	0278549t98	046292TfTt	X = 10	
							x = 11	
5	023	01	15498X67	13132	15696x6xX	020101fF	T = 12	
							t = 13	
6	01	023	2376X45	10401	027854Tt98	0462X2tSs	F = 14	
							f = 15	
7	023	01	15498x67	13132	15696T6xSxX		S = 16	
							s = 17	
8	01	023	2376X45	10401	027854F89			
9	023	01	15498x67	13132	15696T6xSxX			

とえば，13145 は 131454545... を省略した表記である．印刷に空白の列がある行は，b が 2 だけ少ない行と同じエントリーをもつ．$(2, 2m+2, 0)$ と $(6, 1, 0)$ 以外の $\mathcal{N}$ 局面 $(a, b, 0)$ のニム値がすべて 1 であること，また，$(0, 2m, 1)$, $(1, 2m+1, 1)$, $(5, 0, 1)$ 以外の $\mathcal{N}$ 局面 $(a, b, 1)$ のニム値がすべての 2 以上であることを示している．

5.2 ルーカスタのミゼール版

ミゼール・ルーカスタについても，任意の初期局面 $(a, 0, 0)$ からの戦略を与えることができることに注目したい．うまくいく主な理由は，鎖が多いと局面の解析が難しくなるので，敵にあまりに多くの鎖を作らせないようにすれば勝てるところにある．値の小さい a, b, c に対しては，後で与える表 17.9 のように属性が計算できるが，この表は完全な理論がとても複雑になることを窺わせる．実は表 17.9 は最初，別の図や表を作るときに使われたものだが，それがわれわれの一般戦略を示唆することになった．この戦略は表 17.7，図 17.3，表 17.8，および，それらの解説ノートに記述されている．表 17.7 における記法は表 17.4 と同じもので，このパターンは続いていく．

表 17.7 ミゼール・ルーカスタのいくつかの局面の勝敗．

	$a=0$	1	2	3	4	5	6	7	8	9	10	11	12	13	14	15	16	17	18	19
$b=0$	+	−	P	P	−	P	−	P	−	P	−	−	P	P	−	−	−	P	−	−
1	−	+	P	−	P	−	P	−	P	P	−	+	P	P	P	−	P	P	P	−
2	+	P	−	P	−	P	−	−	P	P	−	−	−	P	−	−	−	P	−	−
3	P	−	P	−	P	P	−	+	P	P	P	−	P	P	P	−	P	P	P	−
4	−	P	−	−	P	P	−	−	−	P	−	−	−	P	−	−	−	P	−	−
5	P	P	−	+	P	P	P	−	P	P	P	−	P	P	P	−	P	P	P	−
6	P	P	−	−	−	P	−	−	−	P	−	−	−	P	−	−	−	P	−	−
7	P	P	−	+	P	P	P	−	P	P	P	−	P	P	P	−	P	P	P	−
8	P	P	−	−	−	P	−	−	−	P	−	−	−	P	−	−	−	P	−	−
9	P	P	−	+	P	P	P	−	P	P	P	−	P	P	P	−	P	P	P	−

表 17.7 は $(a, b, 0)$ と $(a, b, 1)$ の形をした局面の勝敗を示しており，われわれの戦略の骨格をなす．これ以後のわれわれの議論の大半はもっぱらエントリー + の正しさを示すことである．まず最初に，それ以外のエントリーはこれらからどのようにして導くことができるかを示す．次の 3 つの原理を用いる．

(1) エントリー (a, b) が P であるのは，それが終局でなく，かつ次の形のエントリーが 1 つもないとき，そのときに限る：

	$(a-2,b+1)$		P	$(a,b,0)$ から	aa	$(a-2,b+1,0)$	
	$(a,b-2)$	が	+	の手は次に限	bb により	$(a,b-2,1)$	へ.
または	$(a-1,b-1)$		+	られるから：	ab	$(a-1,b-1,1)$	

(2) エントリー (a,b) は，次のいずれかの形のエントリーが存在すれば，+ ではない：

$(a,b-2)$		P	$(a,b,1)$	$c!(bb)$		$(a,b-2,0)+(0,2,0)$	
$(a-1,b-1)$	が	P	から次の	$c!(ab)$	により	$(a-1,b-1,0)+(1,1,0)$	へ.
$(a-1,b)$		P か +	手がある	$c!(a)$ か ac		$(a-1,b,0)+(1,0,0)$ か $(a-1,b,1)$	
$(a,b-1)$		P か +	から：	$c!(b)$ か bc		$(a,b-1,0)+(0,1,0)$ か $(a,b-1,1)$	

ここで，局面 (0, 2, 0), (1, 1, 0), (1, 0, 0), (0, 1, 0) は，0手か2手で終わるので無視できる．

(3) もし，$(a-4,1)$ あるいは $(a-6,0)$ が P であれば，$(a,0)$ のエントリーは + ではあり得ない．（なぜならば，$(a,0,1)$ から局面 $(a-2,0,0)+(2,0,0)$ への手があり，敵がこの手を打ったら，次の2手で $(a-4,1,0)+(0,1,0)$ に移すことができ，この $(0,1,0)$ は無視できる．もし $(a-4,1,0)$ が $\mathcal{P}$ 局面であれば，$(a,0,1)$ は $\mathcal{P}$ 局面ではあり得ない．また，局面 $(a-6,0,0)+(6,0,0)$ へ移る手もあり，$(6,0,0)$ は0と同値であることが後で示されるので無視できる．

読者は，表17.7において，上記の3つの原理と，各エントリーは P，+，− の**いずれか**である（つまり，$(a,b,0)$ と $(a,b,1)$ の両方が $\mathcal{P}$ 局面になり得ない）という明白な事実を使えば，エントリー + だけから他のすべてのエントリーが決定できることを，ぜひ確認されたい．

エントリー + の正しさを示すことは一筋縄ではいかない．主な難しさは，敵が鎖を2個以上作ろうとするが，鎖が多くなると局面が言葉で（あるいは図で）説明できないほど複雑になるから，それを許すわけにはいかないところにある．われわれの戦略の（表17.7の骨格を支える）背骨が図17.3に示されている．この図では，局面

$$(0,0,1),\ (1,1,1)=(0,2,1),\ (3,5,1),\ (3,7,1),\ (3,9,1),\ \ldots.$$

のそれぞれからの後手プレーヤーのための必勝法を示している．これらの局面は表17.7のエントリー + に対応する $\mathcal{P}$ 局面のうち，2つを除いたすべてである．単一の原子はゲームの上で1個の枝と同じ効果をもつので，$(1,1,1)=(0,2,1)$ と記した．同じ理由で，図17.3に現れるはずの局面 $(1,b,c)$ はすべて同値な局面 $(0,b+1,c)$ に体系的に置き換えた．

図17.3に関してさらに説明が必要である．2重枠で囲った局面は，すぐ後に論ずる $\mathcal{P}$ 局面を表す．それ以外の $\mathcal{P}$ 局面はすべて1重枠で囲まれ，それらの選択肢もすべて図に現れている．図の中で枠で囲まれていない局面は $\mathcal{N}$ 局面を表し，それから移行できる $\mathcal{P}$ 局面が常に1つ与えられている．記号 $abcD$ は，局面 (a,b,c) と，いかにプレーしても必ず奇数手（通常は1手）で終わる局面（たとえば $(0,0,1)$）との和を表す．一方，記号 $abcE$ は，局面 (a,b,c) と，必ず**偶数**手（通常は2手）で終わる局面（たとえば $(0,2,0)$ や $(1,1,0)$）との和を表す．後の解析では，これらの奇数，偶数を常にそれぞれ1, 0と仮定する．最後に，記号 $^*abc$ は，2つの適当な局面 (x,y,z) と $(a-x,b-y,c-z)$ の和を表す．なお，図を下の方に続けると b が2ずつ増加する．

表17.7のエントリー + のうち，上で除外した2個に対応する $\mathcal{P}$ 局面 (7, 3, 1) と (11, 1, 1) については表17.8で論じる．

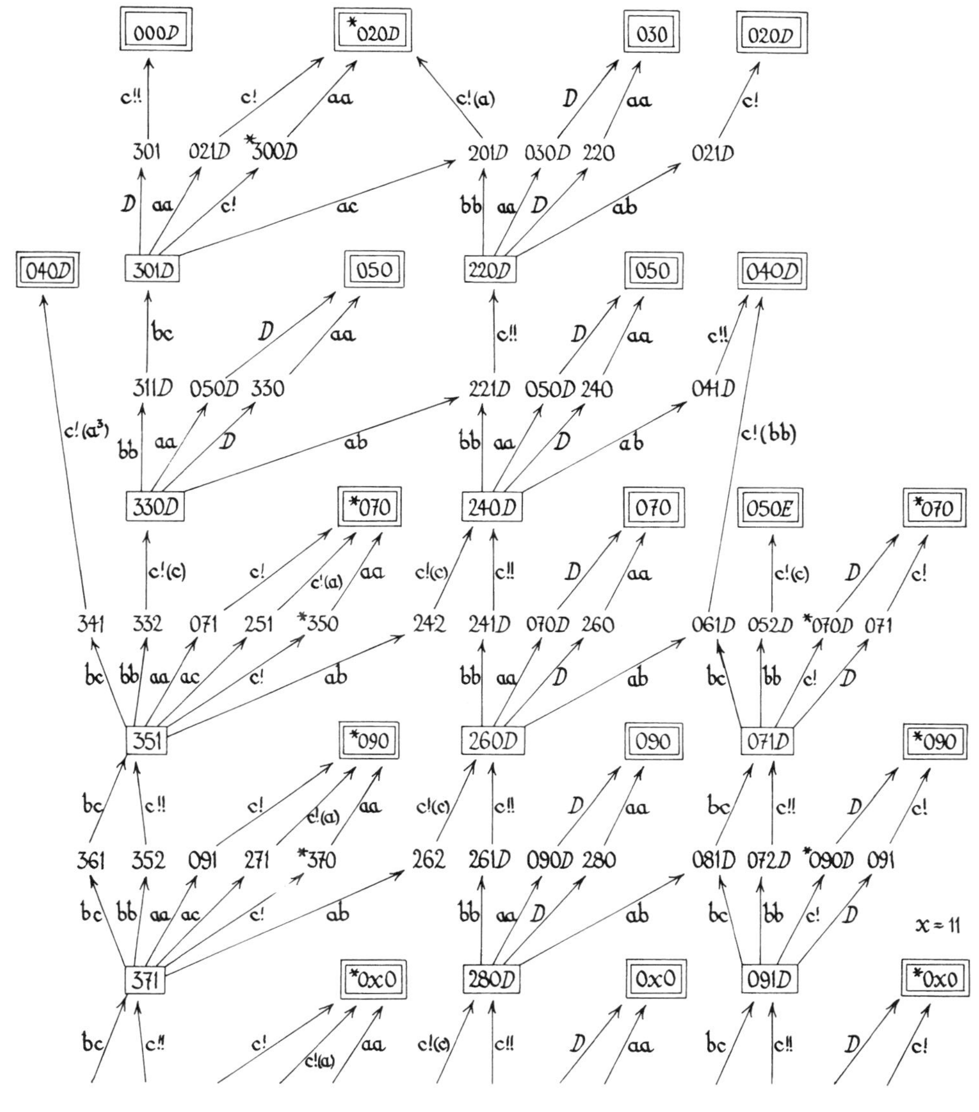

図 **17.3**　ミゼール・ルーカスタの戦略

図 17.3 の 2 重枠の局面についての議論が残っている．

定理　$(0,b,0)$ 型の局面の任意個と，ちょうど n 手で必ず終わる 1 つのゲームとの和が $\mathcal{P}$ 局面になるための必要十分条件は，

n が奇数で，かつ，すべての b が 0, 1, 2, 4 のいずれかである，

または，　n が偶数で，かつ，少なくとも 1 つの b が 0, 1, 2, 4 以外である．

証明　局面 $(0,0,0)$ と $(0,1,0)$ はすでに終局し，$(0,2,0)$ はちょうど 2 手で終わるので，これらの局面はすべて無視できる．局面 $(0,4,0)$ も同様に，常に偶数手で終わるように仕組めるので，

無視できる．実際，$(0,4,0)$ から奇数手で終わる唯一の手筋は

$$(0,4,0) \to (0,2,1) \to (0,1,1) \to (0,1,0)$$

であるが，(0, 2, 1) から (0, 1, 1) へ移る手を打たなければよい．もし敵がこの手を打ったらただちに (0, 1, 1) から (0, 0, 1) へ移す手で応じて，ゲームの終わりをあと1手伸ばすことができる．

(0, 4, 0) など必ず偶数手で終わる局面は無視できるので，真に確認するべきは，$b = 3$ または $b \geq 5$ である局面 $(0,b,0)$ たちの和が $\mathcal{P}$ 局面となることである．$(0,b,0)$ からの唯一の手は $(0,b-2,1)$ へ移る手であり，そこから $x+y=b-2$ をみたす任意の局面 $(0,x,0)+(0,y,0)$ に移すことができる．敵がどんな手を打っても，この手を使えば定理が述べるもう一方の局面に引き戻すことができる．ただし，敵が局面 $(0,3,0)$ から $(0,1,1)$ へ手を打ったときは唯一の例外で，このときは $(0,0,1)$ へ移す手を打って，敵に最後の（敗北）手を残せばよい．

5.3 局面 (7, 3, 1) と (11, 1, 1)

表17.8において，この2つの局面のすべての選択肢に対する応手を与えた，すべての場合において，応手は，表17.7の $\mathcal{P}$ 局面と，図17.4から0と同値であることが確認できる局面との和として表現されている．実際，$(7,3,1)$ および $(11,1,1)$ に対応する表17.7のエントリー＋は，他のエントリーを確かめるために必要ではなく，したがって，任意の初期局面からのわれわれの戦略には用いられない．要するに，表17.8は戦略にとって必要ではない．

表 17.8 (7, 3, 1) と (11, 1, 1) は $\mathcal{P}$ 局面．

(7, 3, 1) の選択肢		には良い応手がある．	(11, 1, 1) の選択肢	には良い応手がある．
aa	$(5,4,1)$	$(5,2,0)+(0,2,0)$	$(9,2,1)$	$(9,0,0)+(0,2,0)$
ab	$(6,2,2)$	$(3,2,0)+(3,0,1)$	$(10,0,2)$	$(7,0,0)+(3,0,1)$
bb	$(7,1,2)$	$(1,1,1)+(6,0,0)$		
ac	$(6,3,1)$	$(5,3,0)+(1,0,0)$	$(10,1,1)$	$(9,1,0)+(1,0,0)$
bc	$(7,2,1)$	$(7,0,0)+(0,2,0)$	$(11,0,1)$	$(7,0,0)+(4,0,0)$

その他の選択肢はすべて2つの $(a,b,0)$ 局面の和であるから，どの場合も原子の個数が2, 3, 6, 7, 10, 11 である領域において，2つの原子をつなぐ手を打てばよい．

興味深いことに，以下の局面

$$\begin{aligned}&000, 010 = 100, 020 = 110, 040 = 130,\\&400, 420, 510, 600, 800,\\&301, 022 = 112, 002, 004, 006, \ldots\end{aligned}$$

は，ミゼールの意味では0と同値である．（この注意は，われわれの戦略が必要とされる局面よりもっと複雑な局面からプレーするときに有効である．）選択肢が0とミゼール同値であること

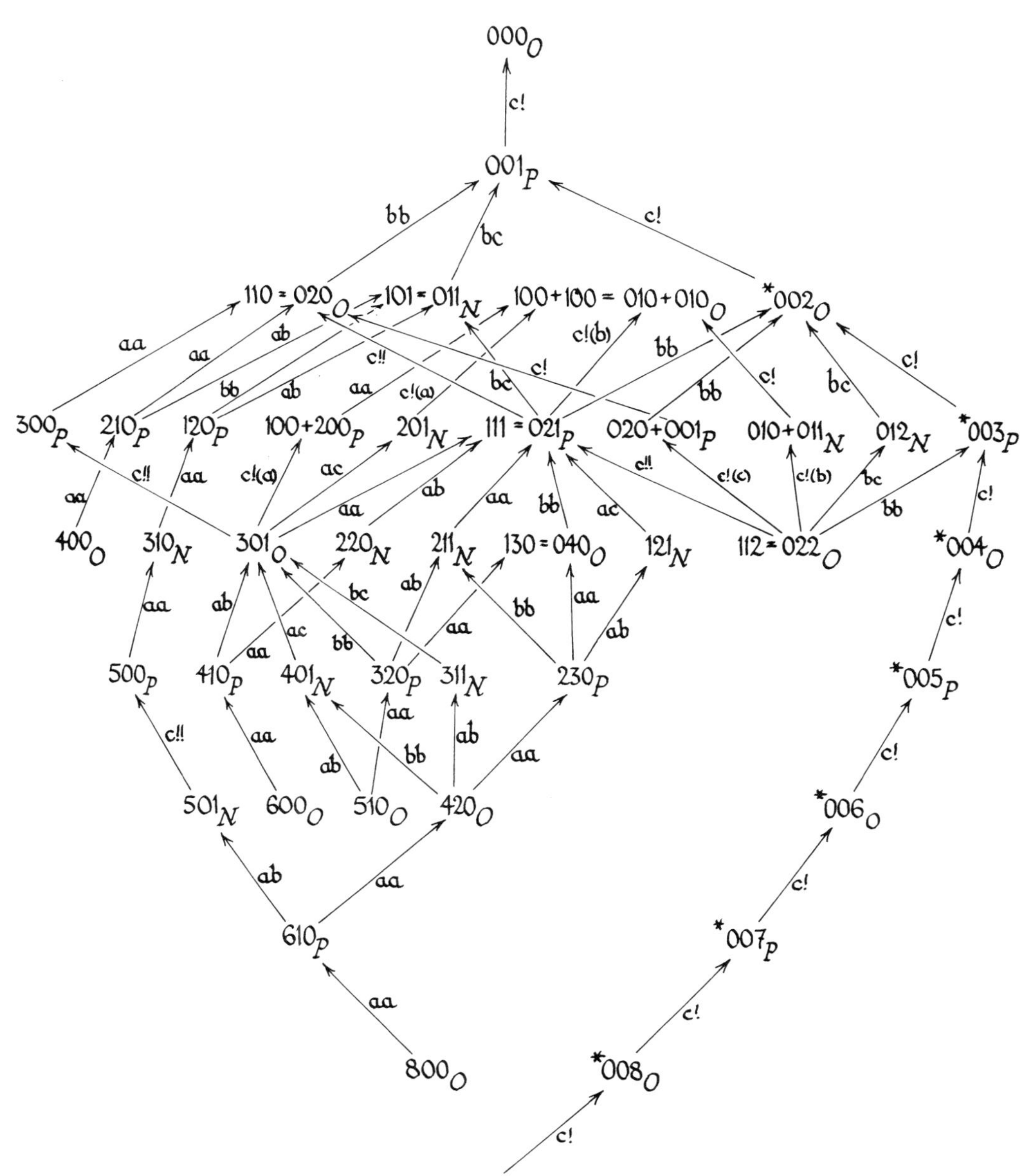

図 17.4　0とミゼール同値であることの証明.

表 17.9　ルーカスタの局面の属性.

$a=0$

	$c=0$	1	2	3	4	5	6	7	8
$b=0$	0	1	0	1	0	1	0	1	0
1	0	2	3	2	3	2	3	2	3
2	0	1	0	a	a_1	a	a_1	a	a_1
3	2_+	2	3	b	c	d	d_1	d	d_1
4	0	e	f	g	h	i	j	k	k_1
5	2_+	l	3^{04}						
6	e_+	1^3	0^{52}						
7	l_+	2^1							
8	0^0	1^2							
9	0^0								
10	0^0								

$a=1$

	$c=0$	1	2	3	4	5	6	7	8
$b=0$	0	2	3	2	3	2	3	2	3
1	0	1	0	a	a_1	a	a_1	a	a_1
2	2_+	2	3	b	c	d	d_1	d	d_1
3	0	e	f	g	h	i	j	k	k_1
4	2_+	l	3^{04}						
5	e_+	1^3	0^{52}						
6	l_+	2^1							
7	0^0	1^2							
8	0^0								
9	0^0								

$a=2$

	$c=0$	1	2	3	4	5	6
$b=0$	1	3	1	p	p_1	p	p_1
1	1	2	4	q	r	s	s_1
2	t	u	v	6^{686}			
3	1	w	4^{04}				
4	K	3^3	5^{16}				
5	1^1	5^4					
6	2^1	3^{203}					
7	1^2						
8	2^1						

属性	名称	構造
1^{4313}	a	2_2320
2^{2020}	b	$a2_+30$
3^{0431}	c	$ba_1a2_{+1}2$
2^{1520}	d	$cb_1a_2a_1a2_+3$
1^{3131}	e	2_+20
0^{1202}	f	$ea2_{+2}321$
1^{4313}	g	$fe_1ba_12_{+3}2_230$
0^{5202}	h	$gf_1ecba2_{+2}3_21$
1^{4313}	i	$hg_1fe_1dcb_2a_12_{+3}2_20$
0^{5202}	j	$ih_1gf_1ed_1dc_2b_3a2_{+2}3_21$
1^{4313}	k	$ji_1hg_1fe_1d_2d_1dc_3b_2a_aa_12_{+3}2_20$
0^{0202}	a_a	$a_{22}a_3a_2a$
2^{2020}	l	$e2_+30$
4^{1464}	p	2_2321
5^{5757}	q	$pa3_243210$
6^{6846}	r	$qp_1pa_1a2_25320$
7^{7957}	s	$rq_1p_2p_1pa_2a_1a3_24321$
2^{1420}	t	2_+31
3^{3131}	u	$t2_+210$
5^{5757}	v	$ut_1pa2_{+2}43210$
5^{2057}	w	$ute2_{+1}2_+4310$

属性	名称	構造
0^{3131}	A	$pa3_221$
1^{2020}	B	$Ap_1pa_12_230$
0^{3131}	C	$BA_1p_2p_1pa3_221$
1^{5313}	D	$p2_+4320$
3^{6464}	E	$DAqp_1b2_{+1}2_2421$
1^{1313}	F	$2_+3=2_{+1}$
1^{2020}	H	F_+30
2^{0313}	I	$H0$
1^{1313}	J	$u2_+3$
2^{1313}	K	$ue2_+$
0^{0202}	$2_+, e_+, l_+, F_+$	

	$a=3$							$a=4$		$a=5$		$a=6$		7	8	9
$c=$	0	1	2	3	4	5	6	0	1	0	1	0	1	0	0	0
$b=0$	1	0	2	A	B	C	C_1	0	3	F_+	H	0	2^3	1	0	0^0
1	F	3	D	E				1	4^4	0		I		1^1		
2	1							0		0^0						
3	J															

注：$c \geq 2b+2a$ならば，(a,b,c) の値はx_1である．ただし，$(a,b,c-1)$の値をxとする．

の証明は，第1にそれが$\mathcal{N}$局面であること，第2にその選択肢自身が0とミゼール同値である選択肢をもつことを示せば必要かつ十分である．図17.4の上記の局面に対して，それがなされている．図17.4の添字は次のとおり：

P は$\mathcal{P}$局面を表す．
N は0とミゼール同値ではない$\mathcal{N}$局面を表す．
O は0とミゼール同値の$\mathcal{N}$局面を表す．

ミゼール・ルーカスタを戦う戦略には，3つの段階がある．第1段階では，両プレーヤーは原子の対をつなげて枝をつくる．もし，一方のプレーヤーがあえて鎖を作ると，その相手は（無視することのできる）いくつか少ない個数の原子と枝を囲んでその鎖を閉じ，残りの局面を$\mathcal{P}$局面に変えることによって，確実に勝つことができる．原子の個数がちょうど3まで減少すると，局面を$(3,2n+1,1)$に変えることのできるプレーヤーが勝者となり，ゲームは第2段階に移り，図17.3の道筋に従ってプレーが進行する．第3段階は，局面が（孤立した原子と）枝しか残らない局面$(0,b,0)$の和となったときで，ゲームはどちらかというとおもしろみがなくなる．こうなってからは，勝者は局面を似た形にいつも戻そうとする．ただし，ゲームの終わり近くでは，彼は慎重に局面$(0,3,0)$を単独の鎖$(0,0,1)$に戻す必要がある．

表17.9ではスペース節約のため，第13章（第2巻）とは異なる省略記号を用いる．この表の中で，

$$g^{a\ldots x} \quad は \quad g^{a\ldots xyxy\ldots}, \quad ここで \quad y = x \overset{*}{+} 2$$

を表す．また，飼いならしや反抗的についての言明は意図していない．このノートでは，属性は周期列が早く始まる場合であっても4桁の肩付き表現で与えられている．末尾の2桁は限りなく繰り返される．

5.4 キャベツゲーム，または，蛾・青虫・繭

ルーカスタを変形して，2つのスポットだけを通り，その2つのスポットをつなぐ2曲線からな

る閉ループを作る手も許すと，もっと簡単なゲームになる．このゲームでは，孤立スポットを蛾と呼び，2個以上のスポットからなる鎖を**青虫**，閉ループを**繭**と呼ぶ．繭は平面をいくつかの領域に分割し，一般の局面は各局面 (b,c) の和となる．ここに，b,c はそれぞれ，各領域ごとの蛾と青虫の数を表す．

このゲームの局面 (b,c) はルーカスタの局面 $(0,b,c)$ とまったく同じ役割をする．したがって，このゲームの解析はすでに済んだことになる．（実際，ルーカスタのニム値の表を使えば，標準プレーにおける任意の局面の解析ができる．）特に，次が成り立つ：

初期局面 $(n,0)$ は，標準プレーでは，　すべての n に対して，
ミゼール・プレーでは，$0, 1, 2, 4$ を除くすべての n に対して，
$\mathcal{P}$ 局面である．

5.5 ジョカスタ

さらに，孤立スポットを自分自身とつなぎ，そのスポットだけしか通らない閉ループを作る手も許すことにすると，ずっと単純なゲームができる．

6. スプラウト

このゲーム（しばらく前に，M. S. Paterson と J. H. Conway が考案した）は，その独特な特質のため解析が大変複雑である．7スポットゲームの標準プレーの勝敗は1999年まで知られていなかったほどだ．2スポットゲームでさえかなり複雑である．

スプラウトの一手は，2つのスポットを，あるいは1つのスポットを自分自身と，曲線でつなぐこと（図17.5）で，その際にすでに描かれた曲線およびスポットと交差してはならない．しかも，この曲線を描くときには必ずその上に新しいスポットを1つ置かなければならない．また，どのスポットも3つより多くの曲線の端点にはなれない．

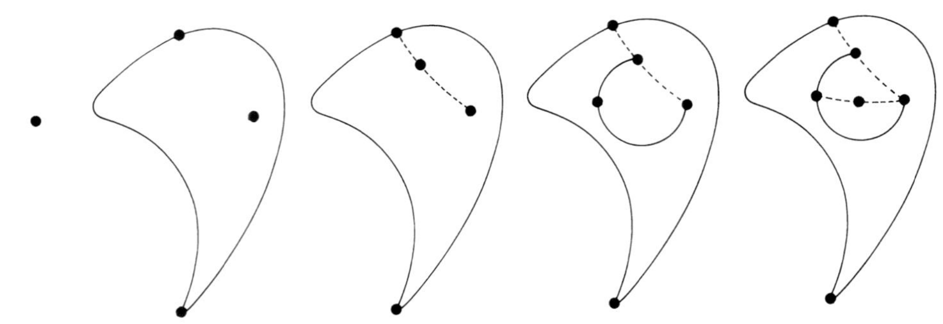

図 17.5 スプラウトの手数の短いゲーム

典型的なゲームが図 17.5 に示され，後手のプレーヤーの手は点線で描かれている．新しいスポットが後で利用されるので，スプラウトゲームは同じ初期局面からのキャベツゲームよりも長くプレーされるが，それが必ず終局することはそれほど明らかとはいえない．しかし，n 個のスポットから始まるスプラウトは多くても $3n-1$ 手で終わることが簡単に説明できる．3 スポットゲームを例にとる．各スポットは 3 個の曲線の端点になり得るから，それを 3 つの**命**をもつと表現しよう．すると，3 スポットゲームには最初 9 つの命がある．そして 1 手ごとにつなぐ 2 端点から命を 1 つずつ（自分自身とつなぐスポットからは命を 2 つ）取り去り，追加するスポットでは 1 つの命を与える．したがって，1 手ごとに差し引き 1 つの命がなくなる．そして，最後に生まれたスポットはゲームが終局した時点で生きているから，手数の総数は多くても $9-1=8$ ということになる．2 スポットゲームでさえ複雑な運びになることを図 17.6 に示す．

スプラウトについての最も興味深い定理の 1 つは，(D. Mollison と J.H. Conway による) ゼロ次瀕死状態の基本定理 (the Fundamental Theorem of Zeroth Order Moribundity : FTOZOM) である．この定理の証明はしないが，それを述べておこう．FTOZOM は，n スポット・スプラウトゲームは少なくとも $2n$ 手以上はプレーが続き，ちょうどこの手数で終わるならば終局は図 17.7 に示す虫たちによって構成される，ということを主張する．

もう少し正確に述べると，ゲームの終局はこれらの中の 1 つの虫（内と外が反転しているかもしれない）が任意の数のシラミたちに寄生された形（寄生する虫も他に寄生されることもある）になる．あり得る終局の 1 つを図 17.8 に示す．この図は，群がるシラミと内外反転のシラミに含まれた内外反転のサソリから成っている！

スプラウトゲームで勝つにはどのようにプレーしたらよいか？　標準プレーかミゼールプレーかにかかわらず，ゲームの勝敗は明らかに，終わるまでの手数の奇数，偶数のみに依存して決定する．したがって，勝つことはある意味で手数を制御できることだと言える．たとえば，6,7,8 手のいずれかで終わる 3 スポットゲームにおいて，実際の戦いは 6 手と 7 手で行われ，ちょうど 8 手で終わらせることが大変難しい．これとほぼ同じことがもっと長いゲームでも起こる — つまり，一方のプレーヤーはゲームを m 手で終わらせようとし，他方は $m+1$ 手まで引き延ばそうと頑張る．そして，それ以外の手数で終わることはほとんどない．

手数を制御するとはどういうことかを知るために，n 個のスポットで開始され，m 手で終わるゲームの最後の局面を調べてみる．最終的なスポットの個数は $n+m$ であり，ゲームの終わったときの命の数は $l=3n-m$ である．なぜなら，最初の命は $3n$ 個で，1 手ごとに 1 つずつ減るから．ゲームの終局時，すべての生きたスポットの最も近くに 2 個の死んだスポットがある．それ以外の死んだスポットを**パリサイ**と呼ぶ．（近い，という概念はなかなか微妙である．図 17.9 に，死んだ 2 個のスポットが 1 個の生きたスポットの近くにある 2 通りの場合を示す．）

一方，死んだスポットが 2 つの異なる生きたスポットの近くにあることはない．なぜならば，もしあったとしたら，これらの 2 個のスポットをつなぐことができ，ゲームは続行することになるからである．したがって，パリサイの個数 ϕ は次の式

$$\phi=(n+m)-(l+2l)=(n+m)-3(3n-m)=4m-8n$$

で与えられ，次の**瀕死状態方程式**が得られる：

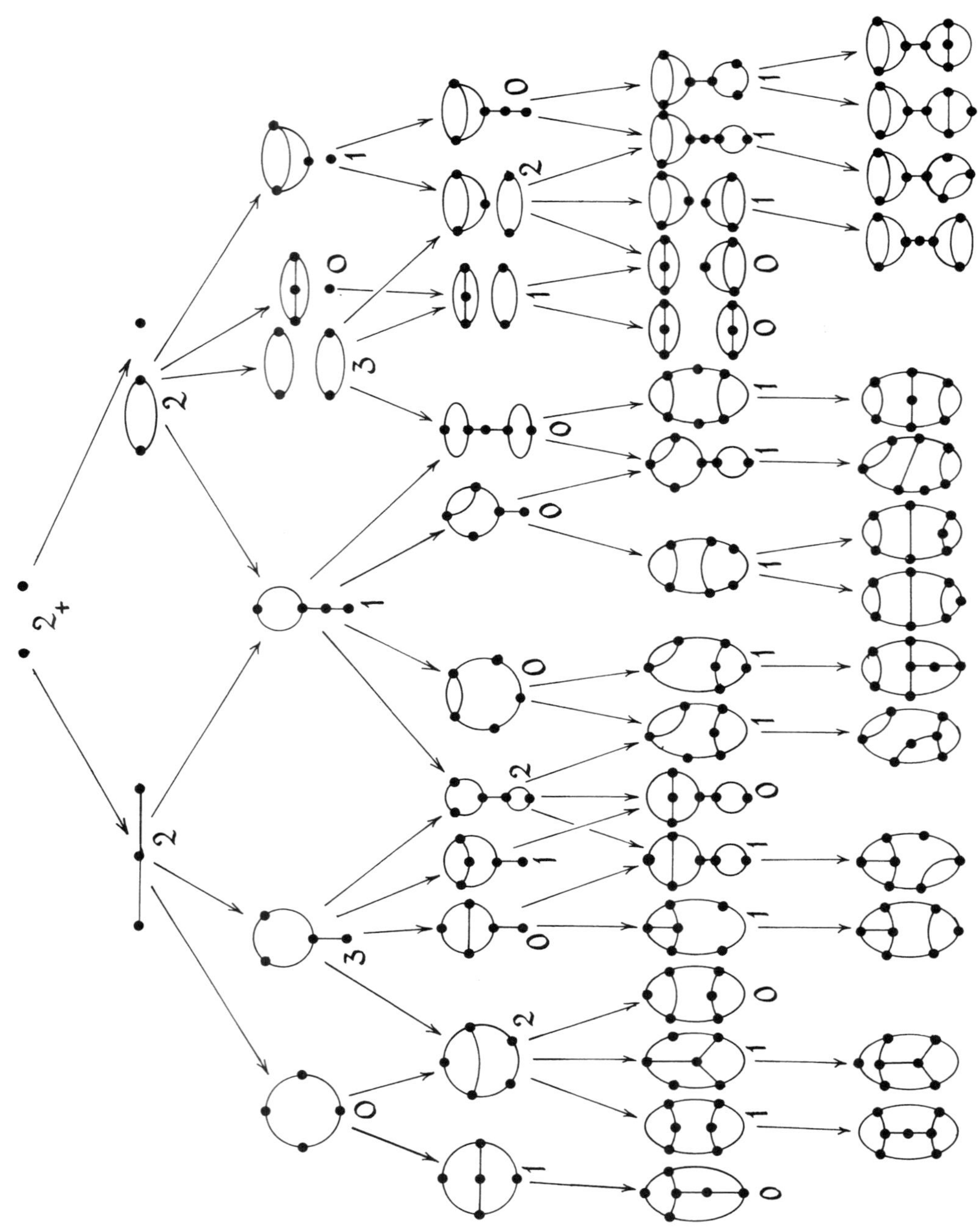

図 **17.6** 2 スポット・スプラウトとその帰着形.

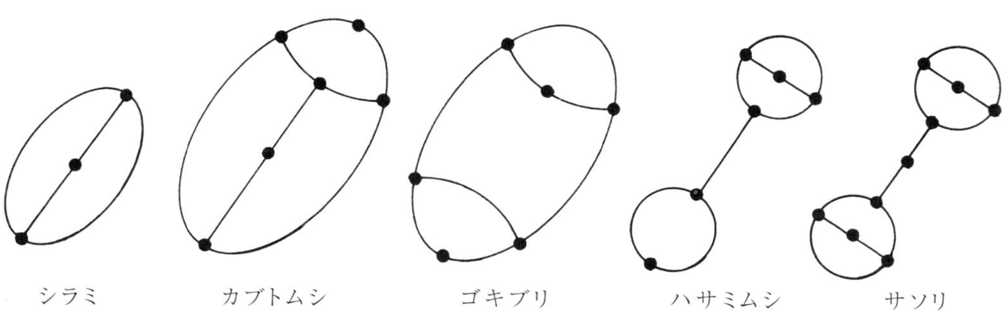

図 17.7 基本的な 5 匹の虫.

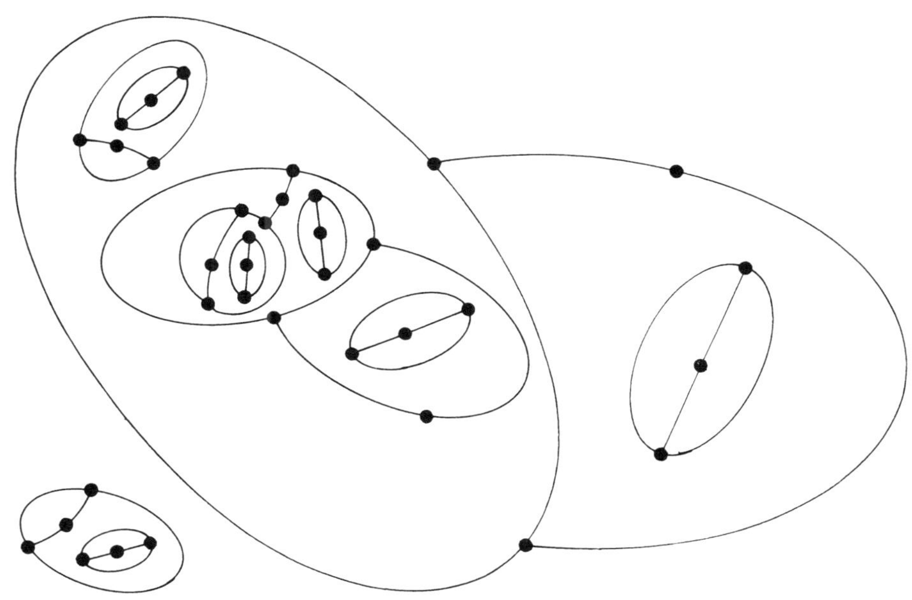

図 17.8 手数の短いスプラウトゲームのシラミだらけの終局.

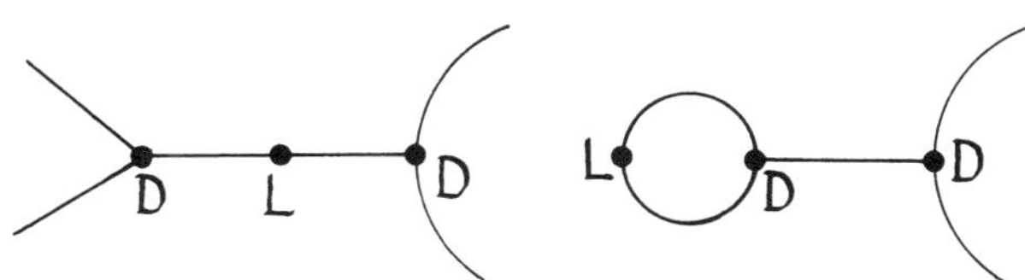

図 17.9 2 個の生きたスポット (L) とそれぞれに近い死んだスポット (D).

$$m = 2n + \frac{1}{4}\phi.$$

この方程式から次のことが導かれる：

(i) 手数は少なくとも $2n$ である．

(ii) パリサイの個数は 4 の倍数である．

(iii) ゲームのある任意の時点で，最終局面で少なくとも P 個のパリサイの存在が確実になれば，ゲームは少なくとも $2n + \frac{1}{4}P$ 手継続する．

(iii) に対応する逆方向の結果がある：

(iv) ゲームのある任意の時点で，最終局面で少なくとも l 個の生きたスポットの存在が確実になれば，ゲームは多くとも $3n - l$ 手で終わる．

したがって，前に述べた見解によれば，一方のプレーヤーはパリサイを作ってゲームを引き延ばそうとし，相手は生きたスポットを作ってゲームを短縮しようとするのである．

ゲームの終局時に存在する生きたスポットの個数を評価する有効な方法がある．もし，ゲームの曲線によって囲まれる領域の厳密な内部に生きたスポットが 1 個あれば，その後もずっとその領域の内部には生きたスポットが 1 個存在する．したがって，図 17.10 において，望むならば，平面が 4 つの領域 A, B, C, D に分割されているとみなすこともでき，領域 A と B のそれぞれは厳密な内部に生きたスポットをもっている．これらの領域で打たれるどんな手も新しく生きたスポットを作るので，A と B はそれぞれゲームの終局時に生きたスポットを 1 つ含むことになる．生きたスポットが境界上にだけ存在する領域 C と D について同じことは言えないが，C と D を一緒にして 1 つの領域とみなせば，この新しい領域はちょうど 1 個の生きたスポットを真の内部にもつ．したがって，このゲームはその最終局面で少なくとも 3 個の生きたスポットをもつことがわかる．また現時点で 2 個のパリサイ P をもっており，($n = 4$ スポットの初期局面から発展したので）それは**多くとも** $3n - 3 = 9$ 手，かつ，**少なくとも** $2n + \frac{2}{4} = 8\frac{1}{2}$ 手続くことがわかる．ゲームが**ぴったり** $8\frac{1}{2}$ 手で終わることはありえないので，まだプレーが継

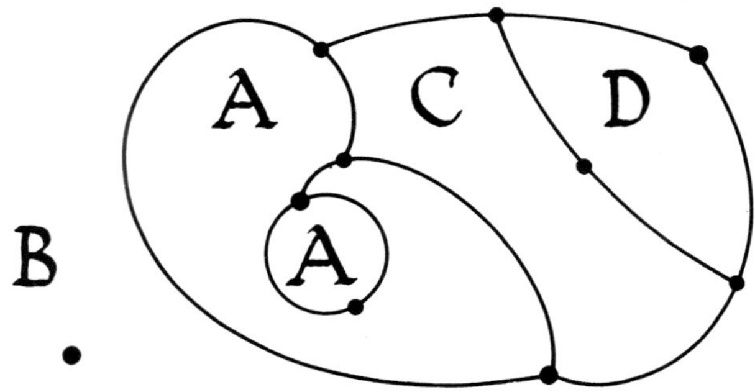

図 17.10 2 個のパリサイのあるスプラウトの局面．

続中にもかかわらず，ゲームの全手数は 9 手と結論できる！　（実際に，6 手がすでに打たれているので，このあとちょうど 3 手続く．）したがって，これは，先手が勝つ標準プレーのゲーム，あるいは後手が勝つミゼールプレーのゲームである．

コンピュータを使って，Applegate, Jacobson, Sleator らはわれわれの結果を大きく拡張した．彼らは，初期局面のスポットの個数 $n \equiv 3, 4, 5 \pmod 6$ が成り立つとき，そのときに限り，スプラウトは先手勝ちであるというやや弱い予想を立てた．彼らは $n < 12$ に対してこの予想が成り立つことを確かめた．対応するミゼールスプラウトについての予想は，$n \equiv 0$ または $1 \pmod 5$ が成り立つとき，そのときに限り，ミゼールスプラウトは先手勝ちということだ．これについては，彼らは $n < 10$ に対して確認した．

表 17.10　小さなスプラウトゲームの勝敗．

スポットの個数:	0	1	2	3	4	5	6	7	8	9	10	11
標準プレー:	$0P$	$2P$	$4P$	$7N$	$9N$	$11N$	$14P$	P	P	N	N	N
ミゼールプレー:	$0N$	$2N$	$5P$	$7P$	$9P$	N	N	P	P	P		

6 スポットの標準スプラウトが $\mathcal{P}$ 局面であるという事実は Denis Mollison によって（賭けに勝つために）初めて証明されたが，彼のゲームの解析は 47 ページにも及んだ！　上に述べた考えを使うと，これをかなり短縮できる．しかし，5 スポットのミゼールプレーのスプラウトにはまだコンピュータが必要であるように思われる．

7.　ブリュッセル・スプラウト

これは，スプラウトよりおもしろいと思われるもう 1 つのゲームである．スポットではなく，いくつかのクロス（十字）を配置してゲームを開始する．その一手は，クロスの 1 本の腕から曲線を伸ばして，同じクロスの別の腕，または別のクロスの腕とをつなぎ，そして，その曲線の上に新しくクロスの横棒を加えることである．2 クロスのブリュッセル・スプラウトが図 17.11 に示されている．ブリュッセル・スプラウトをいくつかプレーしてみた後では，達者な読者ならば良い開始戦略を提案できるだろう．

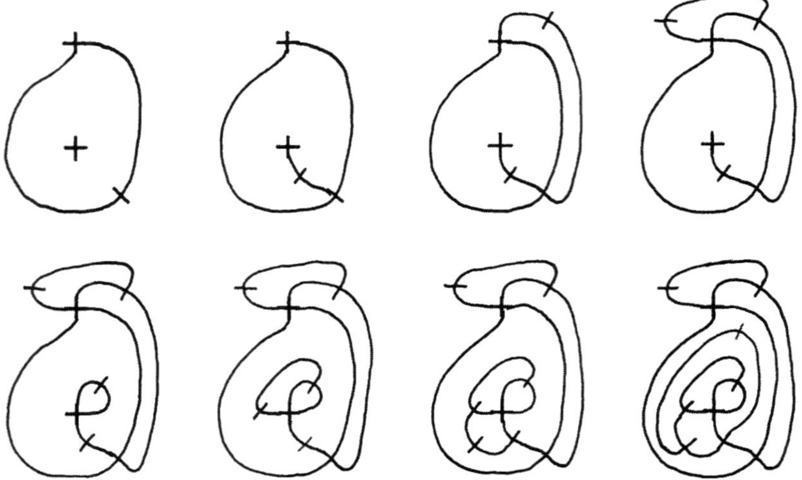

図 **17.11**　ブリュッセル・スプラウトの2クロス・ゲーム.

8. 星と条

ブリュッセル・スプラウトにおいて，曲線へのクロスの横棒の書き込みはしてもしなくてもよいと仮定しよう．また，きっかり4本の腕をもつクロスばかりでなく，"星"の腕の数を任意とし，曲線に書き込む横棒を条と呼ぶのは自然なことだろう．初期局面 (5, 5, 4, 4, 3) が図17.12(a) に示され，3手後の局面が図17.12(b) である．解析にあたり，ゲームは領域の選言的な和となり，各領域は星だけを含むとみなすことができる．一般に，領域の内部に突き出る腕を全部でちょうど n 本もっている連結部分は，その領域内にある1個の n 腕の星と考える．（領域の境界も星とみなす.）図17.12(b) において，各領域はその領域内の星の腕数によってラベル付けされている．

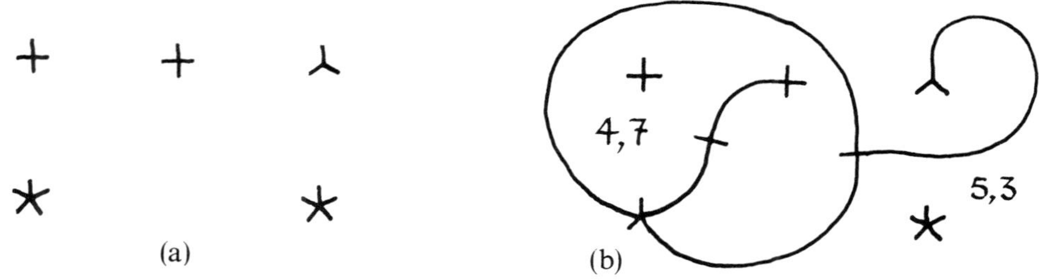

図 **17.12**　星と条

1つの星で始めるゲームは8進ゲーム **4·07** と同型である．なぜなら，横棒を書き込む手は，n 腕の星を腕数が a と b（ただし，$a+b=n$, $a, b \neq 0$）の2個の星に分割することであり，横棒を書き込まない手は，星を $a+b=n-2$ をみたす腕数が a と b の星に分割することであるからである．このゲームのニム値（第 4 章の'表 4.7 と表 4.6 に対するゲーム探索表'，および表 4.6 を参照）は $0.\dot{0}12\dot{3}$ であり，その属性は表 17.11 に示される．

表 17.11 星と条の局面の属性.

n	0	1	2	3	4	5	6	7	8	9	10	11
n の属性	0	0	1	2	3	0	1_a^{431}	2	3_b^{31}	$0\,{}_{a_1}^{520}$	1_c^{431}	2_d^{0420}

$$a=2_2320 \quad b=a_1a2_220 \quad c=b_1ba_3a_12_220 \quad d=cb_2ba_2a_1a3_23$$

9. ブッシェンハック

ブッシェンハックはもう 1 つの紙と鉛筆のゲームである．これはいくつかの根付き木でプレーされるが，ある辺を切るとその辺を地面と連絡していたすべての辺がなくなり，宙に浮いた木は，図 17.13 に示すように，すべて根付き木となるものとする．その理論はニムのもう 1 つの性質を含んでいる．

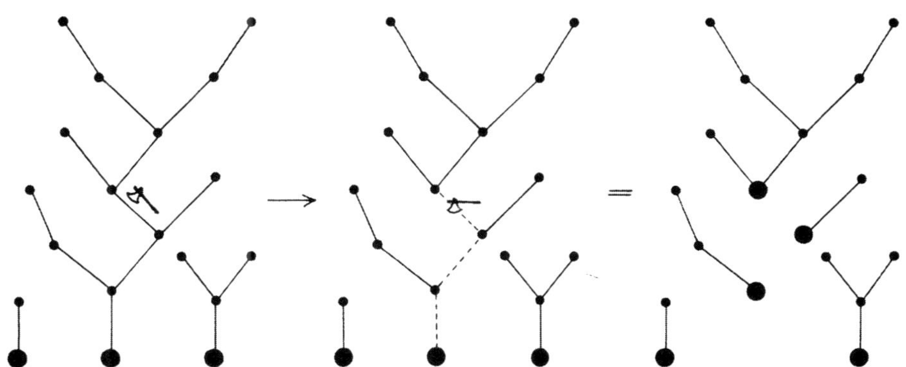

図 17.13 ブッシェンハックの手.

9.1 ニムの遺伝コード

あなたが直面しているニム局面のニム値（たとえば 9）と，その局面から移行可能なニム局面のニム値で異なるものの個数（たとえば 13）を，私に知らせてくれたとしよう．このとき，私はそれらのニム値が実際何であるか（この場合は， 0, 1, 2, 3, 4, 5, 6, 7, 8, 12, 13,14, 15）を正確に言い当てることができる！

その理由を知るために，第 7 章付録の記法を拡張する．そこでは単一のニム山について

$$0_{\{\ \}}, 1_{\{1\}}, 2_{\{2,3\}}, 3_{\{1,2,3\}}, 4_{\{4,5,6,7\}}, 5_{\{1,4,5,6,7\}}, \cdots$$

であったが，一般にこれを $n_{[n]}$ と記す．ここに，$[n]$ は**変化集合**であり，1 手で移行可能な局面のニム値の変化量の集合を表す．任意の 1 つのニム山に対する変化集合 $[n]$ は，n の 2 進展開の 1 に対応する桁と同じ桁が 2 進展開の最上位桁となっているような数の全体からなる．したがって，変化集合は以下の中から適切に選んで合併した集合であることがわかる：

$$[1] = \{1\}, \quad [2] = \{2, 3\}, \quad [4] = \{4, 5, 6, 7\}, \quad [8] = \{8, 9, \ldots, 15\}, \quad \ldots$$

たとえば，$13 = 1 + 4 + 8$ であるから，$[13] = \{1, 4, 5, 6, 7, 8, 9, \ldots, 15\}$ である．

もし，ある局面が大きさ A のニム山と同じ変化集合をもつならば，その局面は**遺伝コード** A をもつという．複数のニム山からなる任意のニム局面も遺伝コードをもつ．なぜなら，局面たちを**加える**とき，それらの変化集合を**合併**すればよいからである．たとえば，$5+12$ は遺伝コード 13 をもつ．なぜならば，

$$5 + 12 = 5_{\{1,4,5,6,7\}} + 12_{\{4,5,6,7,8,9,\ldots,15\}} = 9_{\{1,4,5,6,7,8,9,\ldots,15\}} = 9_{[13]}$$

であり，$9_{[13]}$ のすべての選択肢のニム値は 9 と変化集合 [13] の要素とのニム和によって得ることができる．

9.2　ブッシェンハック局面は遺伝コードをもつ！

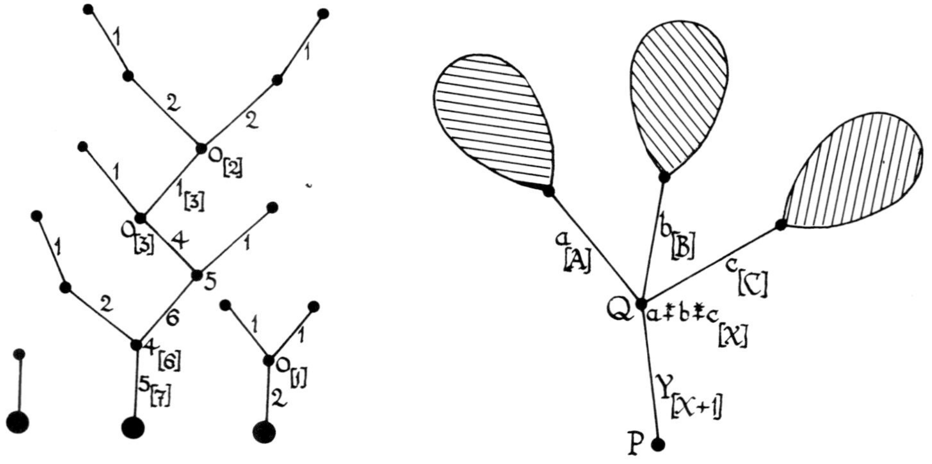

図 17.14.　勝つ手はどれか？（付録参照）

図 17.15.　ニム値と遺伝コードの計算．

図 17.14 において各辺についた記号 $a_{[A]}$ はその辺を幹とする部分木に対するニム値と遺伝コードを与えている．いくつかの枝をもつ各節点には対応する部分木の和に対してその情報を与えている．（単独の数字 a は $a_{[a]}$ を意味する．）それらの数は図 17.15 のように計算される．すなわち，X はその 2 進展開において A, B, C の**どれかの** 2 進展開の 1 がある桁に 1 がある数であり，したがって，

$$[X] = [A] \cup [B] \cup [C]$$

が成り立つ．また，Y は，$a \overset{*}{+} b \overset{*}{+} c$ より大きく，かつ $X+1$ を割り切る最大の 2 の冪乗でちょうど割り切れる最小の数である．

X の 2 進展開を

$$\ldots\ ?\ ?\ ?\ 0\ 1\ 1\ 1\ \ \ldots\ \ 1 \quad (\text{連続する } k \text{ 個の 1 で終わる})$$

としよう．すると $a \overset{*}{+} b \overset{*}{+} c$ の 2 進展開は

$$\ldots\ p\ q\ r\ 0\ t\ u\ v\ \ \ldots\ \ z$$

の形をとる．これらの数が図 17.15 の Q の上の部分木に対する遺伝コードとニム値であることはすでに示した．したがって，

$$X+1 = \ldots\ ?\ ?\ ?\ 1\ 0\ 0\ 0\ \ \ldots\ \ 0$$

と

$$Y = \ldots\ p\ q\ r\ 1\ 0\ 0\ 0\ \ \ldots\ \ 0$$

がそれぞれ幹 PQ をもつ部分木に対する遺伝コードとニム値であることを示すだけでよい．この木に対する選択肢はニム値として

$$a \overset{*}{+} b \overset{*}{+} c \quad (PQ \text{ を切り落とす場合}) \quad \text{および} \quad a \overset{*}{+} b \overset{*}{+} c \overset{*}{+} \Delta$$

をもっている．ここで，Δ は X の 2 進展開の 1 に対応する桁と同じ桁が 2 進展開の最上位桁となっている任意の数である．特に，$a \overset{*}{+} b \overset{*}{+} c$ 以下，または，最後の k 桁だけがそれと異なるすべてのニム値の局面へ移す手を打つことができる．したがって，Y よりも小さいすべての数，すなわち，右から $(k+1)$ 桁目（X の最も右の 0 の位置に対応）において $a \overset{*}{+} b \overset{*}{+} c$ と異なる数，に移行する手がある．選択肢のニム値の集合はまさしく，Y と異なる最も左の桁が $X+1$ の中の数字 1 に対応している 2 進数の集合と一致する．したがって，$X+1$ は遺伝コードに他ならない．

9.3 Von Neumann のハッケンブッシュ

木の上でプレーするときには，von Neumann のハッケンブッシュは正確にブッシェンハックと同値なゲームである．その一手は，ある**節点**を除くとき，それと地表を結ぶ道の上にあるすべての節点，および，それらと出会うすべての枝をともに除去することである．ブッシェンハックへ変換するには，すべての木に新しい幹を加えるだけでよい．von Neumann は，戦略盗用論法によって，単一の木は常に $\mathcal{N}$ 局面であることを証明し，Úlehla は木に対する具体的な戦略を与え，それがわれわれの議論の引き金となった．

ブッシェンハックはまさしく $A+B$ と $A:*$ の理論である．それに対して，通常のハッケンブッシュは $A+B$ と $*:B$ と関係がある．von Neumann のハッケンブッシュの最も一般的な

バージョンは，任意の有向木の上でプレーされる（1つの節点とそれが指し示すすべての節点を除去する）．その解析は任意の変化集合に対する $A+B$ と $A:B$ の性質に関係している（第7章の付録）．

付　録

10.　ジョカスタにおける冗談

ジョカスタにおける冗談とは「n スポットゲームはいつでも n 手続く．なぜなら，各スポットには命が2つあり，一手ごとに命を2つ失うから．」である．したがって，このゲームは「愛してる，愛してない」のもう1つの別の姿にすぎないのだ．

11.　ブリュッセル・スプラウトの虫

ブリュッセル・スプラウトの虫は似ているがもっと微妙である．n クロスゲームは常にちょうど $5n-2$ 手まで続くが，ブリュッセル・スプラウトはより高い種数の面，たとえば，トーラスの上でプレーするともっとずっとおもしろい．

12.　ブッシェンハック

図17.14の必勝手は図17.13に示されている．

参考文献と先の読みもの

Hugo D'Alarcao & Thomas E. Moore, Euler's formula and a game of Conway, *J. Recreational Math.* **9**(1977) 249–251; Zbl. 355.05021.

Piers Anthony, *Macroscope*, Avon, 1972.

David Applegate, Guy Jacobson & Daniel Sleator, Computer analysis of Sprouts, pp.199–201 in E. R. Berlekamp & Tom Rodgers, editors, *The Mathemagician and Pied Puzzler*, A K Peters, Natick MA, 1999.

Mark Copper, Graph theory and the game of Sprouts, *Amer. Math. Monthly*, **100** (1993) 478–482; MR 94c:90137.

Susan K. Eddins, Networks and the game of Sprouts, *NCTM Student Math. Notes*, May/June 1998.

Martin Gardner, Mathematical Games: Of sprouts and Brussels sprouts; games with a topological flavor, *Sci. Amer.* **217** #1 (July 1967) 112–115.

Martin Gardner, *Mathematical Carnival*, Alfred A. Knopf, New York 1975, Chapter 1.

T. K. Lam, Connected Sprouts, *Amer. Math. Monthly*, **104** (1997) 116–119; MR 98e:90251.

E. Lucas, *Récréations Mathématiques*, Gauthiers-Villars, 1882–94; Blanchard, Paris, 1960.

Gordon Pritchett, The game of Sprouts, *Two-Year Coll. Math. J.* **7** #4 (Dec. 1976) 21–25.

J. M. S. Simões-Pereira & Isabel Maria S.N. Zuzarte, Some remarks on a game with graphs, *J. Recreational Math.* **6**(1973) 54–60; Zbl. 339.05129.

J. Úlehla, A complete analysis of von Neumann's Hackendot, *Internal. J. Game Theory,* **9**(1980) 107–115.

第 18 章

皇帝とマネー

汝らは善くもあり，悪しくもあり，それはまるでコインの表裏.
真なる者もいれば，偽りの者もいる.
しかし，皆すべてに王の姿が刻まれている.
Alfred, Lord Tennyson,『国王牧歌』 聖杯, I.25.

図 18.1 皇帝の布告.

“... 皇帝ヌー (Nu) は対立していたマイ・ヌス (My-Nus) 王朝を転覆し，政権を掌握した. ヌー政権は建設的な改革を数多く行った. とくに，前政権が実施していた古い不合理な貨幣制度 An-Tsient を廃止して，ヌー制度を新しく導入した. 帝国造幣局の長官であるハイ (Hi) とロー (Lo) は交互に，新しい貨幣単位の値をおのおの定め，その決定に沿ってその値の貨幣を十分な分量鋳造した. ハイが値 1 の貨幣の鋳造を命じるまでは万事が順調に進んだが，以後は用済みになった造幣局の職人たちをハイが解雇すると，彼らは一団となって決起し，首都近郊にひっそりとそびえる塔から不運なハイを放り投げた. それ以来，その塔はハイの塔として知られることになった”.

マイ・ヌス — ある対立の時代

1. シルベ貨幣

もし，ハイとローがこの本を読んだら，きっと，自分たちは**シルベ貨幣** (Sylver Coinage) というゲームをプレーしていたにすぎないと，気づいただろう．このゲームでは，プレイヤーは交互に異なる数を唱え合うが，このとき，すでに唱えられた数の和で表せる数は唱えることができない．たとえば，もし3と5がすでに唱えられていたら，プレイヤーは以下に掲げるどの数も唱えることはできない．

$$3,\quad 5,\quad 6=3+3,\quad 8=3+5,\quad 9=3+3+3,\quad 10=5+5,\quad 11=3+3+5,\quad \ldots$$

このゲームはいつ終わるだろうか？ もしどちらのプレイヤーもまだ1を唱えていなければ，いつでも1を唱えることはできる．しかし，もちろん，いったん，1が唱えられると，どの数も

$$1,\quad 2=1+1,\quad 3=1+1+1,\quad 4=1+1+1+1,\quad 5=1+1+1+1+1,\quad \ldots$$

と表されるので，すべての数が非合法となり，ゲームは終局する．このゲームでは1を唱えたプレイヤーを敗者と定めるので，シルベ貨幣はミゼールなゲームである（熟練者は標準プレー版に時間をつぎ込もうとはしない！）

古い貨幣には（値が $\sqrt{2}, e, \pi$ の貨幣があり）不合理 (irrational) だったので，皇帝は新しい通貨単位**ユー・ニット** (You-Nit) を採用し，貨幣の値はすべて ユー・ニットの整数倍にすべしと布告したことを指摘しておいた方がよいだろう（読者は，皇帝がこの宣言を行っている姿を図18.1に見ることができる）．

さらに，マイ・ヌス王朝時代，負の値の通貨を発行したテ・カ・ウェ (Teh Kah-Weh) を追放しなければならなかった財政上の大きなスキャンダルで当時の人々がいかに困惑したかを思い起こして，皇帝ヌーは貨幣の値は ユー・ニット単位の正整数でなければならないと定めた．

2. いつまで続くのか？

このゲームはとても長い時間かかるかもしれない．1000手まで続き得ることを見るには，次のプレーを考えれば十分だ．

$$1000, 999, 998, \ldots, 4, 3, 2, 1.$$

そして，もちろん，1000という数はどんな数にでも置き換えられるので，プレーの手数に**上限はない**．多くのゲームがこの性質をもっている．たとえば，1匹の無限に長い蛇でプレーする緑ハッケンブッシュ（第2，11章）はその例である．しかし，無限といっても，ある決まった回数の手の後では終局が見えるという意味で，**何手かの後は有限となる**無限である．実際，ハッケンブッシュにおいて最初の1手の後は，有限の長さの蛇しか残らない．

しかし，シルベ貨幣はそういう無限ではない！ あなたがどんな数を選んでも，その回数ゲームを続けた後に，指せる手が無数に残っている方法を，ハイとローは見つけることができる．

彼らの最初の 1000 手は

$$2^{1000},\ 2^{999},\ 2^{998}, \ldots, 2^4, 2^3, 2^2, 2^1$$

であり得るし，その後もまだあなたは好きなだけゲームを続けることができる：

$$1000001, 999999, 999997, \ldots, 7, 5, 3, 1.$$

言い換えれば，シルベ貨幣は，**何手かの後でも無限である**無限である．それで終わりではない．何手かの後でも無限である“何手か後でも無限である無限”，さらに，何手か後でも無限である…，と際限なく続く．

しかしながら，プレーを永遠に続けることはできない．第 11 章の言葉を借りれば，無限有終ゲーム (ender) である．この事実を証明する定理を有名な数学者 J. J. Sylvester が示したので，このゲームをシルベ貨幣と名づけた．

なぜなら，第 1 手以降のどの局面においても，それまでに唱えられた数の最大公約数を g とすると，唱えられた数の和で表現できない g の倍数は有限個しかないからである．そのことを見るのは，そう難しくない． したがって，多くともこの既知の回数だけ手を交換した後は，この最大公約数は小さいものに置き換わることになる．その結果，いずれ必ず，$g = 1$ となる局面に達し，その後の手数は上から抑えることができる．このように，任意に与えられた手数だけゲームが進んだ時点でゲームがいつ終わるかの予測はできないかもしれないが，最大公約数が置き換わるまでの手数の上限ならば与えることができる．

3. 初手の悪手

第 2 章の付録で与えた証明は，シルベ貨幣のどの局面からでも 2 人のプレーヤーの一方には必勝戦略が存在することを示している．しかしながら，このゲームのもつ無限性ゆえに，すべての局面を見通すことは不可能で，必勝戦略が存在しても，それを見つけ出すことは保証できない．実際，任意に与えられた局面で，どちらが勝つかを有限時間で言い当てる方法は（その存在すらも）知られていない．ただ，ある簡単な局面については，勝負の行方を言い当てることはできる．

もし，あなたが 1 と唱えたら，ルールによりあなたの負けである．

もし，あなたが 2 と唱えて，かつ，まだ 3 が残っていれば，私の答えは 3 である．その場合，3 より大きな数

$$4 = 2 + 2, \qquad 5 = 2 + 3, \qquad 6 = 2 + 2 + 2, \qquad 7 = 2 + 2 + 3, \qquad 8 = 2 + 2 + 2 + 2, \quad \ldots$$

はすべて排除されて，あなたは 1 を唱えざるを得ない．

もしあなたが 3 を唱えれば，同じ理由から，2 が良い応手である．

このように，誰でも，1, 2, あるいは，3 を唱えると必ず敗ける．とくに，この最初の 3 つの数は初手としては悪手である．では，私が 4 で始めたら，あなたはどう応じるだろうか？ たとえば，5 だろうか？ もしそうだとすると，最大公約数は 1 なので，有限個の数しか残らない．図 18.2 のように数を並べると，どの数が残るかわかる．円で囲まれた数は 5 の倍数なので排除さ

れ，そして，それらより下に位置する数は，5の倍数に4をいくつか加えたものなので，やはり排除される．このようにして，1, 2, 3, 6, 7, 11が残る．

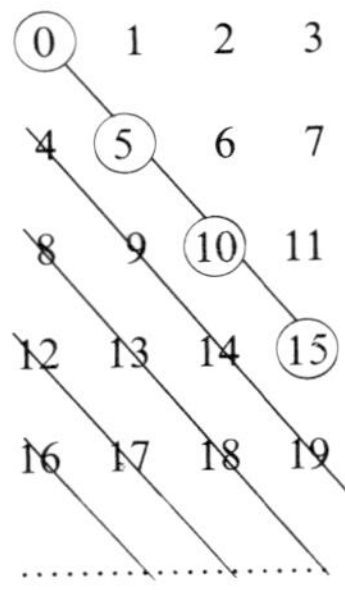

図 18.2　{4, 5}の後に残るもの．

これらの中から私は1, 2, それに，3も取りたくない．仮に，私が6か7を唱えたら，あなたはもう一方の数を唱え，その結果，11が排除されるだろう．すると，私には1, 2, 3しか残らなくなる．そこで代わりに，私は11を唱えて，あなたに6か7を唱えさせようとするだろう．したがって，

> {4, 5, 11} は $\mathcal{P}$ 局面である．

今度は，4と6が選ばれたとしよう．後に残った数は次のようになる．

0　1　2　3
~~4~~　5　6　7
~~8~~　9　~~10~~　11
~~12~~　13　~~14~~　15
~~16~~　17　~~18~~　19
…………………

5と7は大きな数をすべて排除するので，互いに殺し合う．同じことが，9と11，13と15などのペアについても言える．

> 局面 {4, 6} では，ペア
> $(2,3), (5,7), (9,11), \ldots, (4k+1,\ 4k+3)$
> は，いずれも応手対である（$k \geq 1$とする）．

つまり，もしあなたが4で始めたら，私は6で応える．あるいは，あなたが6なら，私は4で応える．

同様の戦略がいくつか知られている．

局面 $\{8, 12\}$ では，ペア
$(2,3), (5,7), (9,11), \ldots, (4k+1, 4k+3)$
と
$(4,6), (10,14), (18,22), \ldots, (8k+2, 8k+6)$
は，いずれも応手対である（$k \geq 1$ とする）．

6 に対するもう 1 つの好手が 9 であることを示すには，もう少し込み入った戦略が必要だ．

局面 $\{6, 9\}$ では，ペア
(4,11), (5,8), (7,10) と $(3k+1, 3k+2)$（$k \geq 4$ とする）
は，いずれも応手対である．
しかし，その場合，
4, 11 の後では，5 は 7 と応手対になり，
5, 8 の後では，4 は 7 と応手対になり，
7, 10 の後では，4 と 5, および，8 と 11 が応手対になる．

ここまで示したことをまとめると，

$\{2, 3\}, \{4, 6\}, \{6, 9\}, \{8, 12\}$
はすべて $\mathcal{P}$ 局面である．

したがって，

$\{1\}, \{2\}, \{3\}, \{4\}, \{6\}, \{8\}, \{9\}, \{12\}$
はすべて $\mathcal{N}$ 局面である．

数 1, 2, 3, 4, 6, 8, 9, 12 は，これまでに戦略が陽にわかっている初手のすべてである．局面 $\{16, 24\}$ では，ペア (2, 3), $(4k+1, 4k+3)$, (4, 6), $(8k+2, 8k+6)$, (8, 12), $(16k+4, 16k+12)$ は戦略になり得ると思うかもしれないが，残念ながら，12 は局面 $\{16, 24, 5, 7, 8\}$ における合法的な手では**ない**．一方，上に述べた戦略では，ペアのどちらの数も，一方が手として打てるなら他方もそうである．実際，8 は $\{16, 24, 5, 7\}$ に対して良い応手である．なぜなら，8 は 16 と 24 をないものと同じにし，さらに，すぐ後に示す次の事実が成り立つからである：

$\{5, 7, 8\}$ は $\mathcal{P}$ 局面である．

ただし，24は16に対して良い応手かどうか，そもそも16が良い応手をもつかどうかさえもわかっていない．

4. すべての初手は悪手か？

あなたが1, 2, 3の行く末を見て，すべての初手は悪手ではないかと疑ったとしたら，4, 6, 8, 9, 12についての議論は，おそらく，その疑いを助長することになったであろう．この節では5と7を詳しく調べる．可能な応手は，**クリーク技法**を用いれば，容易に得ることができる．

すでにいくつかのクリークを見てきている：数1はそれ自身が特別なクリークになっている．数2と3はそれらより大きな数をすべて排除するので別のクリークをなす．局面{4, 5}を議論したときには，6と7は1つのクリークを形成した．というのは，それらは11を排除したからである．クリークは，そのメンバーである数の応手もまた同じクリークのメンバーであり，かつ，これら2つの数は協力して，そのクリーク以外のすべての数を排除する，という性質をもつ．

局面{6, 7}を例にとって，クリーク技法を説明しよう（図18.3）．

いつものように，1, 2, 3は考慮しなくてよい．なぜなら，これらはどの局面においても最も内側のクリークとなるからである．さて，図18.3では，4と5を合わせると，それらより大きな数はすべて排除されるので，これらは第3のクリークをなす．**たとえどんなに大きな数がすでに唱えられていようと**，4なら5，5なら4と答える．したがって，これらより大きな数を議論するときには，これらの数を無視しても構わない．

ここで，8, 9, 10, 11は次のクリークを形成するということができる．なぜなら，8と10は，9と11以外の数をすべて排除し，9と11は，8と10以外の数をすべて排除するからである．すでにある大きな数が唱えられているとしても，8なら10，9なら11と応じる．逆もまた同様である．そして，これ以後の議論ではこれら4つの数を除外して考えることができる．

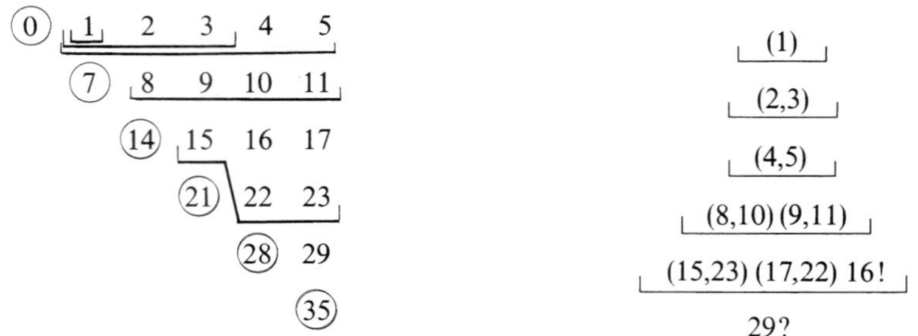

図 18.3 局面{6, 7}におけるクリーク．

さて，残った数

$$\begin{array}{ccc} 15 & 16 & 17 \\ & 22 & 23 \\ & & 29 \end{array}$$

に対する良い応手は，やはりこの中の別の数でなければならない．15 なら 23，とそれを入れ換えた応答は，16 と 17 のみを残すので，良い応手対である．同様に，17 と 22 も応手対である．ところが，16 は 22 と 23 の両方を排除し，15 と 17 のみを残すので，それ自身で好手である．これらの 5 つの数は，クリークをなす．というのは，29 はいつも排除されるからである．

16 は局面 $\{6, 7\}$ における 唯一の好手である．

付録の表 18.6 には，以下のすべての局面に対して同様の方法で完全な戦略を掲げてある．

$$\begin{array}{llll} \{4, 5\}, & \{4, 7\}, & \{4, 9\}, & \\ \{5, 6\}, & \{5, 7\}, & \{5, 8\}, & \{5, 9\}, \\ \{6, 7\}, & \{7, 8\}, & \{7, 9\}. & \end{array}$$

それは，特に次のことを示している．

$\{4, 5, 11\}$，　$\{4, 7, 13\}$，　$\{4, 9, 19\}$， $\{5, 6, 19\}$，　$\{5, 7, 8\}$，　$\{5, 9, 31\}$， $\{6, 7, 16\}$，　$\{7, 9, 19\}$，　$\{7, 9, 24\}$ は $\mathcal{P}$ 局面である．

この結果より，5 または 7 に対する良い応手は 10 進法で少なくとも 2 桁の数に違いないと推測できる．一番小さな 2 桁の数 10 は，5 に対しては合法的ではない．それでは 7 に対する好手となるだろうか？　答えは否である．

$\{7, 10, 12\}$ は $\mathcal{P}$ 局面である．

このことを図 18.4 で示している．クリーク技法はこれまでと同じようには助けにならないので，3 つのペアに注記を加えた．

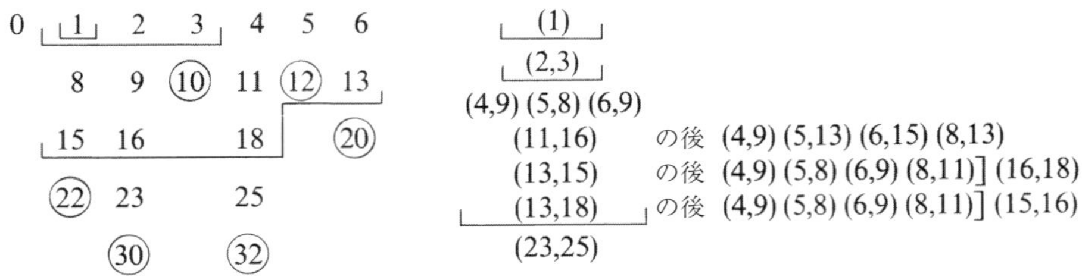

0 1 2 3 4 5 6
8 9 (10) 11 (12) 13
15 16 18 (20)
(22) 23 25
(30) (32)

(1)
(2,3)
(4,9) (5,8) (6,9)
(11,16) の後 (4,9) (5,13) (6,15) (8,13)
(13,15) の後 (4,9) (5,8) (6,9) (8,11)] (16,18)
(13,18) の後 (4,9) (5,8) (6,9) (8,11)] (15,16)
(23,25)

図 18.4 局面 $\{7, 10, 12\}$.

5. すべての初手が悪手というわけではない

R. L. Hutchingsは，5あるいは7に対する良い応手が存在しないことを示した！ 彼の主定理は

> もし a と b が互いに素 ($g = 1$) であり，
> かつ $\{a, b\} \neq \{2, 3\}$ ならば，
> $\{a, b\}$ は $\mathcal{N}$ 局面である．

これより，彼は**p定理**を導いた：

> もし $p \geq 5$ が素数ならば，
> $\{p\}$ は $\mathcal{P}$ 局面である．

p 局面は $\mathcal{P}$ 局面である

（なぜなら，どんな合法的な応手も最大公約数が1の局面を生み出すから．）そして彼は，今度は**p定理**から**n定理**を導いた：

> もし n が 2^a3^b という形では
> 表されない合成数ならば，
> $\{n\}$ は $\mathcal{N}$ 局面である

n 局面は $\mathcal{N}$ 局面である

（なぜなら n は $p \geq 5$ なる素因数 p をもち，これが良い応手となる．）これらをまとめると，結論できなかったいくつかの小さな数について，次のことがわかる：

> $\{5\}$, $\{7\}$, $\{11\}$, $\{13\}$, $\{17\}, \ldots$ は $\mathcal{P}$ 局面である．
> $\{10\}$, $\{14\}$, $\{15\}$, $\{20\}$, $\{21\}, \ldots$ は $\mathcal{N}$ 局面である．

われわれは，2^a3^b の形をした数のうち最小の 8 つの数については，すでに具体的な戦略を与えた：

$\{1\}, \{2\}, \{3\}, \{4\}, \{6\}, \{8\}, \{9\}, \{12\}$ は $\mathcal{N}$ 局面である.

しかし，

$\{16\}, \{18\}, \{24\}, \{27\}, \{32\}, \{36\}, \ldots$ については何もわからない！

（もしそうでなければ嬉しいのだが.）

6. 盗用戦略

Hutchings は，彼の主定理を盗用戦略によって巧妙に証明している．まず，$\{a, b\}$ によって排除されない一番大きな数 t を考え，t が良い応手で**なければ**，別のある数が良い応手に**なる**ことを示した！

すぐあとで見るように，この一番大きな数は，ほかのどの合法的な手でも排除することができるので，$\{a, b\}$ を**終局面**と呼ぶことにしよう．

さて，問いかけてみよう：

$\{a, b\}$ に対して，t は良い応手だろうか？

もし答えがイエスなら，$\{a, b\}$ は $\mathcal{N}$ 局面である．

もし答えがノーなら，ゲームは終局するか，それとも，局面 $\{a, b, t\}$ に対して良い応手 s がある．しかし，a, b と s は t を排除するので，s はそれ自身，$\{a, b\}$ に対する良い応手である．つまり，局面 $\{a, b\}$ でのプレーヤーは，局面 $\{a, b, t\}$ においてもし対戦相手に良い応手があれば，その戦略をこっそり盗んで自分の戦略を見い出す，ということができる．

ある場合，たとえば $\{5, 9\}$ においては，t（ここでは 31）は良い応手である．しかし，ほかの場合，たとえば $\{5, 7\}$ では（ここでは $t = 23$），そう**ではない**．盗用戦略の議論は好手が存在することを教えてくれるが，それらが何かについては語らない．盗みは真面目な努力の代りにならない！

一般に，

$t > 1$ である終局面は $\mathcal{N}$ 局面である.

終局面は $\mathcal{N}$ 局面である.

しかし，終局面 $\{2,3\}$ は $\mathcal{N}$ 局面では**ない**．なぜなら，$t=1$ であり，この唯一の合法的な手によってゲームが終局するからである．

なぜ，$\{a,b\}$ の最大公約数が1なら，終局面なのだろうか？ 図18.5に，著者らがかつて良い応手がないと誤認した局面 $\{9,11\}$ を示す（表18.5を見よ）．

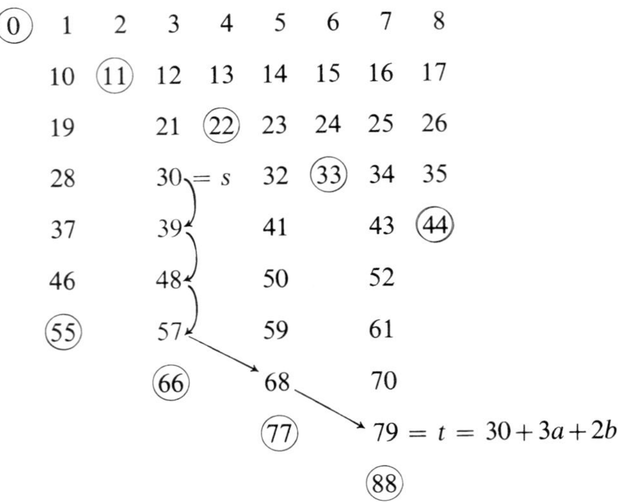

図 18.5 $a=9, b=11$ に対する Hutchings の定理．

いつものとおり，a 本の列に数を順に配置すると，どの列においても，**最初に排除される**（丸で囲まれた）数は b の倍数である．よって，**各列で排除されずに最後に残った**数も互いに b の倍数だけ異なっていなければならない．さて，任意の合法的な手 s から a を加えていくと，s を含む列において最後に残った数にたどり着く．そこから b を加えていけば t に到達するので，s が t を排除することが示された（図18.5では例として $s=30$ とした）．この議論は，Sylvester のよく知られた公式

$$t=(a-1)\,b-a=a\,b-(a+b)$$

の証明を与えている．

7. 静かな終局

ハイとローが2つの互いに素な数 a と b を唱え，ハイが次の手 s を打とうとしているものとしよう．このとき，最大数 t は額面がそれぞれ s，a，b のコインを十分な個数使えば得られることがわかっている．しかし，上の議論から，新しいコインは1枚あれば足りる：

$$t=s+m\,a+n\,b$$

一般に，t がいくつかの $a,b,c\ldots$ と**ただ1つ**の s の和によって，

$$t = m\,a + n\,b + \ldots + s$$

と表されるなら，局面 $\{a, b, c, \ldots\}$ において，s は t を**静かに**排除するということにしよう．**静かな終局面**とは，まだ排除されていないどの数によっても，一番大きな合法的な手が静かに排除される終局面のことである．

もし a が b，b_1 のいずれとも互いに素ならば，

$$S = \{a,\, b\,c,\, b\,d,\, b\,e, \ldots\}$$

が静かな終局面であるのは

$$S_1 = \{a, b_1c, b_1d, b_1e, \ldots\}$$

が静かな終局面であるとき，そのときに限る．

静かな終局定理

したがって，$\{3, 4\}$ と同じ局面の

$$\{7, 1 \times 3, 1 \times 4\}$$

は静かな終局面であり，それゆえ，

$$\{7, 9, 12\} = \{7, 3 \times 3, 3 \times 4\}$$

と

$$\{7, 15, 20\} = \{7, 5 \times 3, 5 \times 4\}$$

もそうである．特に，これらは終局面であり，かつ，盗用戦略により $\mathcal{N}$ 局面である．ただ，例によって良い応手が何かについては定理からはわからない．

静かな終局定理の証明を，局面 $\{7,\ 9,\ 12\}$ と $\{7,\ 15,\ 20\}$ を用いて説明しよう．いつもどおり，a（ここでは 7）本の列に数を配置し，各列において最初に排除される数を丸で囲む（図 18.6）．局面 S と S_1 において，これらの数は，$b : b_1$ の比にある（この例では 3 : 5，図 18.7 を見よ）ことを示す．

最初に，局面 S において丸で囲まれた数が，実際に b の倍数であることを示そう．そこで，S において n が丸で囲まれるのは，S において n は排除されるが，$n - a$ はそうではないときであることを思い起こしてほしい．さて，n が排除されるならば，

$$n = a\,k + b\,m$$

と表され，この m は $\{c, d, e, \ldots\}$ によって排除されるだろう．もしここで k が正ならば，

$$n - a = a\,(k-1) + b\,m$$

も S において排除されることになるので，$k = 0$ でなければならない．よって，単に，

$$n = b\,m$$

となる．次に示すことは，$b\,m$ が S において丸で囲まれるのは，$b_1\,m$ が S_1 において丸で囲まれるときに限るということである．さて，b_1m が S_1 において排除されるとし，その上で，

$$b_1m - a$$

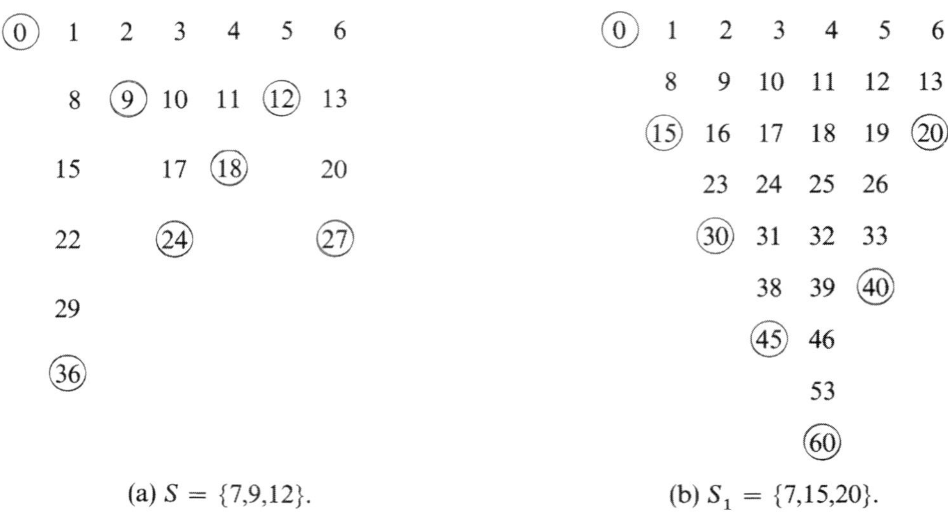

(a) $S = \{7,9,12\}$.　　(b) $S_1 = \{7,15,20\}$.

図 **18.6**　丸で囲まれた数は比例する．

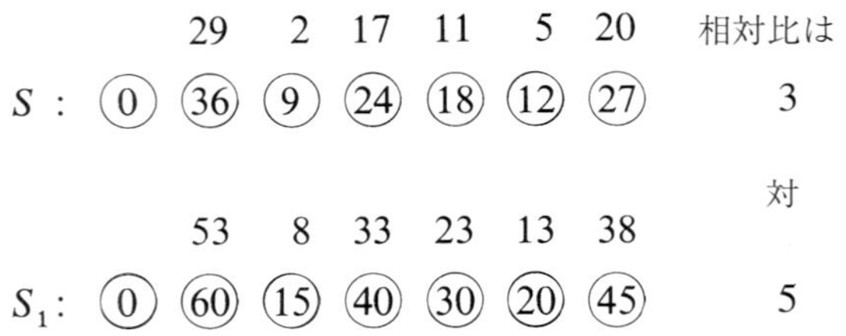

		29	2	17	11	5	20	相対比は
S :	⓪	(36)	⑨	(24)	(18)	(12)	(27)	3
								対
		53	8	33	23	13	38	
S_1:	⓪	(60)	(15)	(40)	(30)	(20)	(45)	5

図 **18.7**　丸で囲まれた数を列でソートする．

が排除されなければ丸で囲まれる．しかしここで，$b_1 m - a$ も排除されるものと仮定すると，$\{c, d, e, \ldots\}$ によって排除されるある数 m' により

$$b_1 m - a = a\,k + b_1 m'$$

が成り立ち，

$$b_1 m = a\,(k+1) + b_1 m'$$

となる．b_1 は a と互いに素であるから b_1 は $k+1$ を割り切るので，b_1 で割り b を掛ければある正の数 k' に対して，

$$b\,m = a\,k' + b\,m'$$

が得られる．これは

$$b\,m - a = a\,(k'-1) + b\,m'$$

が排除され，$b\,m$ が S において丸で囲まれ**ない**ことを表している．

その使われ方は穏やかだが，静かな終局定理はとても強力である．無数に多くある応手を一息で吹き飛ばして静寂をもたらす．

$\{16, 24\}$ においては， どの奇数も良い応手ではない．

明らかに1は悪手である．もし，a がほかの奇数とすると，$\{a, 2, 3\}$ は静かな終局面 $\{2, 3\}$ とまったく同じ局面である．したがって，静かな終局定理によって，$\{a, 16, 24\}$ は静かな終局面であり，したがって，$\mathcal{N}$ 局面である．

同様に，$\{4,6\}$ と $\{6,9\}$ は，詳しい戦術を与えることに煩わされずに，$\mathcal{P}$ 局面であることがわかる．この考え方を，局面 $\{8, 10\}$ を調べるのに用いてみよう．局面 $\{4, 5\}$ では残りの手は

$$1,\quad 2,\quad 3,\quad 6,\quad 7,\quad 11$$

であったので，局面 $\{8, 10\}$ では残る偶数はこれらを2倍したもの，

$$2,\quad 4,\quad 6,\quad 12,\quad 14,\quad 22$$

になる．$\{8, 10\}$ における良い応手があるとすれば，静かな終局定理から，これら2つの集合のどちらかに属すことがわかる．なぜなら，もしそうでなければ，良い応手 a が，$\{4, 5\}$，すなわち，$\{a, 4, 5\}$ によって排除される奇数であることになり，$\{a, 8, 10\}$ が静かな終局面になるからである．さて，

1	ただちに負け，
(2, 3)	常に応手対である，
(4, 6)	8, 10を排除して同じく応手対で，また
(7, 11)	も応手対（付録にある表18.6の $\{6,7\}$ を見よ）で，さらに
(12, 14)	も $\{8, 12\}$ 戦略により応手対になる．

したがって，結局，22のみが $\{8, 10\}$ に対する良い応手の候補として残る．実際，後で見るように，

$\{8, 10, 22\}$ は $\mathcal{P}$ 局面である．

8. 2倍，3倍は？

$\mathcal{P}$ 局面 $\{8, 10, 22\}$ は $\{4, 5, 11\}$ の2倍になっていることに注意しよう．われわれの $\{8, 12\}$ 戦略は，$\{4, 6\}$ 戦略で生じたすべての $\mathcal{P}$ 局面を2倍したものであり，それらはすべて $\mathcal{P}$ 局面である．ひょっとして，どの $\mathcal{P}$ 局面を2倍しても $\mathcal{P}$ 局面になるだろうか？　否！　なぜなら，$\{5, 6, 19\}$ は $\mathcal{P}$ 局面であるが，$\{10, 12, 38\}$ には7という良い応手がある．実際，$\{10, 12, 38, 7\}$ は $\{7, 10, 12\}$ と同じ局面である．

では，$\mathcal{P}$ 局面を 3 倍すると $\mathcal{P}$ 局面になるだろうか？　否！　たとえば，$\{4,5,11\}$ は $\mathcal{P}$ 局面だが，すぐ後でわかるように，$\{5,12,33\}$ は $\mathcal{P}$ 局面なので，$\{12,15,33\}$ では 5 と応じれば良いからである．

上記の予想に対応して，本書の初版では「2 分の 1，3 分の 1 予想」を提起していたが，それについても，次の反例があった：

$\{10,12,18\}$	$\{10,16,24\}$	$\{12,15,18\}$	は $\mathcal{P}$ 局面であるが，
$\{5,6,9\}$	$\{5,8,12\}$	$\{4,5,6\}$	はそうではない．なぜなら，
8	7	7	が良い応手になるから．

9.　正しい組合せを見つけること

シルベ貨幣のゲームをどう始めればよいだろうか？　今なら，あなたは，おそらく初手として 5 を唱えようとするだろう．私が打つどんな手に対しても戦略をもっており，ちょっと安心した気分でいられるからだ．でも，盗用戦略はその安全さに気をとられるあまり身動きがとれず，正しい組合せを見つけるためには，もっと気の利いた手が必要だ．

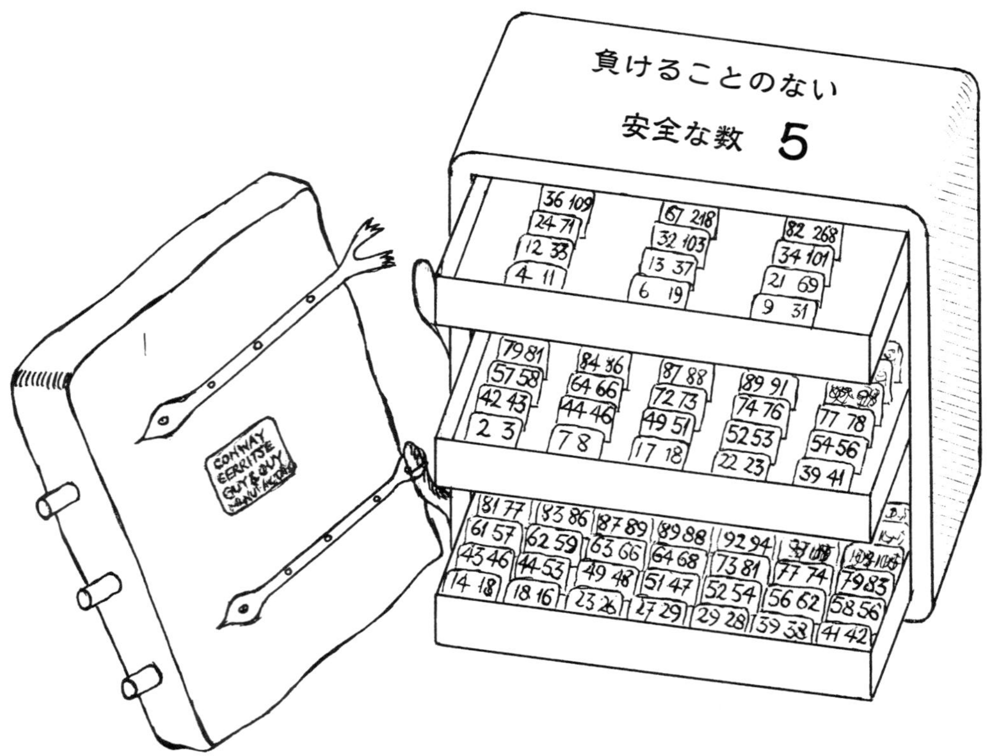

図 18.8　安全な数 5 の秘密が盗まれた．

あなたはすでにいくつかのことを知っている： 1は論外だし，(2,3)，(4,11)，(6,19)，(7,8)，(9,31)は応手対になる．では，何か一般的な法則はあるだろうか？ あなたのためにこの疑問に答えようとして多くの困難に遭遇したが，ついに5の安全性を確保するかなり良い方法を見つけた．でも，その方法が示す必勝の組合せ（図18.8）は，単純な答えが存在しないことを示唆している．

5に続いて別の数が唱えられた局面をもっと詳しく調べてみよう．例によって数を順に5列に配置して，0を丸で囲み，さらに，図18.9のように，第1列，2列，3列，4列の中から選んだ数を a, b, c, d として丸で囲む．次に，これら4つの数を使って，$\mathcal{P}$ 局面の3次元の表を作ろう．まず表の見出しとしてこれらの中から3つの数を用い，表のエントリーとして4番目の数を書き入れることにする．

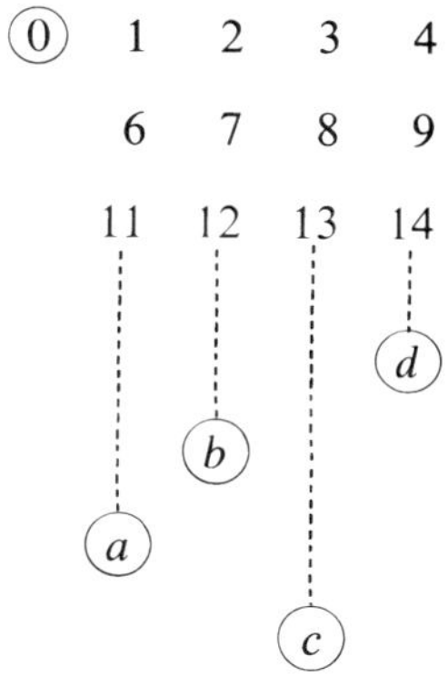

図 18.9 一般的な局面 $\{5, a, b, c, d\}$.

表18.1(a)は，a がエントリーで，b, c, d がそれぞれ行，列，層の見出しである例を示す．表18.1(b),(c),(d)ではそれぞれ，b, c, d をエントリーとする．

いくつかの局面は，見出しが冗長なので繰り返し現れる．これらは太字で示されている．たとえば，

$$\{5, 6, 12, 13, 14\}, \ \{5, 6, 17, 13, 14\}, \ \{5, 6, 22, 13, 14\}, \ \ldots$$

は実際，$12 = 6 + 6$ が冗長なため，同じ局面であり，表18.1(a)の14の層において，**6**の列が表れる．局面 $\{5, 6, 12, 18, 19\}$ では，12と18が冗長なので，対応する表の19の層では，ほとんどのエントリーが**6**である．

局面 $\{5, 16, 7, 13, 9\}$ においては，エントリー $16 = 7 + 9$ は冗長であり，16は

$$21, \ 26, \ 31, \ 36, \ 41, \ \ldots$$

のどれとも置き換えることができるので，これを16+で表す．一般に，無限個のエントリー

$$n, \ n+5, \ n+10, \ n+15, \ n+20, \ \ldots.$$

は簡潔に，$n+$ で表す．

表 **18.1 (a)**. $\mathcal{P}$ 局面 $\{5, a, b, c, d\}$ に対するエントリー a.

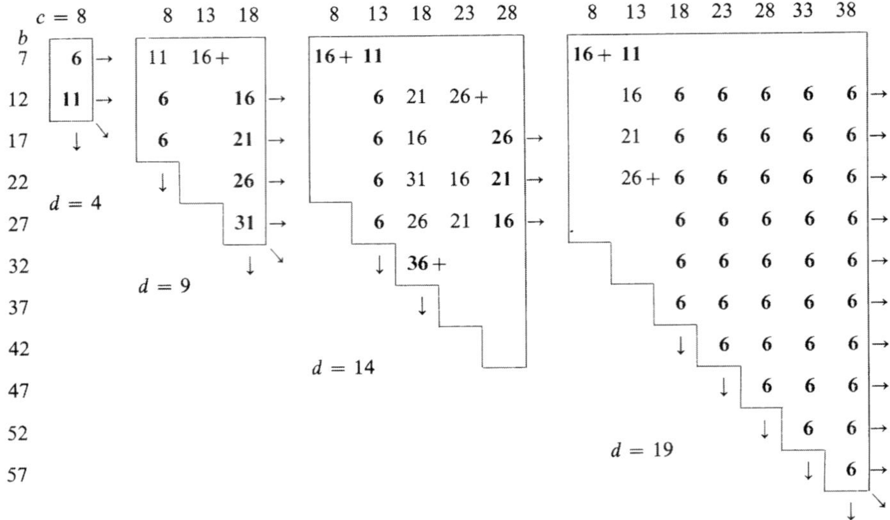

$d = 4$

b \ c	8
7	**6**
12	**11**

$d = 9$

b \ c	8	13	18
7	11	16+	
12	**6**		**16**
17	**6**		**21**
22			**26**
27			**31**

$d = 14$

b \ c	8	13	18	23	28
7	**16+**	**11**			
12		**6**	21	26+	
17		**6**	16		**26**
22		**6**	31	16	**21**
27		**6**	26	21	**16**
32			**36+**		

$d = 19$

b \ c	8	13	18	23	28	33	38
7	**16+**	**11**					
12		16	**6**	**6**	**6**	**6**	**6**
17		21	**6**	**6**	**6**	**6**	**6**
22		26+	**6**	**6**	**6**	**6**	**6**
27			**6**	**6**	**6**	**6**	**6**
32			**6**	**6**	**6**	**6**	**6**
37			**6**	**6**	**6**	**6**	**6**
42				**6**	**6**	**6**	**6**
47					**6**	**6**	**6**
52						**6**	**6**
57							**6**

表18.1(a)のエントリーは，これらの繰り返しに適切な許容性を設けるか，さもなければ，同じ行，列，層の中にこれまでに表れていない数 $5k+1$ のうち最小のものを書き込むことによって，辞書式順に計算されている．

表 **18.1 (b)**. $\mathcal{P}$ 局面 $\{5, a, b, c, d\}$ に対するエントリー b.

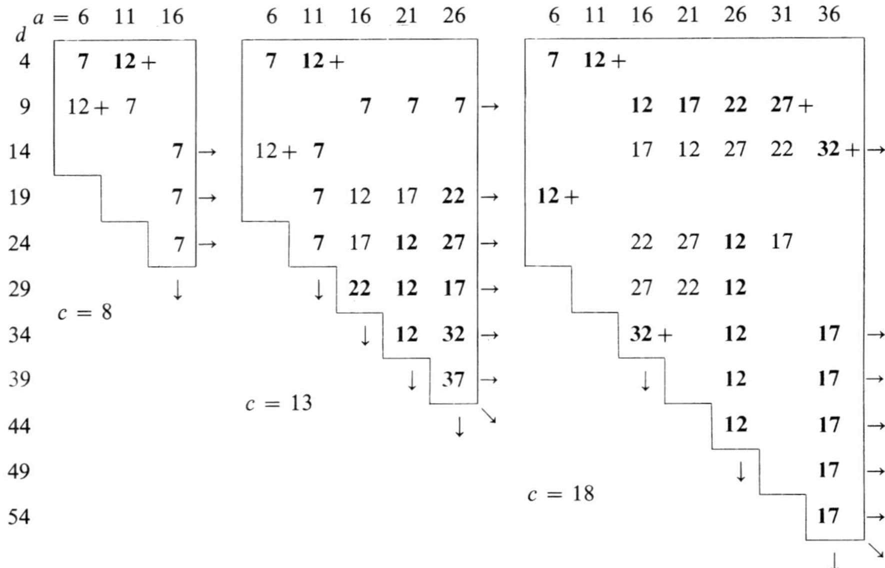

$c = 8$

d \ a	6	11	16
4	**7**	**12+**	
9	12+	7	
14			**7**
19			**7**
24			**7**

$c = 13$

d \ a	6	11	16	21	26
4	**7**	**12+**			
9			**7**	**7**	**7**
14	12+	**7**			
19		**7**	12	17	**22**
24		**7**	17	**12**	**27**
29			**22**	**12**	**17**
34				**12**	**32**
39					37

$c = 18$

d \ a	6	11	16	21	26	31	36
4	**7**	**12+**					
9			**12**	**17**	**22**	**27+**	
14			17	12	27	22	**32+**
19	**12+**						
24			22	27	**12**	17	
29			27	22	**12**		
34			**32+**		**12**		**17**
39					**12**		**17**
44					**12**		**17**
49							**17**
54							**17**

表 **18.1 (c)**. $\mathcal{P}$ 局面 $\{5, a, b, c, d\}$ に対するエントリー c.

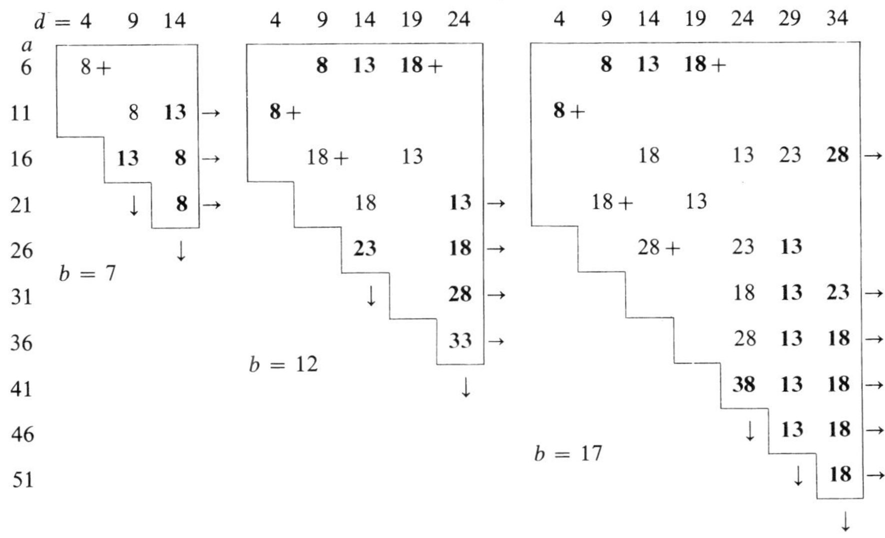

$b = 7$

a \ d	4	9	14	
6	8+			
11		8	**13**	→
16		**13**	**8**	→
21		↓	**8**	→
26			↓	

$b = 12$

a \ d	4	9	14	19	24	
6		**8**	**13**	**18+**		
11	**8+**					
16		18+		13		
21			18		**13**	→
26			**23**		**18**	→
31			↓		**28**	→
36					**33**	→
41					↓	

$b = 17$

a \ d	4	9	14	19	24	29	34	
6		**8**	**13**	**18+**				
11	**8+**							
16			18		13	23	**28**	→
21		18+		13				
26			28+		23	**13**		
31					18	**13**	**23**	→
36					28	**13**	**18**	→
41					**38**	**13**	**18**	→
46					↓	**13**	**18**	→
51						↓	**18**	→
							↓	

表 **18.1 (d)**. $\mathcal{P}$ 局面 $\{5, a, b, c, d\}$ に対するエントリー d.

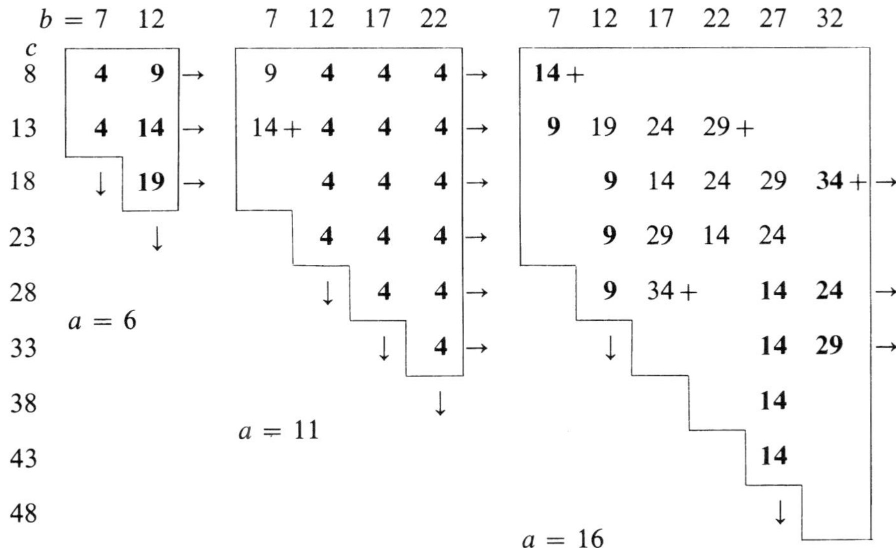

$a = 6$

c \ b	7	12	
8	**4**	**9**	→
13	**4**	**14**	→
18	↓	**19**	→
23		↓	

$a = 11$

c \ b	7	12	17	22	
8	9	**4**	**4**	**4**	→
13	14+	**4**	**4**	**4**	→
18		**4**	**4**	**4**	→
23		**4**	**4**	**4**	→
28		↓	**4**	**4**	→
33			↓	**4**	→
38				↓	

$a = 16$

c \ b	7	12	17	22	27	32	
8	**14+**						
13	**9**	19	24	29+			
18		**9**	14	24	29	**34+**	→
23		**9**	29	14	24		
28		**9**	34+		**14**	**24**	→
33		↓			**14**	**29**	→
38					**14**		
43					**14**		
48					↓		

おそらくあなたは，同様の方法で局面 $\{4, a, b, c\}$ を扱った表 18.2 を，より簡単に理解する方法を見つけるだろう．今回は，各エントリーは，その行上の上側とその列上の左側には表れていない，ある $k \geq 1$ に対して $4k+2$ と表される数の中で最小の値 b を表している．そして，$b = 2a$ あるいは $b = 2c$ の場合は，エントリーは $b+$，すなわち，

$$b, b+4, b+8, b+12, b+16, \ldots$$

になっている．

表 18.2 $\{4, a, b, c\}$ が $\mathcal{P}$ 局面であるときの b の値.

a	c = 7	11	15	19	23	27	31	35	39	43	47	51	55	59	63	67	71	75	79	83	87	91
5	6	10+																				
9	10	6	14	18+																		
13	14+		6	10																		
17			10	6	14	18	22	26	30	34+												
21			18	14	6	10	26	22	34	30	38	42+										
25			22		10	6	14	18	26		30	34	38	42	46	50+						
29			26		18	14	6	10	22		34	30	42	38	50	46	54	58+				
33			30+		22	26	10	6	14	18												
37					26	22	18	14	6	10	42	38	30	34	54		46	50	58	62	66	70
41					30	34	38	42	10	6	14	18	22	26	58		50	46	54	66	62	74
45					34	30	42	38	18	14	6	10	26	22	62		58	54	46	50	70	66
49					38	42	30	34	46	22	10	6	14	18	26		62		50	54	58	78
53					42	38	34	30	50	26	18	14	6	10	22		66		62	46	54	58
57					46+				38		22	26	10	6	14	18	30	34	42			
61						46	50	54	42		26	22	18	14	6	10	34	30	38	58	74	62
65						50	46	58	54		62		34	30	10	6	14	18	22	26	38	42
69						54+		46			50				18	14	6	10	26	22	30	34
73							54	50	58		46		62	66	30	22	10	6	14	18	26	38
77							58	62	66		54		46	50	34	26	18	14	6	10	22	30
81							62+				58		50	46	38	30	22	26	10	6	14	18
85								66	62		70		54	58	42	34	26	22	18	14	6	10
89								70+			66		58	54		38	42		30	34	10	6
93									70		74		66	62	78	42	38		34	30	18	14
97									74		78		70	82	66		86	38	90	42	34	22
101									78+				74	70				42	66	38	46	26
105											82		78	74	70		90		86	94	42	46
109											86		82	78	74		70		94	90	50	54
113											90		86	94	82		74		70	78	98	50
117											94+		90	86			78		74	70	82	

表 18.3 $\{4, x, y\}$ が $\mathcal{P}$ 局面である対 x, y.

x	y	x	y	x	y	x	y	x	y	x	y	x	y
5	11	107	269	205	531	303	777	405	1043	501	1291	603	1549
7	13	109	279	207	529	305	783	407	1045	503	1289	605	1555
9	19	111	277	211	541	311	797	409	1051	505	1299	607	1557
15	33	113	287	213	547	313	807	411	1053	511	1309	609	1567
17	43	119	301	219	557	315	805	413	1063	513	1319	615	1577
21	51	121	307	221	567	317	819	415	1065	519	1329	617	1583
23	57	123	309	223	569	321	823	419	1077	521	1339	621	1595
25	67	125	319	227	585	323	829	421	1079	523	1341	623	1593
27	69	129	331	229	583	325	839	425	1095	525	1347	625	1603
29	75	131	333	231	593	327	841	427	1097	527	1349	627	1609
31	81	133	343	233	595	329	851	429	1103	533	1371	633	1627
35	89	135	345	237	611	335	857	431	1105	535	1373	635	1625
37	95	141	363	239	613	337	871	433	1115	537	1379	637	1635
39	101	143	365	241	619	339	869	439	1125	539	1381	639	1637
41	103	147	373	245	631	341	879	441	1135	543	1393	643	1649
45	115	149	379	247	629	347	885	447	1145	545	1395	645	1655
47	117	151	385	251	641	349	899	449	1151	549	1411	651	1665
49	127	153	391	253	647	351	901	451	1157	551	1413	653	1679
53	139	155	397	255	649	353	911	455	1165	553	1423	655	1681
55	137	157	399	257	659	355	909	457	1171	555	1425	657	1687
59	145	163	417	259	665	357	919	459	1177	559	1433	661	1699
61	159	165	423	261	671	359	917	461	1183	561	1443	663	1697
63	161	169	435	265	683	361	927	463	1189	563	1445	667	1709
65	167	171	437	267	685	367	941	465	1195	565	1451	669	1719
71	177	173	443	271	697	369	951	469	1207	571	1465	673	1731
73	183	175	445	273	699	371	953	471	1209	573	1471	675	1729
77	195	179	453	275	705	375	961	473	1215	575	1477	677	1739
79	193	181	467	281	723	377	971	479	1225	577	1483	679	1741
83	209	185	475	283	725	381	983	481	1235	579	1485	681	1751
85	215	187	477	285	731	383	981	485	1247	581	1495	687	1757
87	217	189	483	289	743	387	993	487	1245	587	1505	689	1771
91	225	191	489	291	745	389	1003	491	1257	589	1511	691	1769
93	235	197	507	293	755	393	1011	493	1267	591	1517	693	1783
97	243	199	509	295	757	395	1013	495	1269	597	1531	695	1781
99	249	201	515	297	767	401	1031	497	1279	599	1537	701	1803
105	263	203	517	299	765	403	1029	499	1277	601	1543	703	1801
												707	1813

表 18.3 は $x < y$ なる対 (x, y) で，$\{4, x, y\}$ が $\mathcal{P}$ 局面であるものを与えている．この表は，Richard Gerritse が親切にもわれわれのために計算してくれた表 18.2 を拡張した表から抜粋したものである．比 y/x は 2.56... に近づいていくように見える．

あなたがゲームしているときに 4 か 5 が現れたら，ぜひ，これらの中から適当な表を参考にしなさい．もし最初の手が6なら，付録に掲げた表18.7を見るとよい．

10. gが2のときどう打つべきか？

例：{8, 10, 22}

一見すると，無限に可能な応手を試さなければならないように思える．幸い，これを有限回で行う方法がある．しかも，同様の方法は$g = 2$であるどんな局面でもうまく働く．

局面$\{8, 10, 22\}$から始まるあるプレーを追ってみよう．もし，1, 2, または3が打たれたら，どうすべきかはわかっている．そうでなければ，打つことのできる偶数は，

$$4,\ 6,\ 12,\ 14$$

のみであり，局面の偶数部分は次のどれかの形をしているにちがいない．

$$\{4,6\}\quad\{4,10\}\quad\{6,8,10\}$$
$$\{8,10,12,14\}\quad\{8,10,12\}\quad\{8,10,14\}\quad\{8,10,22\}$$

どんな奇数の手が打たれただろうか？　手として可能な最小の奇数をnとすると，$\{8, 10, 22\}$は

$$16, 18, 20, 22, 24, \ldots$$

のすべてを排除するので，手として可能性のある奇数は，

$$n,\ n+2,\ n+4,\ n+6,\ n+12,\ n+14$$

の中にあると推測できる．そして，もしどんな偶数の手が打たれたとしても，可能性はさらに狭まる．たとえば，もし6が打たれたら，打てる奇数の手の集合は

$$n, n+2, n+4 \qquad n, n+2 \qquad n, n+4 \qquad n$$

のどれか1つであると推測できる．

表18.4はこのようにして分類された局面の状態を表している．最後の4つの列は無限に繰り返されるので，この有限の表はすべての奇数nに対する情報を含んでいる．これはどう計算されたのか？　なぜ周期的なのか？

典型的なエントリーを1つ考えてみよう：

$$\{8, 10, 14, n, n+6, n+12\}.$$

この局面には3種類の選択肢がある：

(a) 偶数 4, 6 または 12,

(b) 小さな奇数 $m \le n - 14$,

(c) 大きな奇数 $n-12,\ n-10,\ n-8,\ n-6,\ n-4,\ n-2,\ n+2,\ n+4$.

表 18.4 局面 {8, 10, 22}.

		5	7	9	11	13	15	17	19	21	23	25	27	29	31	33	35	37	39	41	43	45	47	49	51
{4,6} (P)	$n, n+2$	P	–	P	–	P	–	P	–	P	–	P	–	P	–	P	–	P	–	P	–	P	–	P	–
	n	–	–	–	–	–	–	–	–	–	–	–	–	–	–	–	–	–	–	–	–	–	–	–	–
{4,10} (N)	$n, n+2$	–	P	–	–	–	P	–	–	–	P	–	–	–	P	–	–	–	P	–	–	–	P	–	–
	$n, n+6$	P	–	–	–	P	–	–	–	P	–	–	–	P	–	–	–	P	–	–	–	P	–	–	–
	n	–	–	–	–	–	–	–	–	–	–	–	–	–	–	–	–	–	–	–	–	–	–	–	–
{6,8,10} (N)	$n, n+2, n+4$	–	P	–	P	–	–	–	–	–	–	–	–	–	–	–	–	–	–	–	–	–	–	–	–
	$n, n+2$	–	–	–	–	–	–	–	–	–	–	–	–	–	–	–	–	–	–	–	–	–	–	–	–
	$n, n+4$	P	–	–	–	–	–	–	–	–	–	–	–	–	–	–	–	–	–	–	–	–	–	–	–
	n	–	P	–	P	–	–	–	–	–	–	–	–	–	–	–	–	–	–	–	–	–	–	–	–
{8,10,12,14} (P)	$n, n+2, n+4, n+6$	P	–	P	–	P	–	P	–	P	–	P	–	P	–	P	–	P	–	P	–	P	–	P	–
	$n, n+2, n+4$	–	–	–	–	–	–	–	–	–	–	–	–	–	–	–	–	–	–	–	–	–	–	–	–
	$n, n+2, n+6$	–	–	–	–	–	–	–	P	–	–	–	P	–	–	–	P	–	–	–	P	–	–	–	P
	$n, n+2$	P	–	P	–	P	–	P	–	P	–	P	–	P	–	P	–	P	–	P	–	P	–	P	–
	$n, n+4, n+6$	–	P	–	P	–	–	–	P	–	–	–	P	–	–	–	P	–	–	–	P	–	–	–	P
	$n, n+4$	–	–	P	–	–	–	P	–	–	–	P	–	–	–	P	–	–	–	P	–	–	–	P	–
	$n, n+6$	–	–	P	–	–	–	P	–	–	–	P	–	–	–	P	–	–	–	P	–	–	–	P	–
	n	–	–	–	–	–	–	–	–	–	–	–	–	–	–	–	–	–	–	–	–	–	–	–	–
{8,10,12} (N)	$n, n+2, n+4, n+6$	P	–	–	–	–	–	–	–	–	–	–	–	–	–	–	P	–	–	–	P	–	–	–	P
	$n, n+2, n+4$	–	–	P	–	–	–	P	–	–	–	–	–	–	–	–	–	–	–	–	–	–	–	–	–
	$n, n+2, n+6$	–	–	P	–	–	–	–	–	–	–	–	–	–	–	–	–	P	–	–	–	P	–	–	–
	$n, n+2$	P	–	–	–	–	–	–	–	–	–	–	–	–	–	–	P	–	–	–	P	–	–	–	P
	$n, n+4, n+6$	–	P	P	–	–	P	–	–	–	–	–	–	–	–	–	–	–	–	–	–	–	–	–	–
	$n, n+4$	–	–	–	–	P	–	–	–	P	–	–	P	–	–	–	P	P	–	–	P	P	–	–	P
	$n, n+6$	–	–	–	–	–	–	–	P	–	–	–	P	–	–	–	P	–	–	–	P	–	–	–	P
	$n, n+14$	–	–	P	–	–	P	–	–	–	–	–	–	–	–	–	–	–	–	–	–	–	–	–	–
	n	–	–	–	–	–	–	–	–	–	–	–	–	–	–	–	–	–	–	–	–	–	–	–	–
{8,10,14} (N)	$n, n+2, n+4, n+6$	P	–	–	–	–	–	–	–	–	–	–	–	–	–	–	P	–	–	–	–	–	–	–	–
	$n, n+2, n+4$	–	–	P	–	–	–	–	–	–	–	–	–	P	–	P	–	–	–	–	–	–	–	–	–
	$n, n+2, n+6$	–	–	P	–	–	–	–	–	–	–	–	–	P	–	P	–	–	–	–	–	–	–	–	–
	$n, n+2$	–	–	–	–	–	–	–	–	–	–	–	–	–	–	–	–	–	–	–	–	–	–	–	–
	$n, n+4, n+6$	–	–	P	–	–	P	–	–	–	–	–	–	–	–	P	–	–	P	–	–	–	–	–	–
	$n, n+4$	–	P	–	–	–	–	–	P	–	–	–	–	–	–	–	–	–	–	–	P	–	–	–	–
	$n, n+6, n+12$	–	–	–	–	–	–	–	P	–	–	–	–	–	P	–	P	–	–	–	–	–	–	–	–
	$n, n+6$	–	–	–	–	–	–	–	–	–	–	–	–	–	–	–	–	–	–	–	–	–	–	–	–
	$n, n+12$	P	–	P	–	P	P	–	–	–	–	–	–	P	–	P	–	P	–	–	–	–	–	–	–
	n	–	–	–	–	–	–	–	–	–	–	–	–	–	P	–	P	–	–	–	–	–	–	–	–
{8,10,22} (P)	$n, n+2, n+4, n+6$	P	–	P	–	P	–	P	–	P	–	P	–	P	–	P	–	P	–	P	–	P	–	P	–
	$n, n+2, n+4$	–	–	–	–	–	–	–	–	–	–	–	–	–	–	–	–	–	–	–	–	–	–	–	–
	$n, n+2, n+6$	–	–	–	P	–	–	–	–	–	–	–	P	–	–	–	P	–	–	–	P	–	–	–	P
	$n, n+2, n+14$	–	–	P	–	P	–	P	–	P	–	P	–	P	–	P	–	P	–	P	–	P	–	P	–
	$n, n+2$	P	–	–	–	–	–	–	–	–	–	–	–	–	–	–	–	–	–	–	–	–	–	–	–
	$n, n+4, n+6$	–	–	–	–	–	–	–	–	–	–	–	–	–	–	–	–	–	–	–	–	–	–	–	–
	$n, n+4$	–	P	P	–	–	P	P	–	–	P	P	–	–	P	P	–	–	P	P	–	–	P	P	–
	$n, n+6, n+12$	–	–	P	–	–	–	P	–	–	–	P	–	–	–	P	–	–	–	P	–	–	–	P	–
	$n, n+6$	–	–	–	–	–	–	–	–	–	–	–	–	–	–	–	–	–	–	–	–	–	–	–	–
	$n, n+12, n+14$	–	–	–	–	–	–	–	–	–	–	–	–	–	–	–	–	–	–	–	–	–	–	–	–
	$n, n+12$	–	–	–	–	–	–	–	–	–	–	–	–	–	–	–	–	–	–	–	–	–	–	–	–
	$n, n+14$	P	–	–	–	–	–	–	–	–	–	–	–	–	–	–	–	–	–	–	–	–	–	–	–
	n	–	–	–	–	–	–	–	–	–	–	–	–	–	–	–	–	–	–	–	–	–	–	–	–

(a) の場合は，偶数成分

$$\{4, 10\}, \{6, 8, 10\}, \text{ または } \{8, 10, 12, 14\}$$

を含んだ（表の上部にある）局面が得られるが，これらはすべて検討済みで，n に関して究極的に周期的であると推測できる．

(b) の場合の 1 手は局面

$$\{8, 10, 14, m\}$$

をもたらす．というのは，m は n とそれより大きな奇数を排除するからである．もし，$\mathcal{P}$ 局面になる奇数 m が存在したら，$\{8, 10, 14, n, n+6, n+12\}$ はすべての $n \geq m+14$ に対して，$\mathcal{N}$ 局面である．そうでなければ，(b) の手を選択しないことができる．

最後に (c) の場合は，n がそのまま残るか，n が高々 12 だけ削減される．

表のどの局面における勝敗も，

究極的に周期的な情報（(a) の場合），
究極的に不変の情報（(b) の場合），そして
終わりからいくつかの列の中の情報 ((c) の場合)

から定まったの仕方で計算され，それゆえ，勝敗は n に関して究極的に周期的にならざるを得ないと結論される．

$g=2$ の**すべての**局面もこのように扱うことができる．周期を調べるのに十分なだけ計算すれば，とくに良い応手があるかどうかを決定することができる．局面 {8,10,22} には，良い応手は存在しない．すなわち，$\mathcal{P}$ 局面である．

11. 偉大な未知なるもの

われわれがこれまで知り得たことは，数 g の観点から見ると一番うまく述べることができる．まず，

$$g = 1$$

の場合は，局面数は有限なので，すべての局面を調べ尽せばどう応じればよいかがわかる．もちろん，われわれの定理の 1 つが勝敗については保証を与えるが，それには長い時間がかかるかもしれない．たとえば，$\{31, 37\}$ には良い応手があるにちがいないことはわかっているが，われわれは，次のミレニアム 2000 年までに確実にそれを見つけ出すことを保証できる方法を知らない．つぎに，

$$g = 2$$

の場合は，これまでに述べた方法で，有限回のうちで勝敗は計算できるけれど，時間はおそらくもっともっと長くかかるだろう．もし，

$$g \text{ は素数 } p \geq 5 \text{ で割り切れる}$$

ならば，p がまだ選ばれていない場合，p は良い応手である．しかし，選ばれていたら，もちろん，そうではない．

著者らは，ほかの g の値に対しては，ほんの少しの特別な局面を調べることしかできていない．付録の表 18.8 には，$\{6,9\}$ についての完全な議論が掲げられている．これは 2 次元の表であるが，周期性があるため，この局面を無限に解析することができる．同様なことは，$g=3$ をもつほかの局面についても起こり得るかもしれない．著者らは，局面 $\{8, 12\}$ $(g=4)$ に対して，もっと大きな 3 次元の表を計算したが，われわれの明確な戦略で見通せる範囲外ではどんな構造も見つけることはできなかった．

16 は疑わしい状態にある最初の手である．局面 $\{16\}$ に良い応手があるかどうかどうか，さらには，有限の時間でそれを見つけ出す方法があるかどうかもわからない．それならと，あなたは，自ら可能な応手を全部調べて，ある構造を見つけ出そうとするかもしれないが，これは不可能である．たとえば，応手 24 について有限時間内で調べる方法は知られていないし，局面 $\{16, 24\}$ に対する応手として 100 をどう調べればよいかすらわからない．

静かな終局定理はしばしば無限回の応手を消去してくれる．たとえば，すべての奇数は $\{6\}$ あるいは $\{16, 24\}$ の応手になるが，解析することが非常に困難である応手までは消去してくれない．

表 18.5 には，数

$$6, 7, 8, 9, 10, 11, 12$$

から作られるすべての局面について，われわれが知る勝敗と良い応手が示されている（もし 4 あるいは 5 が含まれるなら，表 18.2, 18.3, 18.1 と図 18.8 からより多くのことがわかる）．もしあなたがもっとほかの数をこの表に加えることができたり，2^a3^b が良い初手であるかどうかを決定することができたら，教えてもらえるとありがたい．

表 18.5 {6,7,8,9,10,11,12} の部分局面の状態と知られている良い応手．

	{7,9,11}	{7,9}	{7,11}	{7}	{9,11}	{9}	{11}	{ }
{6,8,10}	[]	[11]	[9]	[]	[4, 5, 7]	[5]	[]	[4, 7, 11]
{6,8}	[10]	[]	[]	[9, 10, 11]	[4, 5]	[5, 7]	[7, 10]	[4]
{6,10}	[8]	[]	[15]	[8, 9]	[4]	[7]	[8, 13]	[4]
{6}	[]	[8, 10, 11]	[8, 9]	[16]	[4, 7]	^{b}[]	[26]	[4, 9]
{8,10,12}	[4, 5, 6]	[4]	[13]	[5, 6]	[13, 14, 15]	[23]	[6]	[14]
{8,12}	[5]	[6]	[6]	[5]	[]	[11, 15]	[9, 13]	[]
{10,12}	[4]	[4, 6]	[16]	[]	[]	[11, 13, 14]	[9, 14, 15, 17]	[7, 18]
{12}	[6]	[15]	[27]	[10]	[8, 10]	[6]	[49]	[8]
{8,10}	[4, 5, 6]	[4]	[]	[5, 6, 11]	[23]	[13, 15]	[6, 7]	[22]
{8}	[5]	[6]	[6, 10]	[5]	[12]	[21]	[23]	[12, 14]
{10}	[4]	[4, 6]	[8]	[12]	[12]	[16]	[24, 28, 47]	[5, 14]
{ }	[6]	[19, 24]	[24, 34]	[]	[13, 30]	[6]	[]	[5, 7, 11, 13, ...

表中の各エントリーはある部分局面に対応しており，その局面に含まれる偶数メンバーは左端の列，奇数メンバーは先頭行に示されている．すべての良い応手が知られているとき鍵括弧を閉じる．したがって，[] はその局面が $\mathcal{P}$ 局面であることを表している．最後のエントリーは 3 より大きなすべての素数と，おそらく，いくつかの 2^a3^b のエントリーを含んでいる．

12. 勝敗は計算可能か？

たとえどんな方法であるかはわからなくても，局面 $\{n\}$ の勝敗を見つけるように計算機にプログラムする方法は存在し**なければならない**ことは証明できる！ その理由は，

> 2^a3^b と表される良い初手は
> 有限個の数しか存在しない．

これらのどの数も互いに他を割り切ることがないので，任意の2数の a と b は同じ値ではあり得ない．したがって，もし数 $2^{a_0}3^{b_0}$ において a_0 が最小値ならば，それ以外の任意の数 2^a3^b に対して $b < b_0$ でなくてはならない．ゆえに，これらの数は高々 $b_0 + 1$ 個しかない．それを $n_1, n_2, \cdots, n_k$ と表すことにしよう．実は，われわれは1つも存在しないのではないかと疑っている．

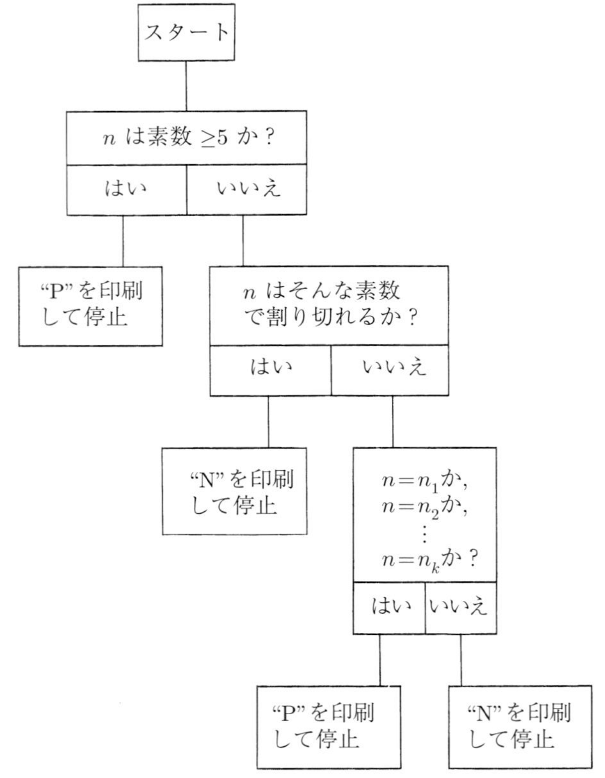

図 18.10 PORN：局面 $\{n\}$ が $\mathcal{P}$ か $\mathcal{N}$ かを決定するプログラム．

もしこれらの数をすべて知っているなら，PORN（図 18.10）をあなたのマシンにプログラムすれば，どんな $\{n\}$ に対してもうまく勝敗が得られるだろう．この議論は，純粋に技術的な意味で，たとえ，このプログラムが，どんな関数であるかわからなくても，n の計算可能な関数であることを示している．

13. シルベ貨幣の作法

われわれのゲームが由来する東洋諸国における作法の精緻さを理解することのできる西洋の読者はほとんどいない．しかし，シルベ貨幣では，勝てるとわかっているプレーヤーが 1, 2, または 3 を唱えてゲームにわざと負ける慣習があるのを指摘することで，あなたが犯すかもしれないより明白な失態を未然に防げる．この古風で趣のある慣習は，愛する弟であるローよりもっと先を見ることのできたハイが，ローに降りかかろうとしている運命を，自ら気高く引き受けようとした伝統に起因しているといわれている．

どんな世界でも勝利することが当たり前なら，1 以外のどんな手もあなたの対戦者を困らせるだろう．しかし，そうではないなら，われわれはあなたに 3 を唱えるよう勧める（2 も可能だが，勘違いするかもしれない）．もしあなたの対戦者があなたの解析に賛成するなら，彼は 2 で応えるだろうが，彼が 1 を宣言することによって別の意見を表明する余地も残している（3 に対する 1 や 2 以外の応手が可能かもしれないが，その微妙な違いは説明し難い）．

もちろん，あなたが示し得るもっとも偉大な無礼な手は，ゲームがまさに始まったところで，1, 2 または 3 を宣告することである．なぜなら，それは哲学者 Hu Tching の特権であるからだ，少なくとも誰かが新しい必勝法を見つけるまでは．

付　録

14.　チョンプ

シルベ貨幣とよく似たルールをもつチョンプ (Chomp) というゲームを紹介しよう．対戦者は，ある決められた数 N に対して，交互に N の約数を言い合うが，ゲームの途中に出てきた数の倍数で表される数は使えない．そして，1 と言った者が負ける．たとえば，もし，$N = 432 = 2^4 3^3$ ならば，実質的には 1 手は，図 18.11 に示した板チョコからあるマス（たとえば 36）を，それより右あるいは下に位置するすべてのマスもともに食べてしまうことである．マス 1 のところには毒が含まれている．

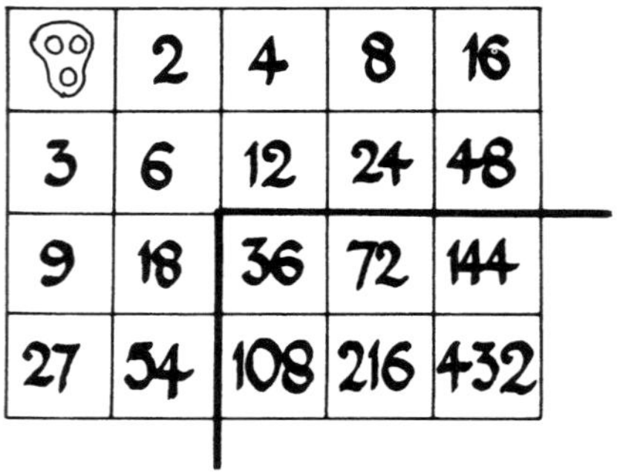

	2	4	8	16
3	6	12	24	48
9	18	36	72	144
27	54	108	216	432

図 18.11　板チョコをむしゃむしゃ．

いくつかの $\mathcal{P}$ 局面となる局面を図 18.12 に示す．盗用戦略から，最初の板チョコが，1×1 より大きな長方形なら，$\mathcal{N}$ 局面であることがわかる．もしどちらかの辺の大きさが 3 以下ならば，応手は一意に定まる．しかし，Ken Thompson は 8×10 を勝つためにかじる長方形は 4×5 と 5×2 の両方であることを発見した．

このゲームの算術的形式は Fred. Schuh に，そして，幾何学的な形式は David Gale による．

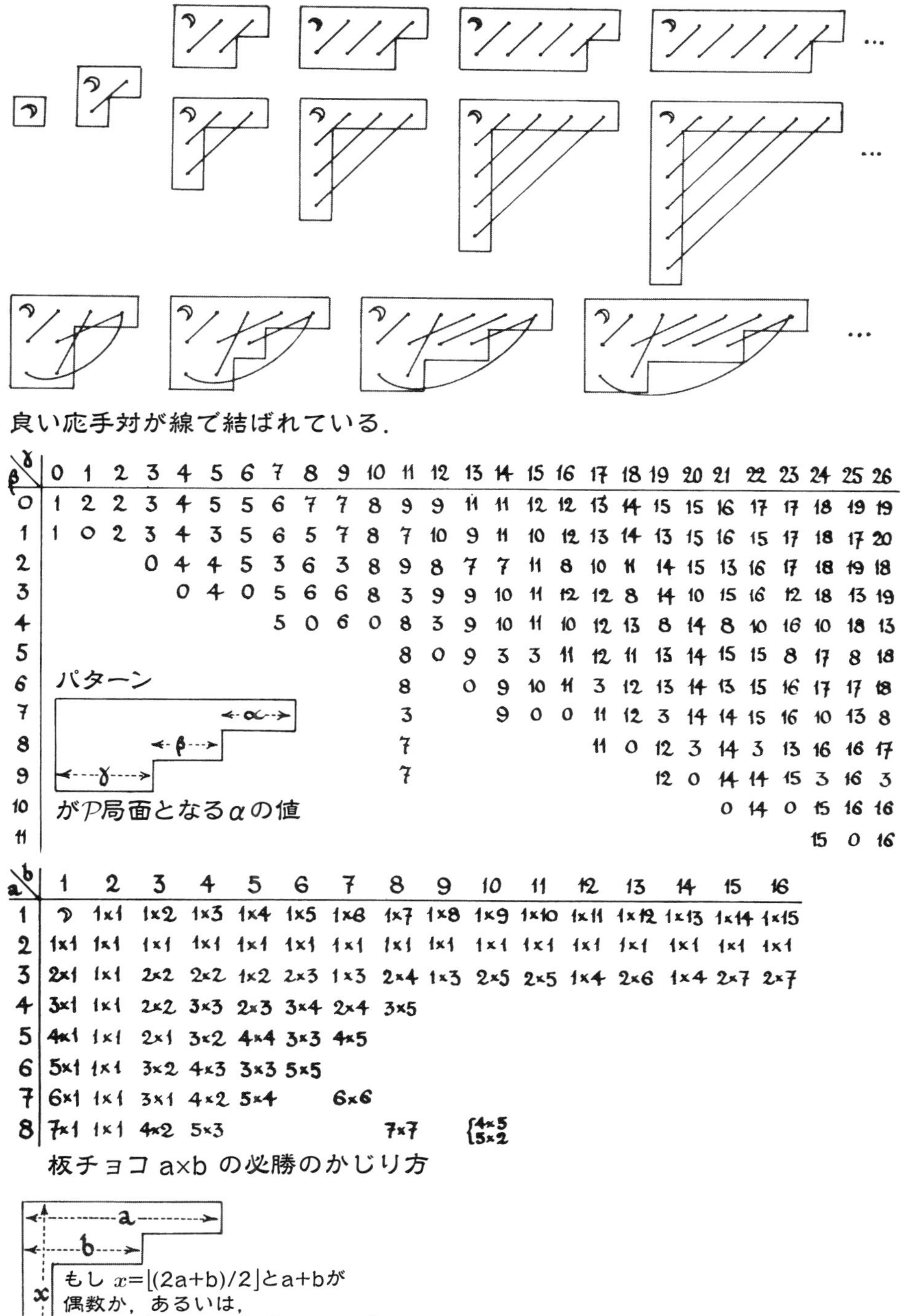

β \ γ	0	1	2	3	4	5	6	7	8	9	10	11	12	13	14	15	16	17	18	19	20	21	22	23	24	25	26
0	1	2	2	3	4	5	5	6	7	7	8	9	9	11	11	12	12	13	14	15	15	16	17	17	18	19	19
1	1	0	2	3	4	3	5	6	5	7	8	7	10	9	11	10	12	13	14	13	15	16	15	17	18	17	20
2				0	4	4	5	3	6	3	8	9	8	7	7	11	8	10	11	14	15	13	16	17	18	19	18
3					0	4	0	5	6	6	8	3	9	9	10	11	12	12	8	14	10	15	16	12	18	13	19
4								5	0	6	0	8	3	9	10	11	10	12	13	8	14	8	10	16	10	18	13
5												8	0	9	3	3	11	12	11	13	14	15	15	8	17	8	18
6												8		0	9	10	11	3	12	13	14	13	15	16	17	17	18
7												3			9	0	0	11	12	3	14	14	15	16	10	13	8
8												7						11	0	12	3	14	3	13	16	16	17
9												7								12	0	14	14	15	3	16	3
10																						0	14	0	15	16	16
11																									15	0	16

a \ b	1	2	3	4	5	6	7	8	9	10	11	12	13	14	15	16
1	P	1×1	1×2	1×3	1×4	1×5	1×6	1×7	1×8	1×9	1×10	1×11	1×12	1×13	1×14	1×15
2	1×1	1×1	1×1	1×1	1×1	1×1	1×1	1×1	1×1	1×1	1×1	1×1	1×1	1×1	1×1	1×1
3	2×1	1×1	2×2	2×2	1×2	2×3	1×3	2×4	1×3	2×5	2×5	1×4	2×6	1×4	2×7	2×7
4	3×1	1×1	2×2	3×3	2×3	3×4	2×4	3×5								
5	4×1	1×1	2×1	3×2	4×4	3×3	4×5									
6	5×1	1×1	3×2	4×3	3×3	5×5										
7	6×1	1×1	3×1	4×2	5×4		6×6									
8	7×1	1×1	4×2	5×3				7×7		{4×5, 5×2						

図 **18.12** チョンプのP局面.

15. ジグザグ

2人のプレーヤーが交互に異なる数（小数でも負でもよい）を言い合うが，それらを順に並べた列の中に，長さがaの増加部分列（ジグ）か，長さがbの減少部分列（ザグ）が表れるとゲームは終わる．標準プレーの$a+1, b+1$ゲームは，ミゼールなa, bゲームになるので，ここでは後者だけを考える．

S. Fajtlowicz が考案したこのジグザグは，解析するのが厄介そうに思えるが，うまいことに，チョンプのような幾何学的なゲームに変換することができる．もしそれまでの数列が，同じ数

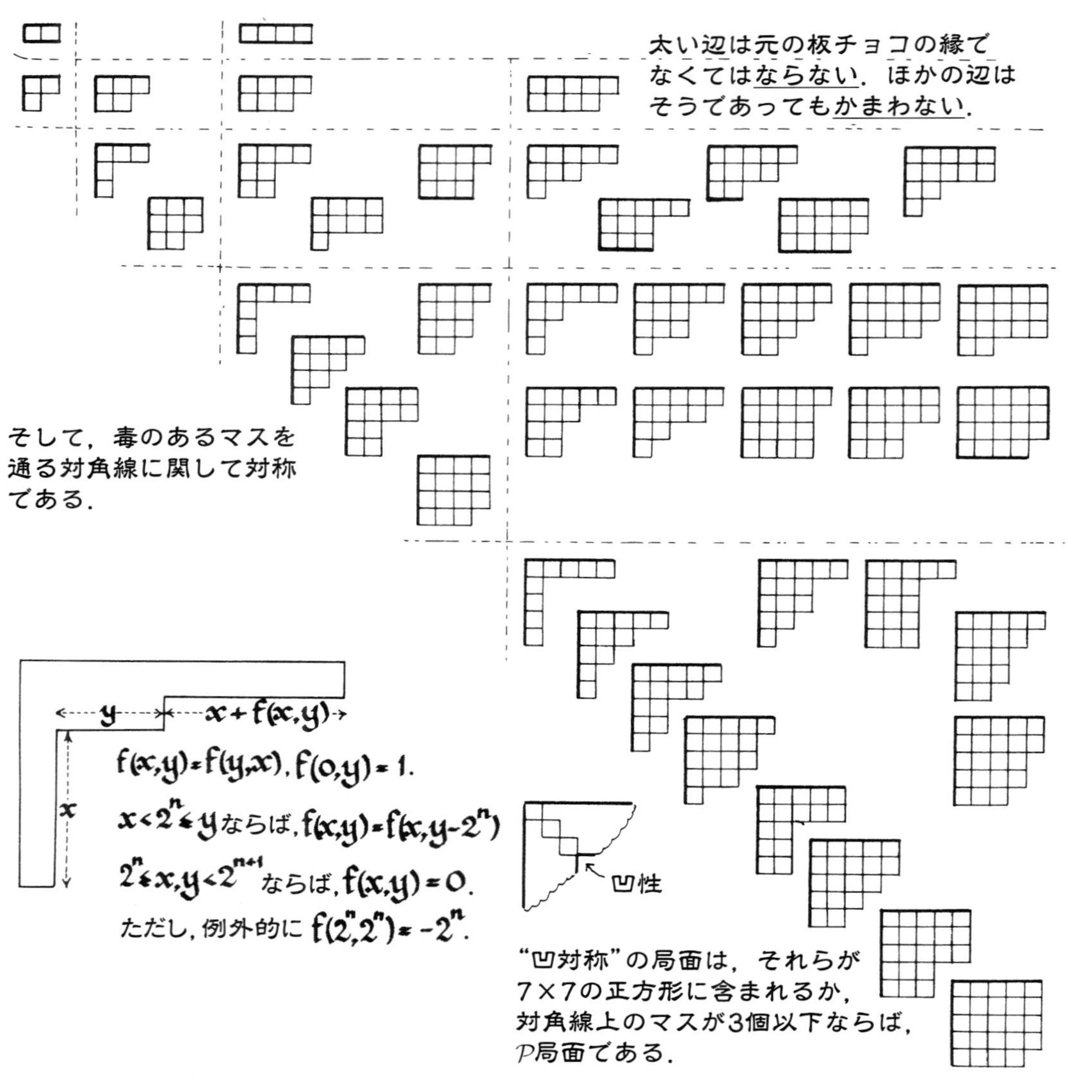

図 18.13　ジグザグの$\mathcal{P}$局面．

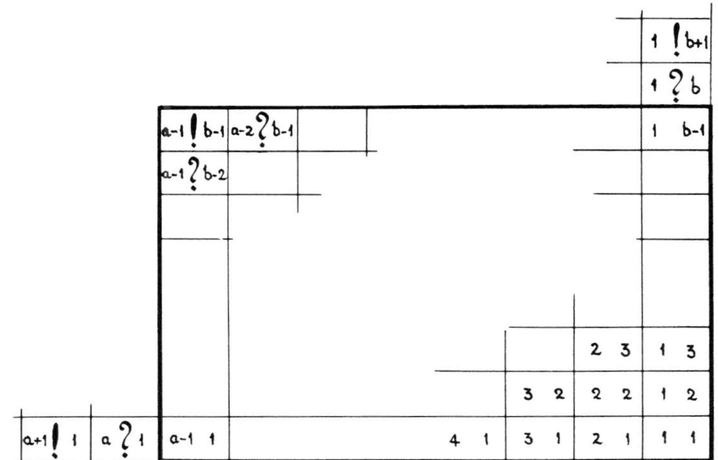

図 **18.14** ジグザグの板チョコ.

で終わる，上昇する長さ r のジグと，降下する長さ s のザグを含んでいるならば，図 18.14 のマス (r, s) がかじられたと見なす．板チョコのかじり方は，初手でかじるマスは (1,1) に限ることと，その後の手ではかじるマスのうち最も内側にあるマスは以前にかじったマスに隣接していることという制約を除けば，チョンプと同じである．

もし $a \geq 3$, $b \geq 3$ かつ $a + b \leq 17$ ならば，ミゼール a ジグ b ザグ・ゲームでは先手が勝つ．なぜなら，David Seal の計算によれば対応する $(a-1) \times (b-1)$ の板チョコは $\mathcal{N}$ 局面だからである．

コインの表を横の辺に，裏を縦の辺に対応づければ，コイン列を用いた等価なゲームが得られる．表が続く回数だけ右に進み，裏が続くだけ左に進む．Seal はこのアイデアを，$\mathcal{P}$ 局面となるすべての板チョコのかじりかけを示す図 18.13 を計算するために用いている．

チョンプとジグザグの $\mathcal{P}$ 局面を見つけるには，第 15 章のゲーム表技法とこの章のクリーク技法を用いた．

16. シルベ貨幣におけるさらに多くのクリーク

表 18.6 のクリークを理解するには，局面 {4,5}, {6,7}, {7,10,12} に対してそれぞれ図 18.2, 18.3, 18.4 で行ったように残りの数をきちんと並べるとよい．

表 **18.6**　シルベ貨幣に対するいくつかの完全な戦略.

局面	応手	]によって示されるクリークに基づく戦略
{4,5}	11!	1?](2,3)](6,7)]11!
{4,7}	13!	1?](2,3)](5,6)](9,10)]13!
{4,9}	19!	1?](2,3)](5,11)(6,11)(7,10)](14,15)]19!
{5,6}	19!	1?](2,3)](4,7)](8,9)](13,14)]19!
{5,7}	8!	1?](2,3)](4,6)(9,13)(11,13)8!
{5,8}	7!	1?](2,3)](4,11)(6,9)7!
{5,9}	31!	1?](2,3)](4,11)(6,8)(7,13)](12,16)](17,21)](22,26)]31!
{6,7}	16!	1?](2,3)](4,5)](8,9)(8,10)(8,11)(9,10)(9,11)](15,23)(17,22)16!
{7,8}	5!	1?](2,3)](4,13)(6,9)(6,10)(6,11)5!
{7,9}	19! 24!	1?](2,3)](4,10)(5,13)(6,8)(6,10)(6,11)](12,15)(17,20)(22,26)(29,33)19!24!
		{7,9,22,26} の後 (12,17)(19,24)(15,20)
		{7,9,29,33} の後 (12,15)(17,20)(19,31)(22,26)(24,26) ...
		{7,9,19} の後 (12,15)(15,17)(15,20)](22,24)(29,31)
		{7,9,24} の後 (12,15)(17,20)(19,22)](26,29)

17.　5の応手対

安全な組 $\{5, x, y\}$ は3つのタイプに分かれる．図18.8の上段の引出しには x よりかなり大きな y が入っていて，この場合，$\{a, b, c, d\}$ の組は $\{x, 2x, 3x, y\}$ で表される．これらの値については，y/x は3に近づくように思える．しかし，この引出しには無限に多くの数が入っているだろうか？　中段の引出しには，$x + y$ が5の倍数となる残りの数が含まれている．これらは，x と y の差はいつも1か2であるように思える．下段の引出しには，$\{a, b, c, d\}$ が $\{x, y, x + y, 2y\}$ と表される x と y のペアが順序よく並べられている．ここでも，中段の引出しの場合と同様に，y/x は1に近づくように見える．

18.　6を含む局面

他の解析と同様に，数を6列に書き並べて，0と第1, 2, 3, 4, 5列から1つずつ選ばれた数 a, b, c, d, e を丸で囲む．$\{6, a, b, c, d, e\}$ が $\mathcal{P}$ 局面となる c を，6を法として1, 2, 4, 5となる a, b, d, e を座標にもつ4次元の表のエントリーとして示す（表18.7）．

実線で囲まれた領域の外のエントリーは矢印の方向にエントリーを繰り返すことによって得られる．$b = 8$, $d = 4$ と $b = 8$, $d = 16$ の表に対しては，破線で夾まれた範囲の数に12, あるいは，60をそれぞれ繰り返し加えていけば，表を無限に拡張することができる．$d = 10$, $b = 8$ または14の2つの表は，これ以外のエントリーを含まない．$b = 14$, $d = 16$ の表に追加されるエントリーはすべて**15**である．

表 **18.7** 6を含む$\mathcal{P}$局面$\{6, a, b, c, d, e\}$.

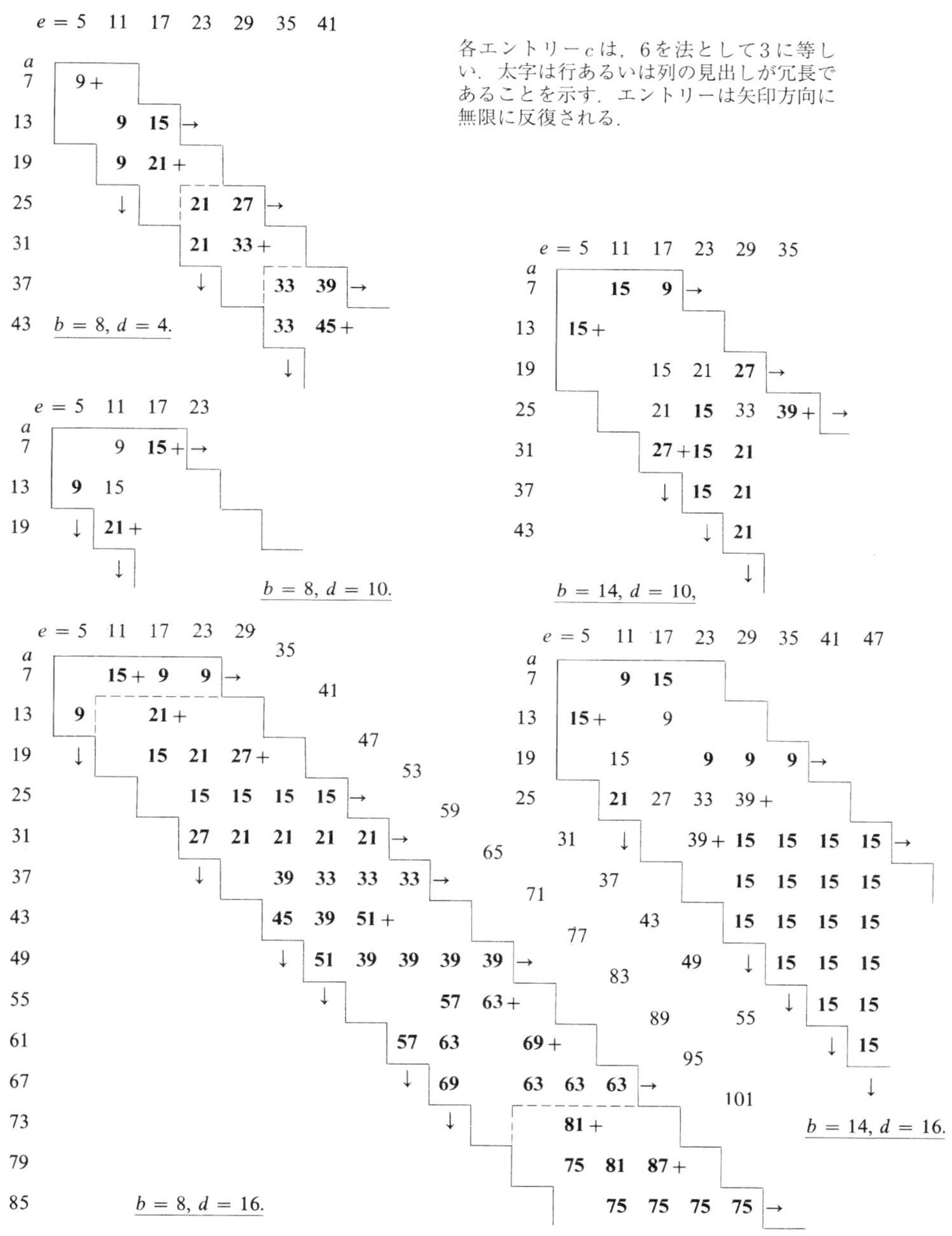

各エントリーcは，6を法として3に等しい．太字は行あるいは列の見出しが冗長であることを示す．エントリーは矢印方向に無限に反復される．

$b = 8, d = 4$.

a \ $e =$	5	11	17	23	29	35	41
7	9+						
13		**9**	**15** →				
19		**9**	**21**+				
25		↓		**21**	**27** →		
31				**21**	**33**+		
37				↓		**33**	**39** →
43						**33**	**45**+
						↓	

$b = 8, d = 10$.

a \ $e =$	5	11	17	23
7		9	**15**+ →	
13	**9**	15		
19	↓	**21**+		
		↓		

$b = 14, d = 10$,

a \ $e =$	5	11	17	23	29	35
7		**15**	**9** →			
13	**15**+					
19			15	21	**27** →	
25			21	**15**	33	**39**+ →
31			**27**+	**15**	**21**	
37			↓	**15**	**21**	
43				↓	**21**	
					↓	

$b = 8, d = 16$.

a \ $e =$	5	11	17	23	29	35	41	47	53	59	65	71	77	83	89	95	101
7		**15**+	**9**	**9** →													
13	**9**		**21**+														
19	↓		**15**	**21**	**27**+												
25				**15**	**15**	**15**	**15** →										
31				**27**	**21**	**21**	**21**	**21** →									
37				↓		**39**	**33**	**33**	**33** →								
43						**45**	**39**	**51**+									
49						↓	**51**	**39**	**39**	**39**	**39** →						
55							↓			**57**	**63**+						
61									**57**	**63**		**69**+					
67									↓	**69**		**63**	**63**	**63** →			
73										↓			**81**+				
79													**75**	**81**	**87**+		
85														**75**	**75**	**75**	**75** →

$b = 14, d = 16$.

a \ $e =$	5	11	17	23	29	35	41	47
7		**9**	**15**					
13	**15**+		9					
19		15		**9**	**9**	**9** →		
25		**21**	27	33	39+			
31		↓		39+	**15**	**15**	**15**	**15** →
37					**15**	**15**	**15**	**15**
43					**15**	**15**	**15**	**15**
49					↓	**15**	**15**	**15**
55						↓	**15**	**15**
							↓	**15**
								↓

表18.8は$\{6, 9\}$を含む局面に関する完全な議論を表している．1つの簡単化された局面は2つに分割されて，行と列とに別々に，部分局面が示されている．行をなす部分局面は$3k+1$という形の1つ，または隣り合う2つの数からなり，また，列をなす部分局面は$3k+2$という形の1つ，または隣り合う2つの数からなる．折れ曲がった実線で囲まれた領域外の局面は簡単化できない．長方形で囲まれた部分のパターンは無限に繰り返される．エントリーのマイナス印

表 18.8 {6,9} に関する完全な議論.

	5,8 5	8,11 8	11,14 11	14,17 14	17,20 17	20,23 20	23,26 23	26,29 26	29,32 29	32,35 32	35,38 35	38,41 38	41,44 41	44,47 44
4,7	＋＋	−−	−−	−−	−−	−−	−−	−−	−−	−−	−−	−−	−−	−−
4	−−	＋−	＋＋	−−	−−	−−	−−	−−	−−	−−	−−	−−	−−	−−
7,10	−−	＋−	−−	＋＋	＋＋	＋＋	＋＋	＋＋	＋＋	＋＋	＋＋	＋＋	＋＋	＋＋
7	−−	−＋	＋＋	−−	−−	−−	−−	−−	−−	−−	−−	−−	−−	−−
10,13	＋−	−−	−−	−−	−−	−−	−−	−−	−−	−−	−−	−−	−−	−−
10	＋−	−−	−−	−−	−−	−−	−−	−−	−−	−−	−−	−−	−−	−−
13,16	＋−	−−	−−	＋−	−−	＋−	−−	＋＋	＋＋	＋＋	＋＋	＋＋	＋＋	＋＋
13	＋−	−−	−−	−＋	＋−	−−	−−	−−	−−	−−	−−	−−	−−	−−
16,19	＋−	−−	−−	−＋	＋−	−−	−−	−−	−−	−−	−−	−−	−−	−−
16	＋−	−−	−−	−−	−＋	−＋	−−	−−	−−	−−	−−	−−	−−	−−
19,22	＋−	−−	−−	＋−	−−	＋−	−−	＋−	−−	＋−	−−	＋＋	＋＋	＋＋
19	＋−	−−	−−	−−	−＋	−＋	−−	−−	−−	−−	−−	−−	−−	−−
22,25	＋−	−−	−−	−−	−−	−−	＋−	−−	＋−	−−	＋−	−−	＝−	−−
22	＋−	−−	−−	−−	−−	−−	−＋	−＋	−−	−−	−−	−−	−−	−−
25,28	＋−	−−	−−	＋−	−−	＋−	−−	＋−	−−	＋−	−−	＋−	−−	＋−
25	＋−	−−	−−	＋−	−−	−−	−＋	−＋	−−	−−	−−	−−	−−	−−
28,31	＋−	−−	−−	−−	−−	−−	＋−	−−	＋−	−−	＋−	−−	＋−	−−
28	＋−	−−	−−	−−	−−	−−	−−	−−	−＋	−＋	−−	−−	−−	−−
31,34	＋−	−−	−−	−−	−−	＋−	−−	＋−	−−	＋−	−−	＋−	−−	＋−
31	＋−	−−	−−	−−	−−	−−	−−	−−	−＋	−＋	−−	−−	−−	−−
34,37	＋−	−−	−−	−−	−−	−−	＋−	−−	＋−	−−	＋−	−−	＋−	−−
34	＋−	−−	−−	−−	−−	−−	−−	−−	−−	−−	−＋	−＋	−−	−−
37,40	＋−	−−	−−	−−	−−	＋−	−−	＋−	−−	＋−	−−	＋−	−−	＋−
37	＋−	−−	−−	−−	−−	＋−	−−	−−	−−	−−	−＋	−＋	−−	−−
40,43	＋−	−−	−−	−−	−−	−−	＋−	−−	＋−	−−	＋−	−−	＋−	−−
40	＋−	−−	−−	−−	−−	−−	−−	−−	−−	−−	−−	−−	−＋	−＋
43,46	＋−	−−	−−	−−	−−	−−	−−	＋−	−−	＋−	−−	＋−	−−	＋−
43	＋−	−−	−−	−−	−−	−−	−−	−−	−−	−−	−−	−−	−＋	−＋
46,49	＋−	−−	−−	−−	−−	−−	＋−	−−	＋−	−−	＋−	−−	＋−	−−
46	＋−	−−	−−	−−	−−	−−	＋−	−−	−−	−−	−−	−−	−−	−−
49,52	＋−	−−	−−	−−	−−	−−	＋−	＝−	−−	＋−	−−	＋−	−−	＋−
49	＋−	−−	−−	−−	−−	−−	＋−	−−	−−	−−	−−	−−	−−	−−
52,55	＋−	−−	−−	−−	−−	−−	＋−	−−	＋−	−−	＋−	−−	＋−	−−
52	＋−	−−	−−	−−	−−	−−	＋−	−−	−−	−−	−−	−−	−−	−−
55,58	＋−	−−	−−	−−	−−	−−	＋−	−−	−−	＋−	−−	＋−	−−	＋−
55	＋−	−−	−−	−−	−−	−−	＋−	−−	−−	−−	−−	−−	−−	−−
58,61	＋−	−−	−−	−−	−−	−−	＋−	−−	＋−	−−	＋−	−−	＋−	−−
58	＋−	−−	−−	−−	−−	−−	＋−	−−	＋−	−−	−−	−−	−−	−−
61,64	＋−	−−	−−	−−	−−	−−	＋−	−−	＋−	＝−	−−	＋−	−−	＋−
61	＋−	−−	−−	−−	−−	−−	＋−	−−	＋−	−−	−−	−−	−−	−−
64,67	＋−	−−	−−	−−	−−	−−	＋−	−−	＋−	−−	＋−	−−	＋−	−−
64	＋−	−−	−−	−−	−−	−−	＋−	−−	＋−	−−	−−	−−	−−	−−

47,50 47	50,53 50	53,56 53	56,59 56	59,62 59	62,65 62	65,68 65	68,71 68	71,74 71
−− −−	−− −−	−− −−	−− −−	−− −−	−− −−	−− −−	−− −−	−− −−
++ −−	++ −−	++ −−	++ −−	++ −−	++ −−	++ −−	++ −−	++ −−
−− −−	−− −−	−− −−	−− −−	−− −−	−− −−	−− −−	−− −−	−− −−
++ −−	++ −−	++ −−	++ −−	++ −−	++ −−	++ −−	++ −−	++ −−
−− −−	−− −−	−− −−	−− −−	−− −−	−− −−	−− −−	−− −−	−− −−
++ −−	++ −−	++ −−	++ −−	++ −−	++ −−	++ −−	++ −−	++ −−
−− −−	−− −−	−− −−	−− −−	−− −−	−− −−	−− −−	−− −−	−− −−
−− −−	++ −−	++ −−	++ −−	++ −−	++ −−	++ −−	++ −−	++ −+
+− −−	−− −−	=− −−	−− −−	−− −−	−− −−	−− −−	−− −−	−− −−
−− −−	+− −−	−− −−	+− −−	−− −−	++ −−	++ −−	++ −−	++ −−
+− −−	−− −−	+− −−	−− −−	+− −−	−− −−	=− −−	−− −−	−− −−
−− −−	+− −−	−− −−	+− −−	−− −−	+− −−	−− −−	+− −−	−− −−
+− −−	−− −−	+− −−	−− −−	+− −−	−− −−	+− −−	−− −−	+− −−
−− −−	+− −−	−− −−	+− −−	−− −−	+− −−	−− −−	+− −−	
+− −+	−− −+	+− −−	−− −−	+− −−	−− −−	+− −−		
−− −+	+− −+	−− −−	+− −−	−− −−	+− −−			
+− −−	−− −−	+− −+	−− −+	+− −−				
−− −−	+− −−	−− −+	+− −+					
+− −−	−− −−	+− −−						
−− −−	+− −−							
+− −−								

この表は$\{6,9\}$を含む局面に関する完全な議論を表す．1つの簡素化された局面は2つに分割されて，行と列とに別々に，部分局面として示されている．
行をなす部分局面は$3k+1$という形の1つ，または隣り合う2つの数からなり，また，列をなす部分局面は$3k+2$という形の1つ，または隣り合う2つの数からなる．折れ曲がった実線で囲まれた領域外の局面は簡単化できない．長方形で囲まれた部分のパターンは無限にくり返される．エントリーのマイナス印は$\mathcal{N}$局面を，プラス印は$\mathcal{P}$局面を，そして，“＝”印は一見すると$\mathcal{P}$局面と勘違いしかねない$\mathcal{N}$局面を表す．

は $\mathcal{N}$ 局面を，プラス印は $\mathcal{P}$ 局面を，そして，“＝”印は一見すると $\mathcal{P}$ 局面と勘違いしかねない $\mathcal{N}$ 局面を表している．

19. シルベ貨幣は無限のニム値をもつ

もし 1 と宣言することを愚かな手というより非合法手とするならば，シルベ貨幣はミゼールプレーゲームというより標準プレーゲームになる．すると，Sprague-Grundy 理論を使ってこのゲームをほかのゲームに加えてみようと考えることもできるだろう．しかしながら，いくつかの局面は無限に多くの選択肢があるので，無限のニム値が必要になることが予期できる．しかもそれは実際に起こる．

たとえば，$\mathcal{G}(2, 2n+3) = n (n \geq 0)$ なので，$\mathcal{G}(2) = \omega$ である．一方，$\mathcal{G}(3, 3n+1, 3n+2) = 1$ $(n \geq 1)$ なので，$\mathcal{G}(3) = 1$．　ほかのニム値は以下のとおり：

k =	4	5	6	7	8	9	10	11	13	14	15	16	17	19	20	22	23	25	26	28	29	31	32
$\mathcal{G}(3,k)$ =	2	3	1	4	6	1	7	8	9	11	1	12	14	15	15	17	19	20	21	23	24	26	27
$\mathcal{G}(4,k)$ =	?	3	0	5	?	8	1	9	14	4	15	?	16	19	?								

$$\mathcal{G}(4, 6, 4n-1, 4n+1) = 1, \qquad \mathcal{G}(4, 6, 4n+1, 4n+3) = 0 \qquad (n \geq 1),$$

$$\mathcal{G}(5,6) = 7,\ \mathcal{G}(5,7) = 8,\ \mathcal{G}(5,8) = 10, \quad \mathcal{G}(6,7) = 9, \quad \mathcal{G}(3, 3n-1, 3n+1) = 5 \quad (n \geq 6),$$

$$\mathcal{G}(3,\ 9n-8,\ 9n-4) = \mathcal{G}(3,\ 9n+2,\ 9n+7) = \mathcal{G}(3,\ 9n+8,\ 9n+13) = 10 \quad (n \geq 3).$$

20. いくつかの最後の疑問

一般の局面に対して勝敗と**すべての**良い応手を計算する効率的な技法はあるのか？

もし“知的なプレーヤー同士”が対戦したら，ゲームを有限にした最初のプレーヤーが敗者だろうか？

有限の長さの必勝戦略は存在するだろうか？

すべての良い応手が $g = 1$ の局面に導く $g > 1$ の $\mathcal{N}$ 局面は存在するだろうか？

$\mathcal{G}(4) = \omega + 1$ だろうか？　それとも，たとえば，$\mathcal{G}(4) = 6$ だろうか？

参考文献と先の読みもの

John D. Beasley, *The Mathematics of Games*, Oxford Univ. Press, Oxford, UK, 1989, chap. 10

Morton Davis, Infinite games of perfect information, *Ann. of Math. Studies, Princeton*, **52**(1963) 85–101.

Martin Gardner, Mathematical Games, *Sci. Amer.* **228**(1973) Jan. 111-113, Feb. 109, May 106–107, for David Gale's Chomp.

Richard K. Guy, Twenty questions concerning Conway's Sylver Coinage, *Amer. Math. Monthly*, **83** (1976) 634–637.

Scott Huddleston & Jerry Shurman, Transfinite Chomp, in Richard Nowakowski (ed.) *More Games of No Chance*, (Berkeley CA 2000) *Math. Sci. Res. Inst. Publ.*, **42** (2002) Cambridge Univ. Press, Cambridge, UK, 183–212.

Michael O. Rabin, Effective computability of winning strategies, *Ann. of Math. Studies*, Princeton, **39**(1957) 147–157: M.R.20#263.

Fred. Schuh, The game of divisors, *Nieuw Tijdschrift voor Wiskunde*, **39**(1952) 299–304.

George Sicherman, Theory and practice of Sylver Coinage, *Integers*, **2**(2002) G2 (electronic): updates the information on Sylver Coinage.

J. J. Sylvester, Math. Quest. *Educ. Times*, **41**(1884) 21.

Sun Xin-Yu, Improvements on Chomp, *Integers: Electr. J. Combin. Number Theory*, **2** (2002) G1; MR 2003e:05015 http://www.integers-ejcnt.org/vol2.html

[これは，任意の行数のチョンプに対する $\mathcal{P}$ 局面を計算することによって，Zeilbergerの3行チョンプ論文を拡張している．さらに，第2列が3つのマスからなることを許すことによって，図18.12に示したわれわれのものと類似した公式を与えている．]

Doron Zeilberger, Three-rowed Chomp, *Adv. in Appl. Math.*, **26** (2001) 168–179; MR 2001k:91009.

第 19 章

チェス碁

天使が恐れて踏み込まないところへ愚者は行くものだ.
Alexander Pope,『批評論』, 1709.

... なぜなら, 汝らの敵である悪魔が, 吠えたける獅子のように,
喰らいつく獲物を求めて歩き回っている.
『ペテロの手紙一』 5:8.

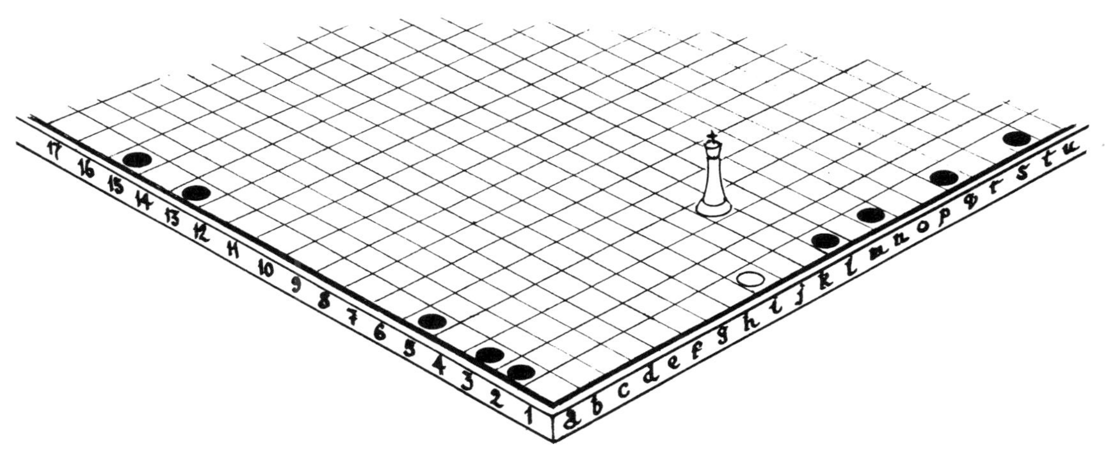

図 **19.1** チャスはジオとプレーする.

1. チェス碁, 特にキング碁とデューク碁

これらのゲームは適当な $i \times j$ ボード上でプレーされる. プレーヤーの 1 人, チャス (Chas.) はチェス駒のキング, ナイト, デューク, または, フェルツ (動かし方は図 19.2 参照) の 1 つを使ってチェスをプレーする. さまざまなチェス碁につけられた名前は, キング碁はキングを用いるというように, さまざまな実際あるいは仮想のチェス駒に由来している. ここでは, キング碁とデューク碁について詳しく考えてみよう.

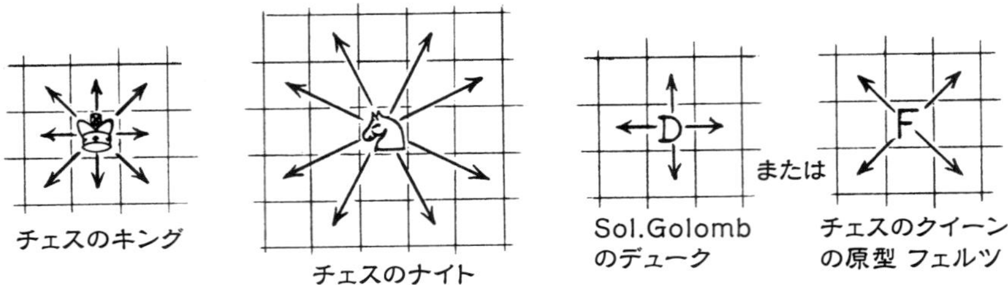

図 19.2　さまざまなチェス駒.

チャスの対戦者であるジオ (Geo.) は，いくつかの黒碁石（不動石）と白碁石（可動石）をもつ．ゲームはボード上のある特定のマスに1個のチェス駒だけが置かれた状態で開始される．各自の手番で，チャスは，駒の許された動かし方に従ってボード上の空いているマスに駒を動かし，また，ジオは次の動きの中からどれかを選ぶ．

(a) 新しい碁石（白黒どちらでもよい）を，空きマスに置く．
(b) すでにボード上に置かれている可動石（白石）を任意の空きマスに移す．
(c) パスをする．

もしチェス駒がボードの縁に到達したら，チャスの勝ちである．もし碁石でチェス駒を動けないように囲むことができたら，ジオの勝ちである．そして，ゲームが無限に続く場合はドローとする．

2.　クァドラファージ

これはR. Epsteinによって考案されたゲームである．このゲームでは，可動石は1つもなく，ボード上を覆うに足る十分な不動石がある．クァドラファージではチェス駒としてキングが使われる．Epsteinの言葉では，ジオはマス食い（ギリシャ語tesseravore，ラテン語quadraphage クァドラファージ）である．ジオは自分の番のときは毎回1つのマスを食べるので，このゲームは$i \times j$ボード上では高々$ij-1$回目で終局する．チェス駒が最初に置かれるマスは，便宜上，ボードの中央，あるいは，iかjが偶数の場合は，最も中央に近いマスである．

初手を打つことは決して不利ではないので，戦略コピー論法によって，有限ボード上のあらかじめ定められた開始位置から上手にプレーされた，クァドラファージに対する可能な勝敗は3つに限られることが示せる．（たとえチャスが先手であっても）ジオが勝つか，それとも（たとえジオが先手であっても）チャスが勝つか，あるいは，先手が勝つかである．**公平な位置**とは先手が勝つ開始位置をいう．

四半無限ボード上でプレーされるデューク碁の場合，公平な位置は，第1または第2のファイルあるいはランクのマスを除いた，第3ランクあるいは第3ファイルのすべてのマスであることを以下で示す（なお，ボードの横の列をランク，縦の列をファイルと呼び，下および左から第1，第2，…，と番号をつける）．また，同じボードに対するキング碁の公平な位置は，第9ランクか第9ファイルのマスから，それより小さいランクかファイルのマスを除いたすべてであることも示す．最後に，デューク碁で（通常の位置から開始する）正方形ボードが公平となるのは，普通の8×8チェスボードであること，キング碁で公平となるのは33×33と34×34の正方形ボードに限られることを示す．これらより小さな正方形ボードに対しては，たとえジオが先手であっても，チャスが必ず勝ち，これらより大きな正方形ボードに対しては，逆になる．

3. 天使とマス食い悪魔

チェス碁についてはまだ詳しくは理解が進んでおらず，手頃な大きさのボードですら，チャスのための明快な必勝手を示すことは非常に難しい．たとえば，ナイトの駒を使う場合，無限ボードではつねにドローに持ち込めるというのは，十分確かなことに思えるが，証明するのは非常に困難である．

実際のところ，無限ボード上でドローにできる一般化されたチェス駒が存在するということは今のところ示されていない．このことは次の問題を示唆している．チェス駒として，ある（パワー1000の）**天使**を考えよう．この天使は，キングが1000手でようやく到達できる空きマスにも，一気に飛んでいくことができる．もちろん，天使には羽があるので，途中のマスが食われていても構わない．

天使は，永久にゲームを続ける（言い換えれば，このクァドラファージ・ゲームをドローとする）ことによって，（以前に着手した位置からどんなに遠く離れたマスでもむさぼり食うことのできる）マス食い**悪魔**に勝つ，ということにしよう．もちろん，業火につつまれ，食い尽くされた幅1000マスの堀によって天使を取り囲むことができれば，悪魔の勝ちである．あなたは，天使に，勝利を保証する具体的な戦略を与えることができるだろうか？

もし悪魔が，Andreas BlassとJohn Conwayが考えついたある悪賢い戦術を用いれば，ボードの中心から自分の距離が任意に大きな値減少したと天使が気づくことが果てしなく幾度も起こるだろう．天使は本当の危険に陥るようには見えないかもしれないが，その道はまた幾重に

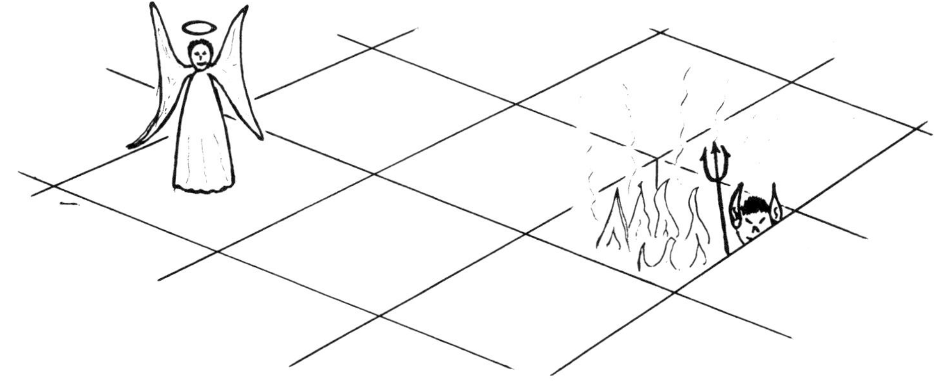

図 **19.3** 天使とマス食い．

も畳み込まれた螺旋を含んでいるに違いない.

4. 戦略と戦術

デューク碁とキング碁の両方において,戦略的な手と戦術的な手を区別することは可能である.どちらのゲームでも,ジオは十分大きなボードの場合,序盤において,チェス駒から遠く離れたマスに,2,3の**戦略的な**石を置くことによって,勝つことができる.チェス駒がボードの縁により近づけば,ジオはチェス駒の近くに打つ**戦術的な**手に打ち方を変える.チェス駒がボードの中央に向かって縁から離れれば,ジオは戦略的な手に戻る.

5. デューク碁

デューク碁はキング碁に比べてずっと簡単なので,まずこれを考えてみよう.あなたはこの節を読む前にデューク碁をやってみたいと思うことだろう.ここでわれわれが示す最適な戦略とは,最初にSolomon Golombが正方形ボードに対して発見して,Greg Martinが任意の長方形ボードに対しても最適性が成り立つことを示したものだ.われわれは,さまざまな無限ボードから始めよう.

半無限ボードでは,デュークは初手でボードの縁に移動できる場合に限り勝つことができる.それ以外の場合は,ジオはデュークと縁の間に直接石を置くことでドローにすることができる.実際,ジオは1つの白石(可動石)しか必要としない.

幅iの無限の帯状ボードでは,$i \leq 4$ならばデュークは初手でただちに勝つ.もし$i \geq 4$でジオが先手なら,ドローに持ち込むことができる.実際,さきほどと同様に,デュークと近い方の縁の間に石を打てばよく,1つの可動石で足りる.

四半無限ボードにおいては,デュークが先手で,もし縁から3マス以内からゲームを始めれば,常に勝つ.彼の初手は縁に向かって移動することであり,ジオはデュークと縁の間に石を置くしかほかに選択はない.すると,デュークは隅に向かって突進する.ジオは毎回,デュークと縁の間に石を置くことを強いられ,結果的にデュークが隅に隣接する2つのマスの一方に到着して,彼の勝ちになる.

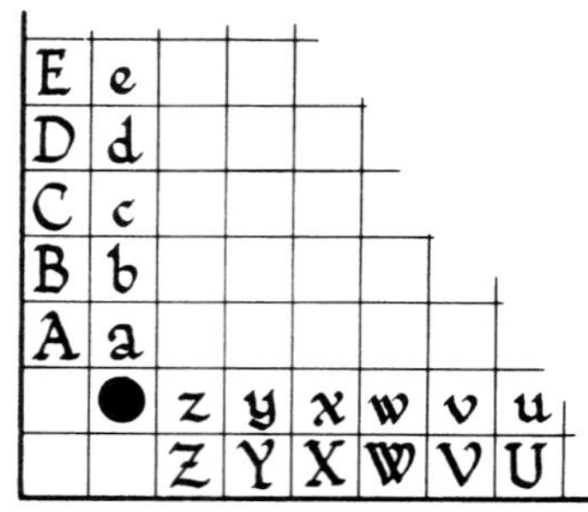

図 19.4 四半無限ボードにおいてジオはデュークとドローできる.

もしジオが先手であり，デュークが四半無限ボードの第3ランクあるいは第3ファイル上に置かれていれば，彼は1つの不動石（黒石）と1つの可動石（白石）を用いてドローに持ち込むことができる．まず初手では，隅の斜め隣の戦略的な位置に不動石を打つ（図19.4）．ブロックしたこの位置は，そこからデュークが境界上の2つのマスを同時に攻撃できる唯一のマスである．デュークが英小文字のマスに移動したら，ジオは対応する英大文字のマスに可動石を置けばよい．

通常の 8×8 ボードでは，ジオは3つの可動石のみを使ってドローすることができる（図19.5a）．彼は常に，デュークが乗っているマスの英小文字に対応したすべての英大文字のマスに石を配置すればよい．どの隣接した2つのマスに書かれた英小文字の組合せも高々1しか異なっていないので，これはいつでも可能である．

		E	F	G	H		
	A	abe	abf	abg	abh	B	
T	adt	abd	ab	ab	abc	bci	I
S	ads	ad	a	b	bc	bcj	J
R	adr	ad	d	c	bc	bck	K
Q	adq	acd	cd	cd	bcd	bcl	L
	D	cdp	cdo	cdn	cdm	C	
		P	O	N	M		

図 19.5a ジオは通常のチェスボードでデュークを破る．

われわれはかつて，デュークはジオが先手でも $7 \times j$ ボードでは勝てると考えたが，Greg Martin はこれが間違いであることを示した．彼の巧みな戦略を図19.5bに示す．デュークは中央のマス b に置かれており，ジオは初手を B に打つ．

		F	G	H	I		
	A	abf	abg	abh	abi	B	
R	aer	abe	ab	ab	abc	bcj	J
Q	aeq	ae	be	b	bc	bck	K
P	aep	ade	de	bd	bcd	bcl	L
	E	deo	den	D	cdm	C	
		O	N		M		

図 19.5b ジオは 7×8 ボードで勝つ．

Martin は図19.5cに示す戦略も考えた．ジオは 6×9 ボードにおいて先手で勝つ．デュークは中央のマスのcfからゲームを開始するものとする．ジオは最初の石をその真下のFに置く．もしデュークが北へ移動したら，ジオは水平の中心線に関してFと対称的な位置，すなわちDukeのすぐ北に石を動かす．デュークが南北に移動する限り，ジオは1つの石でデュークの行く手をさえぎることを繰り返せばよい．そのうちデュークが東か西に移動すれば，ジオは図19.5cまたはその上下反転図に従ってプレーすることができる．

		H		I		J		
	A	abh	B	bci	C	cdj	D	
R	agr	abg	bg	bc	ce	cde	dek	K
Q	agq	afg	fg	cf	ef	def	del	L
	G	fgp	fgo	F	efn	efm	E	
		P	O		N	M		

図19.5c ジオは 6×9 ボードで勝つ.

図19.5の3つのボードについて示したジオの戦略はどれも3つの可動石を用いる．しかし，ジオは2つの可動石と2つの不動石でもドローすることができる．8×8 のボードだと，AとCに不動石を置けばよい．図19.5aにおける3文字のマスはどれも少なくとも1つのaとcを含むので，このやり方で上手くいく．

Greg Martinは，7×8 ボードと 6×9 ボードでは，2つの可動石と2つの不動石，あるいは，1つの可動石と4つの不動石でも，ジオがドローするには十分であることを示した．可動石を1つももたない場合，ジオが何個の不動石をもてばよいかを見極めるのはかなり難しい．

表19.1は，デューク碁における公平な開始位置を要約している．Martinの論文には，デュークが，先手の場合に 8×8 ボードと任意の j に対する $6 \times j$ ボードで勝つことの簡潔な証明が与えられている．

表19.1 デューク碁に対する公平なボード.

ボードのサイズ	開始位置	ジオが先手で，少なくともドローするために必要な石の最少個数
$4 \times \infty$	中心	可動石1個
四半無限	第3のランクまたはファイルであって，第1，第2のファイルおよびランクを除く	可動石1個，不動石1個
8×8 7×8 $6 \times j, j \geq 9$	中心	可動石3個，または 可動石2個と不動石2個，または 可動石1個と不動石4個，または 不動石？個

6. キング碁

この章の残りの部分はすべてキング碁に費やす.

6.1 縁への攻撃

図 19.6 は，防御が甘い場合に，キングは近くのボードの縁に向かってどのように進めるかを示している．下部の太実線はボードの縁を示し，点はキングの現在位置を表している．文字を記したマスと空のマスには石が置いてないものとする．図示されている領域の外のマスのいくつかに，あるいは，すべてに碁石が置かれていても構わない．いずれの場合でもジオが先手である．

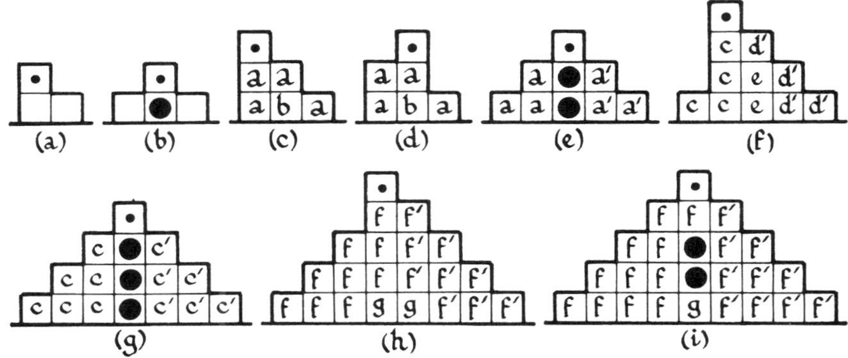

図 19.6 キングが縁に到達する方法.

もしジオが示された領域の外に手を打ったなら，キングはかまわず縁に向かって進めばよい．ジオが文字 x，あるいは x′ (x = a, b, . . . , g) に手を打てば，キングはそれぞれ，図 19.6(x)，あるいはその反転図における点の場所へと進む．たとえば，ジオが図 19.6(f) の右下（文字 d′ の位置）に石を置けば，キングは下に 1 歩進んで図 19.6(d) の反転図における点の位置を占めるものとする．

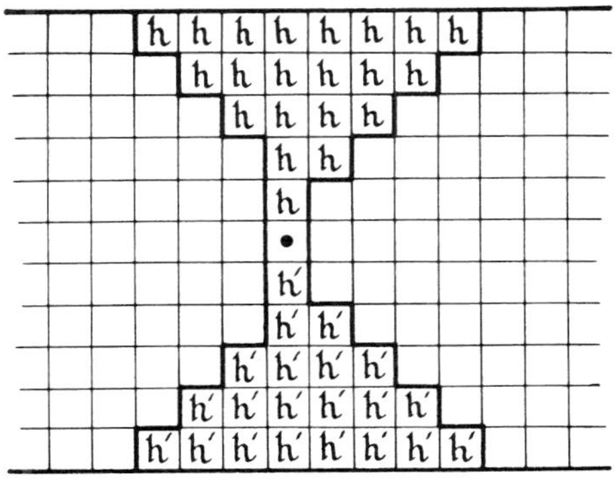

図 19.7 キングが幅 11 の無限の帯で勝つ方法.

図19.7と図19.6(h)を眺めると次のことがわかる：

> たとえジオが先手でも，
> 幅が高々11の無限帯では，
> キングは勝てる．

6.2　縁での防御

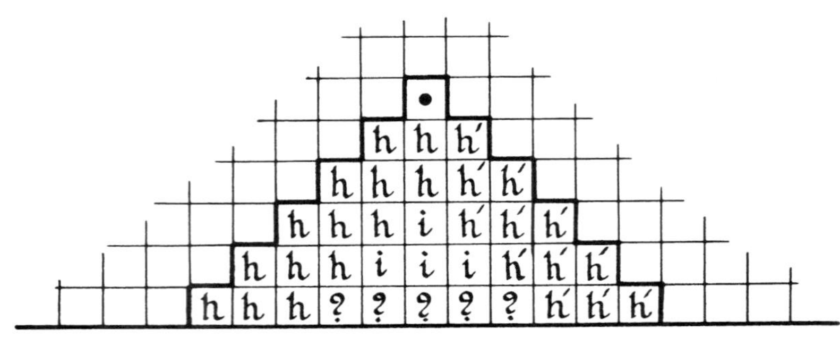

図 19.8　ジオがキングに対して縁を守る方法．

図19.8は，ここでもまた図19.6を使うが，まだ石が1つも置かれていないボードの第6ランクから攻めてくるキングをジオが防ぐには，5つの手 (?, ?, ?, ?, ?) しか可能性がないことを示している．図19.9(k)は，これらの5つの手を使って，ジオがうまく縁を守る方法を示す．キングが斜線を施したどのマスから攻めてきても大丈夫．もしキングがその範囲に留まっているなら，ジオはパスすればよい．キングが文字x，またはx' (x=j, k, l, ..., q) のマスに動いたら，ジオは（図19.6でキングがしたように）それぞれ図19.9(x)，またはその反転図で示される状態になるような手を打てばよい．図19.9(j)から19.9(q)までの各局面の証明は互いに依存していることに注意しよう．というのは，キングは巧みな仕方でこれらの局面の間を移動することができるからだ．

これらのどの局面も3つより多くの石がないので，ジオはたった3つの可動石（白石）で縁を守ることができる．

6.3　記憶を使わない縁防御法

図19.10は，石が1つもないボードの第6ランクからのキングの攻撃をジオが3つの可動石だけで防いだ方法に対する，図19.5と同じ便法を用いた別の表現である．図19.9とは異なり，この表現では，石の位置はキングの位置にのみ依存していて，どういう経緯でそこにたどり着いたかには依存しない，という意味で記憶を使っていない．

この章の後の節では，ジオはこの防御法のいくつかのコピーをつなぎ合わせたいと考えてい

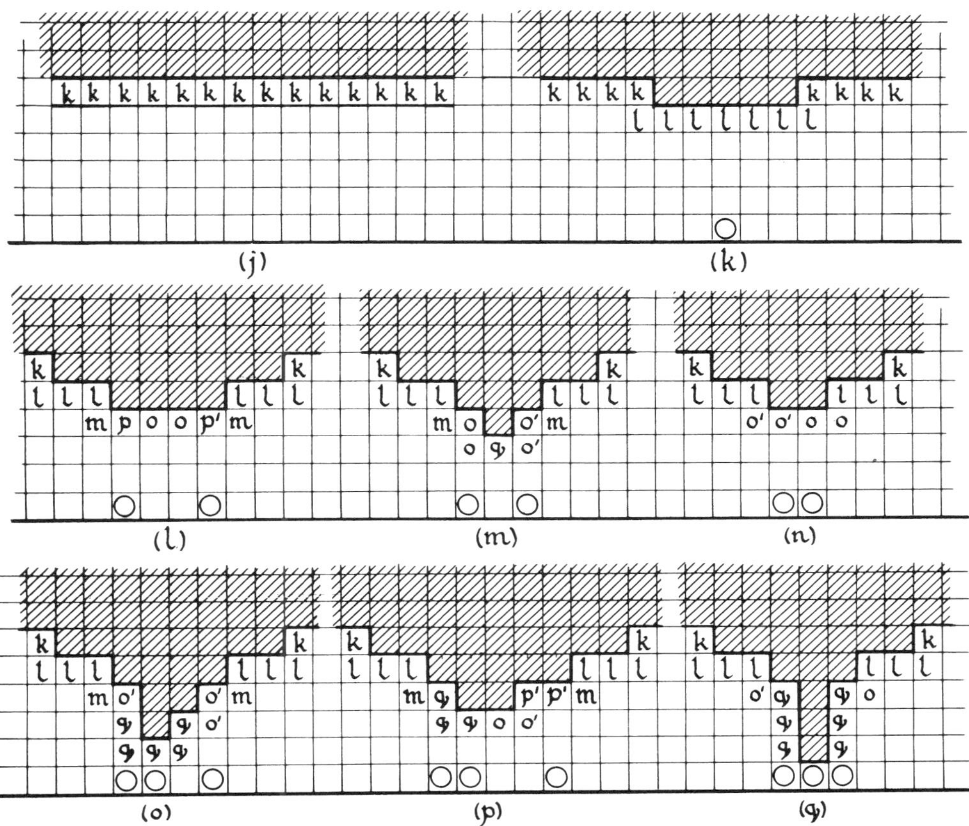

図 19.9 3つの可動石でキングの攻めをかわす.

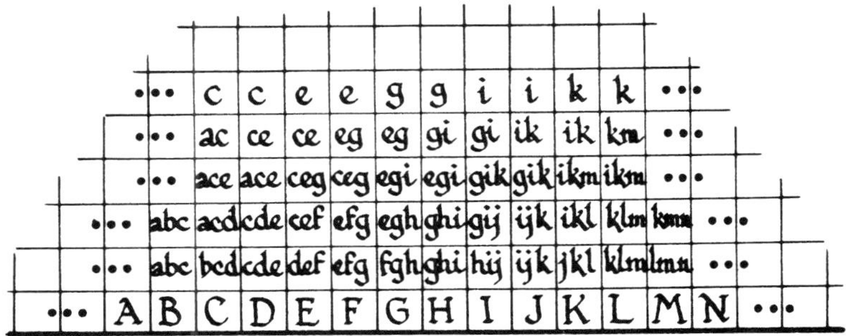

図 19.10 キング碁における記憶を使わない縁防御法.

る（図19.11と図19.12）．図19.11は，図19.10とそれを左右反転した図をつなぎ合わせる方法を示しており，図19.12は1マスだけ局面を移動する方法を示している．図19.10, 19.11, 19.12とそれらの平行移動と左右反転のさまざまな組合せをつなぎ合わせることによって，もっとたくさんの記憶を使わない縁防御法が得られる．

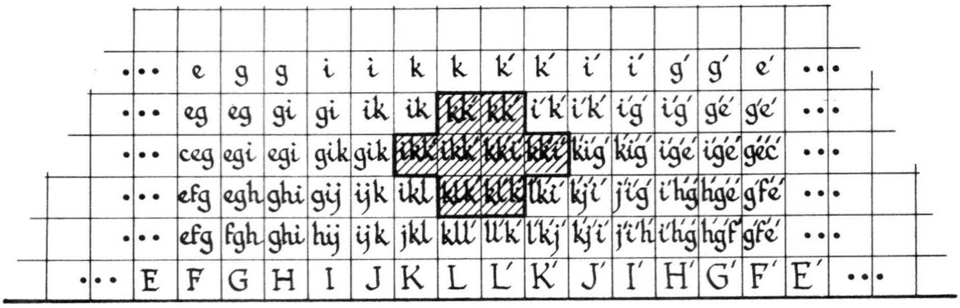

図 19.11　図19.10とその左右反転を組み合わせた方法.

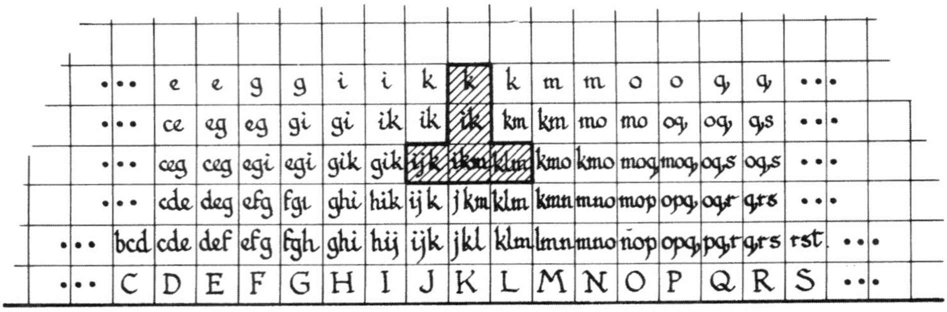

図 19.12　図19.10を1マスだけ平行移動した方法.

図19.9, 19.10, 19.11, 19.12から無限の帯に対するいくつかの結果がただちに導かれる．

> 少なくとも幅12の無限帯において，
> ジオが先手ならば，
> ちょうど3つの可動石を用いて，
> ドローすることができる．
>
> ---
>
> 少なくとも幅13の無限帯において，
> キングが先手であっても
> ジオはドローすることができる．

キングが縁に向かって進んでも，図19.9(q)の状態で止められてしまう．もしキングが縁への攻撃を諦めても，ジオはそれでも同図に示すように3つの石を連続して配置しておくことができる．

6.4 縁隅への攻撃

幅13の無限帯の場合，キングは勝つことはできないが，図19.9(q)に示すように第2ランクに到達することはできる．そこからこのランクに沿って，ジオに追従させながら，左右いずれかの方向に進攻できる．たとえジオが大量の石をもっていたとしても，第1ランクに沿って強固な壁を築き続けるほか何もできなくなり，したがって，有限のボードの場合，縁を攻め続けるキングはいつかは隅にたどり着くことになる．

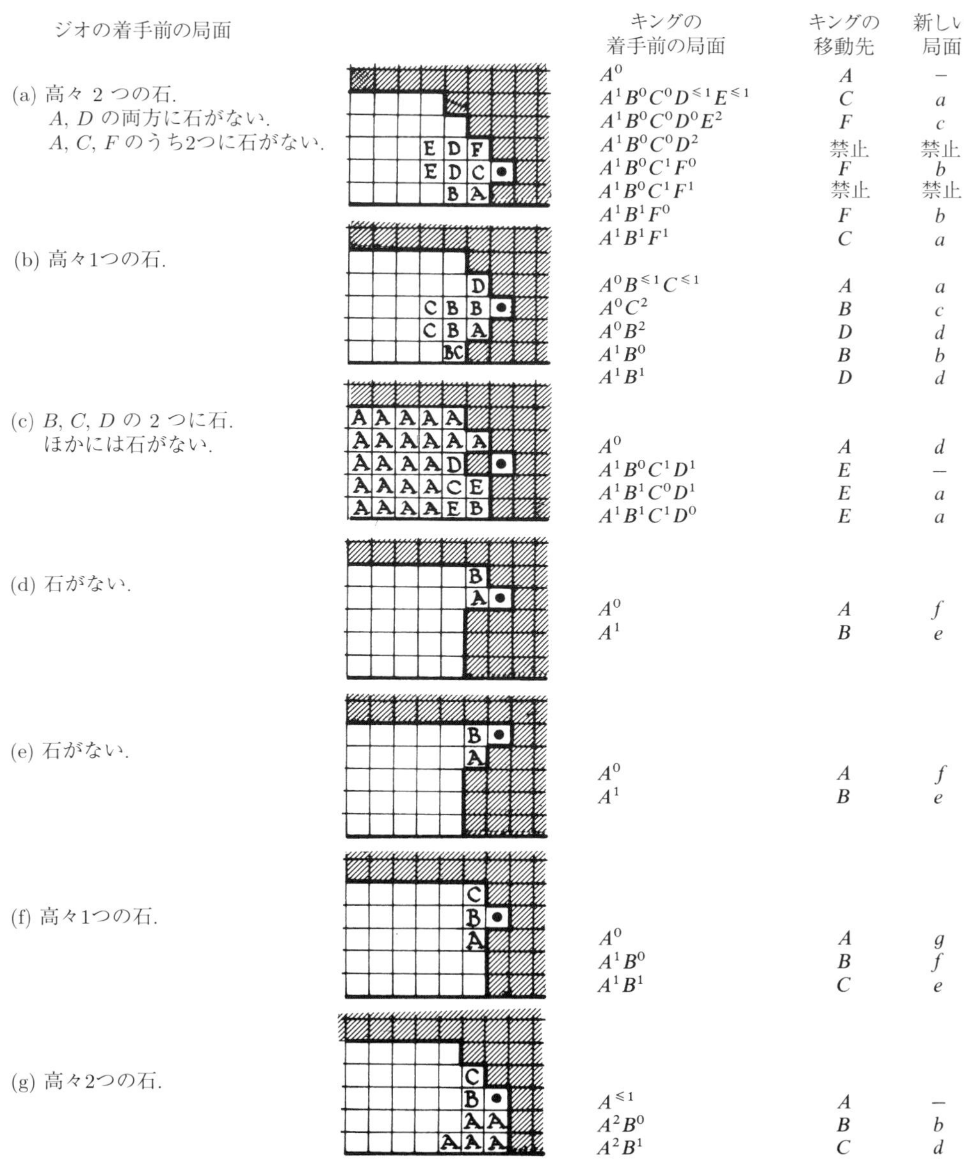

ジオの着手前の局面	キングの着手前の局面	キングの移動先	新しい局面
(a) 高々2つの石. A, D の両方に石がない. A, C, F のうち2つに石がない.	A^0	A	−
	$A^1B^0C^0D^{\leqslant 1}E^{\leqslant 1}$	C	a
	$A^1B^0C^0D^0E^2$	F	c
	$A^1B^0C^0D^2$	禁止	禁止
	$A^1B^0C^1F^0$	F	b
	$A^1B^0C^1F^1$	禁止	禁止
	$A^1B^1F^0$	F	b
	$A^1B^1F^1$	C	a
(b) 高々1つの石.	$A^0B^{\leqslant 1}C^{\leqslant 1}$	A	a
	A^0C^2	B	c
	A^0B^2	D	d
	A^1B^0	B	b
	A^1B^1	D	d
(c) B, C, D の2つに石. ほかには石がない.	A^0	A	d
	$A^1B^0C^1D^1$	E	−
	$A^1B^1C^0D^1$	E	a
	$A^1B^1C^1D^0$	E	a
(d) 石がない.	A^0	A	f
	A^1	B	e
(e) 石がない.	A^0	A	f
	A^1	B	e
(f) 高々1つの石.	A^0	A	g
	A^1B^0	B	f
	A^1B^1	C	e
(g) 高々2つの石.	$A^{\leqslant 1}$	A	−
	A^2B^0	B	b
	A^2B^1	C	d

図 19.13 縁隅の攻撃.

ここで，ジオが適切な防御を行うためには，縁を攻めるキングと隅との間の適当な場所に，少なくとも3つの戦略的な石を配置させなければならないことを明らかにしよう．これらの3つの石はどれも第5ランク以下のどこかに置かれなければならない．この証明は図19.13から導かれる．図には，これらの条件を満足しないすべての局面に対するキングの適切な手が列挙されている．アルファベットの最初の6つの大文字のあるマスと文字のない無限に多くのマスがある．この図では，ジオの手番のあとでは，高々3つの石が置かれている．図の中の

“局面 A^0 に対して，**A** に進み，局面 – に移る”

という行は，もしジオが3つの石のどれもAに置かない（添字0）ならば，キングは A に進んで，勝つことを意味する．

“局面 $A^1B^0C^0D^{\leq 1}E^{\leq 1}$ に対して，C に進み，局面 $\boldsymbol{a}$ に移る”

という行は，ジオが A に石を置き，B と C には石を置かず，高々1つの石（添字 ≤ 1）を D と E のいずれにも置くならば，キングは C に進み，状態は図19.13(a) の局面に移ることを意味する．

図19.13(a) から 19.13(g) に示したどの手をジオが打っても，キングはそれに応じることができ，状態はこれらの図のいずれかに移るので，ジオはキングをこれら7つの図の間を行き来させることはできるが，第5ランクより上に追い込むことも，縁隅攻撃を防ぐこともできない．

一方，ボード上の第1ランクに沿った3つの戦略石の組合せからどれを選んでも，ほとんどの場合，ジオはキングの縁隅攻撃を防ぐことができる．例外は図19.14に示した局面のみである．

図19.14(a) では，ジオは3つの戦略石を a1, b1, c1 に置き，あわせて，キング近くの縁を守るために，戦術石を h1, i1, ... に置いている．キングが1に動くと，ジオは2に石を置かざるを得ない．キングが3に進むと，.... そして結局，キングは9に進み，図19.6(f)（の反転）により勝利を確定する．

図19.14(b) でも同様の記法を使って，ジオが戦略石を d1, e1, f1 に配置したときに，キングがどのように勝利するかを示している．

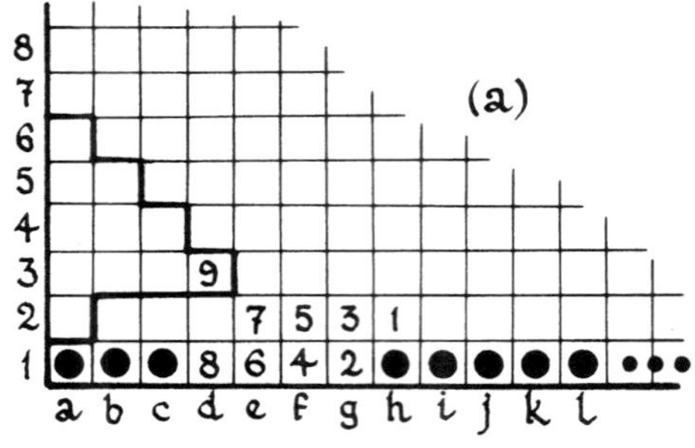

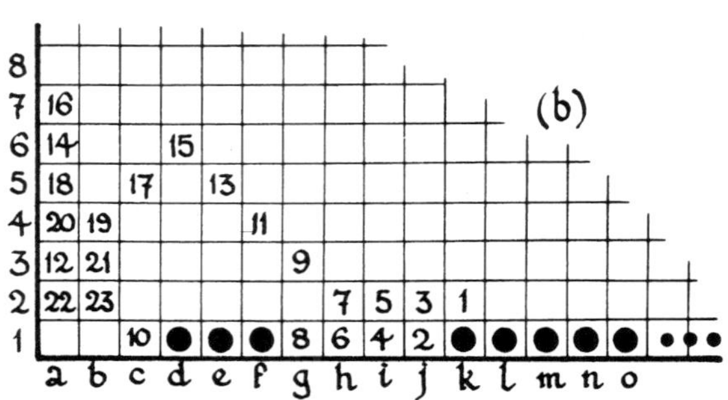

図 19.14 キングによる縁隅攻撃を防ぐことのできない3つの戦略石の組合せ．

6.5 戦略石と戦術石

ジオはちょうど3つの石を余分に使って縁隅攻撃を阻止することができ，3つの石のほとんどの組合せが防御には十分なので，ボードの任意の縁に沿って第5ランク以下に適当に離れて配置した3つの石を**戦略**石，それ以外の石を**戦術**石と呼ぶのがふさわしい．戦術石はキングの縁に沿った攻撃を阻止し，戦略石は続いて起こる縁隅攻撃を防ぐ．

例として，幅23の無限帯（図19.15）上のゲームを考えよう．キングは1のマスから開始する．ジオは2に石を置き，キングは3へ移動する．そして，ジオは4に石を置き，...と続いて，決定的な場面はジオが16に石を置いた時点に生じる．キングはどこに移動するべきか？　いくつもの手があるように見えるが，たった1つしか成功しない！

もしあなたが正しい手を見つけるつもりなら，戦略と戦術の違いを理解しなければならない．石4, 6, 8は右側面を，そして，石10, 12, 16は左側面を守っている．そして，16に置かれた石は戦略的な意図から必要とされているので，戦術的な価値はない．

そこで，キングは16が空いているかのように見なして，17に移動する．すると，キングは図19.6(g)により戦術的な勝利を得るだろう！　ほかの手では，αもしくはβの防御により負かされてしまう．

もちろん，16は空では**ない**ので，ゲームは下の縁では終わらない．なぜなら，ジオは縁への攻撃を防ぐことができるからだ．しかし，それは16の石を使うことによってしか成し得ない．結局のところ，もし16が空いていたならば，キングはそこに移動する機会をもてただろう．しかし，その代わりに，第2ランクに沿って左に進む終わりなき縁隅攻撃へ船出することになる．その結果，ジオは10と12に置いた石を使ってキングを図19.13のさまざまな状態に持ち込むことはできる．しかし，縁隅進撃を止めることはできない．

この議論は一般には次のようにまとめられる：

> 幅23の無限帯では，
> たとえ，ジオが先手であっても，
> 彼が最初の10個の石を
> 最上位と最下位のランクに置いたならば，
> キングはドローすることができる．

われわれは，ジオの初期手に関する制約を取り除いたとしても，このことは正しいと信じている．なぜなら，ジオがボード中央に近いところに石を置く方が有利だとは到底考えられないからだ．そのような手は効果がないように思えるけれども，キングがそれらに打ち勝つことのできる正確な戦略を，われわれはまだ提示し得てはいない．

6.6 隅における戦術

図19.16は，下と左の縁からの攻撃に対してジオが，3つの連続した不動石（黒石）と3つの可動石（白石）を使って，隅を守る仕方を示している．図19.10を使って両縁の防御法を延長することができるので，ジオに四半無限ボードに対する戦略が与えられる．

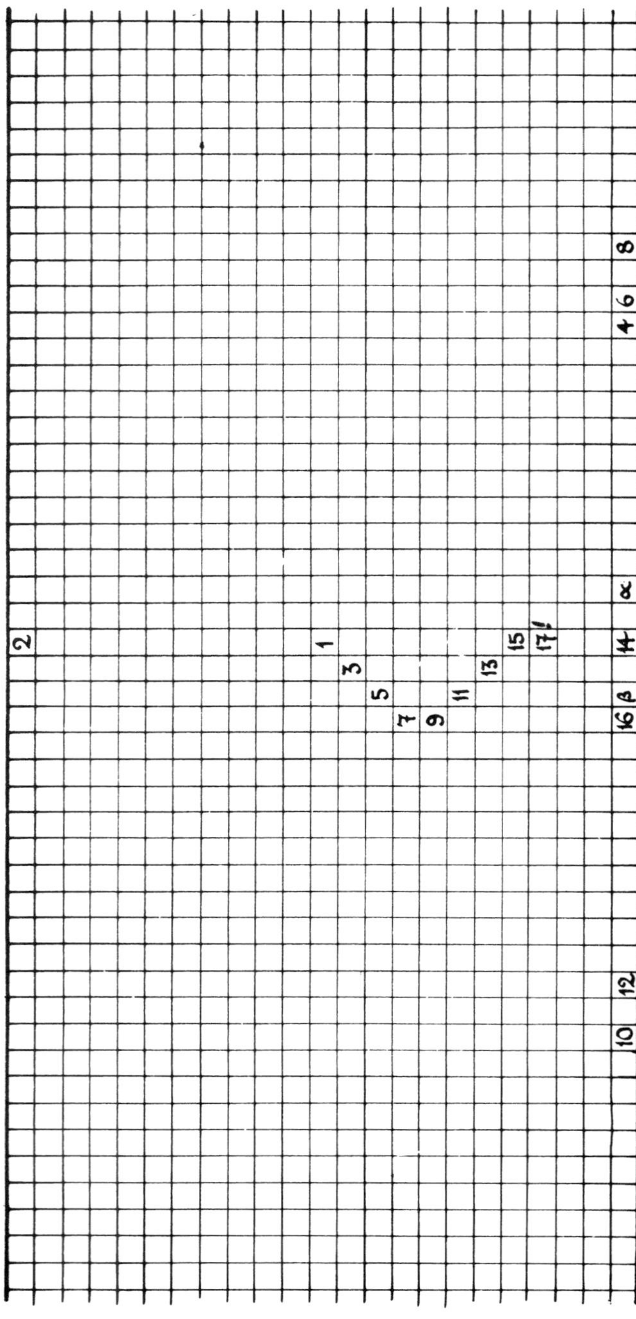

図 19.15　キングは幅23の無限帯における典型的なゲームでドローする.

	a	b	c	d	e	f	g	h	i	j	k	l	m	n	o
13	M	lmn	lmo	kmo	mo	m									
12	L	klm	klm	kmo	km	m									
11	K	jkl	jkm	ikm	km	k									
10	J	ijk	ijk	ikm	ik	k									
9	I	hij	hik	fik	ik	i									
8	H	ghi	fhi	fik	fi	i									
7	G	fgh	fgi	efi	fi	f	x								
6	F	efg	efg	efi	ef	fx	x	v	v	t	t	r	r	p	p
5	E	def	cef	cef	efx	ex	vx	vx	tv	tv	rt	rt	pr	pr	np
4	D	cde	cde	cex	cex	exv	evx	tvx	tvx	rtv	rtv	prt	prt	npr	npr
3	C	bcd	bce	cez	exz	exy	vxy	vwx	tvw	tuw	rtu	rst	prs	pqr	npq
2	B	abc	bcz	cez	cyz	xyz	wxy	vwx	uvw	tuw	stu	rst	qrs	pqr	opq
1	A	●	●	●	Z	Y	X	W	V	U	T	S	R	Q	P

図 **19.16**　3つの不動石と3つの可動石が隅を守る.

この戦略は，いずれの縁に沿った攻撃からも隅を防御しているが，対角方向からの隅への直接的な攻撃に対しては守りが甘いという弱点をもつ．空のボード上の第10ランク，第10ファイルのマスにキングが位置する場合，ジオが先手であるときに**のみ**キングに勝つことができる．ジオは最初に彼の3つの戦略石を置かなければならないので，もしキングが先手であればジオがボード上に可動石を打つ前に，第6ランク，第6ファイルのマスに到達し，図19.16はジオがFとXの両方に可動石を置くことを要求している．実際，図19.17（図19.6と連携して使われなければならない）は，たとえ図19.17(a)のどのマスに石が置かれていようとも，キングがジオのどんな戦略にも勝てることを示している．この図は図19.17(b)から19.17(e)までに依存していて，その証明は読者に委ねる．図19.17は，第10ランク，第10ファイルに位置するキングによる対角線方向から隅への攻撃を防ぐというジオの唯一の望みを叶えるためには，彼の最初の3つの石を別のところに配置するべきであるということを示している．キングが第6のランクとファイルに到達したとき，ジオの主要な問題が適切な次の手を打つことであるならば，1つの見込みある可能性は，縁に沿ったマス a2, a3, a5 を使うことだ．図19.18(a)はただ1つの可能性（？で表す）が存在することを示している．図19.18の証明は図19.17と図19.6によるが，これらの証明のいくつかは再び読者に委ねよう．

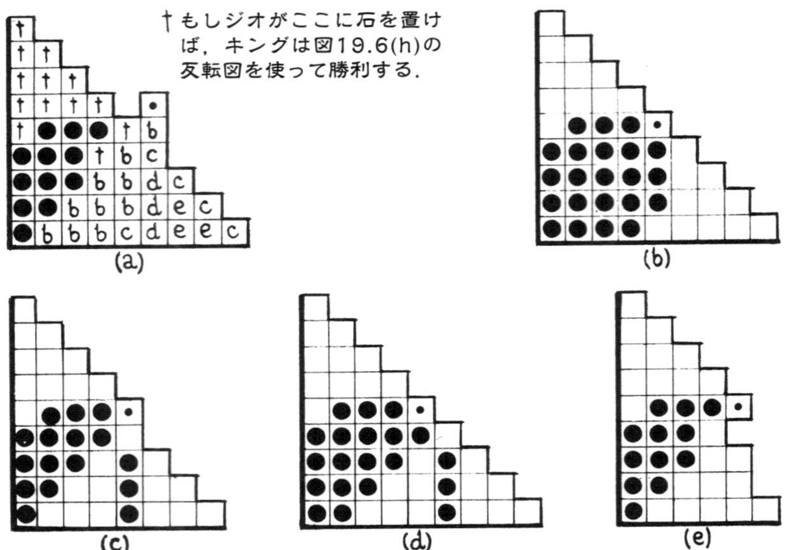

図 19.17 3つの連続した不動石では第6ランク，第6ファイルに位置するキングから隅を守れない．

したがって，ジオが図19.18(a)をうまく防ぐにはただ1つの手しかない！ 彼の完全な戦略は，隅の周辺については図19.19，縁の部分については図19.10に見ることができる．示された位置に3つの不動石を置くことにより，縁に沿った，あるいは，対角線方向からの隅への攻撃をジオは防ぐ．図19.13と19.19を組み合わせることにより，次のことが言える：

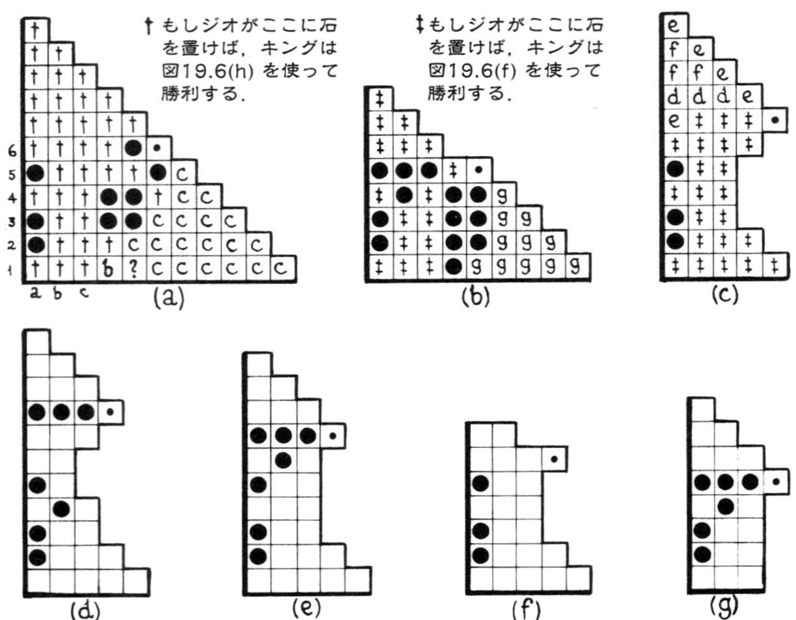

図 19.18 うまく配置した3つの石と先手であることにより，ジオは対角線方向からの隅への攻撃を防ぐ．

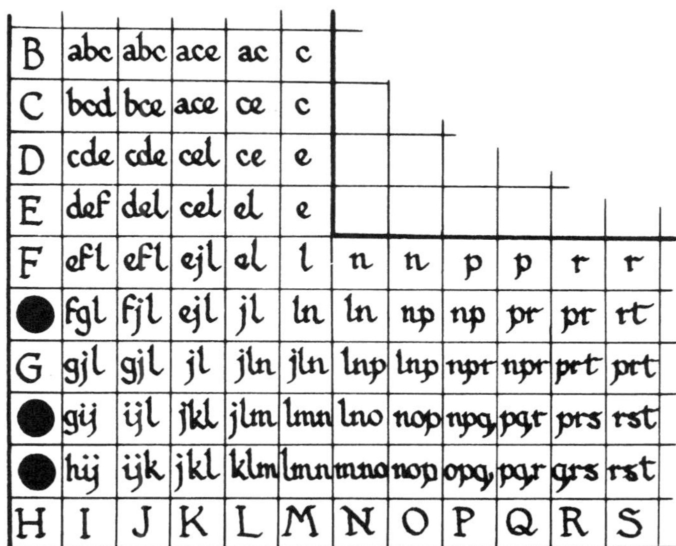

図 **19.19** 記憶を使わない隅防御法.

> 四半無限ボードでの公平な開始位置は
> 第 9 ランクか第 9 ファイル上にあり,
> かつ,
> より低位のファイルとランクを除く.

ジオは,先手であれば図 19.19 に従って,3 つの不動石と 3 つの可動石を用いて,図に示されたどんな場所も防ぐことができる.しかし,もしキングが先手ならば,図 19.15 の例題のゲームのように隅と彼の間にさらに配置された 3 つの石を無視して,最も近い縁を攻撃してくる.図 19.13 はジオが隅を守るために 3 つの戦略石が必要であることを示しているので,キングは縁で勝利するか,あるいは図 19.13 のように勝利の縁隅強襲に転じることができる.

6.7 大きな正方形ボードにおける防御

われわれはジオが 3 つの可動石と 3 つの不動石を用いて 1 つの隅を防御できることをこれまで見てきた.したがって彼は,十分大きな正方形ボードであれば,不動石 12 個(各隅につき 3 個)と可動石 3 個を用いて,守ることができる.まず最初に,12 個の不動石を定められた場所に置く.もしボードの大きさが 35×35 か,それより大きければ,キングは少なくともどの縁からも少なくとも 18 マス離れた場所からプレーを開始することになる.そしてジオが 12 個の戦略石を配置し終えたときには,縁からはまだ少なくとも 6 マス離れている.したがって,次のことが言える:

35 × 35，またはそれより大きな
正方形ボードにおいて，
ジオは先手ならば勝てる．

6.8　33 × 33 ボード

さてここで，先手のジオがきっかり 12 個の可動石を使って，33×33 ボード上で負けることのない，もっと込み入った防御法をご覧に入れよう．その詳細を図 19.20 から図 19.26 に示す．

33×33ボード

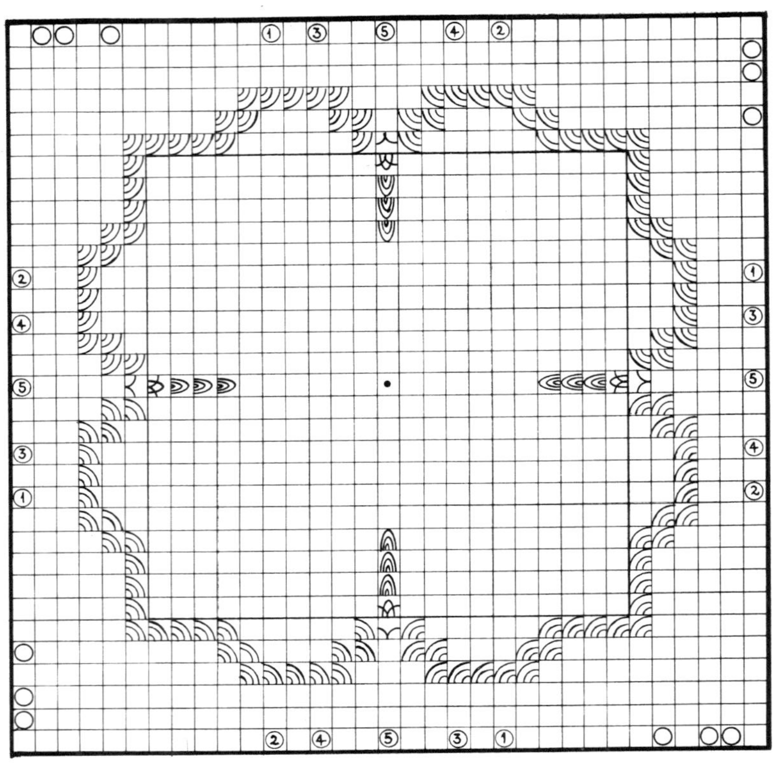

図 19.20　33 × 33 ボードの中央に置かれたキング．

6.9　中央に置かれたキング

キングが図 19.20 の中央付近にいる限り，ジオは，ボードの周上に丸で示した戦略的マスに石を置くことで対抗する．それらは各隅の付近に 3 個，各縁の部分に 5 個，全部で 32 個ある．ジオは最初の 4 手で，各縁に 1 つの石を置く．キングが 4 手以上指した後のジオの打ち方を，図 19.20

の隅の拡大図 19.21 に示す（四隅はどれも同様）．ボードの中央領域にある大部分のマスは 9 つの部分マスに分割され，中心のものは常に空いている．残りの 8 つの部分マスは，それぞれに対応した領域にいくつの石を置かなければならないかをジオに教えている．たとえば，キングが

3		
1	4	

と記入されたマスに進んだら，ジオは左縁に 3 つの石，左下隅近くに 1 つの石，下縁に 4 つの石が置かれるように手を打つ．ジオが隅近くの 3 つのマスに石を置く順序はどうでも構わないが，各縁の 5 つの戦略的マスについては，最後に石が置かれるのは真ん中のマスでなければならない．1 つの適切な順序を，図 19.20 と 19.21 には①,②,③,④,⑤ で示している． 図 19.21 の中心を通る対角線上には矢印を含むマスがいくつかある：

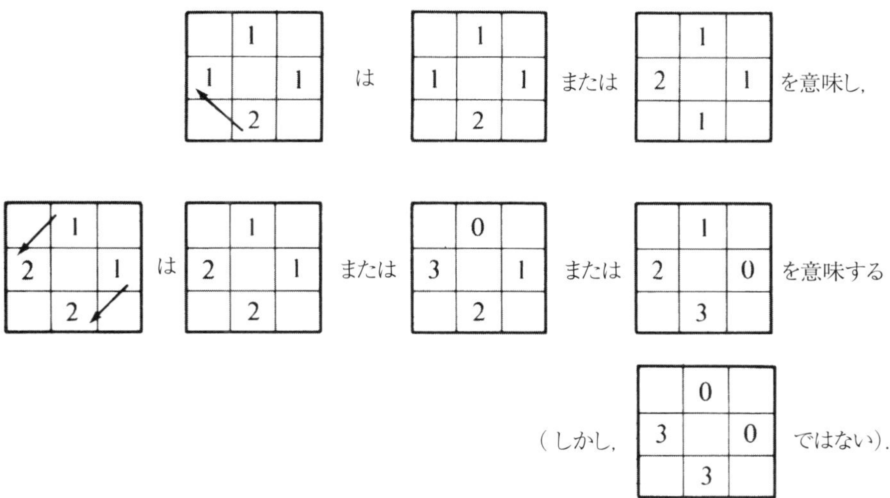

ジオはこれらの選択肢の中からどれか 1 つを満足のいく防御として用いることができる．

6.10 中央領域から離れる

もしキングが，図 19.22(a) のマークで示したマスを越えて図 19.20 の中央領域から離れたなら，キングはボード上の左下隅に入ったということにする．するとジオは，斜線を施したマスにキングが到達するのを防ぐために戦術的な手を打って図 19.23 に示した領域にキングを閉じ込めようとする．その結果，キングは図 19.22(e) のマークのついたマスに向かい，中央領域に“再び”戻るしかない．

もしキングが，図 19.22 のそれぞれ (b), (c), (d) のマークで示したマスにやってきたなら，ボード上のそれぞれ，左上隅，右上隅，右下隅に入っている．図 19.22(f) のマークのマスに到達したら，進行方向に応じて，左下隅，または右下隅に入っている．図 19.22(g) のマークのマスに来た

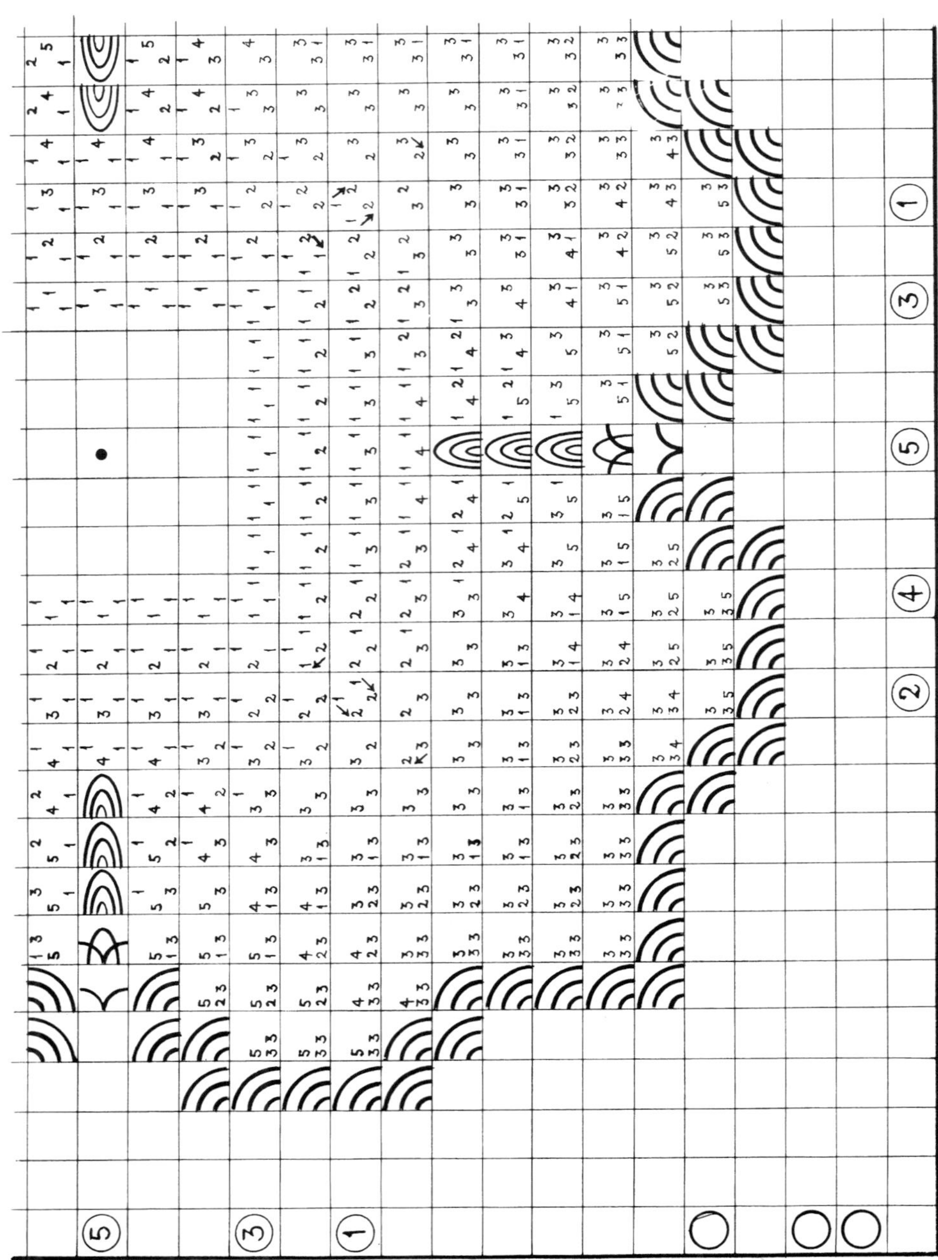

図 19.21 図 19.20 の拡大図.

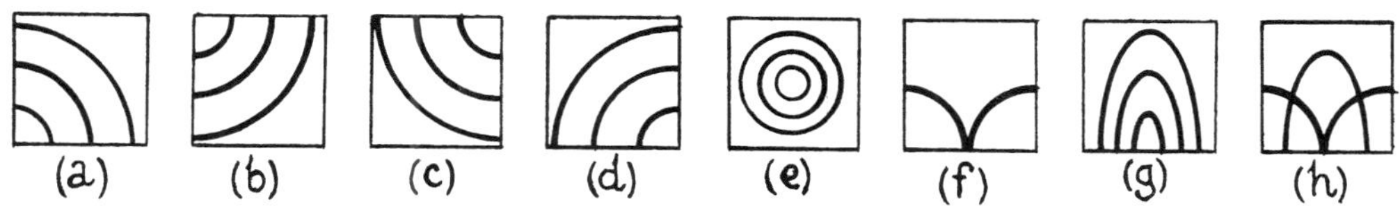

図 **19.22** 図 19.20, 21, 23, 24, 25 におけるマーク（本文を見よ）.

なら，**側線に阻まれる**（以下で説明）．そして，図 19.22(h) のマークのマスにきたときは，進行方向に応じて，側線に阻まれるか，あるいはいずれかの隅に入る．すなわち，斜めなら側線に阻まれ，水平ならもときた隅に再び押し戻される．

6.11 隅に入ったキング

図 19.23 の拡大図 19.24 は，ジオがキングを 3 つの可動石と 9 つの **動かない石**（半ば定常的に，

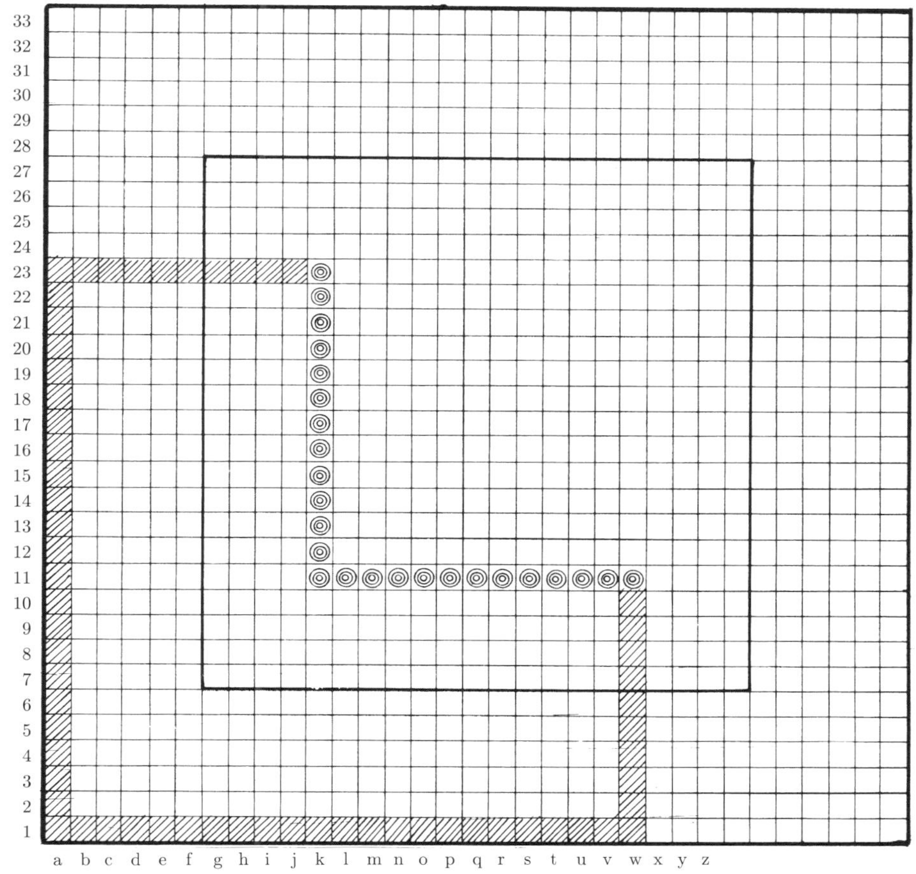

図 **19.23** 隅に入ったキング.

戦略的かつ戦術的な意味合いをもつ）を使ってキングを隅に閉じ込める詳細な戦術を明らかにしている．もちろん，キングが図 19.22(a) のマークのマスに初めて到達したときには，ジオは9つの動かない石を図 19.24 に示す場所にすべてを配置することはできていないかもしれない．しかし，キングと左下隅の間に3つ，下縁に3つ，そして，左縁には3つの石が置かれることになるだろう．ジオは図 19.24 から欠けている石の代わりとして，すでに境界にある石を用いる．

この戦術がすでに占有されているマスに石を置くように指示するときは，ジオは図 19.24 においてまだ占有されていない円の上に石を置く．

たとえば，キングが図 19.20 の中央からマス $k\,4$（図 19.1 を見よ）に到達していると仮定しよう．キングは，

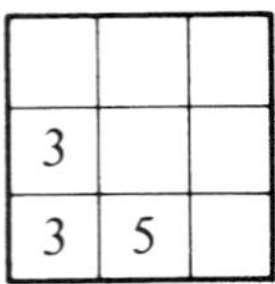

と記入された $\ell 5$ のマスからやってきたに違いない．したがって，すでに左縁には3つ，左下隅に示されているように3つ，さらに下縁には，②,④,⑤ の3つに，Z と A の間にあって，それらと隣り合った2つ（③と①）を合わせた5つの石が存在している．キングが suv とラベルされたマスにいるので，ジオは最後の石を S（図 19.1 における白石）に置いて，Z と A の真ん中の欠けた石の代わりに，⑤ の石を使って図 19.24 の指示に従い続ける．

図 19.24 の右上のマスにある右向きの矢印は，3番目の純粋の可動石（動かない石ではない）が右縁の戦略的マス上にあることを意味している．

6.12　側線に阻まれたキング

もしキングが図 19.22(g) のマークがあるマスを通過して図 19.20 の中央領域を離れようと試みるならば，キングは図 19.25 に示すように側線に阻まれる．ジオは巧みに斜線を施したマスからキングを遠ざけるので，キングは再び図 19.22(e) のマークのマスを通過して中央領域に戻らざるを得ない．

図 19.26（図 19.25 の拡大図）の記法は図 19.21 と図 19.24 のものと同じであるが，新たに次のような指示が表記されたマスも加わっている．

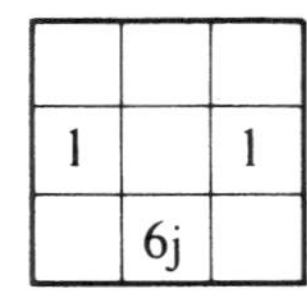

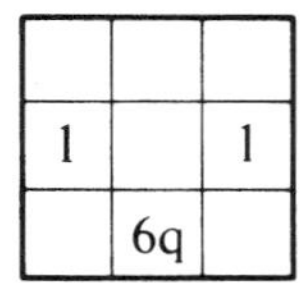

これらの戦法は，ジオに，左と右の縁に1つずつの石（図 19.25 ではそれらを置くべき最も高いランクと最も低いランクを示している）と，下縁には通常の5つだけでなく，J や Q のうち1つを加えた6つの石を用いよと勧めている．（図 19.26 において，ジオは①,②,③,④,Ⓙ,Ⓠ 上に6つの動かない石を置くと考え，Ⓙ, Ⓠ のうちの1つは⑤ の代わりと考えよ．）

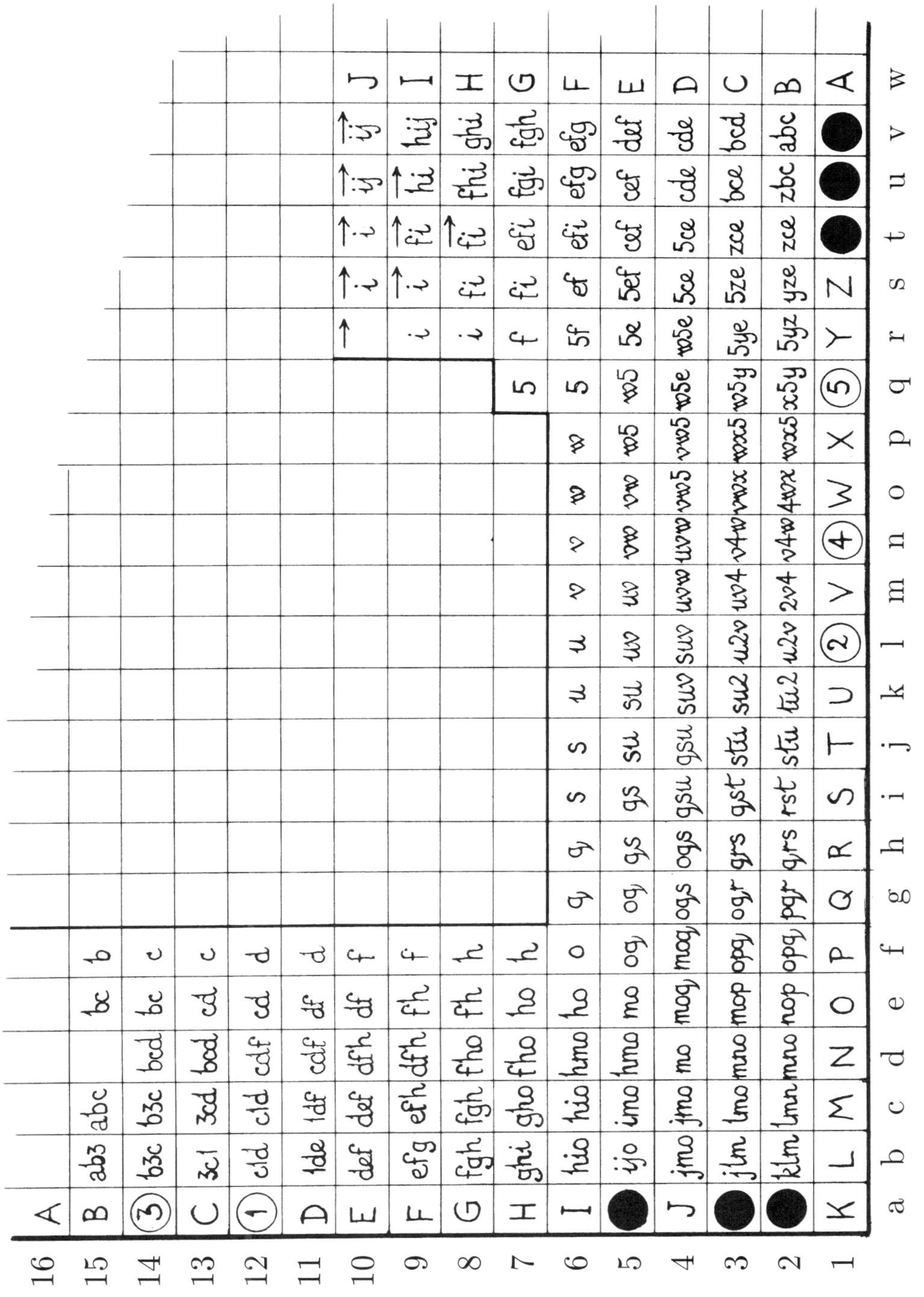

図 **19.24** 図 19.23 の拡大図.

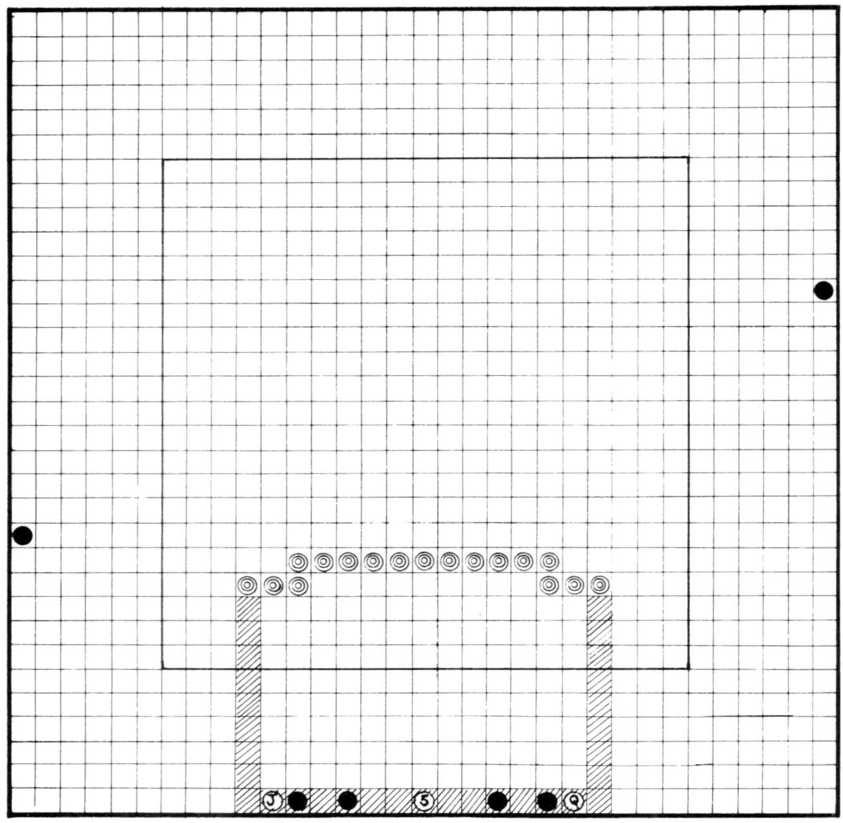

図 19.25 側線に阻まれるキング.

6.13 34×34ボードにおけるチャスの必勝法

ジオは33×33ボードのキング碁において，先手なら12個の可動石を用いて負けることがない．したがって，たとえキングが先手でも，35×35ボードあるいはそれ以上の大きさの（奇数サイズの正方形）ボードにおいて，確かに負けることはない．

しかしながら，34×34ボードにおいては，もしキングが先手ならキングが勝つように思える．ここに，キングの振舞いを示そう．キングは，始めの3手で，最も近い隅に向かって斜めに進む．そこで，左あるいは右に転じて，その隅から最も近くに位置する，ジオが高々1つの石しか置いてないボード半面上の隅を攻める．さらに9手の後，キングは，たとえば，ℓ6に立つが，ジオはボード上に効果的な9つの石を配置することはできない．もし隅が（3つの石で）適切に防がれたら，どちらかの側面には弱点があり，注意深く縁隅攻撃を実行すれば結果的に勝利がもたらされる．

残念ながら，われわれにはこれらの所見を，チャスがドローするための戦略として，ジオの33× 33ボードにおける戦略と同じくらい明解に，定式化することはできていない．

			$\overleftarrow{ac}$	ac	a	1 6j 1	1 5 1	1 6y 1	z	xz	$\overrightarrow{xz}$			
A	$\overleftarrow{ab}$	$\overleftarrow{ac}$	$\overleftarrow{ac}$	ac	a	1 6j 1	1 5 1	1 6y 1	z	xz	$\overrightarrow{xz}$	$\overrightarrow{xz}$	$\overrightarrow{yz}$	Z
B	abc	abc	ace	ac	c	1 6j 1	1 5 1	1 6y 1	x	xz	vxz	xyz	xyz	Y
C	bcd	bce	ace	ce	c	1 6j 1	1 6 1	1 6y 1	x	vx	vxz	vxy	wxy	X
D	cde	cde	ceg	ce	e	5	5	5	v	vx	tvx	vwx	vwx	W
E	def	deg	ceg	eg	e5	e5	5n	5v	5v	tv	tvx	tvw	uvw	V
F	efg	efg	eg	eg5	eg5	e5n	e5n or m5v	5nv	5tv	5tv	tv	tuv	tuv	U
G	fgh	egh	egk	egl	el5	em5	m5n	5nv	5ov	otv	ptv	stv	stu	T
H	ghi	ghk	egk	ekl	elm	lm5	m5n	5no	nov	opv	ptv	pst	rst	S
I	Ⓙ	●	K	●	L	M	⑤	N	O	●	P	●	Ⓠ	R

図 **19.26**　図 19.25 の拡大図.

6.14　長方形ボード

ジオは，たとえ先手であり無限個の石が使えるとしても，幅 23 の無限帯のボードではキングに勝てない．しかしながら，ジオが $24 \times n$ ボードで先手なら，十分大きな n に対して勝利できる．そのような最小の n はおよそ 63 であると思える．キングは，ただちに，近いほうの長い縁際に立たされる．キングは，ジオの側線防御における擬似的な隅（図 19.26 の I と R）に追い込まれ，2 つの長い縁の間の中央部分のマスに追い戻される．ジオは実際の隅と最初の疑似隅の間にある第 2 の疑似隅を防ぐことができる．キングが隅に到達するときまでに，ジオは，ボードの短い縁に沿った両隅と，キングと攻撃されていない方の短い縁の間に位置する向かい合った 1 組の疑似隅の防御のための準備を終えている．

各 i, $24 \leq i \leq 37$ の値に対して，$i \times j$ ボードが，チェスのキング駒に対して，あるクァドラファージの公平な戦いの場である j の値の範囲がわかっている． われわれは，32×33 ボードが公平であり，もし，ジオが先手なら，33×33 ボードに対して与えたものと同様の戦略を用いて勝利すると信じている．すべての公平なクァドラファージのボードの大きさを決める問題は，熱心な読者への挑戦として残しておこう．

付　録

7.　多次元の天使

多次元の天使は対応する超立方体のマス喰い悪魔から逃れることができる．この命題は，Tom Körner によって証明された．彼は，自分の証明が 2 次元のゲームにも適用できるだろうと考えている．しかし，683 ページの記述をよく考慮しない限り，この天使の問題に対するあなたの解答をわれわれに送らないように．

8.　包囲ゲーム

この章と次の 2 つの章のゲームは，包囲，あるいは逃避のゲームである．これらのゲームはどれも長い歴史をもっているが，包囲のアイデアはいくつかの捕捉の仕方を組み合わせたものである．ここに 2，3 の例を示す．

8.1　狼と羊

ソリテールに似たボードゲームがいくつかある（第 23 章）．狼と羊ゲーム（図 19.27(a)）では，羊飼いは 20 頭の羊を引き連れており，羊が先手をもつ．羊は，前か横あるいは斜め前の，空いているマスに向かって，毎回 1 マスしか動けない．2 頭の狼も同様にボード上の線に沿って移動でき，チェッカーのように，これらの方向に羊を飛び越すことによって羊を捕まえることができる．さらに，繰り返して飛び越しが可能なら，複数の羊を一度に捕まえることが可能である．羊を捕まえることのできなくなった狼を羊飼いは取り除くことができる．そのため，何頭かの羊はおびき寄せのために使われるかもしれない．羊飼いが 9 頭の羊を囲い（ボードの上部の 9 つの場所）に入れたら，彼の勝ちである．

図 19.27(b) と (c) に示したゲームは狐とガチョウと呼ばれる．この名前は次の第 20 章では別のゲームのために用いられるので注意しておく．これらのゲームは狼と羊と似ているが，斜め前進がない．狐は，空いている場所ならどこからでもゲームを始められる．ガチョウは，狐を隅に追い込もうとする．すなわち，図 19.27(b) では，13 羽のガチョウは 4 方向のいずれかに移動できるが，図 19.27(c) では 17 羽のガチョウはちょうど狼と羊における羊のように後退はできない．

Hala-tafl（狐ゲーム）と **Freystafl** は後期アイスランド神話に記されている．狐とガチョウの第 20 章版と同様に，これらの多くなった動物は正しいプレーで勝つことができるが，間違いを非常におかしやすい！

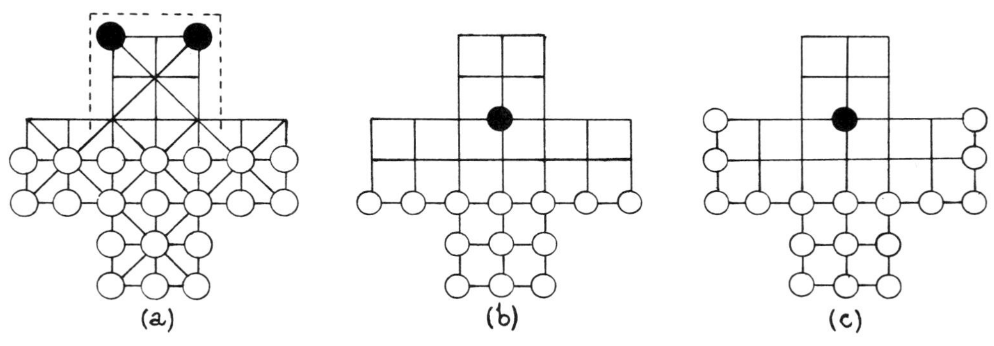

図 **19.27** 狼と羊，狐とガチョウ．

8.2 タブル

Linnaeus (Carl von Linné) が 1732 年にラップランドを訪れた際に，9×9 ボード（図 19.28）でゲームをしたという記録がある．このボードの中央のマスは，**Konakis**，あるいは王座と呼ばれ，スウェーデン王のみが入ることができる．王（キング）は 8 人の金髪のスウェードに守られており，彼の前には 16 人の浅黒いモスコヴァイトが立ちはだかっている．すべての駒はチェス駒のルークのように，さえぎる駒がない限り，上下左右に何マスでも動くことができる（王座の上を通過しても構わない）．

キングの捕捉は，キングが 4 人のモスコヴァイトによって 4 方向，N, S, E, W を囲まれるか，あるいは，3 人のモスコヴァイトによって 3 方向が抑えられ，第 4 のマスが王座であるときに成立する．キング以外の駒は，敵駒に縦か横，すなわち，N と S，あるいは E と W から挟まれると捕捉され，ボード上から取り除かれる．ただし，相手の間に自ら入り込んだときは捕捉されない．図 19.29 は，1 人のモスコヴァイトが 2 人のスウェードを同時に捕捉しようとするようすを表している．スウェードたちの目的は，ボードの縁にキングを脱出させることである．

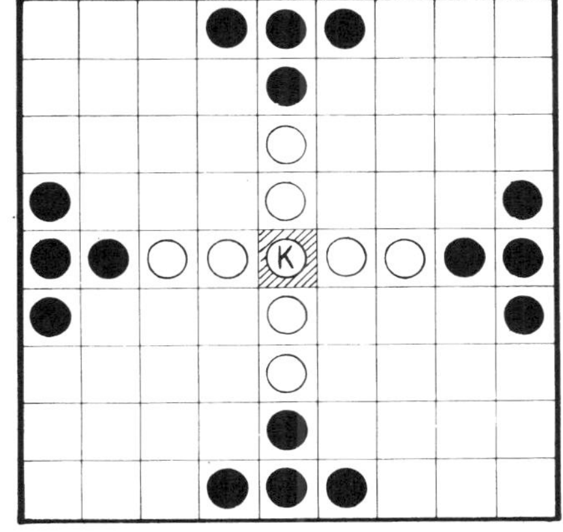

図 **19.28** タブルの初期配置．

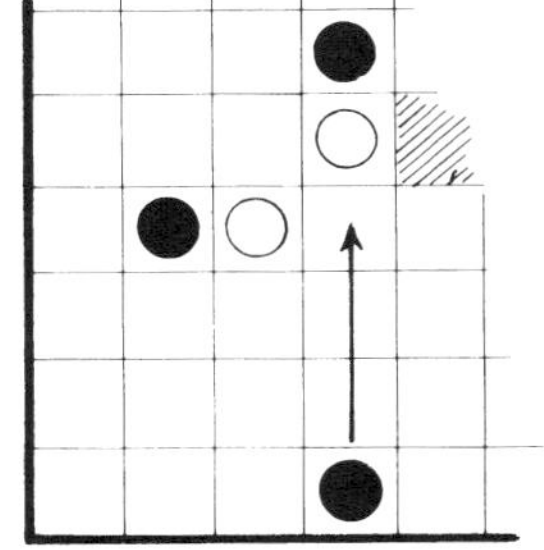

図 **19.29** モスコヴァイトが 2 人のスウェードを捕らえる．

8.3 サクソン・ネファタフル

ボードの断片しか発見されていない．おそらく現代の碁盤と同じ 19×19 ボードを使ってプレーされていただろう．10世紀の英語の原稿からの可能な かぎりの復刻版であるR. C. Bellのすばらしい小さな本を見たまえ．このゲームはボードの大きさと駒の数と配置を別にすれば，明らかにタブルに似ている．

8.4 キング・ルークとキング

チェスを始めた初期の段階で，たいていのプレーヤーはゲーム終盤での勝ち方を学ぶが，四半無限ボード上であるとはいえ，2つの自明でない問題が見つかったのは驚きである．

図19.30において，白は勝てるか？ もしそうなら，何手で？ Simon Nortonは次のように問うてみるとよいと言っている．“黒がボード上の北か東の縁から脱出できたら黒の勝ちとする．白が勝つことができるとして，その最小のボードの大きさは？” 熱心な読者ならばそれが 9×11 であることを示せるか？

図19.31はLeo Moserの問題を示している：ルークは1手しか動くことができないとしたら，白は勝てるか？ もしあなたがこの問題に手こずったら最初の3つの列のマスを次の4つの集合に分けてみるとよい．

図19.30. Simon Nortonの問題.

図19.31. Leo Moserの問題.

a1,a3,a5,...,c2,c4,c6,...
b1,b3,b5,...
a2,a4,a6,...,c1,c3,c5,...
b2,b4,b6,....

Simon Norton の問題は昔の Kriegspiel 問題に由来している．その問題では，白のキングとルークを四半無限ボードの隅近くに隣り合わせに配置して始める．黒のキングは四半無限ボードのどのマスから出発してもよい．Tom Ferguson は，白が最終的に黒のキングを確率 1 でチェックメイトできるある混合戦略を概説している．

参考文献と先の読みもの

Robert Charles Bell, *Board and Table Games from Many Civilizations*, Oxford University Press, London, 1969.

John H. Conway, The angel problem, in Richard Nowakowski (ed.) *Games of No Chance*, (Berkeley CA 1994) Math. Sci. Res. Inst. Publ., **29** (1996) Cambridge Univ. Press, Cambridge, UK, 3–12; MR 97m:90123.

Richard A. Epstein, *Theory of Gambling and Statistical Logic*, Academic Press, New York and London, 1967, p. 406.

Martin Gardner, Mathematical games: Cram, crosscram, and quadraphage: new games having elusive winning strategies, *Sci. Amer.* **230** #2 (Feb. 1974) 106–108.

C. Linnaeus, *Lachesis Lapponica*, London, 1811, p. ii, p. 55.

Richard M. Low & Mark Stamp, King and rook vs. king on a quarter-infinite board, *Integers*, **6**(2006) Article G3, give a strategy for White to win in an 11 by 9 region.

Greg Martin, Restoring fairness to Dukego, in Richard Nowakowski (ed.) *More Games of No Chance*, (Berkeley CA 2000) Math. Sci. Res. Inst. Publ., **42** (2002) Cambridge Univ. Press, Cambridge, UK, 79–87.

H. J. R. Murray, *A History of Board Games other than Chess*, Clarendon Press, Oxford, 1952.

David L. Silverman, *Your Move*, McGraw-Hill, 1971, p. 186.

第 20 章

狐とガチョウ

一方が逃げれば，もう一方は追わねばならない．
Robert Browning, 愛における人生，『男と女』．

十二の良き規則，ガチョウの王侯ゲーム．
Oliver Goldsmith, 『寒村行』, I. 232.

図 20.1　狐とガチョウ・ゲームをプレーする．

狐とガチョウ（F&G と略記する）というゲームは普通のチェッカーボードの上で，1 匹の狐に見立てた黒か赤のコマ 1 個と，4 羽のガチョウたちに見立てた 4 個の白いコマでプレーする．プレーヤーは（チェッカーと同様に）同じ色のマスだけを使う．ガチョウたちは最初，図 20.2 の

O 印のマスに一列に並んでいる．狐は通常，図 20.2 の X 印の位置に置くが，ガチョウたちの方が有利に見えることから狐に最初の位置を自由に（もちろん最初に定めた色のマスの中から）選ばせるのが賢明であろう．そして，ガチョウたちを先手とする．

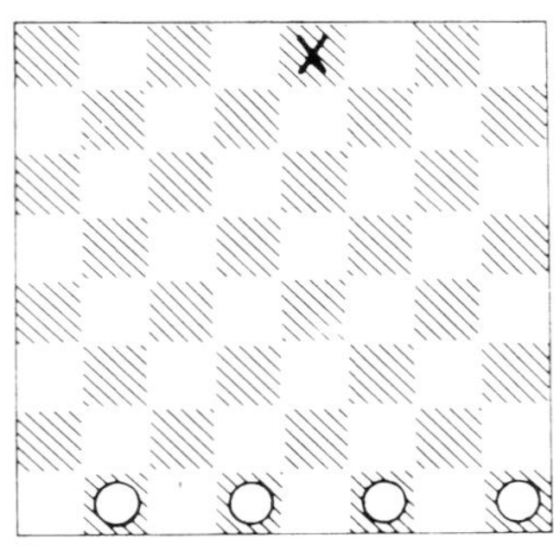

図 20.2 通常の開始局面.

ガチョウたちは斜め前方に 1 マス進むが，チェッカーと同様に戻ることはできない．狐も斜めに 1 マス進むが，チェッカーのキングと同様，斜め 4 方向のどの方向でも進むことができる．コマを取ることや飛び越すことはできない．ガチョウたちは，狐が合法的な着手を失うよう，わなをかけて捕獲することを狙う．一方，狐はずっと生き残ることのできるよう，ガチョウたちの包囲網を突破しようと目論む．簡単に言えば，先に手を打てなくなったプレーヤーが負け，すなわち，標準プレーの決まりのとおりである．

熟達したプレーヤー同士であればガチョウたちが勝つ，というのが一般の見解であるが，それなりに力のあるプレーヤーに対してでさえ，ときどき悪賢い狐が勝つことがある．もし狐に最初の位置を選ばせたら，ほとんどの初心者はかなり長い間負かされるに違いない．このゲームを経験したことのない読者は，この先を読む前に，何回かプレーしてみるのがよいだろう．

1. われわれお気に入りのガチョウたちのための戦略

この章でわれわれが問い，かつ答える設問は，このゲームでガチョウたちはどれくらい有利か，ということである．まず最初に，狐がわれわれの提唱した特権を行使する場合を含めて，ガチョウたちが実際に必勝戦略をもっていることを証明しておくべきであろう．図 20.3 にわれわれお気に入りの戦略の基礎となる 5 つのタイプの局面を示す．O はガチョウたちの位置を表し，X は狐にとって特に重大な位置を表す．狐がそれらの位置の 1 つにいるとき，ガチョウたちは**危険に直面している**と表現することにしよう．

ガチョウたちがわれわれの助言に従うなら，彼らは次のようにプレーすることになる．狐の動きに不必要に怯えないために，大半の時間を目を閉じてプレーするのがよい．彼らが目を開けるときは局面が A, B, C, D, E，およびそれらと同一視できる左右反転の局面の 1 つになるときであり，再び目を閉じる前にするべきことは危険に直面しているかどうかの判断だけでよい，とガチョウたちに保証を与えることができる．図 20.3 の各局面に記された記号列は，斜線（/）

の前の数列が危険に直面していないときに打つべき手順を表し，斜線の後の数列が危険に直面しているときに打つべき手順を表す．斜線を挟む記号列の最後の英字は手順に従って手を打ち終えた後の局面のタイプ A, B, C, D, E を示している．彼らが進む方向に狐がいないことも保証できるので，指示された手順は目を閉じて打つことができる．ガチョウたちは手を打ち終えて，局面が再び A, B, C, D, E のどれかになったときに目を開けるだけでよい．

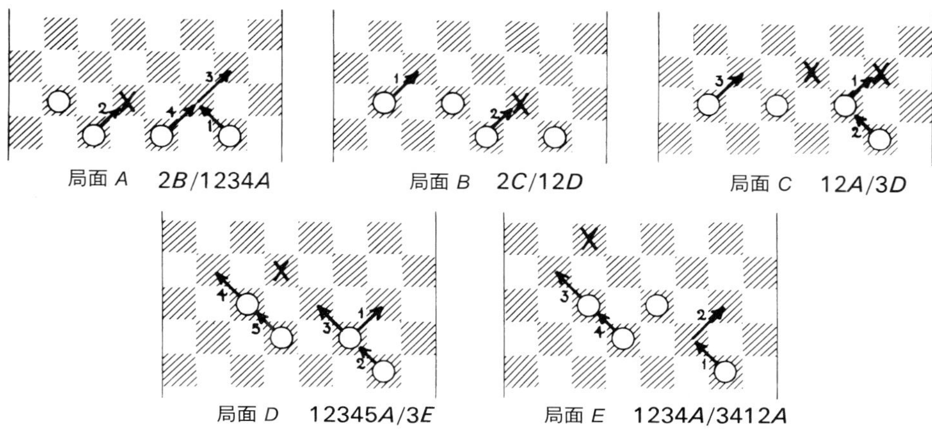

図 **20.3** 最も簡潔な戦略.

ガチョウたちが一度，局面 A に達すれば，その後この戦略がうまく働くことは容易に証明できる．一例として局面 D を考えてみよう．ガチョウたちがわれわれの指示どおりに行動したとすると，局面 D は彼らが危険に直面した局面 B または C からのみ到達可能である．したがって，狐のいる場所は制限される．実際，図 20.4(4_0) の X, Y, Z, T のいずれかである．

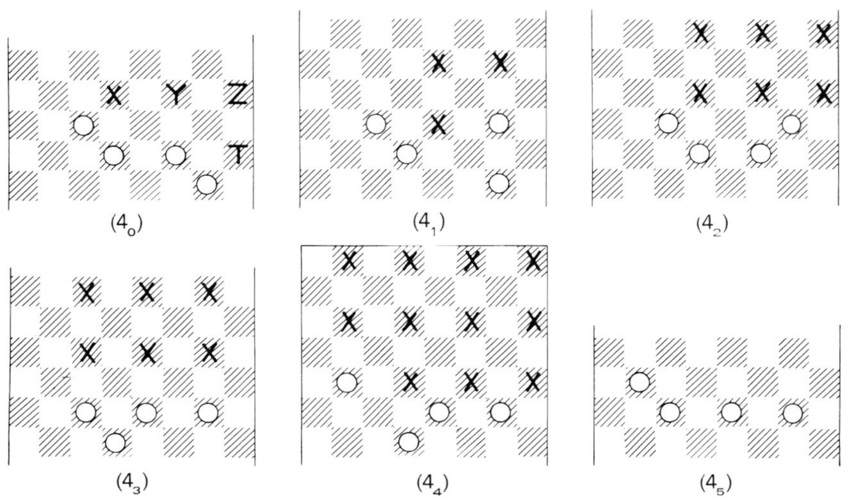

図 **20.4** 局面 D の分析.

今，ガチョウたちが危険に直面している（つまり狐がXにいる）とすると，彼らは1手でただちに局面Eに達する．そこで，狐はY, Z, Tのどこかにいて，ガチョウたちは1, 2, 3, 4, 5の手を打つように指示されているものと仮定できる．図20.4 (4_1), (4_2), (4_3), (4_4), (4_5) はそれぞれの手を打った直後の局面を表し，一連の次の手が合法的である理由を示している．というのは，図20.4 (4_1) から (4_4) まで次の手の打たれる直前に狐がいる可能性のあるすべての位置にXが記入されているからである．図20.4 (4_5) の局面はタイプAであるから，タイプDの局面からの戦略がうまくいくことがわかる．もし図20.4 (4_0) において狐がTにいたとすると手1を打った瞬間，狐はボードの端で捕獲されて負けになることに注意されたい．

タイプA, B, C, Eの局面についての同様の推論は読者に委ねる．ここで，Eは唯一，ガチョウたちが危険に直面した局面Dから到達できる局面であるから，E局面において検討すべき狐の位置は2カ所，すなわち図20.3のXとその2マス右の位置に限定できること，および局面A, B, Cについては狐はガチョウたちの防御線より上にある正規の色のマスならどこにでもいる可能性があることだけを指摘しておこう．

ガチョウたちはこの戦略をどのように開始するか．その答えは，狐が開始位置として図20.5の局面FのXを選ばなければ，最初の手で局面Aに移ることである．狐がXを選んだ場合には，ガチョウたちに1, 2, 3の手を打ち，もう1つの変則的な局面Gで再び目を開けることを勧める．その局面から目を閉じて打つさらなる3手をガチョウたちに与えることにより，彼らを軌道に乗せることができる．

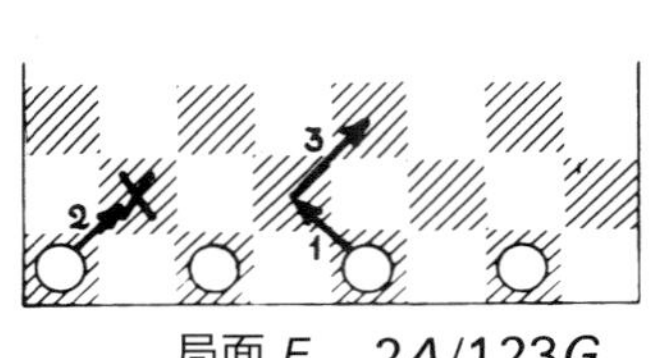

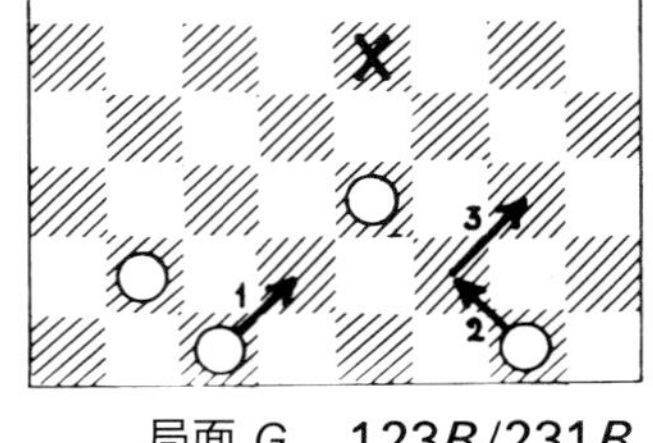

図 20.5 開始局面は変則的．

2. われわれの戦略のいくつかの性質

われわれのお気に入りの戦略を適用すると，標準的な開始局面から（と限らず実は図20.5の変則的な局面Fを除いてどんな局面から）始めても，ガチョウたちは左端列のマスにも右端列のマスにも入ることはない．このことは興味深い．というのは，能力のかなり高い多くのプレーヤーはいつもできるだけ水平方向に広がるようにガチョウたちを動かそうとするからである．しかし，もしガチョウたちがそのように振る舞うと悪賢い狐はわれわれの戦略で生ずる以上に局面を多様に変化させることができるので，ガチョウたちが確実に勝つにはゲームについてもっと多くを知らなければならなくなる．実際，能力の高い狐は，ガチョウたちがいかなる必勝戦略を取ろうとも彼らをA, B, C, D, Eのすべてのタイプの局面に誘導することができる．しかしながら，ガチョウたちがわれわれの戦略を採用したときに限って，行動を自動化できずに目を開ける必要に迫られるような他の異なる局面へガチョウたちを誘導することができない．われわれの戦略は，ガチョウたちが意思決定を必要とする局面の数がわずか5となる唯一の戦略であるから，秀でた**最小**必勝戦略である．

必勝戦略を知っていると自認する多くの人が，ときどき賢い狐にゲームの未知の部分に誘い込まれて窮地に陥ることがある．実際，普通のプレーヤーと対戦して彼らの知識のあらゆる欠陥を最大限に利用する狐になってプレーするには相当な腕前を必要とする．この点に関しては，狐は隙間をすり抜けようと脇に踏み出して一方の端から脱出する前に，ガチョウたちの近くにとどまり，ボードの中央で自分の周辺にガチョウたちを集めようとするものだ，という注意以上のヒントを与えることはできない．狐にとって最良の開始位置は図 20.2 の X 印の真下のガチョウたちに近いマス（つまり，局面 F における X 印の 2 マス右）であるが，局面 F もまた有効だろう．

3. 狐とガチョウの値は何か？

この章はここまで，1982 年初版『数学ゲーム必勝法』とまったく同じである．初版ではこの後，

“狐とガチョウの値は $1 + 1/\mathbf{on}$”

という主張を“確かにさらりと受け流すように”記述した証明に行きつく運びになっていた．

John Tromp の反論を耳にするまで，われわれのこの確信は揺ぐことはなかった．そのうちに Jonathan Welton からの論文を受け取った．彼は

“狐とガチョウの値は $2 + 1/\mathbf{on}$”

という結果をかなり厳密に証明しているようであった．どちらが正しいか？　仲のいい人々が意見が合わないときにしばしば見られるように，実は両者とも正しい！　なぜならば，それぞれ別のことを考えているからである．初版『数学ゲーム必勝法』の議論では無限に長いボードを想定していたが，Welton は当然とも言える通常の 8×8 のチェッカーボードで考えていたからである．

それにしても，なぜわれわれはこれほどまでにゲームの値に関心をもつのだろうか？

4. 狐-ガチョウ隊-狐

狐-ガチョウ隊-狐（Fox-Flocks-Fox，FFF と略す）は通常のチェッカーボードの上で，チェッカーのキング 2 個を狐とし，白と黒それぞれ 4 個のチェッカーのコマをガチョウたちとしてプレーすることができる．白いガチョウたちは上に動き，黒いガチョウたちは下に動くものとし，最初の位置は図 20.6 に示すとおりとする．

両者が最善のプレーをした場合，このゲームは永久に続くのか，それとも有限の手数で後手が

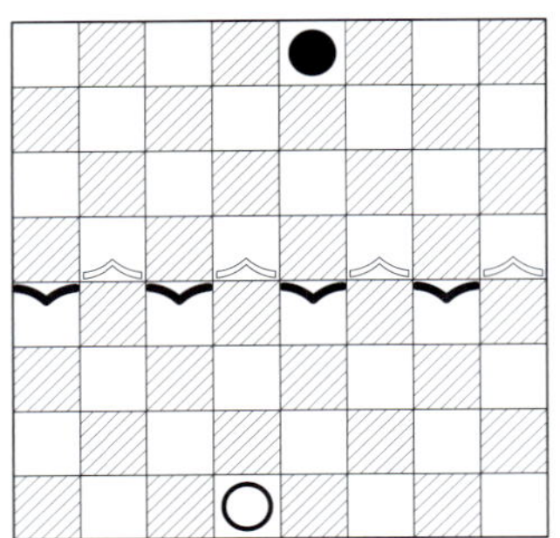

図 **20.6**　狐-ガチョウ隊-狐.

勝つのか？　2匹の狐が互いに対称的な位置を占めるように手を打つとどうなるか？（解答は付録を見よ.）

5.　より精度の高い議論に向けて

われわれの“定理”の初版の言明はその“証明”と同様，さらりと受け流すようであったことを心よりお詫びいたします！　その償いとして，この章はこれ以後，正確な言明とこれら両方の結果に対するより良い証明といくつかの新しい結果を示すことを目指す．狐についての議論は最も微妙なので，われわれは狐の視点に立つのが都合がよいとわかった．そこで，ボードの上下をひっくり返して，上をガチョウサイド，下を狐サイドとする．

6.　無限ボード

ゲームボードの長さはどうあるべきか？　ガチョウサイドに関しては，それは実際には問題にならない．図 20.7(a) と (b) のどちらのボードにおいても，狐が勝つときは少なくともガチョウたちのいる最も上の行にたどり着いているはずだ．しかし，もし狐がそのようにできるなら，こ

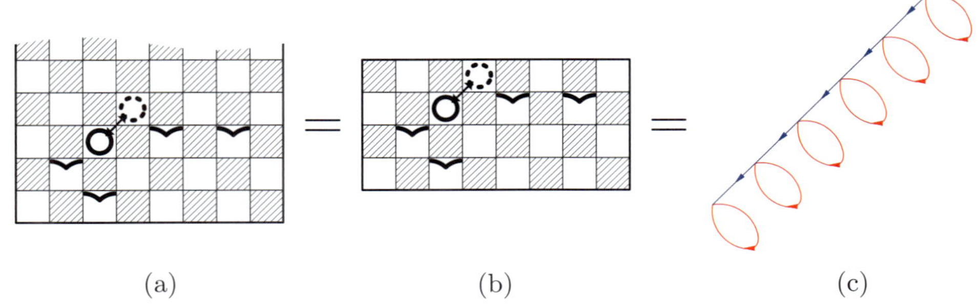

図 **20.7**　(a) 無限のボード，(b) 長さ限定ボード，(c) 5 **off**.

の行とその上の行の間を往復しているだけで，狐は確実に勝つことができる．したがって，狐はこれら2つの行より上の行を必要としない（もちろん，ガチョウたちにはそのように行を行ったり来たりすることはできない）．

狐サイドについてはどうであろうか？ このサイドに関してボードの長さは値に影響を与える．なぜならば，狐の多くの脱出行為にはその作戦が遂行できるだけのある程度のバックフィールドを必要とするからである．しかし，何らかの特定の長さを選ぶことは徒にゲームを複雑にするだけだ．したがって，手始めに，狐サイドについてもボードを無限に長くすることでゲームを単純化しようと思う．しかも，そのようにしても，われわれの言明

“狐がガチョウたちのいる最も上の行に達したとき，その値は**off**である”

が無限のボードに対しても正しいと宣言することによって，それらの値を正確にしようと考えている．

次のいくつかの節は，無限のゲームボード上の多くの値が実際正確に $1 + 1/\mathbf{on}$ であることの証明に充てられる．なお，$1 + 1/\mathbf{on}$ を $1 + \mathbf{over}$，または記号 $+$ を省略する通常の慣習に従って単に，$1\,\mathbf{over}$ と略す．表や公式では，しばしば**over**を記号 ε で表す．後ほど，有限のゲームボードに対する確かにもっと興味深い結果に戻ることにする．

7. ガチョウたちが堂々と生き残る方法

最初に，ガチョウたちが和ゲーム

狐とガチョウ ＋ 青い花満開のデルフィニウム

の中で永久に生き残ることができることを示す．ここで，後者は無数の青い花弁と長さ2の赤い茎からなるハッケンブッシュの花である．その絵は図20.8に示された庭の中に見つけることができる．

そのとき，図20.9に示されたGOOSETAC，つまりガチョウの戦術表は，ほとんど常時，ガチョウたちにするべきことを指示している．それを理解するにあたり，狐・ガチョウボード上の手だけが示されていることを念頭においてほしい．プレーヤーは時々デルフィニウムを刈り込むので，狐・ガチョウボード上ではパスをするように見える．明らかに，もし狐が自由にパスができて，ガチョウたちができないのなら，狐はガチョウたちの手を単にやりすごすだけで勝つことができる．しかし，狐は自由にはパスができないので，実際には狐は勝つことができない．

GOOSETACの各ボードは英字と数字の組でラベルづけされていて，数字はガチョウたちの高さの合計（数字の位置する行の高さを0とする）を表し，8を法として数える．ボード内の4つの記号⌣はガチョウたちを表している．他の記号は狐のとり得る位置を示す．英大文字は，ガチョウたちに対して，その文字でラベルされた列の中で次の行の陣形（文字に数字がつかないとき）あるいは，第 n 行目の陣形（文字に数字 n がつくとき）に移るように助言している．

第1列では，英字Aは無限に下に続いている．狐は † 印のついたマスは避けるであろう．というのは，そのマスにいると次の手で捕獲されてしまうからである．英字で示された手は常に

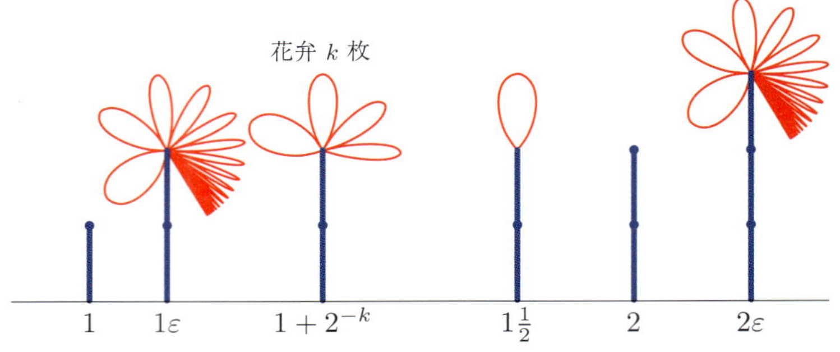

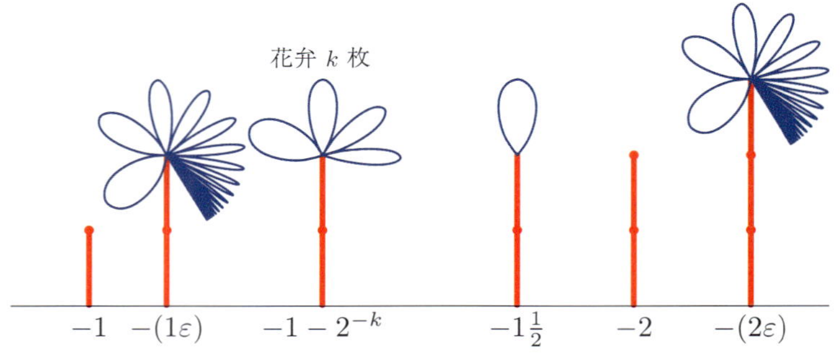

図 20.8 ゼラニウムとデルフィニウムの庭

実行可能で，GOOSETAC の中の別の陣形に導き，しかもそのとき，たとえ狐が刈り込みをしたとしても，狐が記号の記入されたマスにいることは容易に確認できる．もし，ガチョウたちの番のときに ◻ のあるマスに狐がいて，ガチョウたちにもはや刈り込む手がなければ，彼らに負けを認めさせることになるだろう．幸い，無限ボード上で青い花満開のデルフィニウムとの和ゲームをプレーするとき，720 ページの図 20.10 に示すガチョウの戦略ダイアグラムである“GOOSESTRAT”に従う限り，彼らは決して投了する必要がないことを保証できる．

その証明には，狐が黒いマスを含む行にいる‘**暗い局面**’と灰色のマスを含む行にいる‘**明るい局面**’という2つのタイプの局面があることを利用する．狐・ガチョウボード上ではどちらのプレーヤーのどの手も，局面のタイプを一方から他方に変化させる．それゆえ，明るい局面から暗い局面に変化する‘**暗くする手**’か，または暗い局面から明るい局面に変化する‘**明るくする手**’のどちらかである．

◻ のマスのある列は D または E であるので，ガチョウたちを窮地に陥らせる可能性をもつのは外向きの手に限られる．それゆえ，GOOSESTRAT は，ガチョウたちにすべての内向きでない手だけを示しており，（もしまだ可能であれば）ガチョウたちに刈り込みを勧める手を示している．もちろん，狐の手は1つの節点で行われる．

刈り込みの手がない場合は，すべてのガチョウたちの手は同じタイプ，つまりすべて明るくする手か，すべて暗くする手である．しかし，局面が E になるのはタイプを2度変えることで

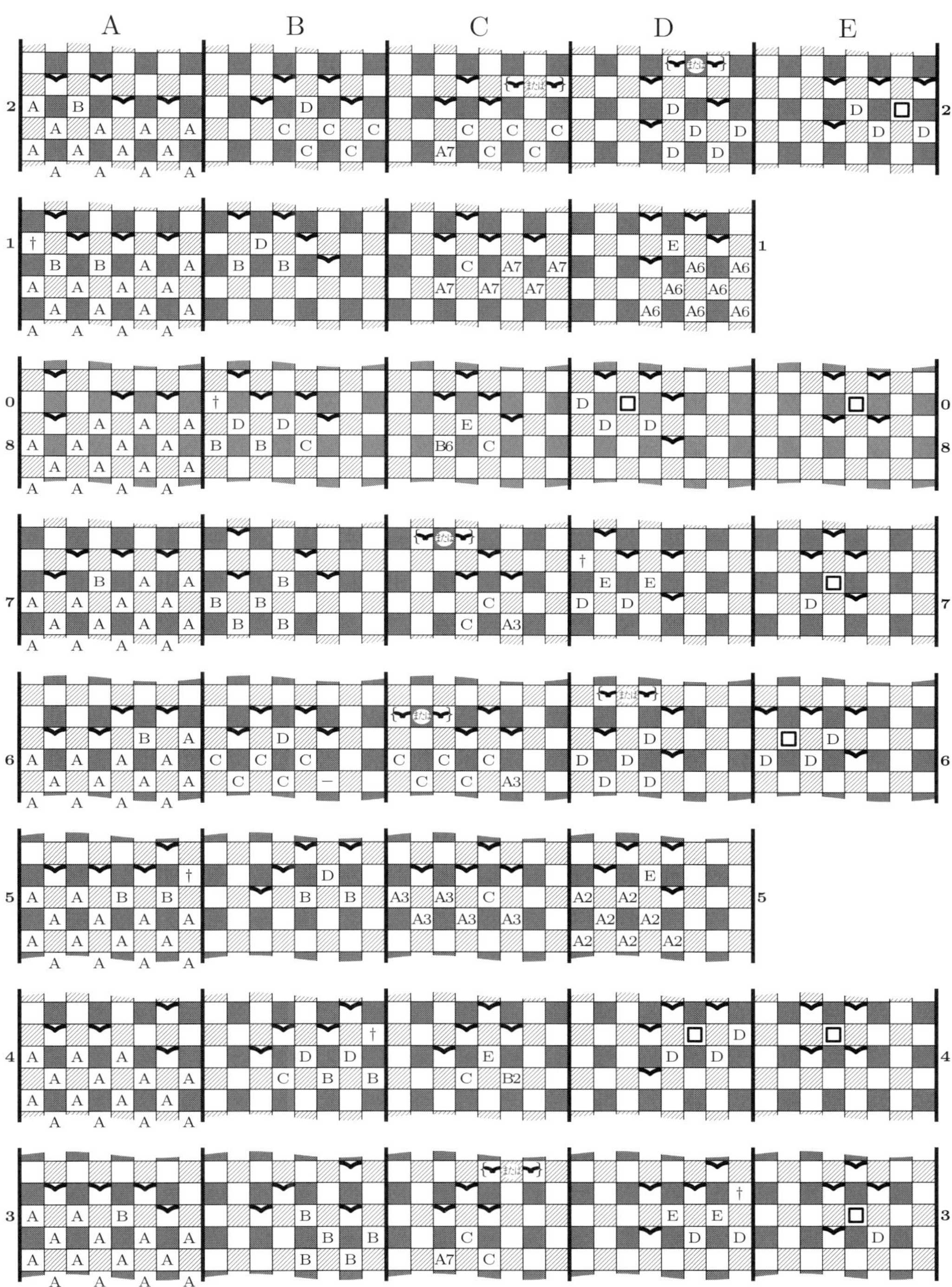

図 20.9 GOOSETAC.

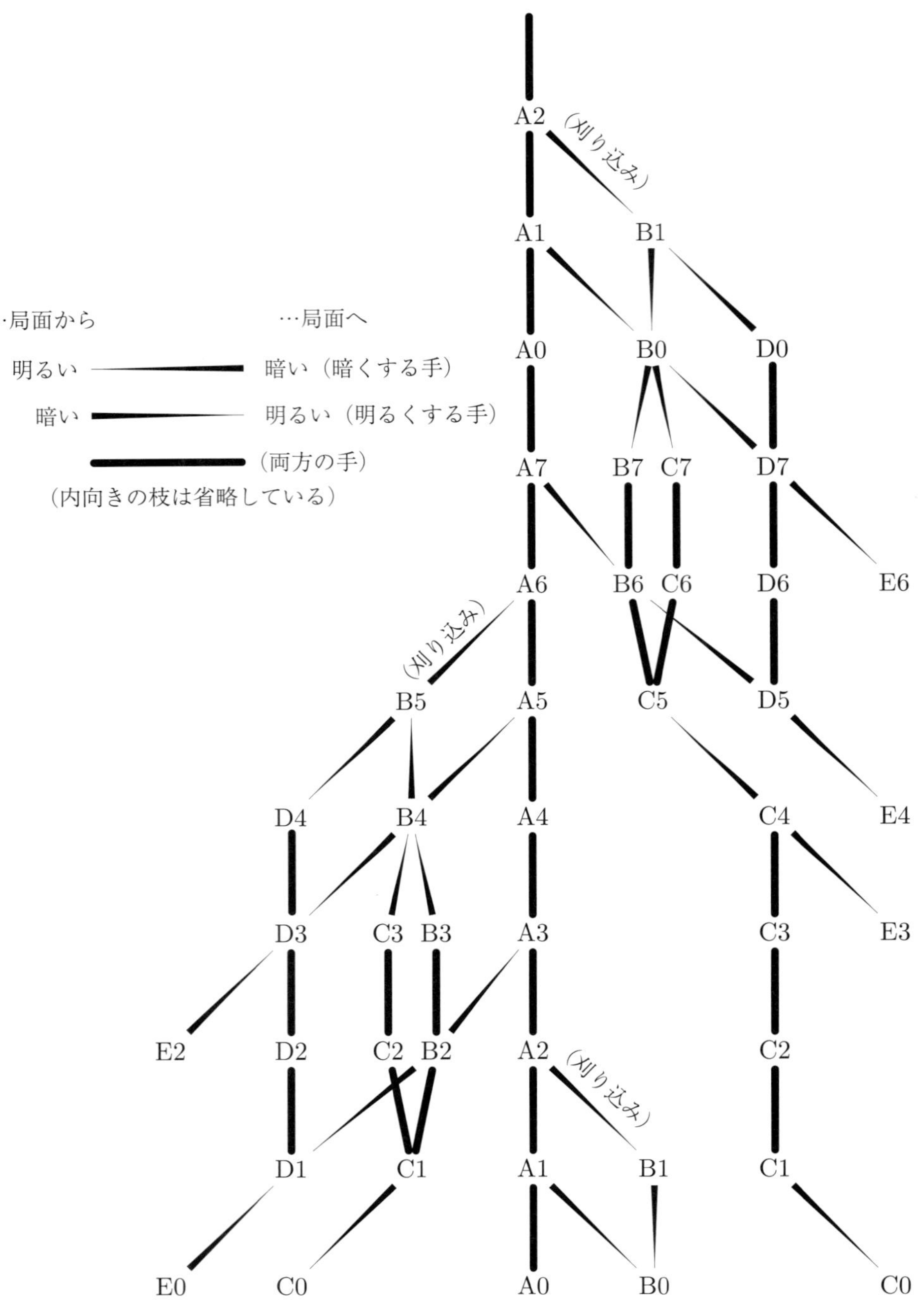

図 **20.10** 無限ボードに対する GOOSESTRAT.

のみ可能であり，それには2度刈り込みが必要で，それは必然的に狐によるものとなる．それゆえ，この列 E の局面は狐の番であり，狐は刈り込みを切らしているので，□印のマスから動かなくてはならず，ガチョウたちが生き残ることになる！

もし，ガチョウたちに刈り込みが許されていなければ，狐は（B1において）ただ1度刈り込みを使ってD0にたどり着き，そのあとD0でパスをすれば，ガチョウたちは突破されてしまう．しかし，値が $-(1\,\mathbf{over})$ の青い花満開のデルフィニウムは，十分な回数の刈り込みをガチョウたちに与えるので，ガチョウたちは A2でも A6でも生き残ることができる．

これらの議論は，狐とガチョウ・ゲームと青い花満開のデルフィニウムの和ゲームでは，ガチョウたちが無限に生き残ることができることを立証している．それゆえ，次の不等式が証明できた．

$$\mathrm{F\&G} \geq 1\,\mathbf{over}.$$

ここで，ガチョウたちのはじめの陣形はA2であり，狐はガチョウたちの下のどこにいても構わないとしてきたことを明記しておく．逆向きの不等式を得るために，この次は狐に注意を向けることになる．その前にまず脱出作戦について研究しておく必要がある．

8. 8つのワクワク脱出作戦

図20.11と図20.12における脱出作戦 1–5 において，4羽のガチョウたちの開始位置は，これまでの記号によって示されており，狐の位置は○で示されている．賢明なプレーヤーの手は，これからは数字で示されている．奇数は狐の手であり，偶数はガチョウたちの手である．読者は，ボードの上でこれらの手を打ってみて，ガチョウたちが狐を脱出させてしまうことを確認するべきである．

ガチョウたちは，この脱出を防ぐための他の手を見つけることができるであろうか？ これらの一連の手でプレーした読者は，ガチョウたちのほとんどすべての手は狐がただちに突破しないために強制されていることがわかる．たとえば，脱出作戦1で2のマスへガチョウが動かなければ，狐は次の手で自らこのマスを取って勝つことになる．ガチョウたちの別の手がいくらかの希望を与えるように思えるが，注意深い読者は，それらのどれも狐の脱出を妨ぐことができないことがすぐわかるであろう．

これらの脱出作戦は，無限ボードでうまくいくだけでなく，狐のバックフィールドとして十分な余裕が下辺にあれば，有限のボードでもうまくいく．われわれが図に描いたものはすべて，十分でかつ最小のバックフィールドである．

図20.13の脱出作戦 6 は，逃げようとするどのような狐の試みも賢いガチョウたちが打ち負かす魅力的な局面である．これらのプレーの道筋に沿って10手以上持ちこたえた場合，第10手以後は ***a*, *b*, *c*, …** で順番をつけてある．いくつかの変形をプレーしてみた読者は，ガチョウたちが別の局面に適用できる戦略上の鍵を発見するかもしれない．最も南（つまり最も下）のガチョウは，何手にもわたって同じ位置にとどまって，狐に後退するのか，西の端からすり抜けるつもりか，それとも東の端からなのか，はっきりさせるように促す．北のガチョウは，東または西のどちらの守りの強化にも移動できる位置を占めている．このガチョウは早めに動きを決めてはいけない．いくつかの変形では，北のガチョウは，狐の逃亡を防ぐ東西の現場にちょうど間に合うように到着している．変形 $3'$ では，手9に応じてガチョウたちは "***a***" の代わりに "?" の

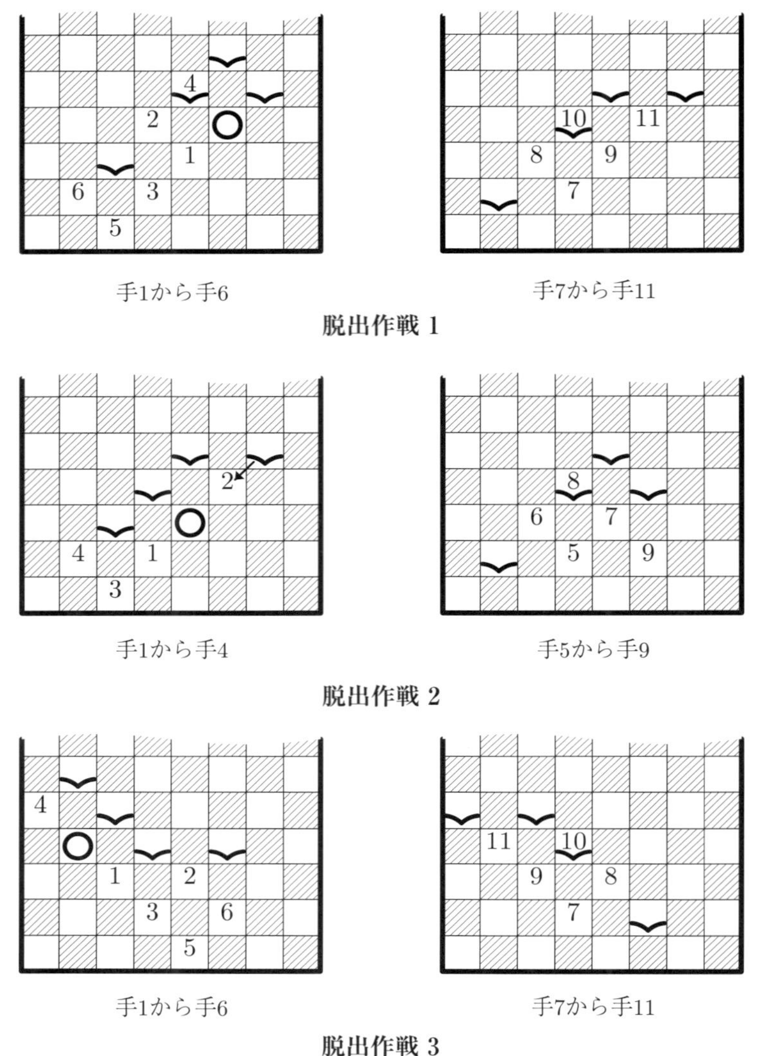

図 20.11 脱出作戦 1–3.

手を選ぶかもしれない．この手は狐が逃亡できない頑強な陣形を与えるけれども，後の節で明らかになる明快な理由から，“$\boldsymbol{a}$” よりも良い手ではないことが多い．

もしガチョウたちが脱出作戦 6 の開始局面で先手であったなら，どうなるか？ その答えは付録に与える．図 20.14 の脱出作戦 7 と 8 は熟達したプレーヤー向けの練習問題で，その解答も付録にある．

脱出作戦 1–5 といくつかのすぐ思いつく簡単な脱出作戦は，狐とガチョウ・ゲームと青い花満開のデルフィニウムとの和ゲームにおいて，狐が永久に生き残れること，したがって，F&G = 1 **over** であることの証明に用いられる．それらは，狐のための戦術と戦略の本質的な部分である．

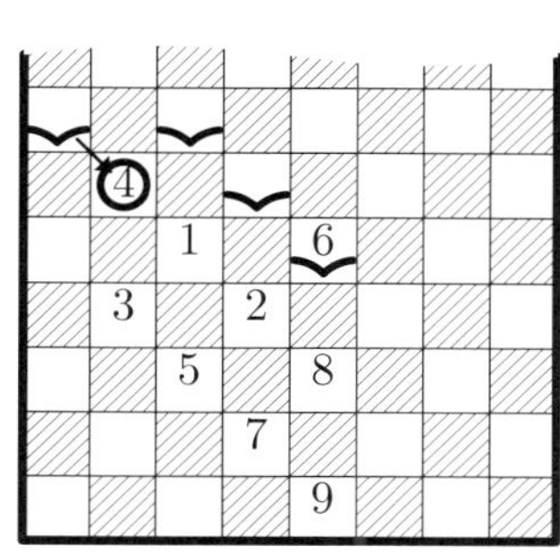

脱出作戦 4

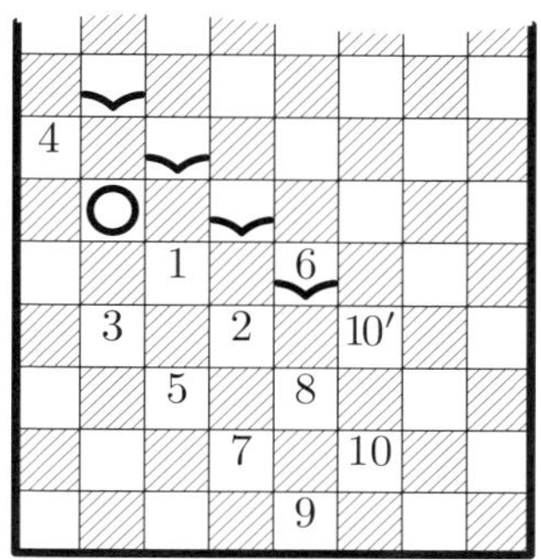

11手目は 7 の位置

脱出作戦 5

図 **20.12** 脱出作戦 4–5.

狐の手： 1, 3, 5, 7, 9, b, d, f, h, j, ...

鵞鳥の手： 2, 4, 6, 8, a, c, e, g, i, k, ...

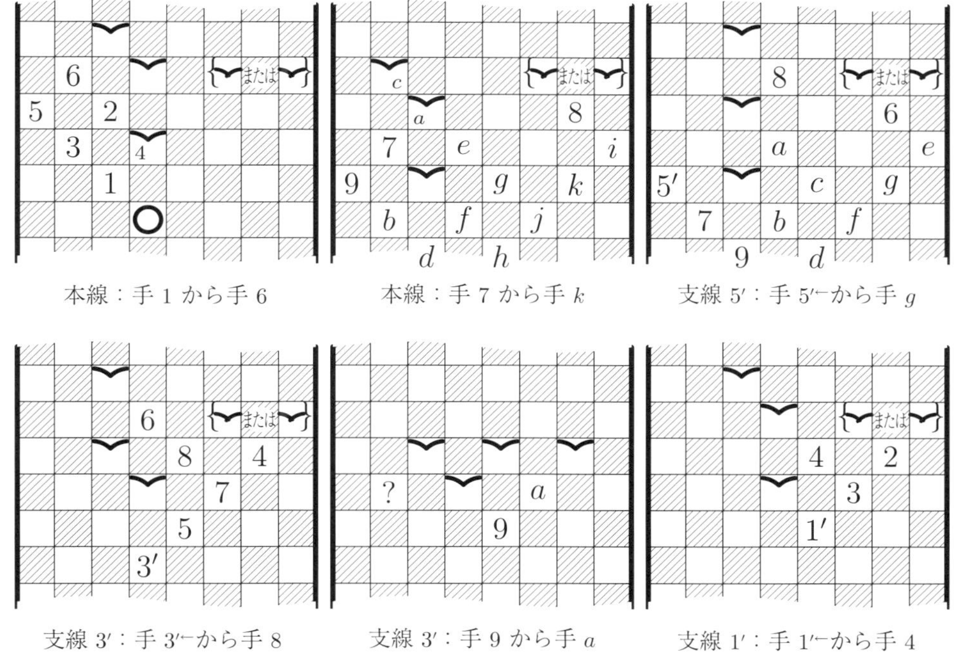

または
または
または
または
または
本線：手 1 から手 6
本線：手 7 から手 k
支線 5′：手 5′←から手 g
支線 3′：手 3′←から手 8
支線 3′：手 9 から手 a
支線 1′：手 1′←から手 4

脱出作戦 6

図 **20.13** 脱出作戦 6.

9. 狐のための戦術と戦略

狐の戦術表 FOXTAC は，GOOSETAC に似ているところもある．狐は各ボードで常に○印の位

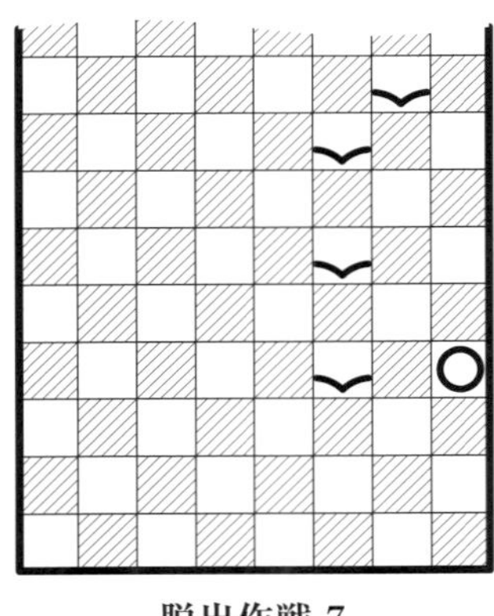

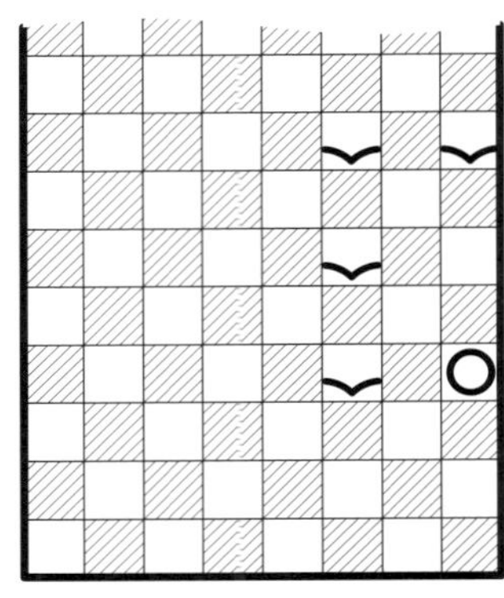

図 20.14　脱出作戦 7–8．両方ともにガチョウたちの先手である．狐は脱出できるだろうか？

置にいる．円に点の入った印 ⊙ は，たとえガチョウたちの番であっても，狐がそこから容易に脱出できる急所であって，その脱出方法については詳しく説明するまでもない．

各ダイアグラムにおいて，もし狐の番ならば，次の順序で手を選ばなければならない：

1. 急所にいれば脱出する．あるいは
2. 急所に移動して，次に脱出する．それ以外の場合は，
3. 別の円に移動する．さもなければ
4. 枝を刈り込む．それができなければ，
5. 投了する．

青い花満開のデルフィニウムとの和ゲームをプレーしているときは，最後の可能性は起こらないことを確認しよう．そのために，ガチョウたちの可能なすべての手（〰の足下に示されている）のうちで，狐を安々と脱出させる手（–），狐をワクワクさせて脱出させる手（数字），および感嘆符！の手を除いた（英字で示される）手が，局面をFOXTACの中に留めることを確認する必要がある．なお，数字はちょうど対応する脱出作戦（たとえば数字 "2" は脱出作戦 2）を示し，感嘆符！は脱出作戦 3, 4, 5 と非常によく似た別のワクワク脱出作戦を示している．

FOXTACの列 H には，H 以外の英字が現れないことに注意してほしい．それゆえ，もし狐が列 H の○印の位置にいたときにガチョウたちがこの列以外の陣形に移せば，狐は脱出することができる．もしガチョウたちが刈り込みをすれば，狐も刈り込みで対抗することができる．もしガチョウたちが投了を拒否すれば，結局，狐の脱出を許す陣形に移らなければならない．読者は，ガチョウたちが列 H に移るような非常に悪い手を打たない限り，表FOXTACが閉じていることを確認することができる．

ガチョウの番で，まだ狐の勝ちになっていなければ，狐はFOXTACの1つのダイアグラムの上で，○印の場所にいる．FOXSTRAT（728ページの図20.16）の目的の1つは，青い花満開のデルフィニウムとともにプレーするとき（適当な位置から開始すれば），狐が孤立した○印の位置にいるときには必ず刈り込みの手を保持していることを示すことにある．隣接した2つの○があれば，その間を狐が移動できるので，狐は窮地に陥ることはない．

孤立した○印をもつ局面は，FOXSTRAT の左右の外側の 2 列にあり，そしてそこが狐が刈り込みをする唯一の局面 である．したがって，そのような窮地に陥った最初の時点では狐が使える刈り込み手は 2 回残っているので，狐はその最初の刈り込み手を用いることができる．また，これらの局面では丸で囲まれていない節点に移動できる手はないので，この刈り込みのあと，ガチョウたちは丸で囲まれた節点である別の局面に（あるいは列 H に向かって）移動しなければならない．これらの移動には 2 つの場合があり，図では Y から Z へ，あるいは X から Y そして Z へ，という形式の垂直移動で示されている．

左の場合は，狐の 2 回の刈り込む手は明らかに狐を生き残らせる．右の場合もまた，狐の 2 回の刈り込みで十分である．というのも，2 つの手は同じタイプ（明るくするか暗くするかに関して）なので，狐は中間の節点 Y で自分の番のとき刈り込む必要がなく，したがって節点 Z で再度刈り込むことができるからである．2 度目の刈り込み後，ガチョウたちにはもはや打つ手がない．

以上の議論は，確認を省略した多くの容易な脱出作戦と合わせれば，“無限ボード上の狐とガチョウ・ゲーム” とデルフィニウムの和ゲームをプレーするとき，狐が永久に生き残ることができることを示している．それゆえ，次の不等式が成り立つ．

$$\text{F\&G} \leq 1\,\mathbf{over}.$$

2 つの向きの不等式を組み合わせれば，次の完全な評価が導かれる．

$$\text{F\&G} = 1\,\mathbf{over} = 1 + 1/\mathbf{on}.$$

ここで正確を期するなら，“F&G” は，ガチョウたちの陣形が A2 または A6 であって，狐はガチョウたちよりも下ならばどこにいてもよいという条件であったことを注意しておく．

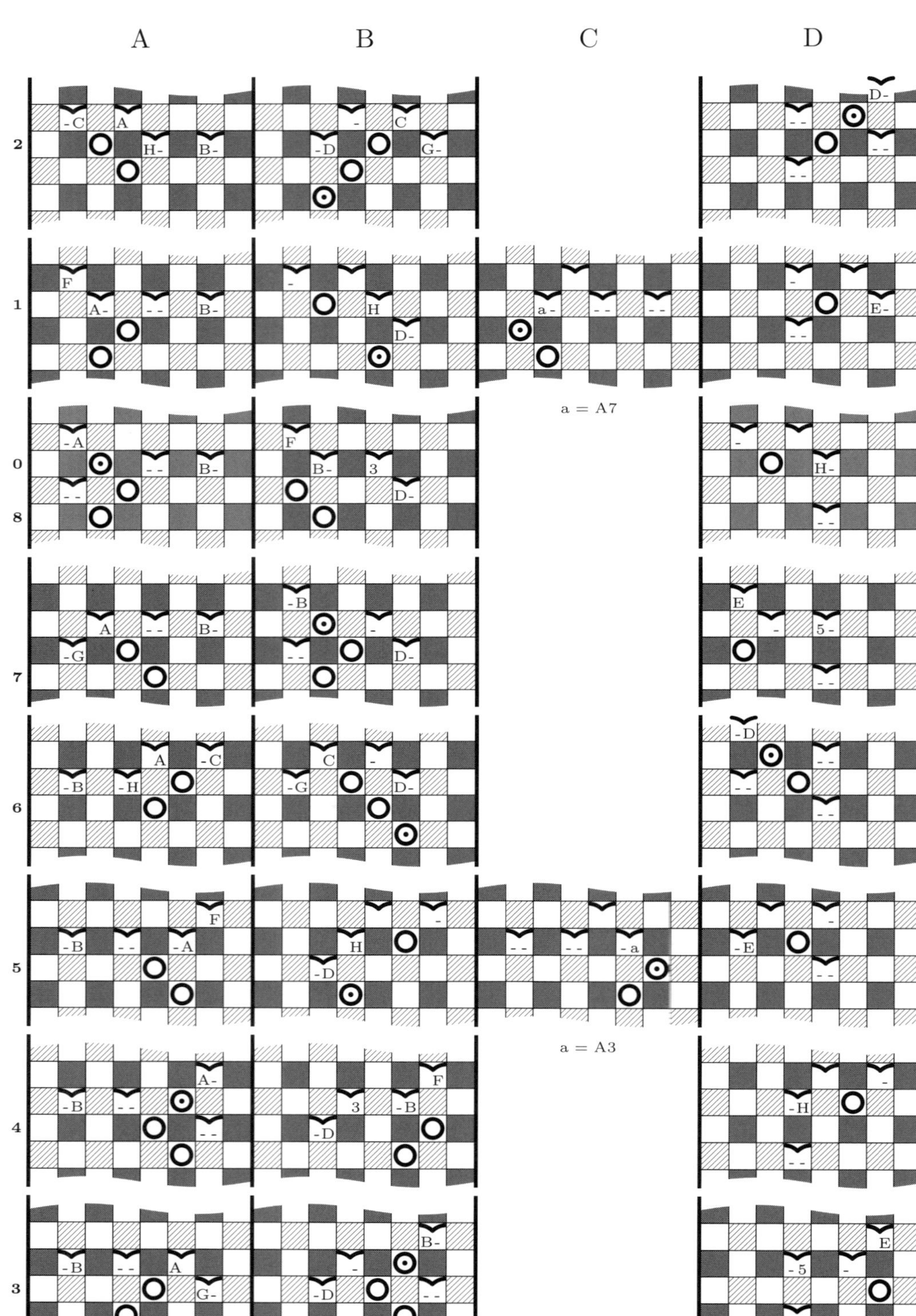

図 **20.15** FOXTAC.

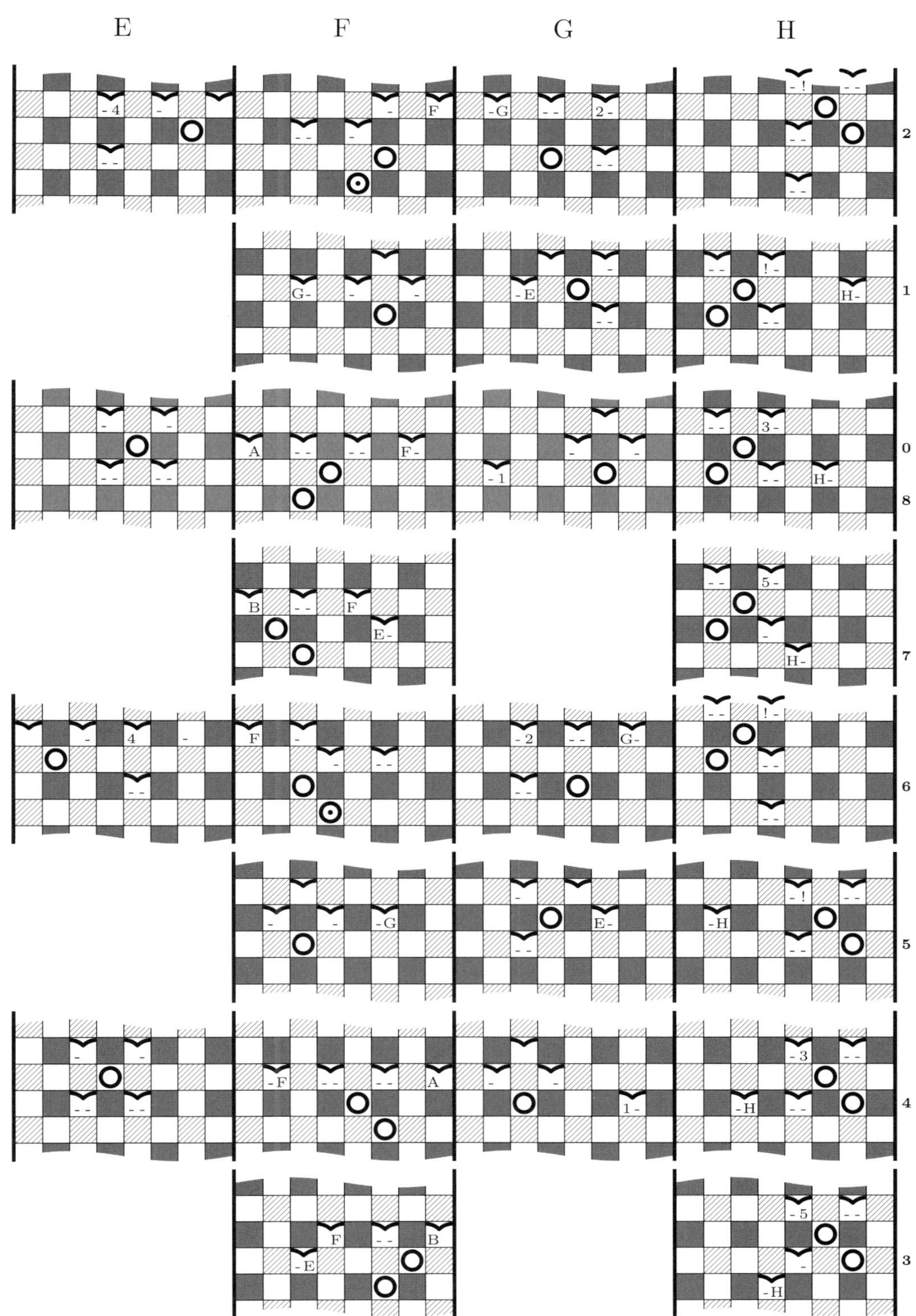

FOXTAC（続き）.

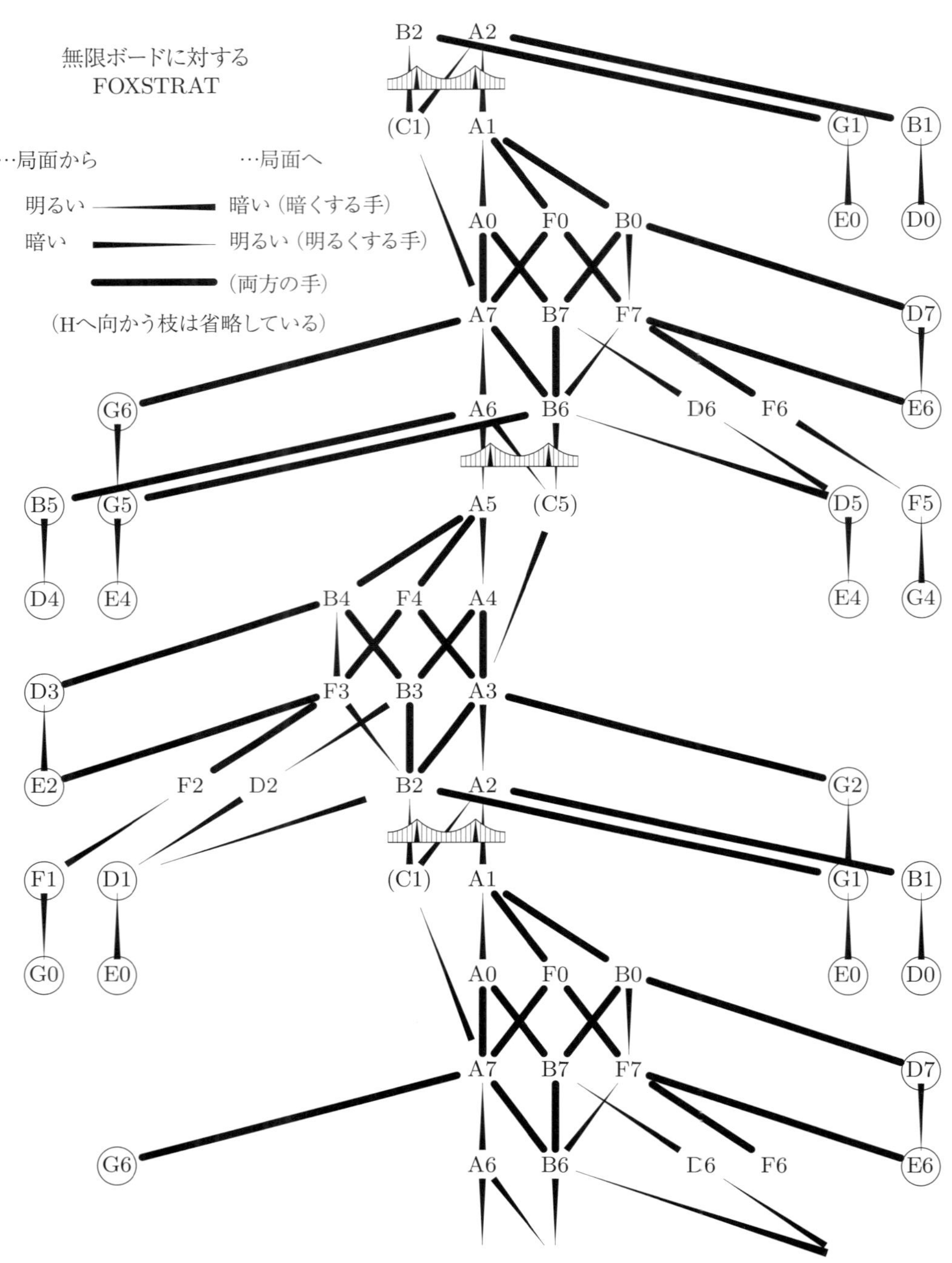

図 **20.16** 無限ボードに対する FOXSTRAT.

10. 有限ボードでの狐のプレー

有限ボードでは，行は上に向かって 0 から 8 進数で番号づけられていて，GOOSETAC と FOXTAC の各ダイアグラムは英文字とその後ろに少なくとも 2 桁の 8 進数でラベルづけされている．（曖昧さをなくすために，8 より低い高さには上位にゼロをつける．）そのとき，A2 は陣形 A02, A12, A22, A32, ... のどれかを表す．GOOSESTRAT と FOXSTRAT において示されたグラフは，ダイアグラムの法 8 で巡回的にラベルづけされた行を，下向きに続く長い系列で置き換えれば，十分に大きな高さでは，すべて局所的にそのまま使うことができる．もし狐の脱出がうまくいくだけの十分な高さがまだあれば，これらの図はすべて正確のままである．そのような F&G 局面が素抜かれたデルフィニウムと共にプレーされるとき，ガチョウたちは必要以上に刈り込むことなくボードの下辺へ狐を押し下げようとする．一方，狐はガチョウたちができるだけ頻繁に刈り込みするように仕向ける．GOOSESTRAT は，A2 または A6 のタイプの各陣形における高々 1 回の刈り込みを除いて，どの陣形でも刈り込み無しでガチョウたちが狐を押し下げる方法を示していた．以下で，FOXSTRAT が少なくともその頻度でガチョウたちに刈り込みを強いることができる方法を狐に与えていることを示そう．FOXSTRAT に描かれた橋は，これを証明するための鍵である．

ガチョウたちは，A1, C1 を A2, B2 から隔てる橋の下を，暗くする手を打つことによってのみ通ることができる．さらにいくつかの手を打った後，ガチョウたちは（無限ボードのときのように狐がそこから勝つことのできる）丸で囲まれた節点でプレーするか，あるいは，A6 または B6 にたどりつかなければならない．狐は FOXSTRAT において丸で囲まれていない節点では刈り込みをしないので，ガチョウたちは直前までに再び刈り込みをしていなければ，明るい局面で手を打たなければならない事態に陥る．A6 と B6 から橋の下を進むすべての手は明るくする手なので，ガチョウたちはもう 1 度刈り込みをするという通行料を払うことなくこの橋の下は通過できない．この議論を続けると，ガチョウたちは FOXSTRAT の橋を 1 つ通過するたびに，通過する前に少なくとも刈り込み 1 回の通行料を払わされる．そして，素抜かれたデルフィニウムは長さ 2 の茎をもっているので，狐は，FOXSTRAT 内の丸で囲まれたどれかの節点に移動することにより，この通行料を逃れようとするガチョウたちのいかなる試みもすべて打ち破ることができる．

それゆえ，狐は脱出の脅しをかけるのに十分高い位置にいる限り，この戦略を続けることができる．しかし，高さは減少するので，この仮定はやがて成り立たなくなる．最初の破綻は H23 で起こる．もしガチョウたちが H27 から脱出作戦 5 の位置に移動したなら，狐はそこに示された脱出を遂行できる．しかし，ガチョウたちが左右反転した H23 で同じようにプレーすれば，狐はバックフィールド不足のために脱出に失敗する．このように，FOXTAC の中で，陣形 D24 から H23 に移動するガチョウたちの手は有効な手となる．FOXSTRAT に示されたテンプレートは A31, A30, A27, A26, B25, そして D24 を含む島に関して不完全なグラフ表現しか与えない．それゆえ，ガチョウたちが A32, B32 から A31, C31 へ橋をくぐり抜けたあとでは，狐が勝つために長さ 2 の赤い茎で十分であるとはもはや明言できない．しかしながら，この橋の上側ではそのような問題はない．すべての脱出作戦は，無限ボードと同様に機能する．そして，A32,

B32の**上側では**，もしガチョウたちが丸で囲んだどの陣形に動いたとしても，狐が勝つためには少なくとも長さ2の赤い茎をもつハッケンブッシュ花があれば十分である．特に

$$\text{A32, A36, A42, A46, ...}$$

などの，高めの局面で◯の位置に狐がいる**重大な**局面から動くときは，後手の狐はそれぞれ

$$2,\quad \frac{3}{2},\quad \frac{5}{4},\quad \frac{9}{8},\quad \ldots,$$

の値をもつ花に対して勝つことができる．それゆえ，これらの値は，そのようなすべての局面の値に関する下界となっている．これらの下界はぎりぎりの限界であることを示すために必要な1つのことは，重大な局面 A32 $-$ 2 からガチョウたちが後手で勝つことの確認である．その作業は付録に回すことにする．しかしこれが一度示されれば，高めの重大な局面 A36 $-\frac{3}{2}$, A42 $-\frac{5}{4}$, A46 $-\frac{9}{8}$, ... の各々から後手のガチョウたちが勝つことを示す簡単な帰納的推論をGOOSESTRATが与えている．それゆえ，($k=0$ のとき) 高さが32 (8進数) の場合を確認するだけで，高さが一般に $4k+32$ (8進数) である重大な局面 A において

$$\text{F\&G} = 1 + 2^{-k}$$

であることを証明できたことになる．この重要な場合を，付録で紹介するSiegelの *cgsuite* を用いて計算的にわれわれは確認した．

11.　スクリメージ数列

列Aの陣形はGOOSESTRATとFOXSTRATの両方において中心的な役割をもつ．伝説的なフットボール・コーチWoody Hayesの推奨する基本的なグラウンドゲームのように，これらの陣形はゲームボードの下辺のゴールラインに平行なスクリメージ・ラインに沿って，ガチョウたちを水平方向に展開する．ガチョウたちは，刈り込むごとに狐をガチョウの前方に1行押し込む．そこでわれわれはこれらの固定した陣形 A7, A6, A5, A3, A2, A1 をスクリメージ陣形と呼ぶ．Siegelのプログラム *cgsuite* を使って，16×8 まですべての大きさのボード上でスクリメージ陣形をとるガチョウたちのあらゆる局面の値を計算した．表20.1に，FOXTACにおいてどちらかの◯印に狐がいる局面の値を示す．これらの値は，高度と呼ばれる1個のパラメータ n によって表になっている．この高度は5匹すべての動物の行ランクの和として定義される．その値をもっとも便利な10進法で表現する．

陣形F0とB0において◯印のどちらかに狐がいる局面の値も，表の底部に示されている下界より大きなすべての高度 n に対して，この同じ数列がまたゲームの値となっている．これらの陣形はすべてGOOSESTRATとFOXSTRATの図の中心近くの節点に対応する．また，前の節では重大な局面の値を評価した．それらの局面はすべて5を法として高度2をもち，スクリメージ数列の対応する列の正しさをわれわれは証明した．熱心な読者はこれらの議論を拡張して，すべての大きな高度 n についてスクリメージ数列の正しさを証明したいと思うのではないだろうか．

表 20.1 スクリメージ数列の値，$\mathbf{s}[n]$; n = 高度.

10進法で表した高度の関数としてA7, A6, A5, A3, A2, A1の値を示す.
高度 >12 のF0，高度 >32 の B0 に対しても適用される.

一の位→ 十の位 ↓	9	8	7	6	5	4	3	2	1	0
...	...	...	...	...	...	...	...	...	...	...
50s	$\frac{33}{32}$	$\frac{33}{32}*$	$\frac{33}{32}$	$\frac{17}{16}*\|\frac{33}{32}$	$\frac{17}{16}*$	$\frac{17}{16}$	$\frac{17}{16}*$	$\frac{17}{16}$	$\frac{9}{8}*\|\frac{17}{16}$	$\frac{9}{8}*$
40s	$\frac{9}{8}$	$\frac{9}{8}*$	$\frac{9}{8}$	$\frac{5}{4}*\|\frac{9}{8}$	$\frac{5}{4}*$	$\frac{5}{4}$	$\frac{5}{4}*$	$\frac{5}{4}$	$\frac{3}{2}*\|\frac{5}{4}$	$\frac{3}{2}*$
30s	$\frac{3}{2}$	$\frac{3}{2}*$	$\frac{3}{2}$	$2*\|\frac{3}{2}$	$2*$	2	$2*$	2	$2\varepsilon\|2$	2ε
20s	2ε	2ε	2ε	2ε	2ε	2ε	2ε	2ε	2ε	2ε
10s	2ε	2ε	2ε	2ε	2	$2*$	2	注)	$\frac{5}{2}*$	$\frac{5}{2}$
00s	$3*\|\frac{5}{2}$	$2*$	2	$3\|2$	3	なし	1	0	なし	なし

注)：2 通りの値が存在する；$\text{A13} = \frac{5}{2}*|2$，であるが $\text{A12} = \frac{5}{2}$ でもある.

スクリメージ数列は自然に3つの領域に分かれる：高い領域と，値が2 **over**となる“**Welton**領域”と，そして低い領域である．これらの領域のおのおのについて付録でさらに議論する.

12. 開始局面の値

$J \times 8$のボードでは型どおり，ゲームは4羽のガチョウたちがすべて最も上の行に並ぶ開始陣形から始まるものとする．通常，狐は最も下の行から始めるものとする．高さも開始高度も10進法で $4J-4$ である．しかし，ゲームのある変形では狐は別の開始位置をとることが許されたり，ときにはいくつかの制約条件が設けられたりする．$8 < J < 17$のとき，ボードの底の$J-7$行のすべての局面の値は表20.2に示された**序盤の数列**に属することがわかっている.

かなり多くのコンピュータによる計算結果に基づいて，付録に詳しく記す適切な修正や改良とともに，この序盤の数列が，**すべての**$J > 7$に関する$J \times 8$のボードの開始陣形のあらゆる局面の**正確な**値を提供する，という事実を記してこの章を終わることにする．任意の大きさのボードにおいてガチョウたちの開始陣形が最上行にある場合，狐のすべての位置に対して，われわれが確定した値について，より詳しい結果を付録に示す.

小さい数から開始して上の方向に向かう通常の方式ではなく，その代わりに正しいトップ・ダウン方式によってここまで到達した．われわれは無限大から下に向かった．この方法で成功した理由の一部は，とても大きな高度に対する値は数を多く含むこと，またスクリメージ数列の中の局面の温度は高度が減少するにつれて増加する傾向にあることにある．したがって，われわれが採用した方式は，温度の観点から“ボトム・アップ”と考えることもできる．われわれは重要で安定した局面と関連したそれらと近接する他の局面からなる土台を築くことから開始したのである.

表 **20.2** すべての序盤の局面の値, $\mathbf{e}[n]; n =$ 高度.

一の位 → 十の位 ↓	9, 4	8, 3	7, 2	6, 1	5, 0
...	....	....	....	....	....
60s の下位	$\frac{33}{32}*$	$\frac{33}{32}$	$\frac{33}{32}*$	$\frac{17}{16}\|\frac{33}{32}*$	$\frac{17}{16}$
50s の上位	$\frac{17}{16}*$	$\frac{17}{16}$	$\frac{17}{16}*$	$\frac{9}{8}\|\frac{17}{16}*$	$\frac{9}{8}$
50s の下位	$\frac{9}{8}*$	$\frac{9}{8}$	$\frac{9}{8}*$	$\frac{5}{4}\|\frac{9}{8}*$	$\frac{5}{4}$
40s の上位	$\frac{5}{4}*$	$\frac{5}{4}$	$\frac{5}{4}*$	$\frac{3}{2}\|\frac{5}{4}*$	$\frac{3}{2}$
40s の下位	$\frac{3}{2}*$	$\frac{3}{2}$	$\frac{3}{2}*$	$2\|\frac{3}{2}*$	2
30s の上位	$2*$	2	$2*$	2_{ish}	2_{ish}
30s の下位	2_{ish}	2ε	2ε	2ε	2ε
20s の上位	2ε	2ε	2ε	2ε	

付　録

13.　洗練された新しいソフトウェア

狐と鵞鳥の章におけるすべての計算は，初版『数学ゲーム必勝法』においては手計算だった．実は，初版のすべての巻の計算はほとんどすべて手計算であった．例外は Grundy のゲーム（第4章）や Kaylesvines の系列（第16章）を調べるために用いられた計算のような非常に特殊なニンバーのいくつかの再帰的な計算だけであった．

David Wolfe は1990年代初頭に組合せゲーム理論のコミュニティへ，かなり高度に洗練されたレベルの計算機ソフトウェアを導入した．彼の先駆的なツールキットは計算とシンボリックに標準形を操作するのを可能にした．それは，数，ニンバー，無限小，原子量，冷却，加熱，過熱，温度グラフなどの概念を実装している．それは対話型で比較的使い勝手がいい．Wolfe のツールキットは，ドミニーリングやクローバーを含む，いくつかの特別なゲームの解析の助けとなっている．また，別の人々がヒキガエルとアマガエル（Jeff Erickson によって）やコナネ（Michael Ernst によって）を含む別の特別なゲームに拡張したプラットホームともなっている．

ソースコードは長らく広く一般に利用されてきており，Wolfe のウェブサイトでオンライン・アクセスが可能となってきた．2002年までに，数百人の利用者の関心を集めていて，プログラムは Unix マシン上で走っている．

2002年秋に，Aaron Siegel がゲーム理論ソフトウェアの新しいセットを一から開発するという野心に満ちた試みを開始した．彼のプログラムはすべて Java で書かれ，大きな一般性と携帯性を兼ね備えている．彼はまた，彼のツールキットがより大きな問題をより早く取り扱えるように，キャッシュ管理のようなソフトウェア工学問題にも十分な注意を払っている．出来上がったツールキットは Wolfe のツールキットに見られる機能をすべてサポートし，かつ，狐とガチョウのようなループ型ゲームを取り扱える能力を組み込むなど，重要な新しい機能を加えている．Siegel は，『数学ゲーム必勝法』第11章に見られる概念と理論に基づいて，そのようなゲームを扱うための自身による新しいアルゴリズムを工夫を重ねて開発した．

われわれは Siegel のプログラムを使って，この章で提示された結果のいくつかを検算し，また，他にいくつかの結果を発見した．現時点[2003年春]の Siegel のツールキットは，512 MB の RAM を備えた2.4 GHz Pentium で走らせると，14×8 のゲームボードの上での狐とガチョウの局面の任意の小さな集まりの標準形を数分で計算することができ，16×8 のゲームボード上では，約90分で計算する．狐とガチョウを解析し，理解するためのわれわれ自身の努力によって，われわれは Siegel の新しい *cgsuite* (Combinatorial Game Suite) の最初の利用者の一員となった．ドキュメントと診断プログラムは常にアップグレードされている．David Wolfe は助言して貢献し，Michael Albert が率いるニュージーランドのグループはいくつかのグラフ作成プログラムを追加している．

読者の中には，狐とガチョウや多くの他のゲームのさらなる探求のために，このすばらしいツールキットを使いたいと切に願っている人がいるに違いない．それは一般に公開されて利用可能で，http://cgsuite.sourceforge.net からアクセスすることができる．

われわれがこのツールキットを使った手始めは高い場所 A32 の◯の位置に狐がいる**重大な局面**の値が 2 であることを確認することであった．それで，われわれの新しい定理の証明が完成した．

14.　FOXTAC局面の値

表20.3 と表20.4 は Siegel の *cgsuite* によって計算されたFOXTAC における狐が◯の位置にいるほぼすべての局面の値を示している．これらのほとんどの陣形において，これらの◯の位置は，脱出してはおらず，差し迫った脱出の脅威も与えていない狐にとって最良の位置となっている．表20.5 の列のそれぞれの中にある 2 つの太字の値に示された例外のすべては，やや短いボードにおいてのみ現れる．

これらの表はつぎの節で非常に助けになる．

表 20.3　2 個の◯をもつ狐の戦術ダイアグラムの値．（低い◯の値の上に高い◯の値が並べてある．）

	7 と 3				6 と 2				5 と 1		4 と 0			
	A	B	F	H	A	B	F	H	A	H	A	B	F	H
…	……													
40s の下位	$\frac{5}{4}*$	$\frac{5}{4}\|-$	$\frac{9}{8}$	$-$	$\frac{5}{4}$	$\frac{5}{4}$	$1\|-$	$-$	$\frac{3}{2}*$	$-$	$\frac{3}{2}*\|-$	$\frac{3}{2}$	$\frac{3}{2}$	$-$
	$\frac{5}{4}$	$\frac{5}{4}$	$2\|\frac{5}{4}\|\frac{9}{8}$	$-$	$\frac{3}{2}*\|\frac{5}{4}$	$\frac{5}{4}\|-$	$-$	$-$	$\frac{3}{2}$	$-$	$\frac{3}{2}*$	$\frac{3}{2}*$	$\frac{3}{2}*$	$-$
30s の上位	$\frac{3}{2}*$	$\frac{3}{2}\|-$	$\frac{5}{4}$	$-$	$\frac{3}{2}$	$\frac{3}{2}$	$1\|-$	$-$	$2*$	$-$	$2*\|-$	2	2	$-$
	$\frac{3}{2}$	$\frac{3}{2}$	$2\varepsilon\|\frac{3}{2}\|\frac{5}{4}$	$-$	$2*\|\frac{3}{2}$	$\frac{3}{2}\|-$	$-$	$-$	2	$-$	$2*$	$2*$	$2*$	$-$
30s の下位	$2*$	$2\|-$	$\frac{3}{2}$	$-$	2	2	$1\|-$	$-$	2ε	$-$	$2\varepsilon\|-$	2	2ε	$-$
	2	2	$2\frac{1}{2}\|2\|\frac{3}{2}$	$-$	$2\varepsilon\|2$	$2\|-$	$-$	$-$	2ε	$-$	2ε	$2*$	2ε	$-$
20s の上位	2ε	$2\|-$	$\frac{3}{2}$	$-$	2ε	2	$1\|-$	$-$	2ε	1	$2\varepsilon\|-$	2	2ε	$1*$
	2ε	2	$2\frac{1}{2}\|2\|\frac{3}{2}$	$-$	2ε	$2\|-$	$-$	$-$	2ε	$1*$	2ε	$2*$	2ε	1
20s の下位	2ε	$2\|-$	$\frac{3}{2}$	1	2ε	2	$1\|-$	0	2ε	1	$2\varepsilon\|-$	2	2ε	$1*$
	2ε	2	$2\frac{1}{2}\|2\|\frac{3}{2}$	$2\varepsilon\|1$	2ε	$2\|-$	$-$	$3\|2\varepsilon\|0$	2ε	$1*$	2ε	$2*$	2ε	1
10s の上位	2ε	$2\|-$	$3\|2$	1	2ε	2	$3\|-$	0	2	2ε	$2\|-$	2ε	$2*$	2
	2ε	2	2	$2\varepsilon\|1$	2ε	$2\|-$	$-$	$2\varepsilon\|0$	$2*$	2ε	2	$2\varepsilon\|2*$	2	$3\|2\varepsilon\|2$
10s の下位	2	$\frac{3}{2}\|-$	$2\|\frac{3}{2}$	1	$2\frac{1}{2}$	$\frac{3}{2}$	$2\|1\varepsilon$	0	$2\frac{1}{2}$	2	$2*\|-$	$2\Uparrow$	2	1
	$2\frac{1}{2}*\|2$	$2*\|\frac{3}{2}\|-$	$\frac{3}{2}$	$2\varepsilon\|1$	$2\frac{1}{2}*$	$\frac{3}{2}\|-$	$5\|1\varepsilon\|-$	$1\varepsilon\|0$	$3*\|2\frac{1}{2}$	$3\|2$	$2*$	$2\uparrow*$	$2\varepsilon\|1$	$2\|1$
00s の上位	$2*$	$2\|-$	$\frac{3}{2}$	0	2	2	1ε		3	1	$1\|-$	1ε	2	0
	2	$2\|2\|-$	$3\|2\|\frac{3}{2}$	$1\|0$	$3\|2$	$3\|2$				$1\varepsilon\|-$				$\varepsilon\|0$
00s の下位	1	$0\|-$	1											

表 **20.4** 単一の○をもつ狐の戦術ダイアグラムの値.

	7と3	6と2			5と1					4と0		
	D	D	E	G	B	C	D	F	G	D	E	G
···	······											
40s の下位	1	$1\|-$	0	0	1	$\frac{3}{2}*\|-$	1	1	1	0	0	0
30s の上位	1	$1\|-$	0	0	1	$2*\|-$	1	1	1	0	0	0
30s の下位	1	$1\|-$	0	0	1	$2\varepsilon\|-$	1	1	1	0	0	0
20s の上位	1	$1\|-$	0	0	2	$2\varepsilon\|-$	1	1	1	$1\uparrow$	0	0
20s の下位	1	$1\|-$	$2\|1$	0	2	$2\varepsilon\|-$	1	1	1	$\frac{5}{4}$	0	0
10s の上位	$1\frac{1}{2}*$	$1\|-$	2ish	0	$2*$	$2\|-$	1	3	1	2	0	2
10s の下位	2ε	$1\|-$	1ε	$2*\|\frac{3}{2}$	2	$2*\|-$	1	2	1	1	0	1
00s の上位	$1\Uparrow$	$1\|-$	$\frac{1}{2}$	1	1		1	1	1		0	0

表 **20.5** 高い○から中央に向かう位置に狐を移動させた局面の値.（太字の値は移動前の○に狐がいた局面の値より小さくなったことを示す）

高度（法 5）	3		2	0
	D	F	E	B
···	······			
20s の上位	1	$2*$	$1*$	2
20s の下位	1	$2*$	$1*$	2
10s の上位	$2\varepsilon\|\frac{3}{2}$	$\mathbf{2*}$	$\mathbf{1*}$	$\mathbf{1*}$
10s の下位	**2**	$\mathbf{\frac{3}{2}*}$	$\mathbf{\frac{3}{2}}$	**2**
00s の上位	**1**	$2*$	1ε	2

15. スクリメージ数列の領域

15.1 高い領域

非常に高い領域のスクリメージ局面から開始する狐とガチョウ・ゲームと，それと等しいかほぼ等しい値のハッケンブッシュ列の負との和ゲームを，2 人の強いプレーヤーが戦うのをわれわれは観察してきた．最初の連続する 5 回の着手の応酬のあと，局面は開始局面を並行移動して左右反転したものとなる．ガチョウたちの 5 手は 4 手の前進と 1 回のパスからなり，狐の 5 手は 2 手の前進と 3 手の後退からなる．陣形の高さは 4 だけ減少し，局面の高度は 5 だけ減少し，ガチョウたちは 1 枚のハッケンブッシュ花弁を刈り込んだ．なぜ上手なプレーヤーでもこれよりましな手が打てないのか？　なぜならば，ガチョウたちの関連したどんな陣形に対しても，FOXTAC の○の位置はそれ以外と同様に最小である．したがって，狐は○の位置に留まる限り失うものは何もない．というわけで，もし狐がそのようにすれば，われわれの提示した FOXSTRAT 論法が示すように，ガチョウたちには狐の脱出を拒む以上，FOXSTRAT に示された陣形に移動する手しかありえない．

高い領域の中で現れる値のストップはすべて

$$1 + 2^{-k}$$

という形をしている．スクリメージ数列の高い領域から値 2 **over** となる Welton 領域への遷移は高度 31 において生ずる．この局面はガチョウたちの陣形が A32（8 進）で，狐は低い○に位置する．われわれは，この局面の値を温度 **over** であるスイッチとして見る．値 −2 のハッケンブッシュ列と一緒に和ゲームとしてプレーするときは，先手が勝つ．もし，狐が先手なら，彼が前進するとガチョウたちは橋の下へ行くのに必要な通行料を支払うことができない．それで，ガチョウたちは中央の節点から外に向かって，そこからは高々数手以内で負けてしまう位置へ動かなければならない．しかし，もし，ガチョウたちがこの局面から（先手で）プレーできるとすると，彼らは次の領域に入るために橋の下をくぐる．

15.2　値が 2 over となる Welton 領域

この領域は Welton によって詳細に調べられた．この領域のすべての値は “over” と呼ばれる無限小のループ的な正数だけ数 2 を超えている．この無限小はアップ（UP）の任意の有限整数倍を超えている．この量が大変多くの高度に対して頻繁に出てくるということは，それが次の広範な等号：

$$\varepsilon = 0|\varepsilon = \varepsilon|\varepsilon = \varepsilon + \varepsilon = \varepsilon *$$

をみたすという事実に，少なくとも部分的には起因しているのかもしれない．明らかに，ε は冪等 (idempotent) である．それは，Berlekamp [2002] によって議論されたクーポンの冪等の任意の厚いスタックに吸収されてしまうとはいえ，⤊ または ⟰ のような任意の通常の無限小を吸収するに十分な生気をもっている．

Welton 領域で，一緒にプレーされる適切なハッケンブッシュは，長さ 3 の赤い茎をもち，先端に青の無限個の花弁をもった Welton のデルフィニウムである．この領域の局面に対するわれわれの戦略グラフは FOXSTRAT と GEESESTRAT で示されているテンプレートとはごくわずかに異なっているが，この違いは非常に重要である．列 H はガチョウたちにとってもはや悲惨ではなくなっている．これは，ゲームボードの底がいまや十分近くなっていて脱出作戦 5 によっては狐がもはや脱出できなくなっているからである．それで 陣形 A26 から B25, D24, H23 へとプレーする流れはガチョウたちにとって悲惨なことにはならないが，ただやや不利ではある．図 20.17 は，C31, A31 へ入る橋と A26 から出る橋の間の FOXSTRAT の部分を示している．FOXSTRAT のテンプレートとの第一の主要な違いは，新しい節点 H25, H24 などが存在することである．

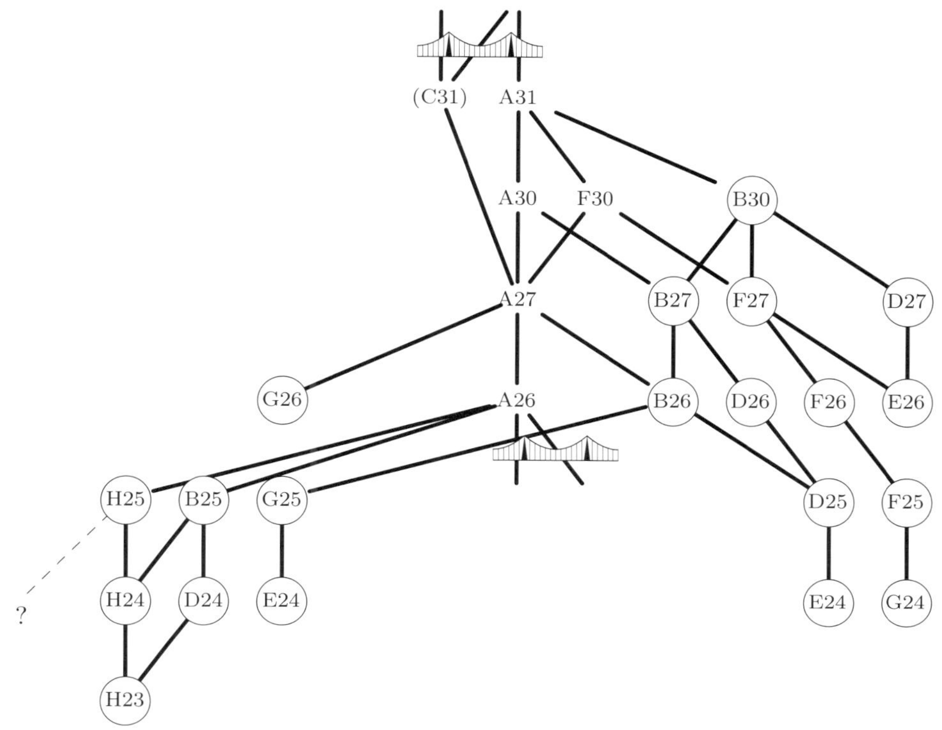

図 **20.17**　狐の戦略的上陸計画（暗くする手と明るくする手は省略）.

もう1つの主要な違いは，一緒にプレーされる適切なハッケンブッシュである Welton のデルフェニウムがやや長い茎をもっていることである．それで，狐がそこから刈り込みで勝つことのできるより多くの節点が存在している．そのような節点のすべてに○がつけてある．Welton 領域と低い領域では，狐はすべての着手においてこの表の値を参考にすることを勧める．そして，もし刈り込みで勝てるならば，狐はプレーをするよりも刈り込みを選ぶべきである．狐が確かにこれをするべき局面のいくつかの例が図 20.18 に示されている．

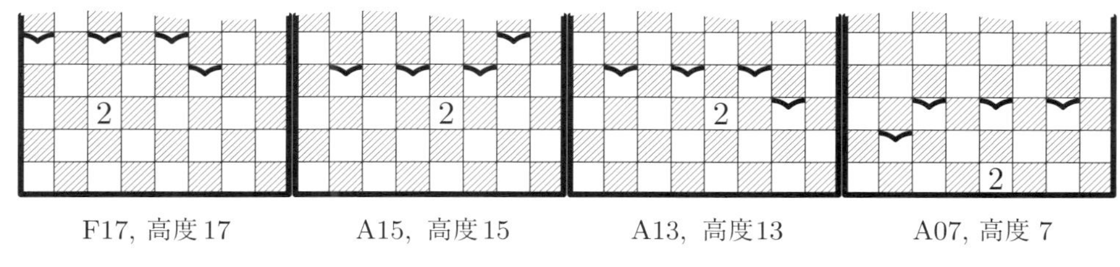

図 **20.18**　値 2 のいくつかの高度の低い局面

表 20.3, 20.4, 20.5 を用いて，FOXSTRAT に対応する正しいグラフを容易に構成することができる．A25 に入る橋と A22 を出る橋の間の FOXSTRAT の領域はちょうど図 20.17 を左右入れ替えて並行移動したものとなっている．A21 に入る橋と A16 を出る橋の間の領域は大抵並

行移動したものであるが，唯一の例外がある：節点 H15 には○がつけられていない． A15 で始まる次に低い領域はまったく異なっており， **2 over** 領域の外側にまったく出てしまっている．

Welton のデルフィニウムに，ガチョウたちがスクリメージ局面にある F&G 局面 A31 を加えた局面から，熟達した2人のプレーヤーで競われるゲームを観察すると深い洞察が得られる．狐は，われわれが以前研究した FOXSTRAT のいくらか修正した版に従ってプレーする：違いは単に，プレーする前に，狐は表に記された値を見て，それが勝ちを約束してくれるならばプレーする代わりにいつも刈り込みをする．ハッケンブッシュ花の3枝の茎は彼に多くの可能な刈り込みを提供してくれるので，いまやよくそういうことになる．賢いガチョウたちは中心を外れた陣形へ動くことを拒否する．その代わり，消極的，あるいは積極的は戦略を選ぶ．もし，消極的であれば，A31, A27, あるいは A26 のような陣形に単に止まり，すべての着手で刈り込みをする．狐は，彼の2つの○の間を行ったり来たりを繰り返す2ステップ・ダンスに専念するしか良い方法がない．全部の局面が何度も何度も繰り返され，ゲームはドローとなる．

より積極的で賢いガチョウたちは，狐をもっともっと低い高度へ位置を下げさせようと試みるかもしれない．彼らは，A31 から A30, A27, A26 へと押し込むことに成功する．そのあと，A25 への橋の下へ行く通行料を支払う必要が出てきうるのだが，これは問題とはならない．というのは，Welton のデルフィニウムは青い花弁を無限個もっているからだ．1羽のガチョウが通行料を払ったあと，ガチョウたちは A25 への橋の下に押し出て， A24, A23, A22 と続けていく．そして， A21 へ移動する前にもう一度通行料を支払う．しかしながら，この橋の下を通過したあと，彼らは新しい領地（島）に入っていることに気づく．狐の以前のいくつかの脱出作戦を実行するにはバックフィールドがいまや不十分となり，特に，H15 の陣形はガチョウたちにとって A15 の **中央**陣形より良くなっている．ということで，積極的なガチョウたちによる有力な戦略は陣形 A21 から A20, A17, A16, H15 へと押し込み，その後，必要であれば，刈り込みののち，図 20.19 から図 20.20 へ向かう方針である．

しかし，賢い積極的なガチョウたちが成し得ることはここまでである．彼らは最後にはすべての着手において刈り込みという消極的手段に頼らざるをえないところに追い込まれる．一方，

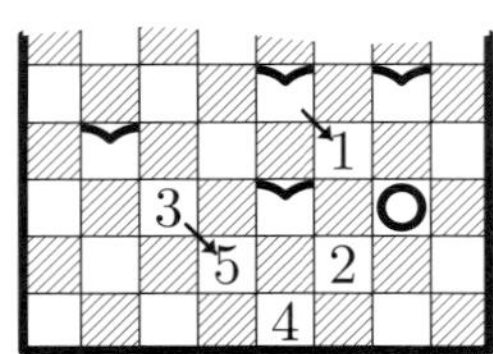

図 20.19 H15 から狐の安全なダンス天国への旅.

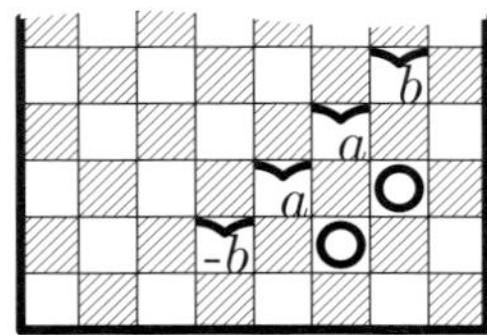

Value $= 2\varepsilon$; $a = 2$; $b = 1\varepsilon$.

図 20.20 狐の安全なダンス天国.

狐は生き残って，最後の安全なダンス天国で活発にいられる．もし，ガチョウたちがその局面 + Welton のデルフィニウムから，より積極的な何らかの手を打てば，狐が勝つことができる．Welton 領域の局面のすべては，狐の安全なダンス天国とわれわれが呼ぶ，この単純な局面の前身と考えることができる．

Welton 領域のほとんどすべての局面において，ガチョウたちは値 **2over** の局面へ向かう有力な手をもっている．しかしながら，典型的プレーは彼らに値 >= 2 へ行くことだけを要求す

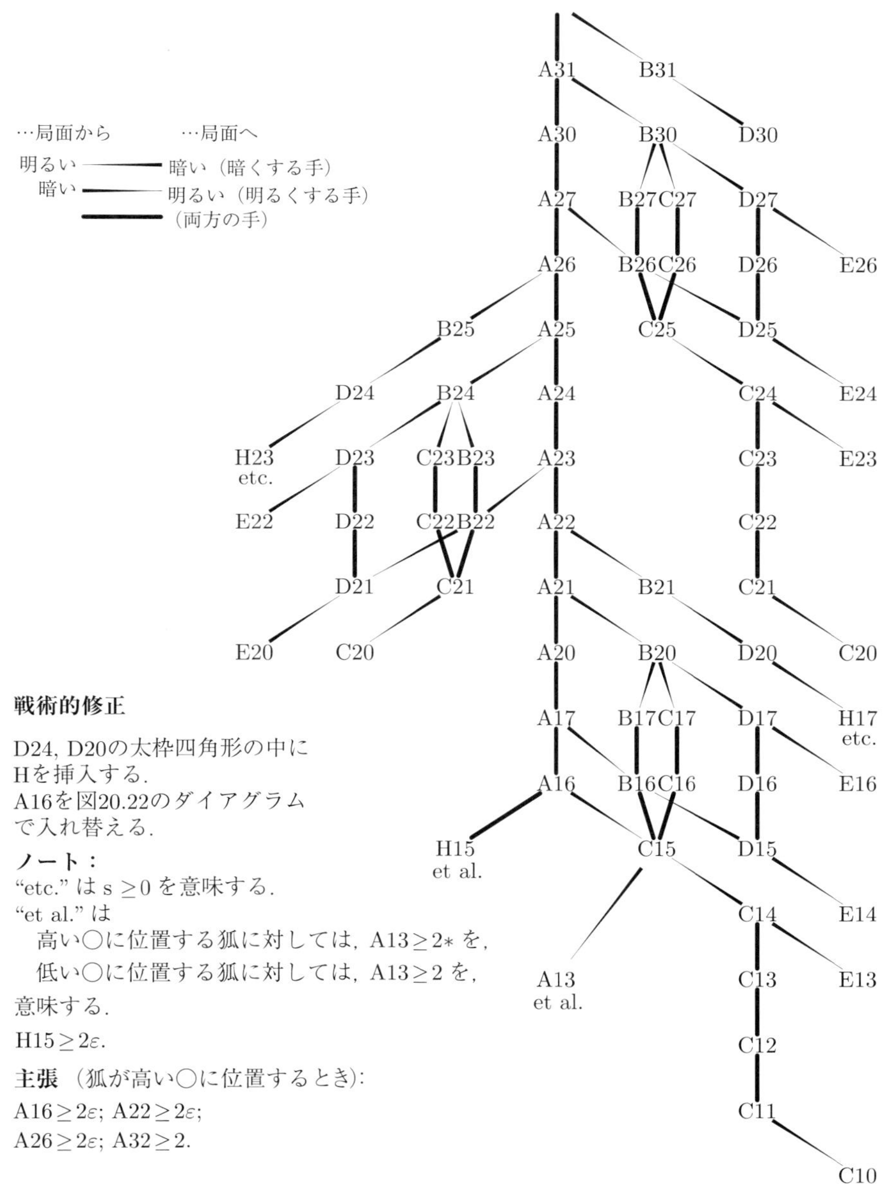

図 20.21 ガチョウたちの戦略的上陸計画（C13 より上の内向きの枝は省略）．

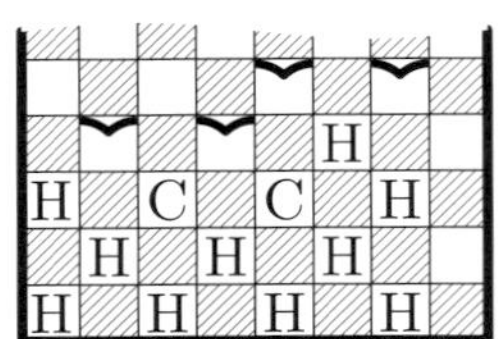

図 **20.22**　鵞鳥たちの上陸ダイアグラム A16 の戦術的修正.

る．図 20.21 と図 20.22 は，有能なプレーヤーが GOOSESTRAT と GOOSETAC にきわめて小さな修正をほどこしたのを用いて，これがどのようにしてできるかを示している．

15.3　低い“デルタ”領域

海に注ぐ前にデルタ地帯に広がる大きな川のように，プレーの良い流れは低い領域で多くの分枝を伴って広がる．731 ページの表 20.1 のスクリメージ値はもはやタイプ F0 と B0 の陣形に適用できないばかりでなく，A12 と A13 が異なる値をもつ場合（高度 12 で）さえも存在する．また今や，FOXTAC に示されているテンプレートにおいて○にある位置より小さな値をもつ局面も 735 ページの表 20.5 に示されているようにいくつか存在する．

言ってみれば，高い高度でよく見られるパタンが低い領域で多すぎるくらい特別の場合として広がっている．幸運なことに，この領域は Siegel の *cgsuite* で値を非常にすばやく計算することができるくらい十分小さいというばかりでなく，計算機の助けなしでも熟達したプレーヤーなら操ることのできるほどに十分小さい．

16.　開始値

ガチョウたちが彼らの硬いスクリメージ陣形の 1 つに配置されているときですら，もし彼らがゲームボードの底に十分近ければ，狐にとって最良の位置がどれかはもはや明らかではない．それで，**すべての** 狐の位置の値を図 20.23 と図 20.24 のように表にしておくのは有用であろう．そこではゲームボードの上端に，ガチョウたちが開始 F4/F0 陣形をひいている．これらの値は，図 20.7a のようにゲームボードの上端が無限に伸びていることを前提にしていることに注意せよ．それで，図 20.6 の狐-ガチョウ隊-狐問題のような問への解答を与えている．固定サイズの $J \times 8$ ゲームボードの上端の行で狐が捕獲されることを許すことは，小さいゲームボードのいくつかの開始局面がガチョウたちにより有利に働くことになる．

Welton 領域でまだ明らかではない大きなゲームボードで興味深いパタンがいくつか現れる．

5 × 8 ボード

⌣		⌣		⌣		⌣	
	$3{*}\mid 2\varepsilon$		2ε		$\frac{5}{2}{*}$		$\frac{5}{2}{*}$
z_1		2ε		$\frac{5}{2}{*}\mid 2\varepsilon$		$\frac{5}{2}$	
	z_3		$\frac{5}{2}\mid 2\varepsilon$		$\frac{5}{2}{*}$		$\frac{5}{2}{*}$
z_2		$\frac{5}{2}$		$\frac{5}{2}$		$\frac{5}{2}$	

ここで，$z_1 = 5{*} \Vert\Vert\Vert 4, 4{*} \Vert\Vert \frac{7}{2}|3\Vert 2\varepsilon \Vert\Vert\Vert\Vert 3{*}|2\varepsilon$,
$z_2 = 4, 4{*} \Vert\Vert \frac{7}{2}|3\Vert 2\varepsilon$, $z_3 = \frac{7}{2}|3\Vert 2\varepsilon$ である．

4 × 8 ボード

	⌣		⌣		⌣		⌣
$4{*}\mid\frac{7}{2}$		$\frac{7}{2}{*}$		$2{*}$		$3\mid 2$	
	$\frac{7}{2}$		$\frac{7}{2}{*}\mid 2{*}$		2		z_1
$4{*}\mid\frac{7}{2}$		$\frac{7}{2}{*}$		$\frac{7}{2}\mid 2$		$4\mid 2$	

ここで，$z_1 = 6\varepsilon\Vert 3|2$ である．

3 × 8 ボード

⌣		⌣		⌣		⌣	
	2ε		2		$3{*}$		4ε
$6\mid 2\varepsilon$		$2\varepsilon\mid 2$		$4\mid 3\Vert 2$		$4\varepsilon\mid 3{*}$	

2 × 8 ボード

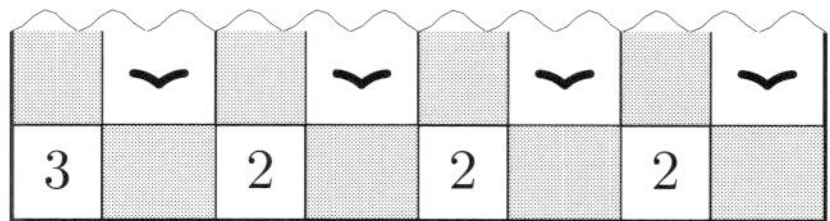

図 **20.23**　低い領域の開始値．

17. スクリメージ領域のパリティ

スクリメージ数列によって特徴づけられる値をもつ，FOXSTRAT グラフと GEESESTRAT グラフの中の節点のすべてを，高い中央領域を形成するものとして考えることは有用である．強い狐ならばそこからはガチョウたちを中央領域へ戻させない位置にある FOXSTRAT の◯の節点は，この領域をすでに去ったものとみなされる．

8 × 8 ボード

	⌣		⌣		⌣		⌣
2ε		2ε		2		$2\uparrow$	
	2ε		$2\varepsilon\|2$		$2*$		z_1
2ε		2ε		z_2		z_2	
	2ε		2ε		2ε		2ε
2ε		2ε		2ε		2ε	
	2ε		2ε		2ε		2ε
2ε		2ε		2ε		2ε	

ここで，$z_1 = 2\varepsilon|2\uparrow$ ，$z_2 = 2\varepsilon|2*$ である．

7 × 8 ボード

⌣		⌣		⌣		⌣	
	2ε		2ε		2ε		2ε
2ε		2ε		2ε		2ε	
	2ε		2ε		2ε		2ε
2ε		2ε		2ε		2ε	
	2ε		2ε		2ε		2ε
2ε		2ε		2ε		2ε	

6 × 8 ボード

	⌣		⌣		⌣		⌣
2ε		2ε		2ε		2ε	
	2ε		2ε		2ε		z_1
2ε		2ε		2ε		z_2	
	2ε		2ε		2ε		$\frac{5}{2}*$
2ε		2ε		2ε		z_2	

ここで，$z_1 = 3|\frac{5}{2}*\|2\varepsilon$ ，$z_2 = \frac{5}{2}*|2\varepsilon$ である．

図 20.24　Welton 領域の開始値．

⌣		⌣		⌣		⌣	
	$2\|\frac{3}{2}*$		$\frac{3}{2}$		$2*$		$2*$
z_1		$\frac{3}{2}*$		$2*\|\frac{3}{2}$		2	
	z_2		$2\|\frac{3}{2}*$		$2*$		$2*$
2ε		2		2		2	
	$2\varepsilon\|2$		$2*$		$2*$		$2*$
2ε		$2\varepsilon\|2*$		$2\varepsilon\|2*$		$2\varepsilon\|2*$	
	2ε		2ε		2ε		2ε
2ε		2ε		2ε		2ε	

ここで，$z_1 = 2\varepsilon\|2|\frac{3}{2}*$，$z_2 = 2\varepsilon|\frac{3}{2}*$ である．

図 20.25 9 × 8 の値．

高いスクリメージ領域の中に残っている値のストップはすべて

$$1 + 2^{-k}$$

の形をしている．この数を整数 k と同じパリティをもつとみなすことは有用である．1 の値はこれらのストップの典型的左手選択肢であるが，高い中央領域の外にある外側節点でのみ現れる．それで，高い中央領域の中では，すべての位置はその高さのパリティに対応して奇数，または偶数の値をもっている．偶数位置は奇数選択肢のみをもち，奇数位置は偶数選択肢のみをもっている．スターを加えるとそのパリティは変化する．

18.　序盤の値

スクリメージ系列のように，序盤の系列もまた高い領域と Welton 領域をもつ．計算機を使った計算で調べることができる高い領域の低い部分では，その序盤の値は方程式，

$$\mathbf{e}[n] = \mathbf{s}[n-5]*$$

により，スクリメージ値に関連して調べることができる．ここで，n は位置 $\mathbf{p}$ の高度である．もし，狐が非常に高いゲームボードの底の近くに位置する通常の開始局面からゲームが開始されるとすると，すべての序盤の値はこの公式によって与えられるとわれわれは主張する．これらの序盤の局面より狐がガチョウたちに近づき，しかしスクリメージ局面よりはずっと遠い，中間的な領域が存在する．ほとんどすべてのそのような局面は簡便に

$$\mathbf{v}(\mathbf{p}) = \mathbf{b}[n - d(\mathbf{p})] \quad \text{もし } d \text{ が偶数ならば，}$$

または

$$\mathbf{v}(\mathbf{p}) = \mathbf{b}[n - d(\mathbf{p})]* \quad \text{もし } d \text{ が奇数ならば，}$$

と表現することのできる値をもっている．

ここで，$\mathbf{b}[n]$ は値の基幹系列である．$n > 31$ に対しては，それを

$$\mathbf{b}[n] = \mathbf{s}[n]$$

として定義する．ただし後ほど，n の低いある値では幾分異なる定義をするようになる．高度減少量と呼ばれる整数 d は局面の局所的性質に依存し，占有された最低の階層にいる動物とゲームボードの底の間の**後方フィールド**の大きさには無関係である．すべての十分に高い開始局面に対する d の値は，図 20.27 に示された F4 高度減少量表に載っている．

もちろん，図 20.27 は F0 陣形へ反射させることができる．

十分高い高度では，この表の abc などは無視することができる；ただ数だけが意味をもつ．上で示したように，これらの数は，スクリメージ局面での 0 から，狐がガチョウたちの十分下の遠くにまだいる序盤の 5 までにわたる傾向がある．奇数局面に * を加えてパリティを正規化したあと，高度 n は大きく増加しながら基幹値は減少するので，狐は d の低い値を好み，ガチョウたちは高い値を好む．明らかに，頭のいい狐は 6 が振られたマスへ動くのをためらうだろう．文字 x でラベルづけられた各マスは基幹系列には現れない利害的な漸近的値をもっている．これらは賢い狐が避ける位置になる傾向がある．これらの不安定な例外を扱う特別の規則が後ろの節で提示される．しかしまず最初に，31 と 15 の間の標高にある開始局面を仔細に見てみよう．この領域は 8×8 のチェッカーボードで行われる普通のプレーで馴染みの場所である．

	⌣		⌣		⌣		⌣
$\frac{3}{2}*$		$\frac{3}{2}*$		$\frac{5}{4}$		$\frac{3}{2}\|\frac{5}{4}*$	
	$\frac{3}{2}$		$\frac{3}{2}*\|\frac{5}{4}$		$\frac{5}{4}*$		z_1
$\frac{3}{2}*$		$\frac{3}{2}*$		$\frac{3}{2}\|\frac{5}{4}*$		z_2	
	$\frac{3}{2}$		$\frac{3}{2}$		$\frac{3}{2}$		$2*$
$\frac{3}{2}*$		$\frac{3}{2}*$		$\frac{3}{2}*$		$2*\|\frac{3}{2}$	
	$2\|\frac{3}{2}*$		$2\|\frac{3}{2}*$		$2\|\frac{3}{2}*$		$2*$
2		2		2		2	
	$2*$		$2*$		$2*$		$2*$
$2\uparrow$		$2\uparrow$		$2\uparrow$		$2\uparrow$	

ここで，$z_1 = 2\|\frac{3}{2}|\frac{5}{4}*$, $z_2 = 2*|\frac{5}{4}*$ である．

図 20.26　10×8 の値

	⌣		⌣		⌣		⌣
$4c$		$4c$		0		$3a$	
	$3c$		$2c$		0		$x1$
3		3		$1c$		$x2$	
	3		3		3		6
3		3		3		$4c$	
	$3c$		$3c$		$3c$		4
5		5		5		5	
	5		5		5		5
$5a$		$5a$		$5a$		$5a$	

図 20.27　F4 高度減少量．

19. 2-Ish 遷移を3分岐するための$\boldsymbol{a}\,\boldsymbol{b}\,\boldsymbol{c}$

高度32以上の高い領域の中では，基幹系列はスクリメージ系列に等しいと定義される．それらは陣形 A3, A2, A1, B0, F0 とそれらの左右を入れ替えた陣形のすべての○のついた位置の値を与える．しかしながら，高度29では，これらの陣形は異なる値をもつ：A31 = F30 = 2ε だが，B30 = 2 である．それで，A31 と F30 は明らかに Welton 領域に属している．だが，明らかに B30 はそうではない．それはパリティ原理を破るので，B30 は高い領域の一部と考えることもできない．それで，高度31, 30, 29 は高い領域と Welton 領域の間の**過渡的領域**とみなすことは不都合なことではない．過渡的領域では，この3分岐を含むものを基幹系列と定義する（表20.6を参照のこと）．

表 20.6 2-ish 遷移の打ち切り．

	31	30	29
a	$2\uparrow *$	$2\Uparrow$	$2\varepsilon \| 2\Uparrow$
b	$2\varepsilon \| 2\Uparrow * \| \| 2$	$2\varepsilon \| 2\uparrow *$	
c	$2\varepsilon \| 2$	2ε	2ε

すると，図20.27を使って低い局面の値を計算することができる．もし調整された高度，$n(\mathbf{p}) - d(\mathbf{p})$ が過渡的領域に落ちたとすれば，図20.27の中の文字を使って，$\mathbf{s}$ の正しい値を拾い出せる．もちろん，$d(\mathbf{p})$ のパリティに従い，スターを加えるか，加えないかして，そのパリティを補正する必要がある．熱心な読者は，これらの便法で図20.27から得られた値が，この移された高度が過渡的領域に収まっているときはいつも，Siegel の *cgsuite* を使ってわれわれが報告した値と一致するのを確かめることができるだろう．

20. 低い高度へ基幹を拡張する

過渡的領域の下で，われわれは，基幹値を

$$28 \geq n \geq 17 \text{ に対して，} \qquad \mathbf{b}[n] = 2\varepsilon$$

として定義する．これは Welton 領域である．Welton 領域の下でもう2つの基幹値を

$$\mathbf{b}[16] = \tfrac{5}{2}* | 2\mathbf{over} \qquad \text{と} \qquad \mathbf{b}[15] = \tfrac{5}{2}*$$

として定義する．熱心な読者は今や図20.27の数字のエントリーのすべては，サイズが 7×8 から 10×8 までのゲームボードに対して，Siegel の *cgsuite* を使ってわれわれが報告したものと同じ開始値を与えているのを確かめることができるだろう．6×8 のゲームボードに対して与える値は一貫性がないわけではない．ただ，このゲームボードでいくつかの例外的位置に対する値を定義できていない．

図 20.27 で苦労して出した減少量と基幹系列は，7×8，あるいは，もっと高いゲームボードのすべての開始局面の正しい値を与えているが，これらの減少量の多くは一意ではない．それらは主として，もし F4 陣形の各変換が個別に扱われるとすると必要になる，ずっと大量のデータを要約する簡便な手段とみなされるべきものである．

36 より大きな高さの陣形に対しては，*abc* のどれも何の重要性ももたない．というのは，(高さ) − (減少量) である高度がいつも，3 分岐領域のなかの最大高度 31 を越えるからである．それで，図 20.27 に示されている最低の行の下では，すべての位置は文字なし 5 によって占められている．

21. 他の陣形の序盤の値

図 20.28 はその他のよく見られるいくつかの陣形に対する減少量の表を示している．F4 のように，これらの表のすべては左右入れ替えた局面にも適用される．そして，F4 のように，これらの表のすべてはまた，示されている一番低い行より下では文字なしの 5s だけをもっている．空白で残されているマスはすべて，右手選択肢として **off** を備えた非常に熱い値をもつ．Welton 領域から最も高い位置に至る上方（14×8 ゲームボードに適合している）では，これらの表のどれからも得られるすべての値は Siegel の *cgsuite* から得られる値と一致しており，このことは任意に大きな高さでも成立すると予想される．

A4

4		0					
	2c		0		0		8
2		0		0		x2	
	0c		0c		0c		6
3		3		3		x3	
	3c		3c		3c		4
5		5		5		5	
	5		5		5		5
5a		5a		5a		5a	
	5		5		5		5

A3

3		0		0			
	1c		0		x2		7
3		0c		0c		6	
	3		3		x3		5
3		3		3		4	
	3b		3b		3b		7a
5		5		5		5	
	5a		5a		5a		5a
5a		5a		5a		5a	
	5		5		5		5

A2

3		0					
	0c		0c		6		6
3		3		x3		5	
	3a		3a		4		4
3b		3b		3b		3c	
	3c		3c		3c		3c
5c		3		3		3	
	3		3		3		3
3c		3c		3c		3c	
	5		5		5		5

B2

				?			
					x4		6c
				x5		5c	
					5c		5c
x7		x6		x6		5	
	5		5		5		6b
5c		5a		5a		5a	
	5a		5a		5a		5a
5a		5a		5a		5a	
	5		5		5		5

図 20.28 いくつかの A や B に対する高度減少量．

明らかに，賢いガチョウたちは A2 と B2 のような陣形の組の中から手を選択するとき，狐がまだガチョウたちと十分に離れていて脱出が差し迫った脅威となっていないときですら，全力を尽くして狐の高度を考慮に入れる．“ジャストインタイム” 防御はガチョウたちにとって早すぎ “硬い” 局面より高い値を与えることがよくある．

局面の “乖離度” を最低位置のガチョウから狐の位置の差として定義しておくのは便利である．乖離度が 2 を越えているとき，M 陣形はわれわれが見つけ出したもののなかで最良である．賢いガチョウたちは経験を積んでいるので，最小の労力で南方へ動く最も早く安全な方法はM4 と M0 の間を回転することであると知っている．先導するガチョウはどの程度変化するのだろうか？

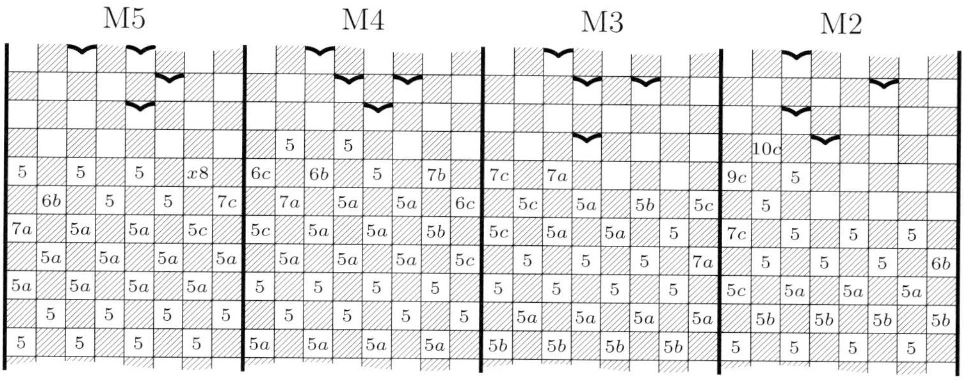

図 **20.29**　ガチョウたちの陣形の移動とかれらの高度減少量．

乖離度が 2 を越えているうちは，移動するガチョウたちは目を閉じてプレーができる．そうでなくなったとき，723 ページの 脱出作戦 6 のような狐が試みる脱出作戦が何であれ，ガチョウたちは勝利に向かって集中するのがいいだろう．狐が作戦を一度閉じるや，準最適な手（たとえば，脱出作戦 6 のバリエーション 3 における疑問手）を打つ誘惑はほとんど起こらず，容易に避けられる．われわれの見解では，ガチョウたちの他の陣形をいかにプレーするかを学習することはもっと難しいということだ．なぜなら，狐がずっと離れている前の段階で，ガチョウたちは重要な決定を迫られ，しかも，次の数手の結果を予測するのが困難だからである．

22.　例外の解消

これらの減少量表の中の“x”から始まるエントリーは漸近的基幹系列の中に現れる任意の値よりもいくぶん熱い位置に対応している．それらは不安定であるという技術的な意味がある．しかしながら，それらはすべてほんの数手のうちに基幹系列に流れ込む．われわれはこの事実を次の便利な簡略記法で表現することにする：

$$x1 = \text{“}9c|2a\text{”}$$

$$x2 = \text{“}7c|0\text{”}$$

$$x3 = \text{“}5c|-1c\text{”}$$

$$x4 = \text{“}6c|-1\text{”}$$

$$x5 = \text{“}5c||-2|\mathbf{off}\text{”}$$

$$x6 = \text{“}3c||0|\mathbf{off}\text{”}$$

$$x7 = \text{“}7c||0|\mathbf{off}\text{”}$$

$$x8 = \text{“}8c|||3c||0|\mathbf{off}\text{”}$$

それで，たとえば，図 20.27 の右上の角の近くの “$x1$” と記されたマスを考えてみよう．10×8 ゲームボードで，その行ランクは 7 であり，2 つ下のガチョウたちはランク 9 である．この位置の高さは $4 \times 9 = 36$ で，高度は $36 + 7 = 43$ である．短縮法に従って，われわれはこの局面の値を

$$\mathbf{b}[43-9]\big|\mathbf{b}[43-2]*,$$

（ここで，パリティを維持するために * を右手選択肢に加える）

$$= \mathbf{b}[34]\big|\mathbf{b}[41]* = 2\big\|\tfrac{3}{2}\big|\tfrac{5}{4}*$$

と書く．直後のどちらの選択肢も現在の局面から奇数個の手であるので，インデックスのどの奇数減少量も補填するために加えられたスターに加えて，パリティを維持するために，それらのおのおのに 1 つのスターを加えなければならない．

Welton 領域で，これらの例外のいくつかは，値 **2over** が複数回出現することによる合流のために単純になる．漸近的に，関係する基幹値のいくつかはスイッチである．特に，$x1$ と $x3$ は漸近的に同じ 3 ストップを表す；$x2$ と $x4$ は任意の比較できる基幹値よりも熱い 2 ストップを生み出す；もし，**off** を右選択肢の右ストップと見なせば，$x5$ と $x6$ は 3 ストップを生み出す；そして，$x7$ は同じ性質をもつ 4 ストップである．

減少されたインデックスが 3 分岐領域に落ちたときには，abc 文字はどの値が選ばれるべきかを特定して，Welton 領域に下がってきてもこれらの公式が成り立つことを保証している．F4 では，A と M の陣形，値，公式が高度 15 に下がってくるまでずっと成立したままでいる．

B2 陣形はいくつかの点で通常とは異なる．それは例外的な減少量をもった位置がかなり多く存在するだけでなく，減少量表において “?” が記された，○のついた狐の高めの位置は，31 より上のすべての高度で（0 だけ減少された）基幹系列と一致する値をもつ．ただし，高度 26 と 22 では 2ε より 2 の値をもっている．それで，B2 局面のこの系列は Welton 領域をもっていない．それは，この本で示されている減少量表の中の唯一のそのような位置である．

減少量表を適用して得られる値のすべては任意に高い高度でさえ有効であるとわれわれは確信している．このことはまだ予想として捉えられなければならないけれども，われわれが以前に完全な証明を与えた，（2 mod 5 に合同なすべての高度での）無限個の頂点としっかり結びついたスクリメージ系列と密接に関連している．

23. 博物館

なぜ博物館は現在の生産割当てには何も寄与しないのか

狐とガチョウ + ハッケンブッシュ ゲームの真のエキスパートになりたいと願う誰でも，任意のハッケンブッシュ局面を共にしながら，任意のサイズのゲームボードの上で，狐は任意の開始位置から，ガチョウたちは所定の開始陣形から出発して，満足なプレーができるようしっかり学習する必要がある．これまでにこの章で提供してきたすべての素材はこの目的のために用意された．われわれが研究した局面のいくつかは 2 つの**安定な**局面の間を行き交う可逆系列として

のみ生ずるという意味で **不安定な**ものであった．上手なプレーヤーはただちに，そのような不安定な局面の値について頭を悩ますのに多くの時間を費やすことを避けることを学ぶ．そのような不安定な局面は一般に大きすぎるか，小さすぎる値をもち，行き交っている，より基本的な安定局面には何の効果ももたない．プロの囲碁棋士のように，彼らはどの手が“先手をとる”かをすぐに感じ取る．もし，相手が応手を誤れば，相手をどこまで徹底的に打ちのめすことができるだろうかということをつき詰めるという無駄な努力はしない．

というわけで，Siegel の *cgsuite* の大きな助けにより，われわれは F&G + H のすべての標準版を“解いた”という意味があるのだが，大きなゲームボードの上で，狐と 4 羽のガチョウたちを勝手な場所に配置するという，まったく任意の局面の値は知らない．任意の通常の開始位置から，理性的なプレーヤーなら決してそのような状態には至らないということをわれわれは示した．エデンの園のように，別の歴史が始まる前にそのように作られてしまっていたというときにだけ，そのような局面がわれわれの世界に存在しうる．

なぜ博物館はそんなにも多くの芸術的アトラクションを提供するのか

芸術家と数学者は稀な対象に大きな美をしばしば発見する．狐とガチョウ博物館のわれわれ自身のコレクションが以下のページに載せてある．自分で眺め，称賛されよ！　しかし，われわれの博物館展示物の多くは正真正銘のオリジナルではないと告白しなければならない；Aaron Siegel によって発見され，収集され，きちんと整理された，より大きな博物館からとられた単なるコピーである．彼の F&G 博物館への Web リンクは http://cgsuite.sourceforge.net で見つけることができる．

24. 問題の解

1. 狐-ガチョウ隊-狐（Fox-Flocks-Fox）．図 20.23 の 4×8 ボード上の開始局面の値を参照すれば，狐の開始位置の 12 の可能な対称対の 1 つを除いたすべてで後手が勝てることがわかる．

2. 脱出作戦 6 はガチョウたちの陣形 M3 への移動である．もし，ガチョウたちが先手ならば，狐があまりにも近すぎるので， M3 への移動から陣形 M2 へ戻らなければならない．代わりに，東のガチョウを南東へ動かすことから始めることができる．これは 脱出作戦 6 のすべてのバリエーションの中で 1 手の有利を彼らに与える．

3. 脱出作戦 7 と 8 の解は図 20.30 と図 20.31 に載せる．

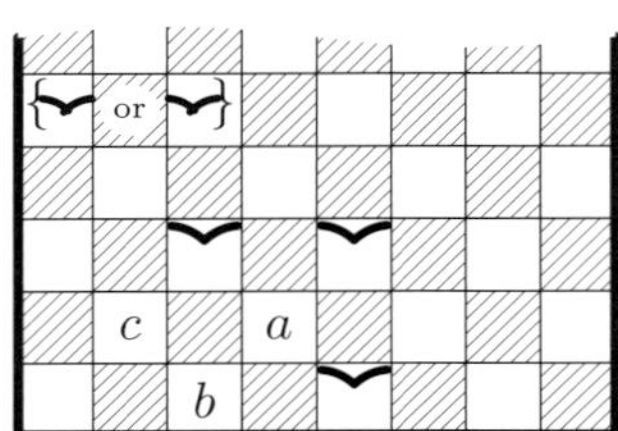

$a = 1⤊*;\ \ b = 1⤊;\ \ c = 1⇑*$

高い原子量をもつ 1-ish 局面

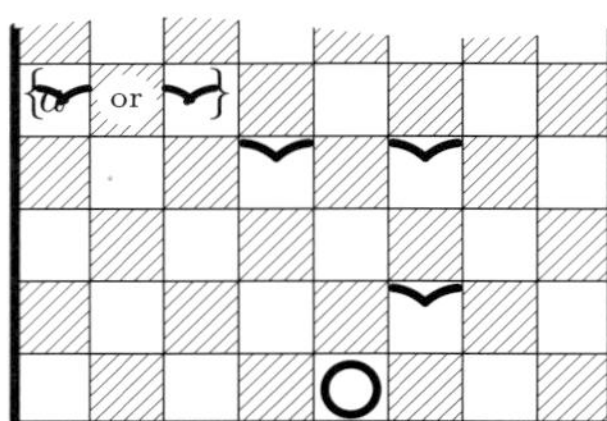

熱い原子量—値 $= 2⤊* \mid 2*$

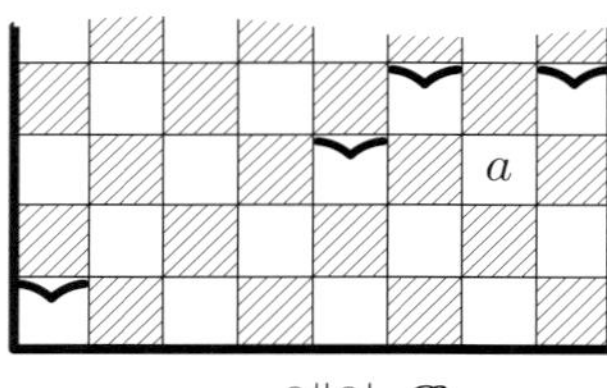

$a = 0||0|\mathbf{off}$

可能なゲームのなかで最小の値: $0||0|\mathbf{off}$

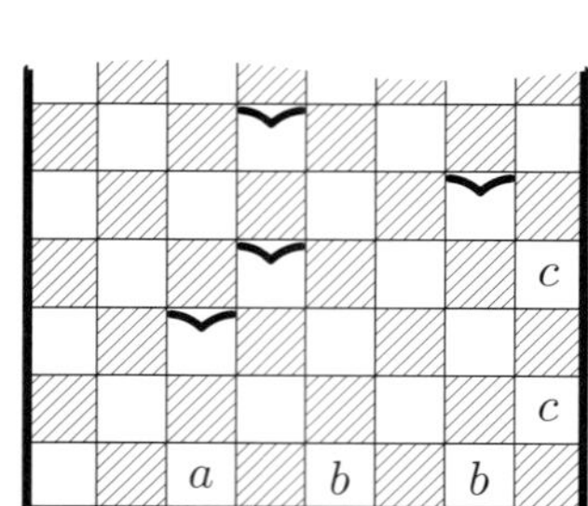

$a = 4\,\mathbf{tiny}(2*);\ \ b = 2\{\varepsilon|0\};\ \ c = 2\{\varepsilon|*\}$

温度 ε のタイニーとスイッチ

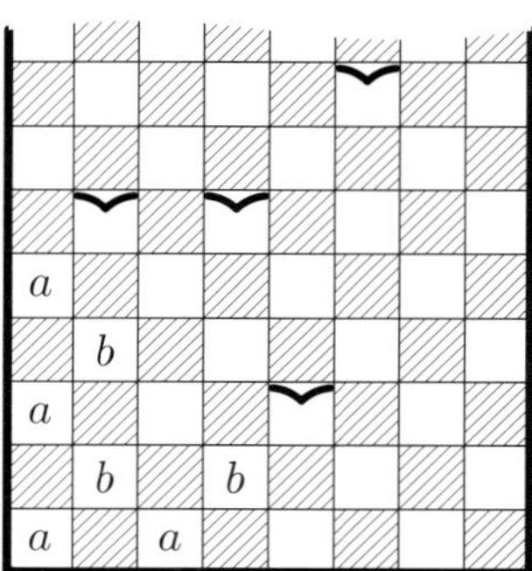

$a = \uparrow;\ \ b = *$

純粋の無限小

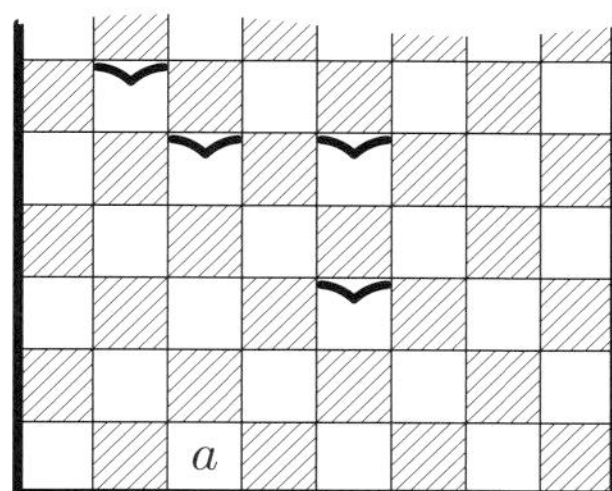

D17 は非常に複雑な値をもつ（以下を見よ）.

$$a = \left\{6*|\mathbf{2over}\right\}, \left\{\{5*|4\}, 4 \,\Big|\, \{4|\tfrac{7}{2} \,|||\, 2\Uparrow \,||\, 1|\mathbf{off}\}, \{4 \,|||\, 2\Uparrow \,||\, 1|\mathbf{off}\}\right\} \Big| \, b$$

$$d\,c\;\;e \qquad \beta\,\alpha\gamma \quad k\,f \;\; zxy\,g \;\; \delta \;\; i \;\; j \qquad \gamma\,h \;\; \delta \;\; i \;\; j \qquad a$$

$$b = \left\{4 \,|||\, 2\Uparrow \,||\, 1|\mathbf{off}\right\}, \left\{\{4*|3, \{4|\tfrac{7}{2} \,||\, 1\}\}, \{4* \,|||\, 4|\tfrac{7}{2} \,||\, \mathbf{off}\} \,\Big|\Big|\Big|\, 2|2, \{2|\mathbf{off}\} \,||\, \tfrac{3}{2}\right\} \Big| \, \mathbf{off}$$

$$\gamma\,h \;\; \delta \;\; i \;\; j \qquad r\,q \;\; zxy\,s\,t \qquad w\;u\;zxy\,v \qquad m\;\;p \qquad n\,o\;\;b$$

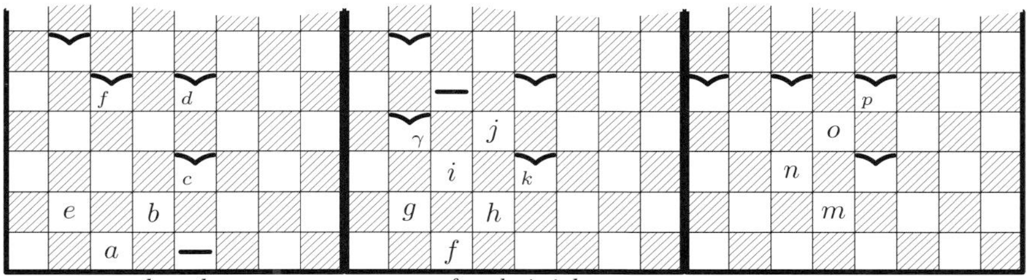

a, b, c, d, e $\quad$ f, g, h, i, j, k $\quad$ m, n, o, p

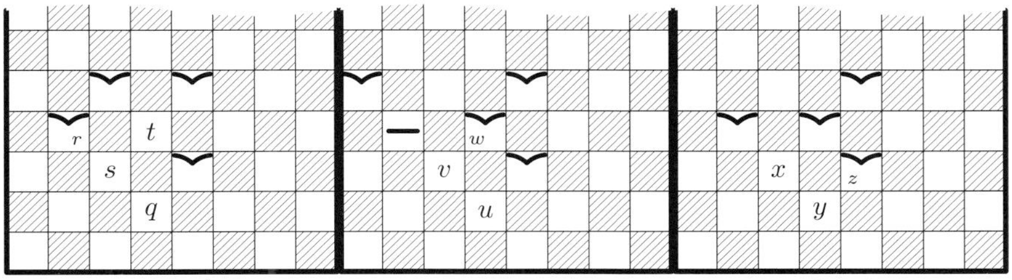

q, r, s, t $\quad$ u, v, w $\quad$ x, y, z

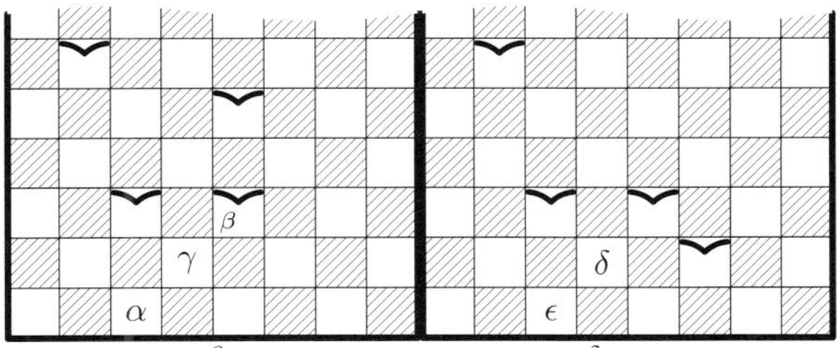

α, β, γ $\quad$ $\delta, \epsilon, \ldots$

a のいくつかの典型的局面.

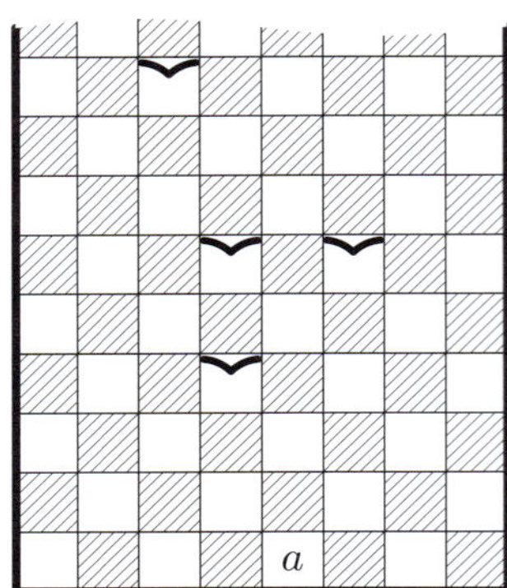

知られている最も複雑な値.

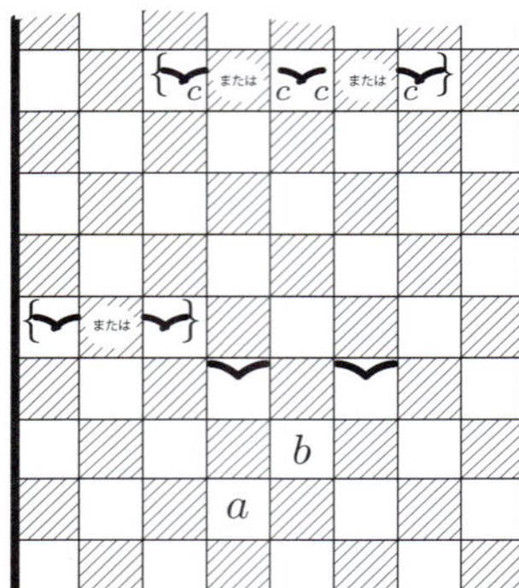

$a = 2\frac{1}{2}\downarrow;\ b = 2\frac{1}{2}\ \underset{c}{\mathbf{miny}}(\frac{1}{2}*)|\mathbf{off}$

負の無限小.

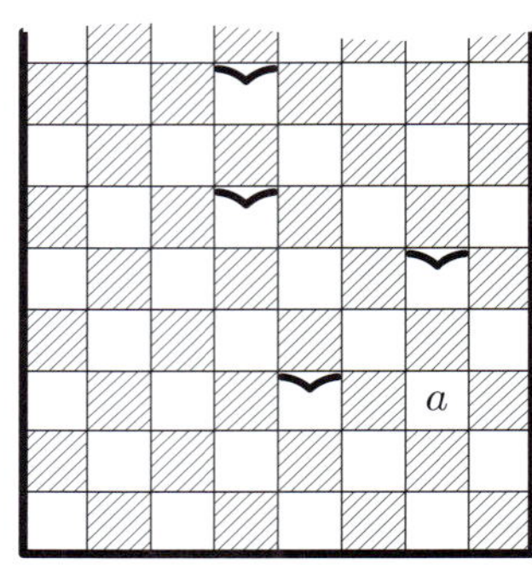

$a = -1$

負の数: -1.

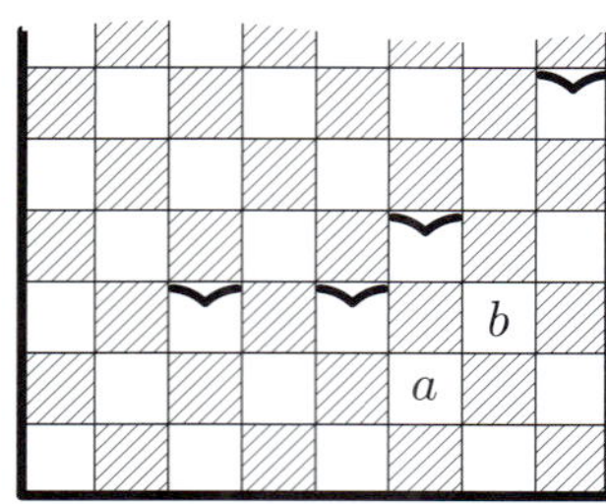

$a = b = 3 - \mathbf{upon}$

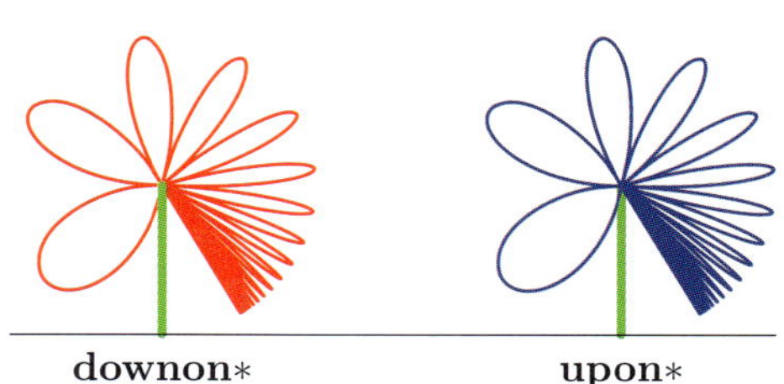

ε より高いオーダのループ型無限小.

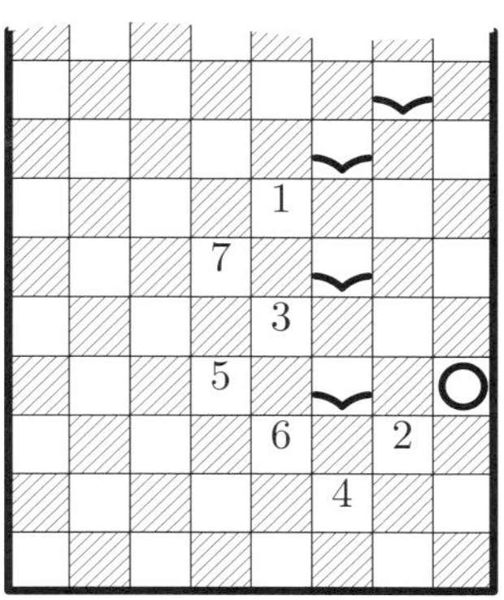

8 手目は 4 の位置, 10 手目は 2
の位置, 12 手目は ○ の位置, など.

図 20.30 脱出作戦 7 に対する解: 5 × 2 の囲いから開始して狐は脱出する. しかし, 底の行がなければ, ガチョウたちは 5 手目を 6 に打って容易に勝てる.

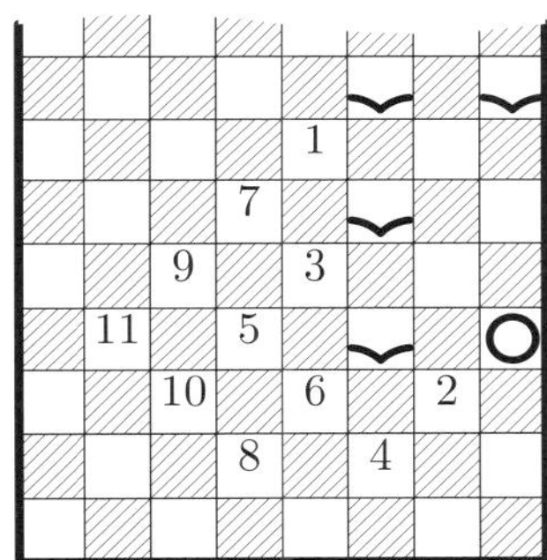

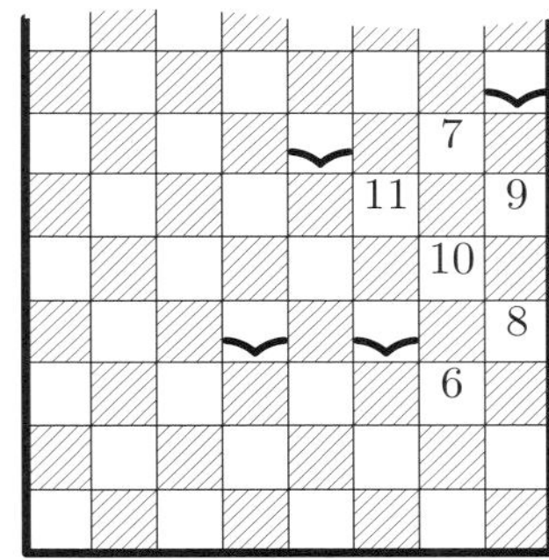

図 20.31 脱出作戦 8 に対する解：別解. 賢いガチョウたちは, 入り口へ戻り 4 × 2 の囲いを抜けて逃れようとする狐の試みを阻止する.

25. 未解決問題

1. 局面の**スパン**を, 占有された行ランクの最大値からその最小値を引いた差と定義する. このとき, 次の命題を定量化し, 証明せよ：もし, 後方フィールドが十分大きければ, また, スパンが十分大きければ, また, 乖離度が十分小さければ, また, 狐がゲームボードの端に沿って†が記入された位置ですでに捕獲されておらず, そのように捕獲される恐れもただちにはないならば, 狐は脱出することができて, その値は **off** である.

2. 非常に高いゲームボードの中央近くの 3 羽のガチョウたちのどのような陣形も次の性質を備えた “重大性ランク” をもっている：もし, 北のガチョウが上方遠くで, 狐が下方遠くにいるならば, この局面の値は, 北のガチョウが狐より重大性ランクから近いか, 等距離か, 遠いかによって, 正, **hot**, あるいは, **off** のいずれかである.

3. Welton は，狐に直線上を一度に何マスも戻るビショップのように退却する権利を与えられたとしたら何が起こるか？　と問題を提起した．もっと一般的に，直線退却手の可能な移動マス数が指定された集合に制限されていると仮定しよう．パリティを保存する {1,3} は {1,2} より狐を有利にするのか，不利にするのか？

4. ガチョウたちの数とゲームボードの幅を変えたならば何が起こるだろうか？

26. マハーラージャとセポイ軍

第19章の付録で述べたように，包囲を含む非常に多くのゲームが存在する．それらは捕獲のいろいろな形が混ざっている．たとえば，狐とガチョウという名前も，イギリス式ソリテールボード（第23章）の上でプレーされるいろいろなゲーム（そのうちの2つは第19章の付録で記述されている）に対して用いられてきた．これらのゲームのほとんどは対戦相手の間に数の上でかなりバランスを欠くという特徴をもっている．個数の少ないコマには機動性を多くもたせてそれを補填している．極端な例は，マハーラージャとセポイ軍ゲームで，これは普通のチェスのようにプレーされる．白は通常の16コマを通常の位置から始める．一方，黒は1つのコマ，マハーラージャをもち，空いている任意の場所から始め，チェスのクイーンとナイトの両方の動きができる．双方の目的は，白キング，あるいは，マハーラージャのチェクメイトである．これらのゲームのほとんどと同じように，大軍隊の側には神がついていて，正しくプレーすれば白が勝つ．

参考文献と先の読みもの

Robert Charles Bell, *Board and Table Games from Many Civilizations*, Oxford University Press, London, 1969.

Elwyn Berlekamp, Idempotents Among Partisan Games in *More Games of No Chance*, Richard Nowakowski, ed; vol 42 in MSRI Publications, Cambridge University Press, 2002.

Maurice Kraitchik, *Mathematical Recreations*, George Allen and Unwin, London, 1943.

Fred. Schuh, *The Master Book of Mathematical Recreations*, transl. F. Göbel, ed. T. H. O'Beirne, Dover. N.Y., 1968. Chapter X: Some Games of Encirclement, pp. 214–244.

David Wolfe, The Gamesman's Toolkit in *More Games of No Chance*, Richard Nowakowski, ed; pp. 93–98, MSRI Publications 42, Cambridge University Press, Cambridge, UK, 2002.

第 21 章

野ウサギと猟犬たち

わしはキツネ狩りよりも
野ウサギ狩りがいい.
Wilfred Scawen Blunt, 『老地主』.

1. フランス軍の野ウサギ狩り

この小さなゲームは狐とガチョウのゲームによく似ている. 猟師が 3 匹の猟犬を使って図 21.1(a) のゲームボード上で野ウサギを捕獲しようとしている. もし動物たちをうまく操ることが難しければ, 図 21.1(b) に示された同等のゲームボードの上で 4 つのコインを使ってプレーすればよい. 図 21.2 のような大きなゲームボードならもっとおもしろくなる. 猟師は自分の手番で猟犬たちのどれか 1 匹を隣りのマスに動かす. 野ウサギも同様の動きをする. ただし, ボード

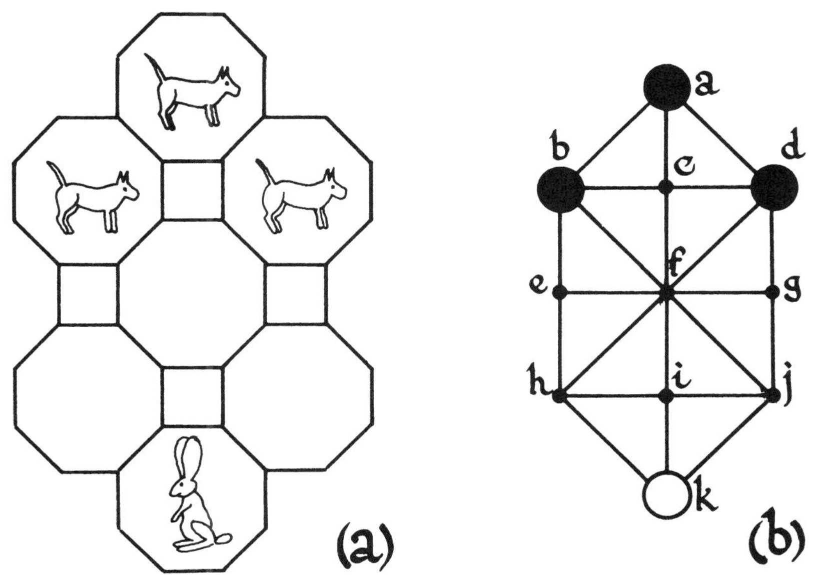

図 21.1 フランス軍の野ウサギ狩り. 小さなゲームボード上の野ウサギと猟犬たち.

の上の方から出発する猟犬は，たとえば，図21.1(b)の e と f の間を水平に行ったり来たりを繰り返すことはできても，後戻りはできない．野ウサギは進むのも戻るのも水平に動くのもまったく自由である．猟犬たちは野ウサギが動けないように捕獲すれば勝ちである．猟犬たちが10回連続して前進できなければ，通常，野ウサギの勝ちとされる．

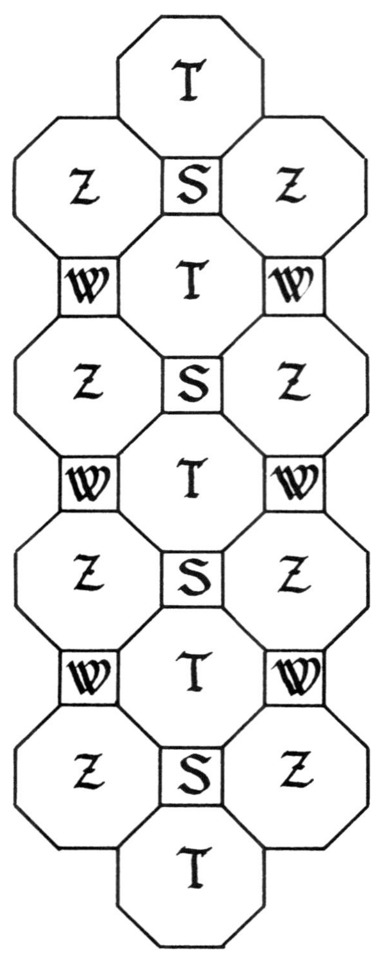

図 21.2 4種類のマスをもつ大きめのゲームボード．

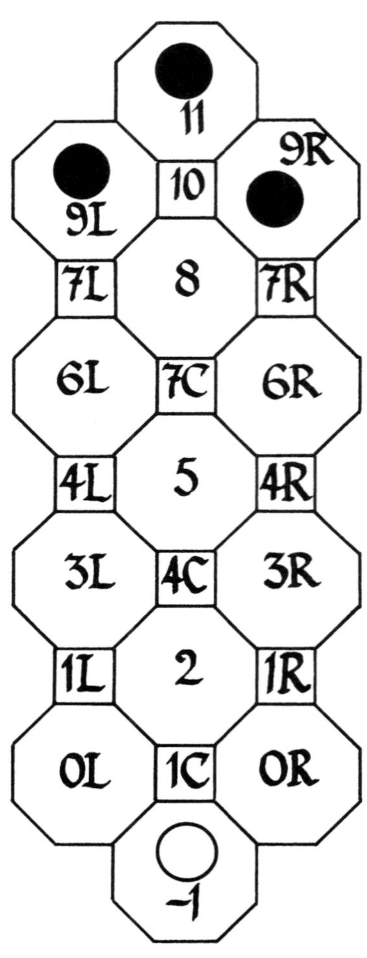

図 21.3 トレースの計算のため数を振った大きめのゲームボード．

2. 2つのテストゲーム

ゲームがどのように進行するのか知りたければ，まずゲームボードを用意して熟達した猟師が新米の野ウサギを狩るのを見てみるとよい．

猟犬たち：	abd	cbd	fbd	fed	fhd	fhg	fhj	ihj（勝ち）
野ウサギ：	k	i	j	g	j	i	k	

第 1 ゲーム.

この追跡はいとも簡単そうなので，新米の猟師が熟達した野ウサギを追ってみた．すると，

猟犬たち：	abd	cbd	fbd	fed	feg	fhg	fig	eig	fig	fij
野ウサギ：	k	j	i	h	k	j	k	j	k	h

第 2 ゲーム.

今度は野ウサギが，e か f から逃げ出してしまう．

では図 21.1 で，熟達した猟犬たちが熟達した野ウサギを追うとどちらが勝つだろうか？　また，野ウサギが先手ならどうなるか？　あるいは，違う場所から開始したらどうだろう？（付録を参照）そして（あなたがもっと腕を磨いたあとで）図 21.3 ではどうだろう？

3. 歴史

Lucas によれば，この（図 21.1 に示された）ゲームは 19 世紀にフランス軍の士官の間で流行ったという．Louis Dyen によって創作されたという者もおり，また，Constant Roy の作という説もある．その勝敗の解析は Lucas (1893) と Schuh (1943) によってなされ，Martin Gardner (1963) によって（再び）ポピュラーなものとなった．Schuh の解析は，猟犬たちの必勝局面を 18 個のクラスに分けたリスト（付録の図 21.14 の 1 から 18 に対応している）に基づいており，彼は "主導権 (opposition)" が鍵となる役割を果たすことを認識していたが，その正確な定義はしていない．以下の節で，図 21.1 のゲームを単純にし，図 21.3 のゲームも解けるようにしてくれる定義を与えることにしよう．

4. マスの種類

ゲームボードをもっと仔細に眺めてみよう．図 21.2 には 2 種類の八角マス：中央に位置するもの T と端に位置するもの Z がある．また，2 種類の四角マス：中央にあるもの S と端にあるもの W がある．図の最上段と最下段の T を除くどの八角マス T あるいは Z も他のすべての種類の少なくとも 1 つのマスと隣り合うが，どの四角形マス S あるいは W も八角マス T と Z とだけ隣り合う．W と S は隣り合うことはないので，それらを N というクラスにまとめると，ときには都合がいい．これら 3 種類 T, Z, N のマスは，最上段と最下段の T も含めて，どれも他の 2 種類のマスと隣り合い，同じ種類のマスとは隣り合わない．これらの文字は，図 21.3 に載っている数を 3 で割った余りに対応している，すなわち，

余り 0 (Zero)：Z
余り 1 (oNe)：N = W（弱，Weak）あるいは S（強，Strong）
余り 2 (Two)：T

図21.3において，隣り合ったマスの中の2つの数の差はいつでも（3を法として）1か2である．

4匹の動物のいるマスに対応する数の和が局面の重要な特性であり，それを**トレース**と呼ぶ．どの手もトレースを1または2だけ変化させる．もし，猟犬たちが野ウサギをボードの底で捕獲に成功したとすると，捕まった野ウサギは -1 のマスにいて，3匹の猟犬は $0, 1, 0$ のマスにいるので，トレースは0である．もし，猟犬たちが野ウサギをボードの底でなく端の，たとえばマス1Lで捕まえたとすると，野ウサギは1のマスにいて，3匹の猟犬は $3, 2, 0$ のマスにいるので，トレースは6となる．次のことは容易に確かめることができる．

野ウサギをどこで捕まえても
トレースは**3**で割り切れる．

捕獲は3の倍数！

5. 主導権

猟犬たちが捕獲を成功させる最良の方法は，いつもトレースが3の倍数となるように手を打つことである．われわれはこれを「主導権の掌握」と呼ぶ．もし猟犬たちが主導権を握っていれば，野ウサギの手は，トレースを1あるいは2だけしか変化させないので，トレースが3の倍数でない局面に向かわざるを得ない．しかし，トレースが3の倍数でないときには，猟師は普通トレースを3の倍数に戻す猟犬の手をいくつかもっていて，その中から勝利局面となる手を見つけることになる．

3の倍数のトレース
ほとんどの狩は成功．

主導権の掌握

第1ゲームについて，ボードに図21.4のように数を振ってトレースを調べてみると，猟犬たちは常に主導権を握っていることがわかる：

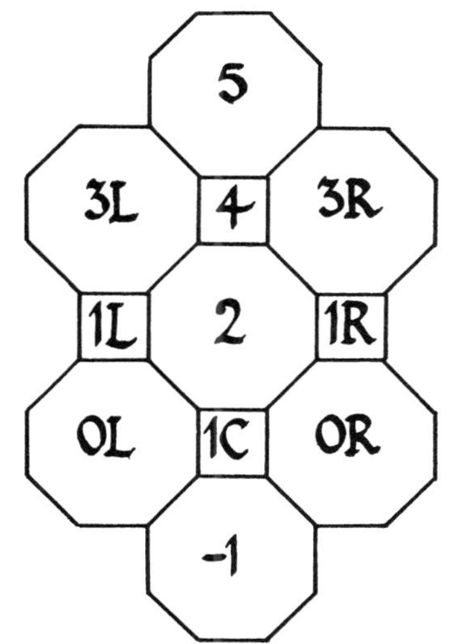

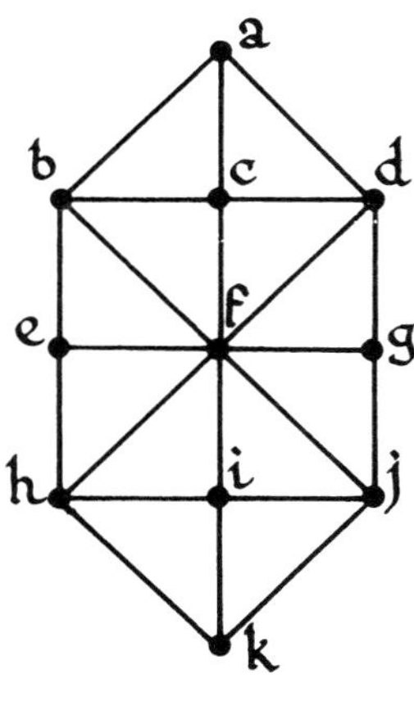

図 21.4 主導権を決めるために数を振られたゲームボード.

野ウサギ：	k	i	j	g	j	i	k
猟犬たち：	cbd	fbd	fed	fhd	fhg	fhj	ihj
トレース：	9	9	6	6	3	3	0

野ウサギは捕まりたくないので，猟師が 3 で割り切れるトレースの局面に向かう手を打つのを望まない．野ウサギにとってそれを避ける最良の方法は，自分自身がそのような局面への手を打ち，主導権を奪い取ることである．そうすれば，どの猟犬もトレースが 3 の倍数ではない局面への手しか打てず，野ウサギは主導権を取り戻すことができそうである．これが第 2 ゲームで野ウサギが勝った理由である．猟犬たちは 2 手目で 4 から 2 への手を打つ間違いを犯してトレースを 8 としてしまった．するとそれ以降，野ウサギはすべての手番で主導権を握ることになった：

猟犬たち：	abd	cbd	$fbd?$	fed	feg	fhg	fig	eig	fig	fij
野ウサギ：	k	j	$i!$	h	k	j	k	j	k	h
トレース：	10	10	**9**	6	3	3	3	3	3	3

この理由で，3 で割り切れるトレースの局面へ手を打てるプレーヤーは，主導権を握っているという．確かに，主導権はどちらのプレーヤーにとっても手に入れたい価値あるものである．ただし，いつもそうとは限らない．というのは，**猟犬たち**が主導権を握ることができるとしても，その代わり野ウサギを逃がしてしまうことも時にはある．別のケースでは，**野ウサギ**が数手の間，主導権を握っていてもそのあと失うこともあり得る．というのは，主導権を握ろうと動かすべき先のマスを猟犬たちがブロックしていることもあるからだ．しかしながら，そのような

局面はきわめてまれで，平均的なプレーヤーは，この原理と少々の常識を組み合わせれば，小さなボードで新米の野ウサギを捕まえることができるだろう．解説付きの例を以下に載せた．

第3ゲーム

猟犬たち	野ウサギ	トレース	コメント
3L, 5, 3R	−1	10	
3L, 4, 3R		9	主導権を握る
	0R	10	
2, 4, 3R		9	新米の猟犬だと“隙のない”局面とするつもりで4から2へ動くかもしれないが，その手は主導権を失う．
	1C	10	
2, 3L, 3R		9	別の“よさそうな”手は3Rから1Rへ動く手だが，トレースの変化を誤っている．2から1へ動く手は野ウサギを逃してしまうので，この手が唯一の選択肢である．
	−1	7	
1C, 3L, 3R(!)		6	猟犬たちは退却できないので，トレースを2だけ増加することができない．したがって，主導権を握るために，2から1へ猟犬を動かし，トレース7を6に減少させる．2から1Rまたは1Lへの手は負けるわけではないが，時間の浪費である．なぜなら，野ウサギは1Cへ動いて猟犬たちが現在の局面へ戻ることを強制できるからである．
	0R	7	
1C, 2, 3R		6	他の2つの手（3Rから2へ，1Cから0Lへ動く手）はトレースを6に回復するが，野ウサギを逃してしまう．
	−1	5	
1C, 2, 4(!)		6	ここでも，他の手（3から1へ，2から0へ動く手）は主導権を握っているが，野ウサギを逃してしまう．有り得そうもないこの手だけが残されている．
	0R	7	
0L, 2, 4(!)		6	4から3Rは繰り返しを生ずる手．2から1へ動く手では野ウサギを逃してしまう．1Cから0Lへの手だけが上手くいく．
	1R	7	
0L, 2, 3R		6	明らか．（6〜3）
	0R	5	
0L, 2, 1R		3	
	−1	2	野ウサギの最後のあがき．
0L, 0R, 1R		0	新米の猟犬だとここで1Rから0Rへ動いて逆転負けとなるかもしれない．
	1C	2	
0L, 0R, 2		3	猟犬が直前のトレースより値を大きくする唯一の瞬間である．
	−1	1	
0L. 0R. 1C		0	猟犬たちの勝ち．

6. どんなときに野ウサギは脱出できたか？

野ウサギは，2匹の猟犬を抜いたか，まさに抜きつつあるとき，**脱出**したという．ただし，野ウサギが**四角**マス（W または S）にいて，彼の横あるいは前の八角マス（Z あるいは T）を猟犬がただちに占めることができる場合を除く．

まだ脱出はしていないが，猟犬たちに退却を強制されることのない局面にある野ウサギは，**自由**であるという．野ウサギが1匹の猟犬を完全に抜いて，W の四角マスにいないときや，T の八角マスにいて，少なくとも1匹の猟犬を抜いたか，抜きつつあるときは，確かに自由である．

7. 主導権を失うとき

主導権をもたないにもかかわらず勝つという例外的な局面を解析するには，動物たちが占めるマスのタイプを考察するのが一番良い．たとえば，猟犬たちが勝った瞬間の局面のタイプはすべて Z^2NT であるが，この記号は Z に2匹，N と T に1匹ずついることを意味する．

例外的な場合のいくつかは N マスの S（強）と W（弱）の違いに起因する．強い（中央）N 四角マスは4つのマスと隣り合っており，弱い（端の）四角マスは3つのマスとしか隣り合っていない．他の条件が同じであれば，動物は弱いマスよりも強いマスを選ぶべきである．というのは，どちらも主導権に対しては同じ貢献をするが，強いマスは後でより多くの選択肢を提供するからである．たとえば，猟犬が図21.5の局面へ手を打ったとき，例外的な場合が起きている．猟犬は主導権（トレース 6）をもっているにもかかわらず，野ウサギは 1C へ手を打って勝ちを得る．なぜなら，猟犬が主導権を握る唯一の手（2 から 0L）は野ウサギを逃してしまうからである．ある意味で，この N^2T^2 局面では 1R の猟犬が弱い四角マスにいるので負ける．一方，第3ゲームでは，-1 にいる野ウサギは 4C, 2, 1C にいる猟犬を防ぐことができない（もう1つの N^2T^2 局面）．局面 S^2T^2 は，野ウサギが1匹以上の猟犬を抜かない限り，猟犬たちの勝ちであるが，SWT^2 ではよく負けとなる．

別の例として，図21.6は野ウサギが手を打った直後の局面であるとしよう．野ウサギは主導権を握っているが，4C の猟犬が 3L へ動くと 0L に後退せざるを得ず，主導権を失い，勝負に負ける．しかし，これらの猟犬たちに対して，マス 1C に野ウサギがいれば，主導権をもち，勝ち局面である．ここでも再び，強い四角マスと弱い四角マスの違いが勝ちと負けの違いになっている．今度は野ウサギの勝ち．

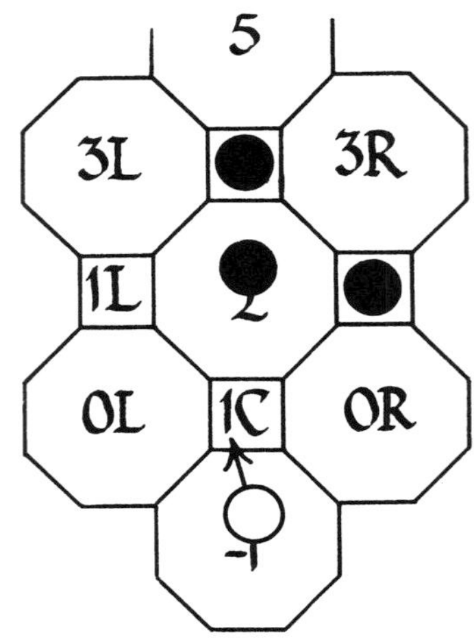

図 21.5　野ウサギと猟犬たちの例外的な局面.

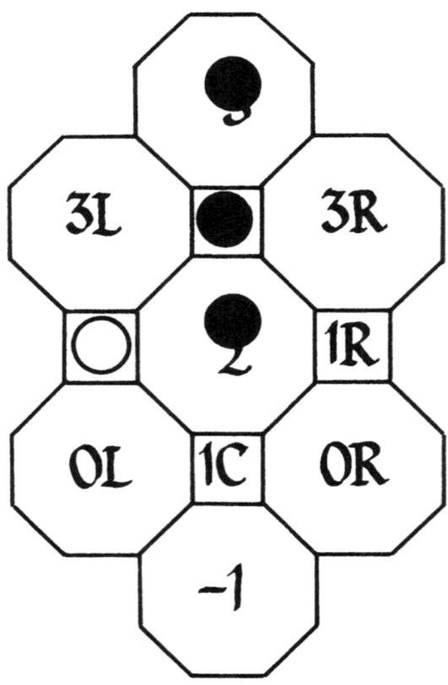

図 21.6　主導権原理の別の例外.

8. 半無限ボード上の野ウサギの戦略

図 21.7 の半無限ゲームボード上では，スケアレム・ハレム (Scare'm Hare'm) 局面（図 21.8）から開始しなければならない場合を除いて，主導権をもった熟達した野ウサギはいつまでも主導権を握っていられるか，脱出できるかのいずれかであることを示そう．実際，猟犬たちに追い出されない限り，野ウサギはいつも 1C, 0L, 0R, -1, -2L, -2R と番号づけされた 6 つの斜線入りのマスに留まろうとする．野ウサギの基本戦略は主導権を握り続けることである．

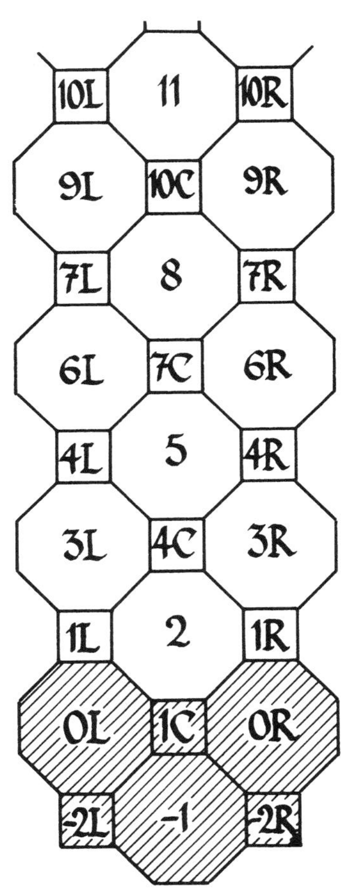

図 21.7 半無限ゲームボードで主導権を握り続ける．

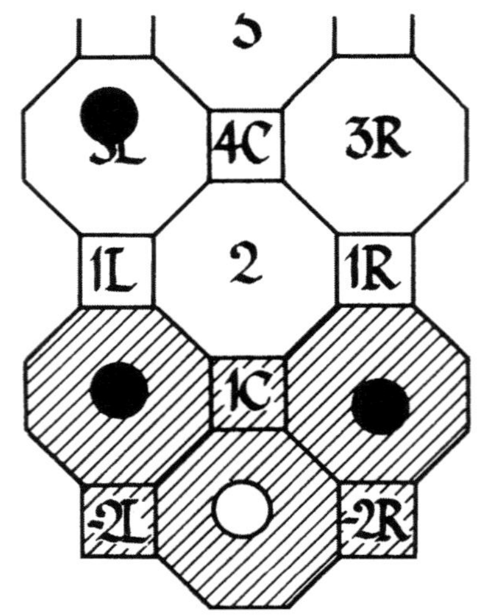

図 21.8 スケアレム・ハレム局面.

> 可能なら脱出せよ，あるいは自由を獲得せよ！
> そうでなければ，6つの斜線入りのマスに留まり，
> できれば，弱くないマスへ進んで主導権を握れ.
> もし，S(1C) への手がブロックされていれば，
> (A) 猟犬たちが $\mathrm{T}^2\mathrm{S}$ にいるときは，
> W($-$2L か $-$2R) へ行け，
> (B) 猟犬たちが ZN^2 にいるときは，（主導権を失うが）
> 猟犬のいる Z の反対側にある Z(0) へ行け.
> (C) もし，Z(0) への手がブロックされていたら，
> （主導権を失うが） T($-$1) へ行け.

半無限ボード上の野ウサギの戦略

もし，これらのルールが可能な手を2つ以上指示していたら，その中のどれを選んでも構わない．もし，何も手が示されなければ，ゲームを降りなさい（あるいは，相手のミスを期待して何か手を打つ）！

まず最初に，仮に猟犬たちが図21.8の局面にたどり着いたとすれば，野ウサギのここ最近打った手がタイプ(A), (B), (C) のいずれかでなければならないことを示す．スケアレム・ハレム局面になる前に，野ウサギは最後に打ったT($-$1)への手に注目しよう．この手の後で主導権を握っていたか，いないかのどちらかである．もし主導権を握っていないとすれば，野ウサギの戦略の定義により，この手はタイプ (B)，(C) のいずれかである．もし主導権を握っていたとすれば，そのときの猟犬たちの陣形は $\mathrm{Z}^2\mathrm{N}$ であり，マス T(2) は空いていたことになる．野ウサギは T(2) に進めば脱出できたがそうでなかったから，T($-$1) へは W($-$2) から移動したことにな

る．ということは，その前にW(−2)へのタイプ(A)の手を打ったことになる．

あなたがこの戦略における(A), (B), (C)**以外の手を，いま打ったものとしてみよう**．すると，あなたは主導権を**握って**おり，弱い四角マスには**いない**．そして，以下の表は，スケアレム・ハレム局面に直面しない限り，野ウサギの戦略が常に別の手を与えることを示している．

…へ ＼ …から	Z	S	T
Z	—	(A) または T に進んで自由を得る.	すでに自由.
S	T に進んで脱出する.	—	すでに自由.
T	図21.8では**ない**ので，脱出する.	(A)または(B)	—

次に，あなたがタイプ(A)**の手をいま打ったものとしてみよう**．すると，それに続く数手のうちに脱出できるか，または，タイプ(A), (B), (C)**以外の**手で主導権を再び握れるか，のいずれかであり，猟犬たちはそこから直ちに図21.8へ達することはできない．なぜならば，(A)が適用されるときは，猟犬たちが強い四角マス1Cにいて，さらに2つの中央の八角マス（−1はそれに含まれない，野ウサギは脱出していないから）にいる前提があるからである．図21.9を参照されたい．いまや，野ウサギの戦略で四角マスNにあって主導権を失う唯一の可能性は，猟犬が0Lへの手を打った後のタイプ(C)の手である．しかし，図21.9における手(a)はその後で野ウサギは主導権を再び握るし，手(b)はその後で野ウサギはすぐに脱出する．したがって，猟犬たちがスケアレム・ハレム局面に達する余裕はない．

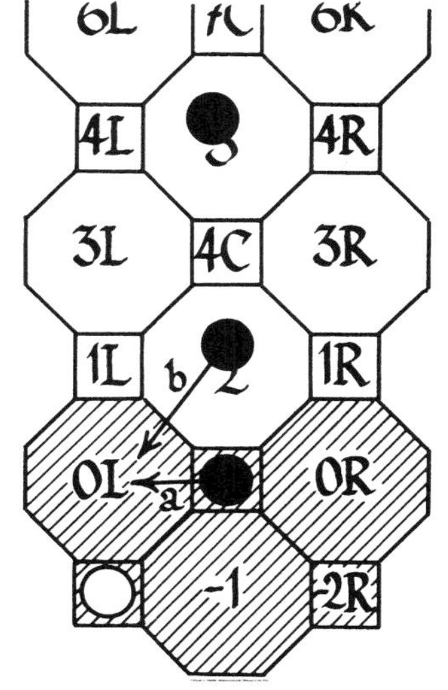

図 21.9 タイプ(A)の手の後の局面.

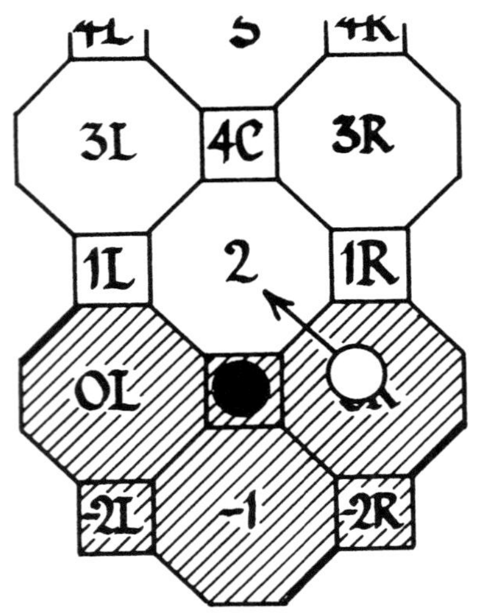

図 21.10 タイプ (B) の手の後の局面

次に，あなたがタイプ (B) の手をいま打ったものとしてみよう（図 21.10）．すると，あなたは目前の空のマス T への手により脱出する構えにある．もし，猟犬たちがここを N から来て塞ぐなら，あなたは W へ進んで脱出できる．また，Z から来て塞ぐなら，T へ後退して主導権を再び握れる．したがって，猟犬たちはスケアレム・ハレム局面にすぐには到達できない．

最後に，**あなたがタイプ (C) の手をいま打ったものとしよう．**その直前に強い四角マス S(1C) にいたとすると，両側の Z には猟犬がいてあなたは脱出できたはずである．そうではないから，あなたは弱い四角マスにいたわけで，この手はタイプ (A) の手に続くものであり，その議論はすでに済ませた．

9. 小さなボード上で

前節の野ウサギの戦略は，小さなボード（図 21.1）では，主導権をもたなくても猟犬たちが勝てることを示している．それは 1 匹の猟犬を 5 に残しておき，主導権を奪回できると見るや，3 または 4 に進める戦略である．猟犬たちが 3L, 5, 3R から先手で始めれば，開始位置が 4 以外の野ウサギを負かすことができる[1)]．ここにゲームの例を示す．

[1)] 訳注：これは誤り．実際は，野ウサギの開始位置にかかわらず猟犬たちは勝利する

猟犬たち	野ウサギ	注釈
3L, 5, 3R	1C	（または，野ウサギは 1L や 1R から始めることもできた.）
3L, 5, 2		
	−1	もしそうでなく 0 へ向かえば，猟犬たちは 5 から 4 へ動いて主導権をもつ.
1L, 5, 2		
	1C	もしそうでなく 0 へ向かえば，猟犬たちは 5 から 3 へ動いて主導権をもつ.
0L, 5, 2		
	−1	もしそうでなく 0 へ向かえば，猟犬たちは 5 から 4 へ動いて主導権をもつ.
1C, 5, 2		今や，このボードには −2 の場所がないので，野ウサギは猟犬たちに主導権をもたせざるを得ない.

10. 中ぐらいの大きさと大きめのボード上で

この議論を少し拡張すれば，中ぐらいの大きさのボード（図 21.11）において，猟犬たちが 6L, 8, 6R から先手で始めて，開始位置が −1, 0, 2, 3 あるいは 5 の野ウサギを捕獲できることがわかる．彼らは主導権をもっているので，−1, 0, 1 のマスを除外した小さなボード（図 21.1 と同じ）の上では確実に勝つことができる．野ウサギは 2 において図 21.12 のどちらかの局面になることがあり，それは，後退する代わりに猟犬たちに主導権を渡すように強いることができるような局面である．しかし，時すでに遅しである．というのは，猟犬たちは 3L, 5, 3R へ手を打つことができ，主導権なしでも彼らの勝ちとなる．なぜならば，−2 と番号が振られたマスがボード

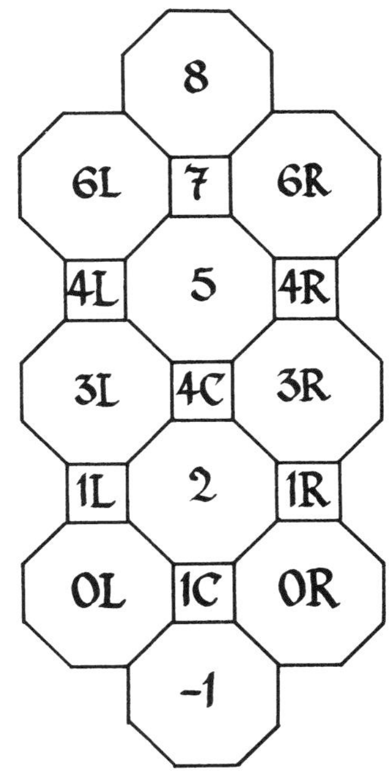

図 21.11 中ぐらいの大きさのゲームボード.

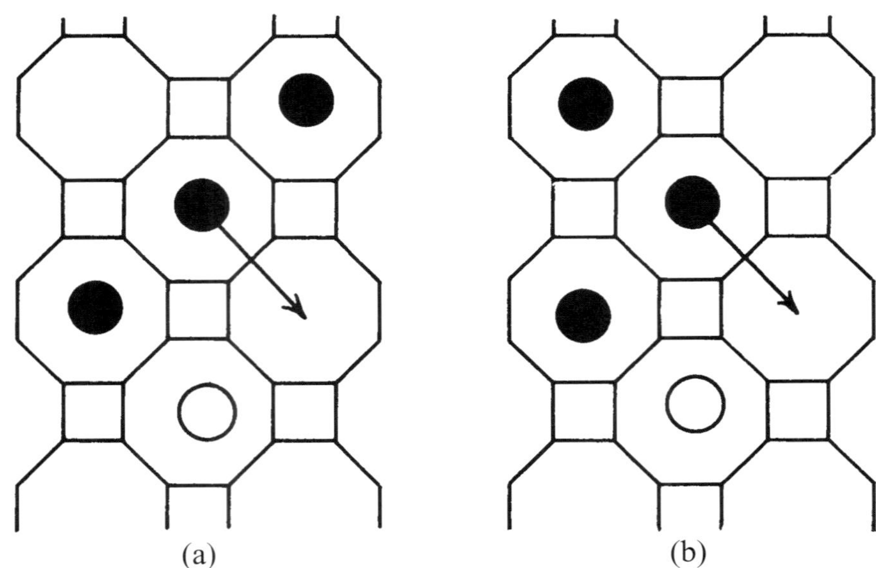

図 21.12 猟犬にとって確かな跳躍か？

に存在しないからである．もし野ウサギが 0L へ動いたらどうなるか？ 付録を見よ．

図 21.12(a) のように，野ウサギ 2 に対して猟犬たち 3L, 5, 6R であれば猟犬たちの勝ちだが，（図 21.3 の大きめのゲームボードの上で）野ウサギ 5 に対して猟犬たち 6L, 8, 9R というそれぞれ高い位置にあるときはそうならないことは興味深い．猟犬が 8 から 6 へ動いた後，野ウサギは 3 に退却して主導権を掴み取る．この後は，半無限ボードにおける「野ウサギの戦略」に従えばよい．このとき，マスの集合（4C, 3L, 3R, 2, 1L, 1R）を図 21.7 の斜線入り 6 マスとして用いている．

いまや野ウサギの戦略を改良できることは明らかだ．もし，野ウサギが主導権をもたなければ，猟犬たち 6L, 8, 9R に対する野ウサギ 5 のような（トレースが 28 の）局面に到達するよう野ウサギは頑張るべきだ．猟犬たちをそのような局面に誘導する方法は，この望ましいトレースより小さい 3 の倍数だけ大きなトレース（たとえば，31）をもつ局面へ手を打つことである．実際，次の定理を証明することができる．

> 大きめのボード（図 21.3）上のトレース 31 の局面で
> 猟犬たちが勝つことのできるのは，
> 野ウサギが弱い四角マスにいるか，または
> 猟犬たち 6, 10, 11 で野ウサギ 4C の局面（図 21.13）
> に限られる．

31 定理

証明の概略を付録に示す．

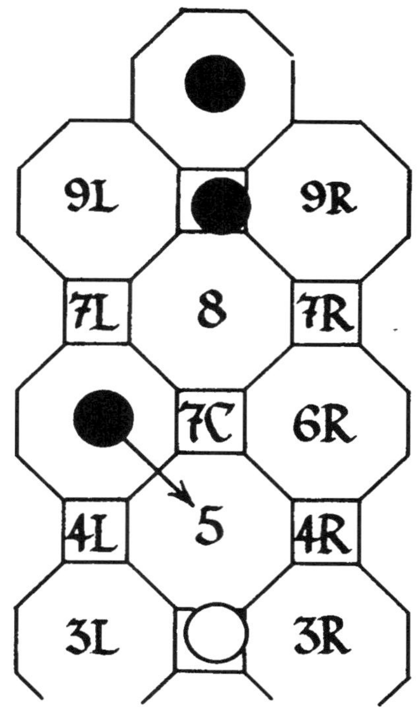

図 **21.13**　31 定理に現われる猟犬-野ウサギ局面

付　録

11.　質問への解答

図 21.1 のように配置された猟犬たちに対して野ウサギが勝てるのは，彼の最初の位置が c で，猟犬たちが先手のときに限られる[2)]．

図 21.3 の 9L, 11, 9R にいる猟犬たちに対して，野ウサギが先手であれば，どんな開始位置からでも勝つことができる．最も難しい場合は開始位置が 1C のときで，猟犬たちは主導権をもっている．彼は 2 へ手を打ち，31 定理を用いて勝つ．もちろん，2 が開始位置ならば強い四角マス 4C へ動き，**そして**主導権を獲得する．

もし，猟犬たちが先手であれば，野ウサギの開始位置が −1 のときに**のみ**，彼らは勝つことができる．彼らは細心の注意をもってプレーしなければならない．主導権を握るばかりでなく，野ウサギの脱出を阻止し，トレース 31 の局面を回避することが求められる．驚くことに，初手で 11 から 10 に進めると主導権をもっていながらの負けとなる！　難しさは，もし野ウサギが 0, 1, 3 を通って 5 に進んだとすると，猟犬たちは 6L, 10, 6R へ達することができていなければならないところにある．防御形 6L, 7, 6R は，野ウサギがトレースを 27 以上に保つことを決めていたら達成できない．防御形 6L, 7R, 9R は，野ウサギが 5 から 7C へ動くとき，失敗に帰する．というのは，このとき 7R の猟犬が 8 を占めなければならないが，野ウサギは 5 に戻って，図 21.12 のように勝利するからである．もし，野ウサギが 3 にいるとき，猟犬がたとえば，5, 9, 10 を占拠して，野ウサギが 5 に達するのを阻止しようと試みるなら，野ウサギは弱いマス 4 をたどって脱出する．しかし，もし，野ウサギが 0, 1, 3 を通って 5 へプレーするなら，いかにして猟犬たちは 6L, 10, 6R を達成することができるだろうか？　もし，野ウサギが 3 のとき，主導権をもっているならば，猟犬たちは 6, 8, 10 からやってきていなければならない．しかし，その前，野ウサギが 1 にいたとき，彼らはどこにいたというのだろう？　6, 8, 10 に先立つ，猟犬たちが主導権をもっていた局面は存在しない！

12.　猟犬にとって確かな跳躍か？

もし，野ウサギが 0L で，猟犬たちが 3L, 5, 3R であれば，猟犬たちはいかにして勝つか？　答え：3R を 2 へ．野ウサギが −1 に動いて主導権をとれば 2 から 0R へ．そして，野ウサギが 1C に動けば 3L を 2 へ．さらに野ウサギが再び −1 へ動けば 0R を 1C へという手順で勝つ．仕掛けは野ウサギを捕獲できるまで，猟犬を 5 に留め置くことである．

[2)] 訳注：9 節の脚注に記述したように，この言明は誤り．

13. 小さなボードで猟犬が勝つためのすべては知られている

この章では，主として野ウサギの観点からゲームを見てきた．公平を期すために，図 21.14 と図 21.15 は小さなボードにおける猟犬たちの必勝局面のすべてを記した．これらは Frederick Schuh の著作 Master Book of Mathematical Recreations の 241, 243 ページから図 92 と 93 を転載したものである．図 21.14 は 24 個からなる $\mathcal{P}$ 局面（野ウサギの手番であれば，猟犬たちが勝つ） の極小集合であり，これらの局面全体で猟犬たちの勝ちを保証している．図 21.15 はそれ以外 13 個の，猟犬たちの $\mathcal{P}$ 局面を示している．これらは，探索熱心な野ウサギに戦略を見破られないように，目先を変えるために用いることができる．以上 37 個の局面のすべてに，野ウサギのいるマスに局面の遠隔数を記した．

表 21.1 は図 21.14 の最初の 20 の $\mathcal{P}$ 局面に基づいた猟犬たちの必勝戦略を与えている．表中の注釈 (a) ∼ (e) を以下に記す：

(a) 猟犬は主導権をもっていないが，局面 3 において野ウサギは 1R に向かうことを強制される．そこから猟犬たちはまだ主導権のない 3R, 5, 2（局面 1 の左右反転）に行くが，野ウサギは再び強制されて 0R へ戻る．そのあと，猟犬たちは 3R, 4, 2 （局面 7 の左右反転）に行く．

(b) ここでも主導権をもたないが，局面 4 を見よ．

(c) まだ主導権をもたないが，局面 5 を見よ．

(d) いまだに猟犬は主導権をもっていないが（局面 6），野ウサギは 0 マスに向かうことを強制され，猟犬たちは局面 13 かその左右反転局面へ行く．

(e) もし野ウサギが遅かれ早かれ -1 へ行くなら，局面 18 と同様にプレーせよ：つまり，2 の猟犬を 0 に進め（局面 21 または 22），その後で最後尾の猟犬を 2 に向かわせる（局面 20）．

14. 31 定理の証明

猟犬たちにとって，トレース 31 の局面から主導権をもつには，トレース 30 の局面へ動くしかない（33 への手は非合法の後退だから）．もし，彼らが 30 への手を打てば，野ウサギは可能なら 31 への手を打つであろう．そうすると猟犬たちは再び 30 へ手を打つことになり，この繰り返しは水平移動の制限ルールにより野ウサギの勝ちとなる．猟犬たちが勝つには，野ウサギを弱い四角マスに行かせるか，31 への手を阻止するかしかない．どうしたらそれが可能か？ もし，野ウサギが r にいるとすれば，猟犬たちは近くの $r+1$ の強いマスを塞いでいるはずである．他の 2 匹の猟犬が x と y にいると仮定しよう．すると，$x+y \leq 11+10$ であり，

$$r+(r+1)+x+y=30$$

であるから，$2r+1 \geq 9$ であり，$r \geq 4$ となる．

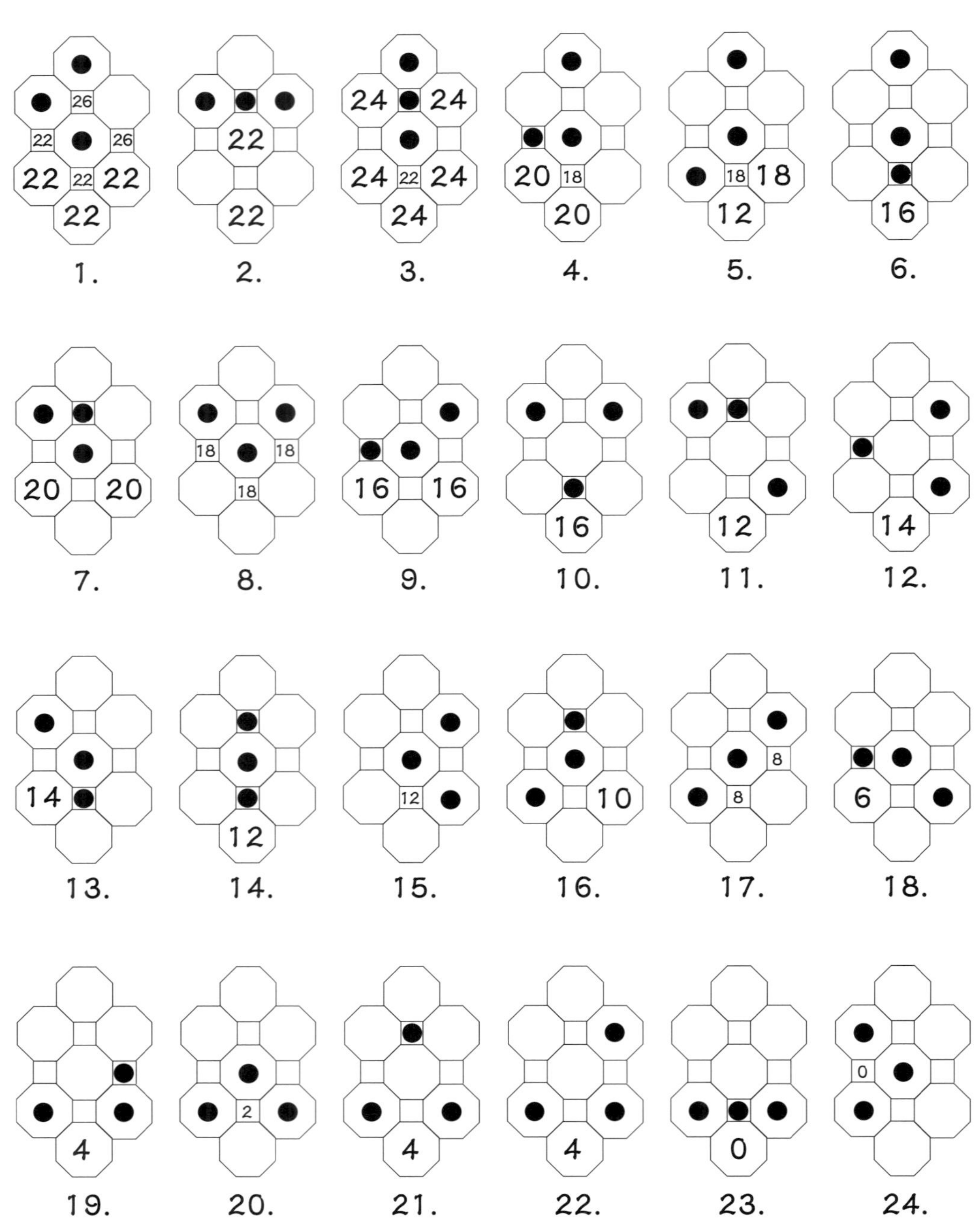

図 21.14　猟犬たちに極小の必勝戦略を与える24の$\mathcal{P}$局面

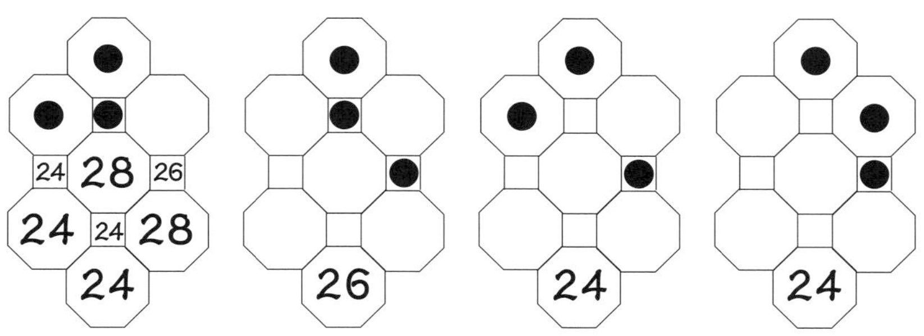

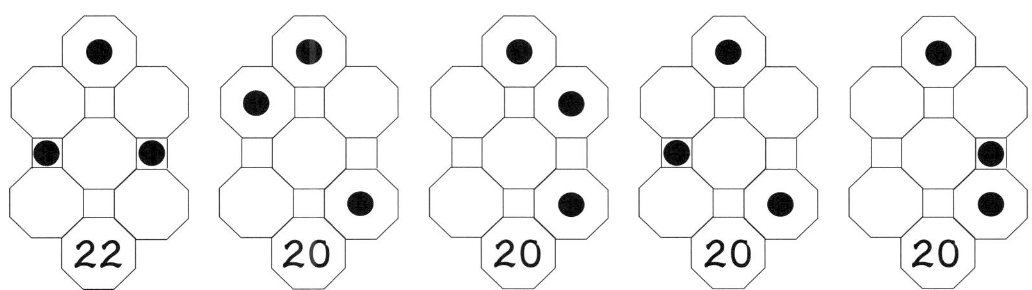

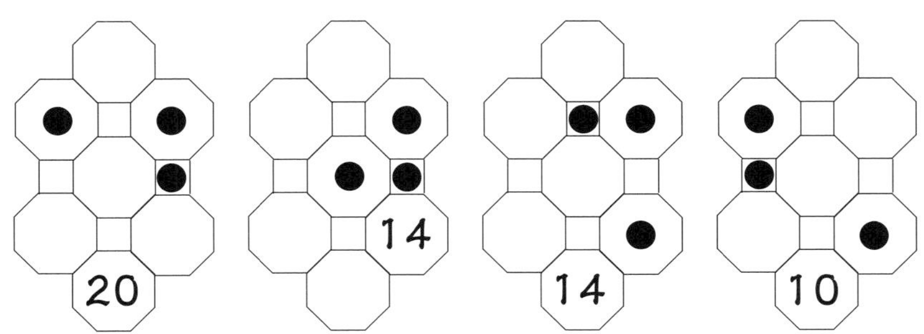

図 21.15 猟犬たちに対するさらに 13 の $\mathcal{P}$ 局面

もし $r \geq 8$ なら，$x + y \leq 13$ だから野ウサギはすでに脱出している．

もし $r = 7$ なら，8 を塞ぐ猟犬が 1 匹いるはずだから $x + y = 15$ となり，野ウサギが脱出していないなら $x = 6, y = 9$ である．すると，野ウサギは 5 へ動いて図 21.12 に到達する．

もし $r = 6$，Z マスなら，猟犬たちは 7C，および，脱出を阻止するため $x = 8$ も塞いでいるはずで，したがって $y = 9$ となり，野ウサギは 5 への手を打つ．もし，猟犬たちがトレースを 30 に戻せば野ウサギは 6 へ戻り，繰り返しの禁止ルールにより野ウサギの勝ちとなる．

もし $r = 5$，T マスなら，猟犬たちは 6L, 6R を塞いでいるはずで，$y = 13$ はボードの外になる．

表 21.1　図 21.14 の局面だけを用いた猟犬たちの必勝戦略.

この局面から	もし野ウサギがここに動いて	猟犬たちがこの陣形をとると	できる局面	その遠隔数	そのトレース	注釈
開始局面	4,1R,1C,0,−1	3L 5 2	1.	26,26,22,22,22	14,11,11,10,9	
	2,−1	3 4 3	2.	22	12	
1.	3R	4 5 2	3.	24	14	(a)
	−1	1L 5 2	4.	20	7	(b)
1. または 2.	0	3L 4 2	7.	20	9	
	1	3 2 3	8.	18	9	
3.	1R	2 5 3R	1.の左右反転	22	11	(a)
4.	1C!	0L 5 2	5.	18	8	(c)
	0	1L 3R 2	9.	16	6	
5.	−1!	1C 5 2	6.	16	7	(d)
	0R	0 4 2	16.	10	6	
6.	0L	1C 3L 2	13.	14	6	
7.	1!	3 3 2	8.	18	9	
	−1	3L 4 0R	11.	12	6	
8.	0	1L 2 3R	9.	16	6	
	−1	3 1C 3	10.	16	6	
9.	−1!	1L 3R 0R!	12.	14	3	
	1	0L 2 3R	17.	8	6	
10.	0L	3L 1C 2	13.	14	6	
11.	0L	2 4 0R	16.の左右反転	10	6	
	1C	3L 2 0R	17.の左右反転	8	6	
12.	1C	2 3R 0R	15.	12	6	
	0L	1L 2 0R	18.	6	3	
13.	−1	4 1C 2	14.	12	6	
	1L?	3L 0L 2	捕獲された！	0	6	
14. または 15.	0L	4 0R 2	16.の左右反転	10	6	(e)
16.	1	3R 0L 2	17.	8	6	(e)
17.	0R	1R 0L 2	18.の左右反転	6	3	(e)
18.	−1	1L 0 0	19.	4	0	
	1C	0 0 2	20.	2	3	
19.	1C	2 0 0	20.	2	3	
20.	−1	1C 0 0	捕獲された！	0	0	

もし $r = 4$ で弱い四角マスでなければ，野ウサギは 4C にいる．1 匹の猟犬は 5 を塞いでいるはずで，したがって $x + y = 21$, $x = 10$, $y = 11$ となっている．これは，例外的な猟犬-犬局面（図 21.13）であり，野ウサギは勝てない．もし彼が 3 に行けば 10 の猟犬が 8 へ動く．さらに野ウサギが 4R へ動けば 8 の猟犬は 6R へ動き，野ウサギを 3R へ後退させる．その後，猟犬は 11 から 10C へ動いて主導権を取り戻すからである．

参考文献と先の読みもの

Martin Gardner, Mathematical Games: About two new and two old mathematical board games, *Sci. Amer.* **209** #4 (Oct. 1963) 124–130.

Martin Gardner, *Sixth Book of Mathematical Games from Scientific American*, W.H. Freeman, San Francisco, 1971, Ch. 5.

Édouard Lucas, *Récréations Mathématiques*, Blanchard, Paris, Vol. III, 1882, 1960, 105–116.

Sidney Sackson, *A Gamut of Games*, Random House, 1969.

Frederick Schuh, *Wonderlijke Problemen; Leerzam Tijdverdrijf Door Puzzle en Spel*, W.J. Thieme & Cie, Zutphen,1943,189–192.

Frederick Schuh, *The Master Book of Mathematical Recreations* (transl. F. Göbel, ed. T.H. O'Beirne), Dover Publications, New York, 1968, 239–244.

第 22 章

直線と正方形

そして彼らを眺めながら，“熊たちよ，
私がこの正方形のマス全部の中をどう歩くのかよく見なさい！
すると小さい熊たちはお互いにうなり声をあげ，
“あいつが阿呆で線を踏んだら，あいつは俺のものだ．”

A.A. Milne,『ぼくたちがとてもちいさかったころ』

正方形の左にかけて，大文字で優雅に
ALL THINGS MOVE TO THEIR END
という文が刻まれていた．

François Rabelais,『パンダグリュエル』, V, 37.

もしあなたがわれわれのゲームで使うコマに飽きたならば，これらのゲームをプレーするための自分のボードとコマを見つけるべきである．この章はいくつかの昔懐かしいゲームといくつかの新しいゲームを含んでいる．

1. ティック・タック・トゥ

ティット・タット・トゥ，ぼくのはじめての碁，一直線に並んだ 3 人の陽気なボーイ
Oxford Book of Mother Goose Rhymes, 1951, p.406.

このゲームは，あなたが大西洋のどちら側に住んでいるかによって，ティック・タック・トゥ (Tic-Tac-Toe)，あるいは，マルバツ (Noughts-and-Crosses) の名前でよく知られている．図 22.1 のボードにある 9 つのマスの 1 つに先手のプレーヤーがバツ (X) を書き込む．次に，敵はどこか別のマスにマル (O) を書き込む．そのあとは，残された空のマスに交互に X と O を書き入れていく．図 22.2 の 8 つの直線の 1 つに自分の記号を 3 つ並べたプレーヤーが勝ちとなる．もし，先生が聞いていなければ，3 つ並べた生徒はアメリカのある地方では，

ティック・タック・トゥ，3 つ並んだぞ（Tic-Tac-Toe, three in a row）

と勝鬨の声をあげ，Fred Schuh によれば，オランダでは，

バター，ミルクにチーズ，ぼくの勝ち（Boter, melk en kaas, ik ben de baas）

と叫ぶことになる．

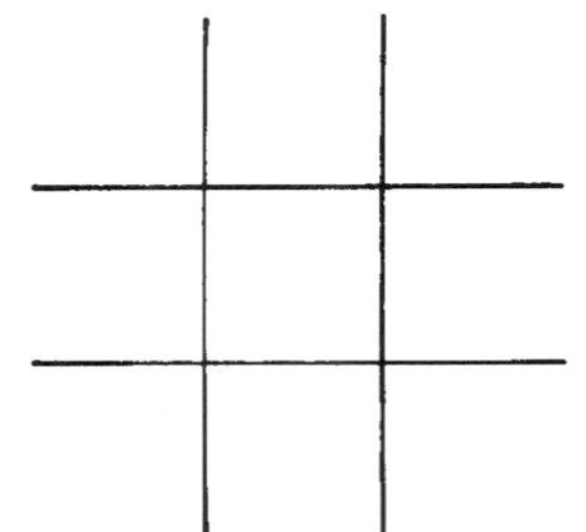

図 **22.1** ティック・タック・トゥ・ボード.

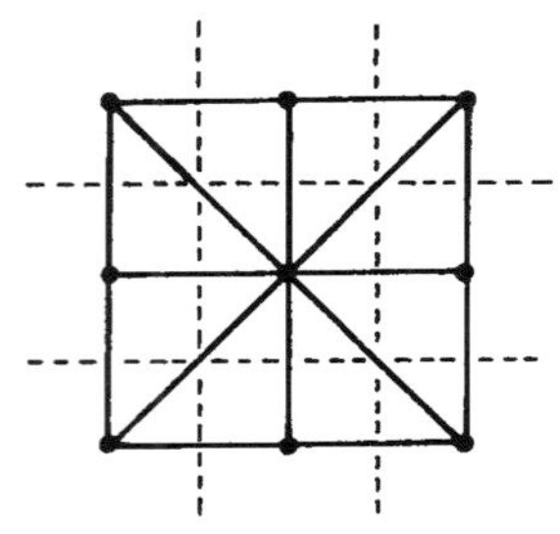

図 **22.2** 8本の直線.

どちらのプレーヤーも3つを直線上に並べられなければゲームはタイとなる．読者の大半が，ゲームが正しくプレーされればいつもタイとなることを見抜く子供たちと同じくらい賢明であること，また，このゲームを詳細に調べてみることに並々ならぬ好奇心をもつのは『数学ゲーム必勝法』の著者たちだけだということ，をわれわれは疑わない．

ところで，あなたは完璧な解析を試みたことがありますか？　もしそうであれば，たぶん最初に思っていたよりもずっと多くの紙面を必要とすることがわかるだろう．後ほど与えるが，われわれの大まかな仕事でも1ページを超えてしまうが，それでもよくあるものよりもずっと簡略な解析となっている．その前に，ボードを使わない3つのゲームを眺めてみよう．

1.1　魔法の15

このゲームでは，プレーヤーは1から9までの数から1つを交互に選ぶ．選んだ数を二度使ってはいけない．選ばれた数の中の3つの和が15になったプレーヤーを勝ちとする．このゲームは E. Pericoloso Sporgersi によって示唆された．

1.2　Spit Not So, Fat Fop, as if in Pan!

Spit Not So, Fat Fop, as if in Pan! は Anne Duncan が考えた文で，次のゲームに使われる．この文章に含まれる9つの単語を9つの別々のカードに書いておく．そして，2人のプレーヤーが交互にカードを選ぶ．同じ文字を含むカードをすべて集めたプレーヤーを勝ちとする．このゲームは Leo Moser のゲーム **Hot** から示唆を受けて考案された．このゲームでは，9つの単語は HOT, FORM, WOES, TANK, HEAR, WASP, TIED, BRIM, SHIP であり，共通の文字を含む **3つ**の単語を集めたプレーヤーを勝ちとする．

1.3　ジャム

John A. Michon のジャムというゲームは図22.3を使ってプレーする．プレーヤーは交互に道（直線）を選ぶ．1つの町を通過するすべての道を確保できたプレーヤーを勝ちとする．

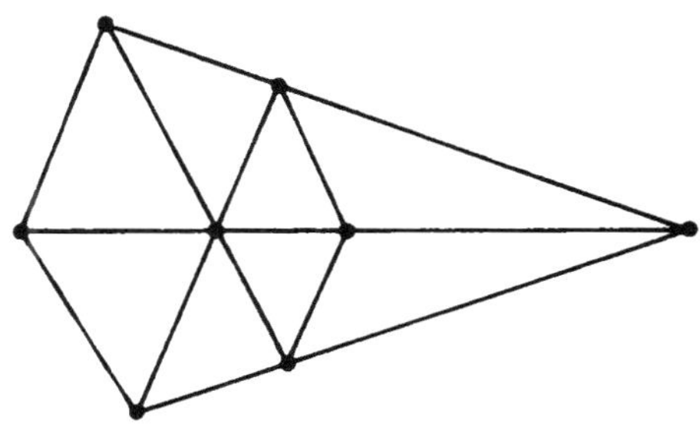

図 **22.3** ジャム・ボード.

1.4 いつまで友だちをだませるか?

あなたは上記のどのゲームをプレーしても，かなり長い間多くの友だちをだまし続けることができること請け合いだ．これらのゲームはすべてティック・タック・トゥの変装したもので，あなたには正しい手が打てても，相手はまごついて苦労し続けるのだ！ なぜこれらのゲームが全部同じものなのかは，魔法の 15 であれば魔法陣（図 22.4(a)）として数を並べてみればいいし，Spit などの単語であれば図 22.4(b) のようにして，そして，ジャムに対しては，図 22.4(c) のように町に名をつけ，道路に番号を振ってみればわかることだ．Hot に対しては，図 22.1 の上にわれわれが与えた順番で単語を書いておけば同じであることを示せる．Hot にあるように余分の文字まで使ってもよいとして，Anne を凌ぐ文をあなたは見つけられますか？ あなたの文の単語をボード上に順序よく書くことができたとしたらそれだけでもすばらしい！ 付録を参照のこと．

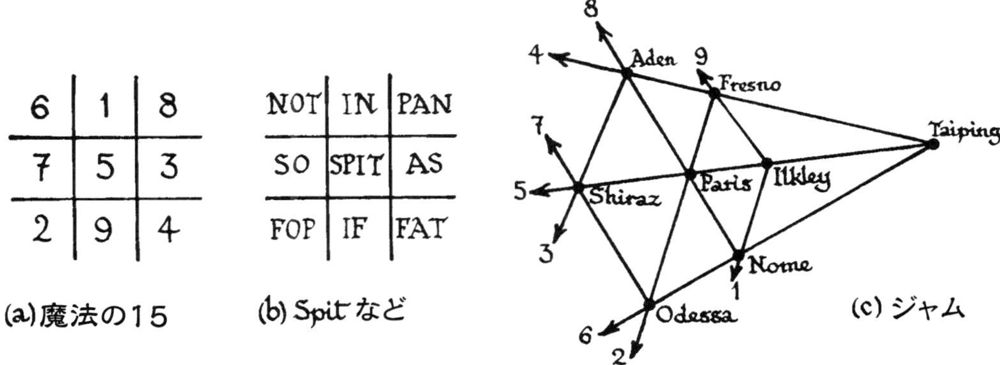

図 **22.4** どんな名前でもゲームは同じもの.

1.5 ティック・タック・トゥの解析

簡単のため，魔法の 15 におけるようにボードのマスに番号を振り，対称性を考慮して，初手 (X) は 5（図 22.5），6（図 22.6），あるいは 7（図 22.7）にあると仮定する．さらに，各プレーヤーは十分に分別があり，

(a) 可能なときはいつでも自分の3並びの線を完成する，

(b) 次の手で敵が3並びの線を完成することを阻止しようとする．

解析において，

太数字はそのような**強制される**手を表す，

! はほかの手より良い手を示す，

? はほかの手より悪い手を示す，

x はバツの勝ちを示す，

o はマルの勝ちを示す，

⊗ はタイを示す，

～ は任意の手を示す，

v. は解析の別の欄への参照を意味する．

最初の数字についての約束事は別にして，プレーは数字の小さい順に解析していく．

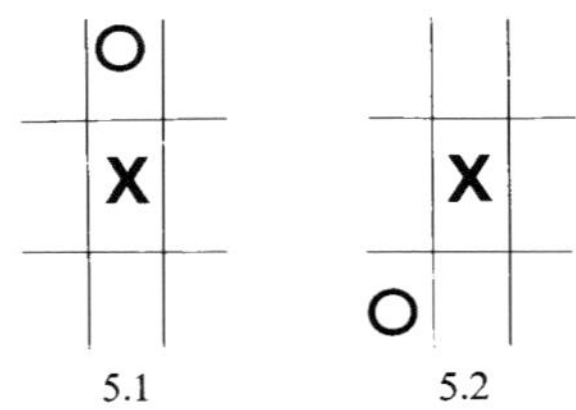

図 **22.5**　中央からの開始.

51?	2!	**8**	**6**				**X**
	3!	**7**	4! or 8!				**X**
	4!	v.512					
	6!	**4**	2! or 7!				**X**
	7!	v.513					
	8!	v.516					
	9?	2!	3	**7**	**6**	**4**	⊗
			4?	**6**			○
			6	**4**	～		⊗
			7	**3**	～		⊗
			8	～			⊗
		3?	2!				**X**
		4!	v.5192				
		6!	**8**	**2**	**7**	**3**	⊗
		7?	v.5193				
		8!	v.5196				

52	1	**9**	**4**	**6**	**7**	**3**	⊗
	3	v.521					
	4	**6**	**7**	**3**			⊗
	6	v.524					
	7	**3**	1	**9**	**4**	**6**	⊗
			4	**6**	～		⊗
			6?	**4**			○
			8	～			⊗
			9	**1**	～		⊗
	8	1?	3 or 4				**X**
		3?	v. 5281				
		4!	**9**	**1**	～		⊗
		6!	v. 5284				
		7?	**6**				**X**
		9?	v. 5287				
	9	v.527					

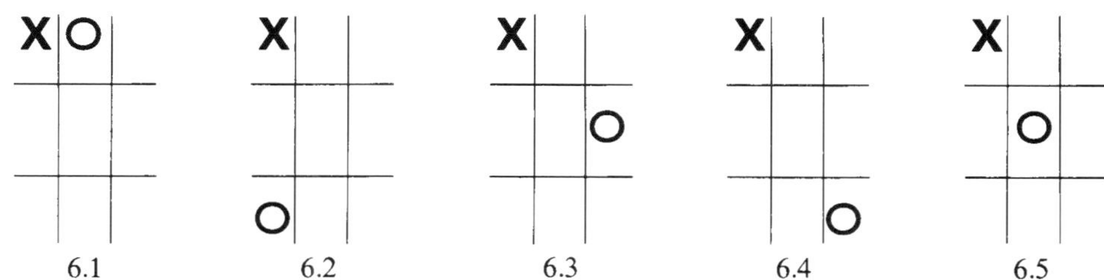

図 **22.6** 隅からの開始.

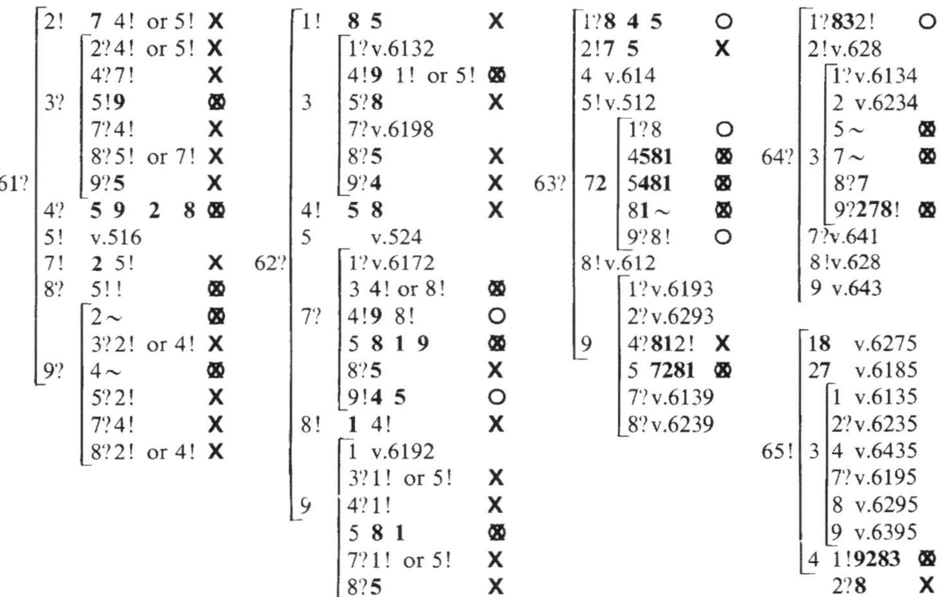

- 61?
  - 2! 7 4! or 5! X
  - 3?
    - 2?4! or 5! X
    - 4?7! X
    - 5!9 ⊗
    - 7?4! X
    - 8?5! or 7! X
    - 9?5 X
  - 4? 5 9 2 8 ⊗
  - 5! v.516
  - 7! 2 5! X
  - 8? 5!! ⊗
  - 9?
    - 2～ ⊗
    - 3?2! or 4! X
    - 4～ ⊗
    - 5?2! X
    - 7?4! X
    - 8?2! or 4! X
- 62?
  - 1! 8 5 X
  - 3
    - 1?v.6132
    - 4!9 1! or 5! ⊗
    - 5?8 X
    - 7?v.6198
    - 8?5 X
    - 9?4 X
  - 4! 5 8 X
  - 5 v.524
  - 7?
    - 1?v.6172
    - 3 4! or 8! ⊗
    - 4!9 8! O
    - 5 8 1 9 ⊗
    - 8?5 X
    - 9!4 5 O
  - 8! 1 4! X
  - 9
    - 1 v.6192
    - 3?1! or 5! X
    - 4?1! X
    - 5 8 1 ⊗
    - 7?1! or 5! X
    - 8?5 X
- 63?
  - 1?8 4 5 O
  - 2!7 5 X
  - 4 v.614
  - 5!v.512
  - 72
    - 1?8 O
    - 4581 ⊗
    - 5481 ⊗
    - 81～ ⊗
    - 9?8! O
  - 8!v.612
  - 9
    - 1?v.6193
    - 2?v.6293
    - 4?812! X
    - 5 7281 ⊗
    - 7?v.6139
    - 8?v.6239
- 64?
  - 1?832! O
  - 2!v.628
  - 3
    - 1?v.6134
    - 2 v.6234
    - 5～ ⊗
    - 7～ ⊗
    - 8?7
    - 9?278! ⊗
  - 7?v.641
  - 8!v.628
  - 9 v.643
- 65!
  - 18 v.6275
  - 27 v.6185
  - 3
    - 1 v.6135
    - 2?v.6235
    - 4 v.6435
    - 7?v.6195
    - 8 v.6295
    - 9 v.6395
  - 4
    - 1!9283 ⊗
    - 2?8 X

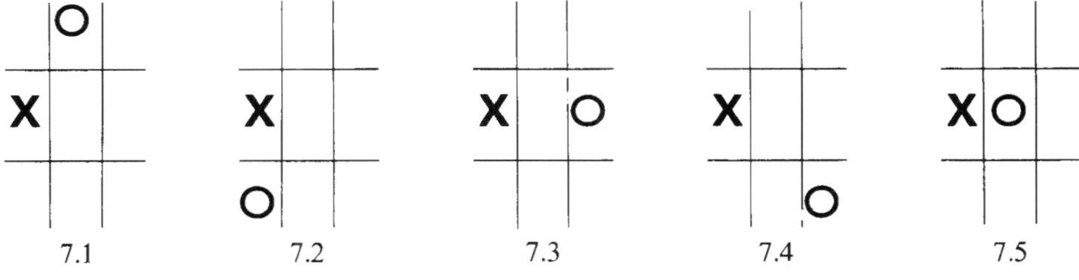

図 **22.7** 横からの開始.

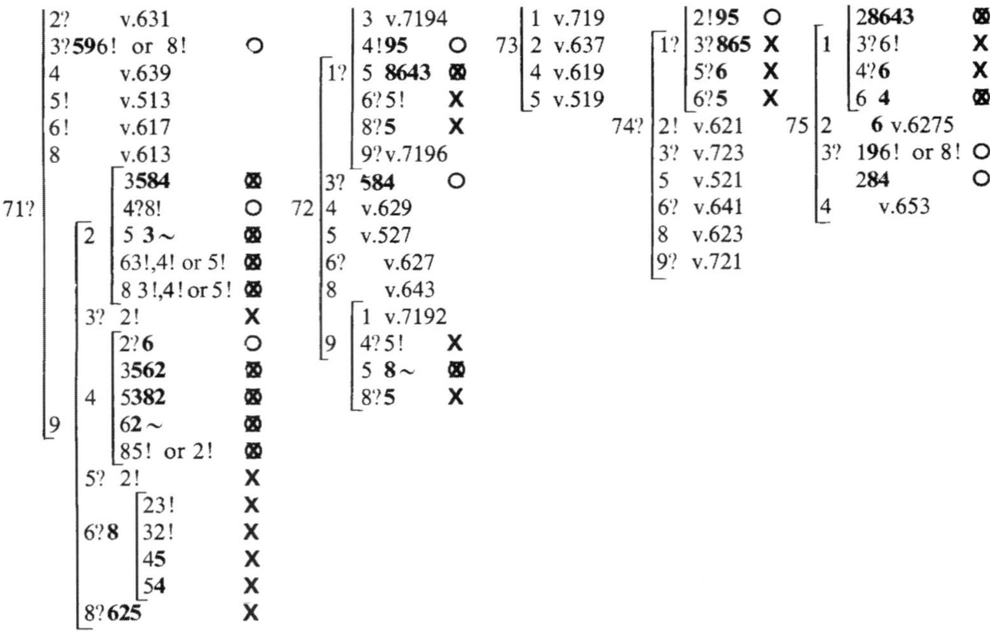

Martin Gardner は，“The Scientific American Book of Mathematical Puzzles and Diversions” において，多くのプレーヤーは，負けることなどないのだからこれ以上学ぶことは何もないなどという誤った印象をもっていると注意を与えている（われわれもその意見に賛成する）．彼は3つの例題（図 22.8）を与えて，熟練したプレーヤーがいかにして悪い手に対する最良の優位を確保するかを示している．図 22.8(a) において，X の最後の手は O にとって 6 つ選択肢のうちの 4 つが負けとなる手として選ばれている（十分罠の原理）．X の開始手 7 に対しては，Gardner は，O は 2 で応えるのがいいと薦めている．この手は X に 3 つの負けの選択肢（図 22.8(b)）を用意しているからである．図 22.8(c) では，O は X に有利な手を選ばせてしまうことになる．というのは，O にとって必勝罠を仕掛けることなくプレーすることは不可能だからである！

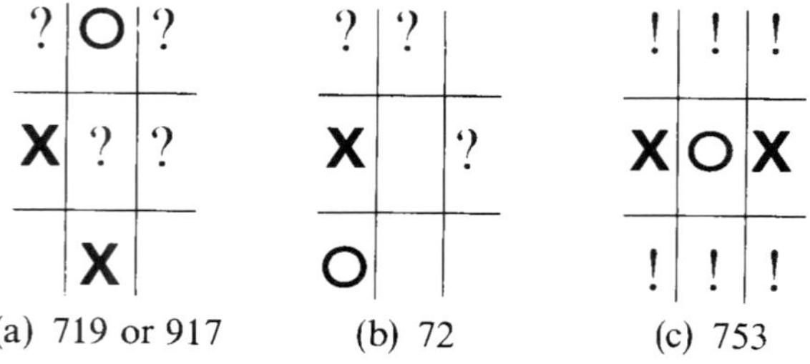

図 22.8 ティック・タック・トゥのあまり知られていない脇道．

1.6 Ovid ゲーム, Hopscotch, Les Pendus

Ovid は彼の著作 *"Ars Amatoria"*（愛の作法）において，若い女性が恋人を楽しませるためにいくつかゲームを学ぶことを薦めている．彼はテーブル (*tabella*) の上でプレーする *ludus terni lapilli*（3 つの小石のゲーム）というゲームを特に推奨している．このゲームは 3 つの黒石と 3 つの白石でプレーするティック・タック・トゥで駒の移動を伴う版と考えられている．この類いのいくつかのゲームは古代の中国，ギリシャ，ローマや，中世のイギリス，フランスにおいてもポピュラーであったことが知られている．

今日 **Ovid のゲーム**として知られているものは，プレーヤーは 6 つの石すべてが置かれるまで代わる代わる自分の石をボードに置いていく．もしどちらのプレーヤーも自分の石を 3 つ一列に並べることができずに勝負のつかないときには，自分の番のとき自分の石を 1 つ，縦横の隣り合う空いたマスに動かすことでプレーを続行する．先手は中央のマスに石を置けば勝利を確実にできる：

$$5!\left[\begin{array}{llll}1\ 4\ 6\ 8\ 3, & 4\text{ を }9\text{ へ}, & \text{どれか動かす}, & 9\text{ を }2\text{ へ}, \text{または}\\ 2\ 1\ 9\ 4\ 6, & 1\text{ を }8\text{ へ}, & \text{どれか動かす}, & 5\text{ を }3\text{ へ}.\end{array}\right.$$

したがって，中央のマスへの開始手は普通禁止されて，ゲームはドローとなる．しかし，ゲームに千日手を許したりすると単一のプレーに多くの変形版が生まれ，ゲームは多くの罠をもつことになる．

ゲームの駒移動においてプレーヤーが図 22.2 の 8 つの線にそってチェスの王様の動きを許されるゲームを **3 人 Morris** と呼ぶことにする．**Hopscotch** と呼ばれていたアメリカインディアン版では，8 つの線上にあってもなくても王様の任意の動きを許している．中央のマスへの開始手を許してさえこのゲームはドローになる．石を空いているマスならどこへでも動かせる **Les Pendus** というフランス版でも同じくドローとなる．

2. Morris

2.1 6 人 Morris

6 人 Morris は図 22.9(a) のボード上でプレーされる．各プレーヤーは 6 枚のチップをもっており，ゲームは Ovid のゲームのように 2 つの段階からなる．最初に，チップが 2 人のプレーヤーによって節点に代わる代わる置かれる．次に，チップは 16 ある節点の 1 つからボードの線に沿って隣の節点に動かされる．一列に 3 つのチップを並べたプレーヤーは相手のチップを 1 つ取り除くことができる．敵のチップを 2 つまで減らしたプレーヤーの勝ちである．

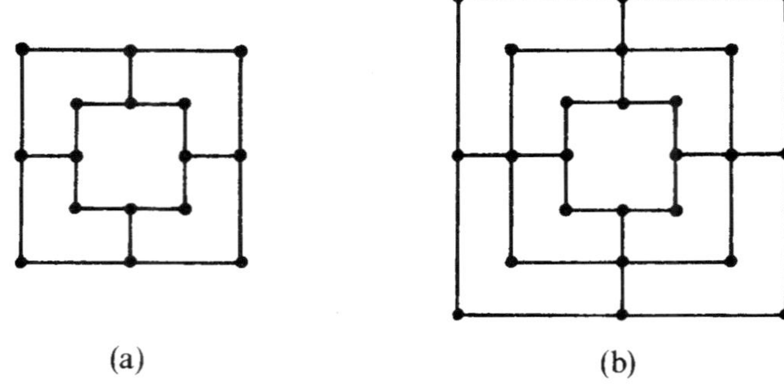

図 **22.9** 6人Morrisと9人Morrisのボード.

2.2 9人Morris

9人Morrisも同様にプレーされる. 図22.9(b)のようにデザインされた正方形あるいは長方形のボード上で, 各プレーヤーはそれぞれ9枚のチップを使ってプレーする. **ミル** (3つのチップの並び) を作ったプレーヤーはまた敵のチップを1つ取り除くが, 敵のミルからチップを除くことはできない. 変形版もたくさんあり, いろいろな名前 (Merrilees, Morelles, Mill, Mühle) がついている ; 詳しくは, R. C. Bell あるいは H. J. R. Murray の本をご覧あれ. Ralph Gasser は 10^{10} 状態もの終局ゲームのデータベースと18重アルファ・ベータ探索を用いて, 最善のプレーをすれば9人Morrisはドローとなることを示した.

3. 3駒積み

これは垂直3並べゲームである. 2人のプレーヤーは自分の色の6つのチェッカーの駒をもってゲームを始める. 2人は交互に, 1個の駒を, テーブルに置いて新しいスタックを作るか, すでに作られているスタックの上に乗せるかする. 各プレーヤーは自分の駒だけでできた高さ3のスタックを作ろうと試みる. すべての手持ち駒がなくなったあとは, プレーヤーは交互にスタックの頂上にある自分の色の駒を別のスタックの頂上, あるいは, テーブルの上に運ぶ. いつでもどのスタックも高さ3を超えてはいけない.

このゲームは多くの油断ならない特徴をもっているので, 熟達したプレーヤーなら初心者を負かすことはたやすい. しかし, Vasek Chvátal は, もし (自分の駒を2つ積むなどして) 勝とうとする気を起こさなければ, 決して負けることはない! ということを教えてくれた. なぜなら, もし敵が t (≥ 1) 個の脅威 (敵の駒が下から2つ積んであるスタック) を準備しているとすると, 敵はあなたの駒を覆う自分の駒を高々 $6-2t$ 個しかもっていないのに対して, 自分の駒を2つ積んでいないあなたには少なくとも t 個の覆われていない駒があり, これは敵の脅威に対処するのに十分な個数である.

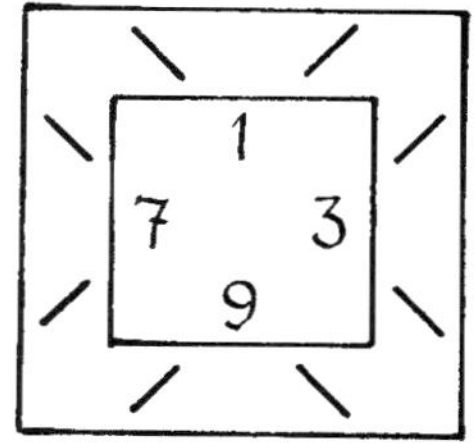

図 **22.10**　5 × 5 のボードでの 4 並べは後手がタイに持ち込める.

4. 並べゲーム

4.1 4 並べ

先手が 1 × 1 ボード上で 1 並び, 2 × 2 ボード上で 2 並びを作れることは明らかである. また, 3 × 3 ボード上で 3 並びが作れないことを見てきた. しかし, もっと大きいボードであれば, たった 1 つ余分のマスがあるだけで, 先手が 3 並びを作れることを示すのは難しいことではない. 先手が 4 並びを作れるためにはボードはどれほどの大きさが必要なのだろうか？ C.Y. Lee は 5 × 5 のボードであれば, 後手がタイに持ち込むことができることを示した. 彼の戦略は, 先手が中央の 3 × 3 の中の正方形でプレーしている限りティック・タック・トゥと同じにプレーすることである. このことを頭に入れておき, 図 22.10 の斜線が記されたマスでプレーするときは, 敵が縁に沿って 4 並びを作る機会を潰すこと, マス 1, 3, 9, 7 の 2 つを含む対角線上に 4 並びを作ることもまた妨害することに注意すれば, さほど困難ではない.

Lustenberger は計算機を用いて, 4 × 30 ボード上で先手が 4 並べゲームに勝てることを示した.

これまでのところ, 最も興味深く, よく知られている版は 4 × 4 × 4 立方体でプレーされる 3 次元版である. Oren Patashnik は, 4 × 4 × 4 **ティック・トック・タック・トゥ**で先手がいつも勝つことを示した. Patashnik の解はいまや数千の開始手の計算機化された辞書を含んでいる. この辞書は, 何ヶ月にもわたる Patashnik と計算機との辛抱強く, 技巧に富んだやり取りによって得られたものである. それはあまりにも大きすぎて計算機によってしかアクセスすることができない. 何人かの懐疑的な計算機科学者が最近 Patashnik の辞書を調査し, いまでは, この辞書は完璧で正しいことが認められている.

4.2 5 並べ

適当な大きさのボードの上で直交する縦や横の, あるいは, 対角の一列に 5 つの並びを作るのを目的とするゲームは実に良くできたゲームである. 数学者は無限に広がったボードの上で **5 並べ**をプレーするのをよしとする.

この種類のゲームには, いくつかの緊急度がうまく表現される脅威が存在し, 子供たちや仲の良い友人たちとプレーしながら, 適当な声をあげてそれらの脅威を知らせるのはすてきな習慣だ.

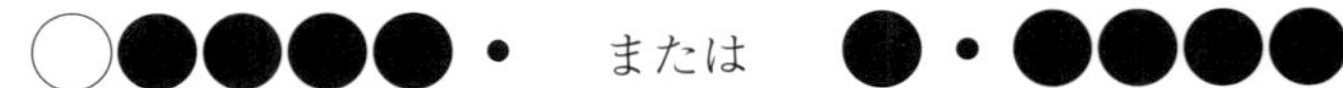

のような次の手で勝つことを警告するには，四！ (SHOT!) と告げる．

また，たとえば，

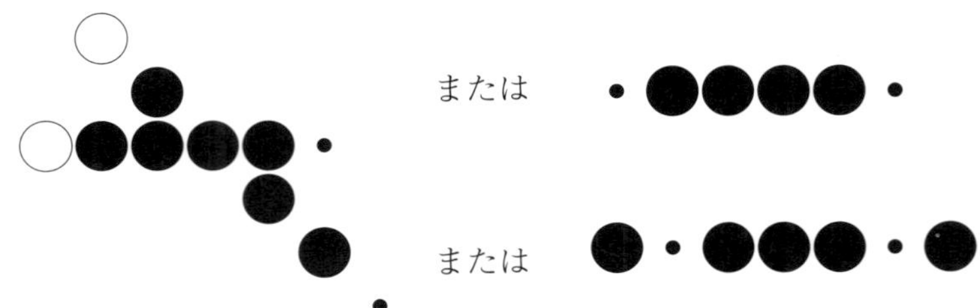

のような一度に2つ以上の「四」を警告するには，四四！（SHOTS!）を告げる．

次の手で確実に「四」となる局面

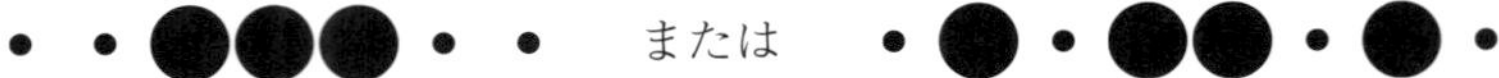

に対する警告は，三！（POT!）と告げる．また，

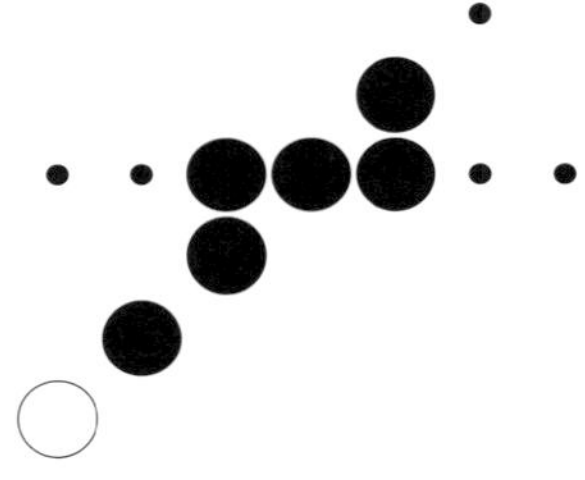

のように「三」と「四」を同時に作ったときには，四三！（POTSHOT!）と告げる．そして，

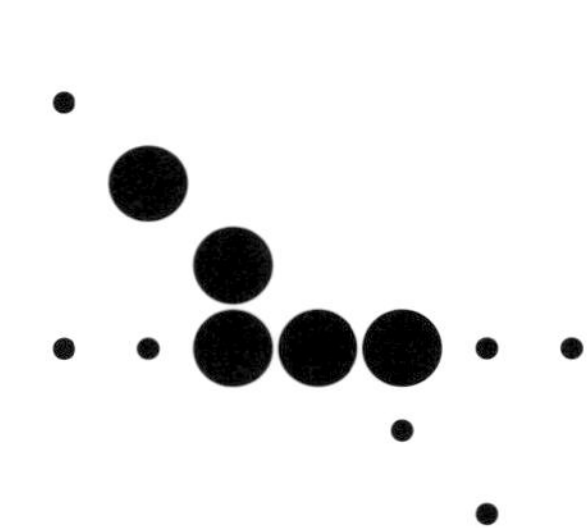

のような一度に2つ以上の「三」を警告するには，三三！（(POTS!）と知らせる．

これらの警告は強制手の効果を理解するのに大きな助けとなる．たとえば，一方の端が開いている4並びの典型的な「四」は即座に止めなければならない．だから防御の「四」が2つ重なれば次の手で勝てる．その両端が開いている3並びの典型的な「三」はただちに止めるか，「四」でかわすかしなければならない．したがって，「四」を止める手が反撃の「四」でなければ，「四三」は勝ちとなる．2つの「三」に対しては，「四」の連続で防御しながらそのうちの1手が2つの「三」の1つをうまい具合に止めることに望みをつなぐのみである.

これらの用語は同じタイプの多くのゲームに対しても用いることができる. たとえば, 4並びでは,

は「三 (SHOT)」であり, また,

は「二 (POT)」である. 同じような掛け声はプットボール (この章の後ろに出てくる) でも用いられる. 第9章の**遠隔数**の概念と明らかな関係が存在する.

5並べは英国では少なくとも100年の間 Go-Bang と呼ばれていたし, もっと最近では Pegotty あるいは Pegity (Parker Bros., U.S.A.) と呼ばれていた.

4.3 五目並べ

日本には, サイズが 19 × 19 の碁盤の上で5並べの日本版の**五目並べ**というものがあり, 何人かの完璧なプレーヤーがいて, 彼らは常に勝利をものにできる. この日本版では, 先手は, 開いた3並びの対 (われわれが「三三 (POTS)」と叫んでいたもの) という**フォーク脅威**を作るのが許されておらず, 6並びは負けとされるというハンディキャップを負わされている. Allis, van der Herik と Huntjens は計算機を用いて五目並べは先手の勝ちということを示した.

4.4 6並べ, 7並べ, 8並べ, 9並べ, . . .

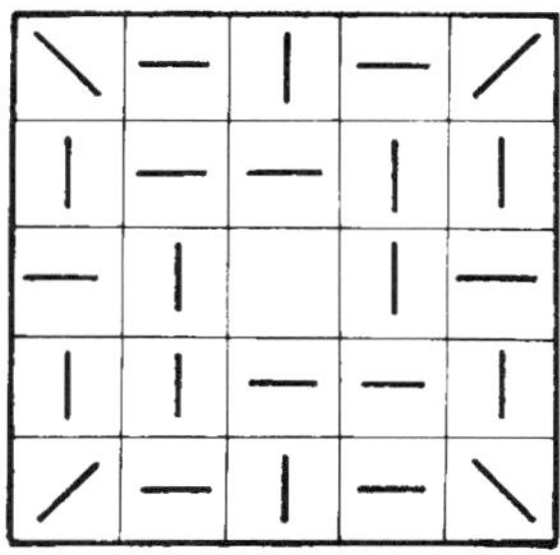

図 **22.11** Hales-Jewett のペア戦略.

A. W. Hales と R. I. Jewett はこの種類の多くのゲームはタイあるいはドローとなることを示す巧妙なペア戦略を考えだした. たとえば, 5 × 5 ボードの上で5並べはタイであることの手短な証明がここにある. あなたがしなければならないことのすべては, 図 22.11 に記号が描かれている正方形に敵が手を打ったとき, その記号が示す方向にある同じ記号をもつ正方形に手を打つという原則をしっかり守ることだけである. それで, あなたは敵に中央の正方形を譲り, そ

の上で敵に先手をもたせることもできる．もし，あなたに提示された局面がすでに条件を満たしてしまっていたら，勝手な1手を打てばいい，ゲームの終局時には考えうるすべての勝利線には少なくとも1つの対抗手が残されている．

図22.12のHales-Jewettペア戦略を使えば，無限の広さのボード上で9並べがドローとなることがわかる．敵が図の中の線分の一端にかかるセルをとれば，あなたはその線分の反対端にかかるセルをとればよい．この結果は次のような戦略を用いて，1954年にHenry Oliver PollakとClaude Elwood Shannonによって最初に証明された．ボードをH形のヘプトミノのタイルで全面を覆う：後手はこれらの個々の小領域のなかで，対角にも，水平にも，右垂直にも3並びを防ぐように注意を払いながら，通常のティック・タック・トゥをプレーする，John Lewis Selfridgeはまた8 × 8ボード上にHales-Jewettペアの図を与え，これが無限のボードをタイル貼りに用いることができ，同じ結果が得られることを示した．

T. G. L. Zetters（何人かのアムステルダムの組合せ理論研究者の仮称）は最近，後手は8並べでもドローにすることができることを示した．証明は，12個のセルからなる平行四辺形を用いている．さらに，7並べもまたドローであることを示すのに向かって歩を進めている．

S.W. Golombは8 × 8 × 8の立方体で8並べに対するHales-Jewettペア戦略を見つけた．

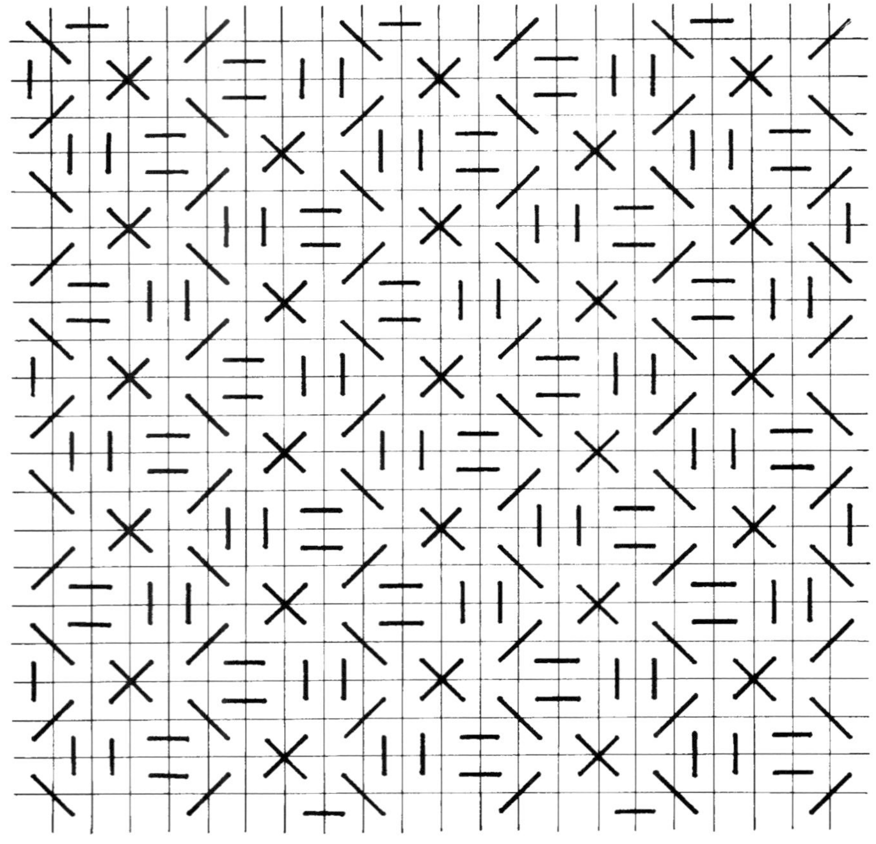

図 22.12　無限のボード上で9並べはドロー．

はじめに，6 × 6 の正方形の上で 6 並べに対する類似の 2 次元解を与えて説明するのがわかりやすいだろう．図 22.13(a) は図 22.11 と同じようなものだが，敵の対角上への手に対しては同じ対角上であればどんな手を打っても構わない点だけが異なる．図は 2 つの太線で示された鏡像の対称性をもっているので，図 22.13(b) のように 1 つの象限だけを示せば十分である．

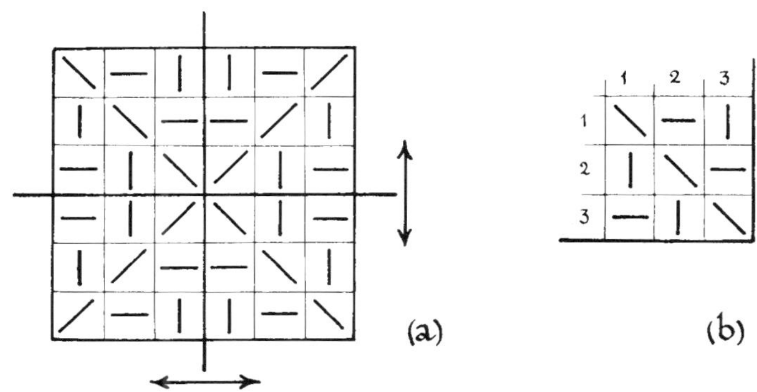

図 22.13 6 × 6 ボード上での 6 並べに対するペア戦略.

図 22.14 は Golomb の 8 × 8 × 8 ペア戦略の 3 次元 8 象限のうちの 1 つの象限を示している．記号 –, |, \ は示されている水平層にあり，• は垂線に乗っていることがわかるだろう．矢印は水平層を貫き，いろいろな対角面の中での向きをわかりやすく表示している．8 × 8 × 8 立方体の中の 3 つの中央面は対称面であり，図 22.13 の 6 × 6 ペア戦略におけるように，敵の体心対角上へのどんな手に対しても同じ対角上の別の手で応えることができる．実際，Golomb は，4 つの体心対角のそれぞれに任意の 6 つのセルをあなたに与え，かつ，あなたに先手を譲ってもなお，このゲームをタイにすることができた．

Golomb と Hales は超立方体ティック・タック・トゥに関するさらなる結果を得ている．

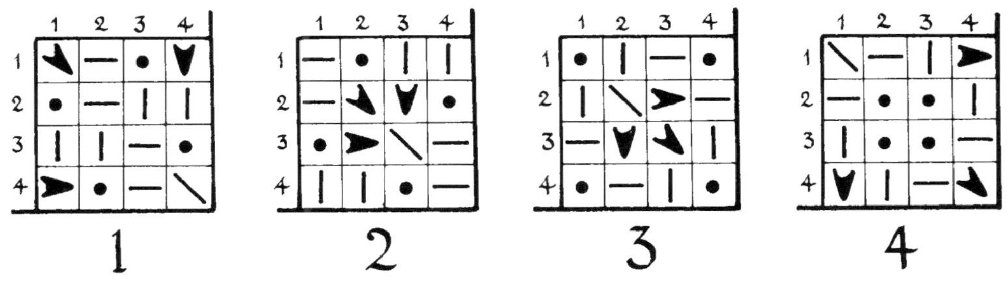

図 22.14 8 × 8 × 8 立方体での 8 並べに対する Golomb のペア戦略

4.5 n次元k並べ

Hales と Jewett はn次元の

$$k \times k \times k \times \ldots \times k$$

ボード上でのk並べのゲームを考察した．彼らは，もしkが十分大きければ，すなわち，

$$k \geq 3^n - 1 \qquad (k \text{ 奇数})$$

または

$$k \geq 2^{n+1} - 2 \qquad (k \text{ 偶数})$$

が満たされていれば，ゲームは適切なペア戦略を用いてタイとなり，また一方，もしnがkに比べて十分大きければ，以下に説明する戦略盗用論法によって先手の勝ちとなることを証明した．もし，直線の数の2倍以上のセルがあればゲームはタイであることを彼らは予想している．

いくつ直線があるのか？ Leo Mose は，各直線はそれを延長して$k \times k \times k \times \ldots \times k$超立方体を取り囲む

$$(k+2) \times (k+2) \times (k+2) \times \ldots \times (k+2) \text{ 超立方体}$$

において出会う2つのセルの一方によって決定されることを注意している．したがって，直線の数はちょうど

$$\frac{1}{2}\{(k+2)^n - k^n\}$$

である．それゆえ，Hales-Jewett 予想は，

$$k^n \geq (k+2)^n - k^n$$

が成立すれば，すなわち，

$$2k^n \geq (k+2)^n$$

が成立すれば，このゲームはタイになるということである．したがって，たとえば，$k \geq 3n$であればタイとなる．Leo Moser はある定数cに対して，$k > cn \log n$が成り立てばタイであることを証明している．

5. ティック・タック・トゥにおける戦略盗用論法

ティック・タック・トゥ形式のゲームのほとんどすべてに対して戦略盗用論法が存在する．それにより，後手は必勝戦略をもつことができないことが示せる．たぶん先人たちはそのことを知っていたと思われるが，これを形式の整った証明にしたのは Hales と Jewett である．各プレーヤーは自分のコマの無制限な供給が得られ，一度置いたコマは動かせないものとし，また，各プレーヤーの目的は自分の持ちゴマのいくつかを使って勝利の配置を作り出すことであると仮定する．

ここでの主張は，2人のプレーヤーにとっての勝利配置が似ているゲームのすべては，先手の

勝ちか，最善のプレーの下でタイであるかのいずれかということである．なぜならば，もし後手が必勝戦略をもっているとすると，先手はそれを次のようにして盗用することができるからである．ランダムな初手ののち，自分の初手を無視し，盗んだ戦略がすでに打たれた手を繰り返すような場合にはランダムな手を打ったりして，彼は後手のふりをすることができる．もし後手が必勝戦略をもっているとするならば，先手も必勝戦略をもっていると結論づけることができる．ボードに置かれた余分のコマは決して彼を傷つけることはないからである！　明らかに，両プレーヤーが一度に勝つことはあり得ないので，後手の仮定された必勝戦略は存在しない．

この論法は，5 目並べのような特殊な制限が加えられていない限り，どんな形のボード上の n 並べにも適用できる．この場合は勝利配置は適当な n コマの並びにすぎず，どちらのプレーヤーにとってもまったく同じものである．

しかし，戦略盗用の最も悪名高いケースでは，勝利配置は同一ではなく（といっても似ているが），ボードの対称性に関係している．これらを年代順に挙げていこう．

6.　ヘックス (Hex)

ヘックスは図 22.15 のような六角形からなる菱形ボードの上でプレーされる．黒はボードの対辺のペアを自分のコマで繋げば勝ちとなり，白は別の対辺のペアを自分のコマで繋げば勝ちである．

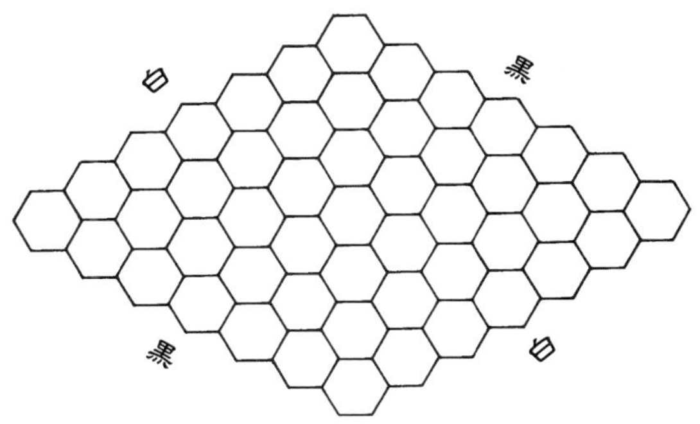

図 **22.15**　7×7 ヘックス・ボード．

ヘックスは Piet Hein によって考案され，John Nash によって戦略盗用論法が見いだされた．Cameron Browne はヘックス戦略に関して非常にすばらしい本を書いている．Vadim Anshelevich はトーナメント試合で優勝したヘックスをプレーするプログラムを書いた．

7.　ブリジット (Bridgit)

ブリジット（あるいはゲール (Gale)）は 2 つの入れ子に組み合わされた $n \times (n+1)$ 格子の上でプレーされる．左手は黒格子の（水平あるいは垂直に）隣り合う 2 つの点を結ぶ．右手は白格子で同様の手を打つ．どの 2 つの手も交差してはならない．図 22.16 は，上端にある一点と下端にある一点とを繋ぐ連鎖を左手が作り上げたばかりのところで勝ちとなった場面である．ブリジットは David Gale が考案したもので，その戦略盗用論法は Tarjan による．

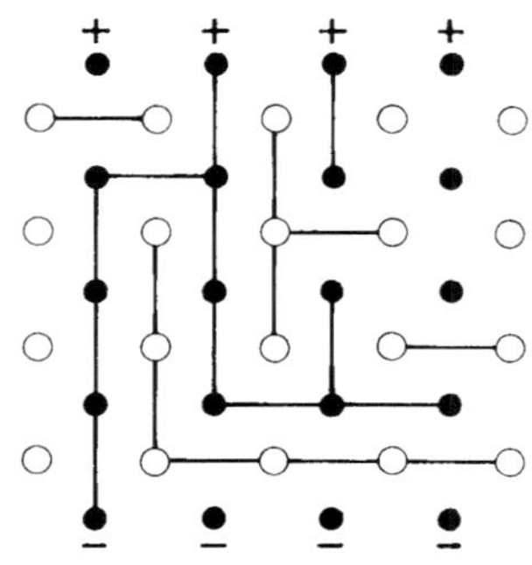

図 22.16 ブリジットにおいて左手が黒連鎖を作り上げる．

8. どのようにして先手が勝利するのか？

これらのゲームでは，Hales と Jewett によって考察された例題におけるのと同様に，ゲームをタイで終わらせることは不可能であり，戦略盗用論法を用いれば実際に先手が勝つことを証明できる．しかし，このことが先手の具体的な必勝戦略を見いだすことにはあまり助けとならない．ヘックスの具体的な戦略は知られておらず，Tarjan と Even は，技術的な意味において一般化されたヘックスの解析は困難であることを示した．しかし，ブリジットに対しては，OliverGross によって具体的なペア戦略が見いだされ，また，多くのほかの戦略が Shannon のスイッチング・ゲームに関する Alfred Lehman の一連の理論から導きだされた．

9. Shannon スイッチング・ゲーム

Shannon スイッチング・ゲームはブリジットを一般化したものである．それは + と − のラベルがつけられた節点がいくつか存在する電子回路を表すグラフの上でプレーされる．辺（ゲームの開始前に鉛筆で描かれている）はその端点同士を短絡させるか遮断するかという手の許された接続を表している．**ショート氏**は自分の手番でこれらの接続の１つを（鉛筆で描かれた辺の上に**インク**を重ねることで）終わりまで**短絡**を確保することができ，ある + 節点と − 節点を繋ぐ連鎖を作ろうと頑張る．彼の敵，**カット氏**は（消しゴムで**消す**なりして）可能な接続を終わりまで**切断**することができ，+ と − が終わりまで繋がらないように頑張る．図 22.17(a) はわれわれのブリジットゲームと等価な Shannon ゲームを示している，図 22.17(b) に見られるように，同種の節点を同一視して正の節点 + も負の節点 − も１つだけに変形することが常にできる．

この変形の上で Lehman は，もし + と − を含むある部分グラフの節点のすべてを含み，辺を共有しない２つの木を見いだせるならば，ショート氏は後手として勝ち，しかもそのときに限ることを証明した．“そのときに限る” の証明は難しいが，“もし . . . ならば” を証明するための簡

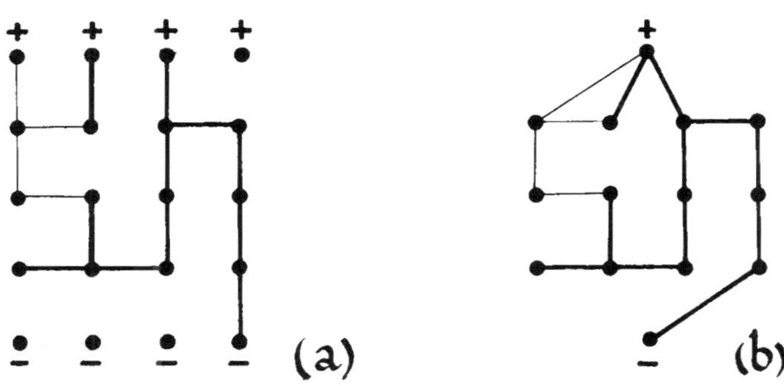

図 **22.17** Shannon スィッチングゲームとしてプレーされるブリジット

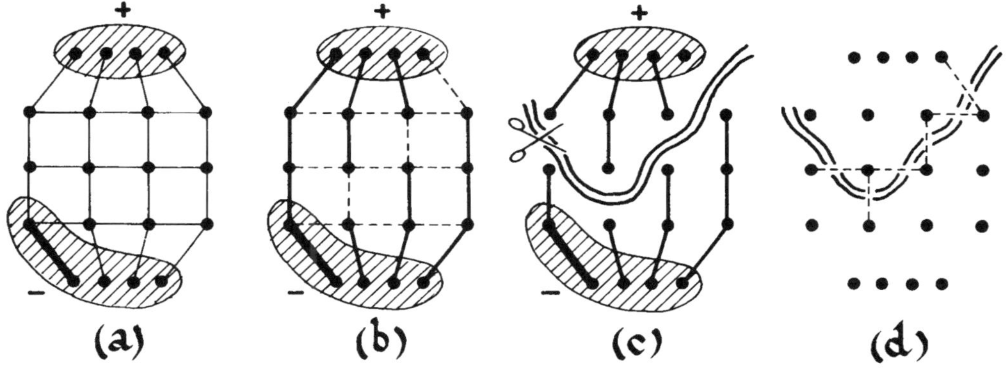

図 **22.18** ショート氏のブリジットのゲームでの勝ち方

単な戦略は存在する．カット氏の手が木の1つを2つの部分 A と B に分離するものであるときはいつでも，ショート氏は別の木で，A の一点と B の一点を繋ぐ手を打つ．

Lehman 理論を用いて，先手，それはショート氏と見なすべきだが，がブリジットでどのようにして勝つかを示そう．彼の初手（図 22.18(a)）のあと，ショート氏（彼はいまは2番目に手を打つ）は図 22.18(b) のそれぞれ太線と点線で示された，辺を共有しない2つの木を見つけることができている（+ と − の節点集合のそれぞれは連結されたものとみなされ，− と短絡された節点も含んでいることに注意する）．ここで，もしカット氏がこれらの木の1つを切断したとする．たとえば，図 22.18(c) のように鋏を入れられた辺を消去するとする．このとき，ショート氏はカット氏によって分離された木の2つの部分をいま分けている仮想的な川を跨ぐ6つの橋（図 22.18(d)）の1つを確保しなければならない．

このゲームは，ショート氏にとっての勝利配置を，辺の集合からなる特別な族 P を含むものとする一般化が可能である．（元々のゲームでは，P は + から − へのパスからなるものであった．）Lehman は，P をすべての点を含む木（全域木）すべてからなる族として，彼の定理の“そのときに限る”の部分を証明した．

もし，この修正されたゲームにおいてショート氏が後手として必勝戦略をもつとすると，辺の重なり合いのない2つの全域木が存在しなければならないことは非常に容易にわかる．なぜならば，余分の1手は何の不利にもならないので，両プレーヤーはショート氏の戦略でプレーすることができる！ もし，彼らがこれを行えば，辺の重なり合いのない集合を用いて，2つの全域木が出来上がることになる．逆に，もしそのような木が2つ存在すれば，われわれの以前のショート氏の戦略は，この修正されたゲームにおいてさえ，実際に後手としての彼に勝利をもたらす．

Lehman の論法のより詳しい部分は，修正されたゲームは元のゲームに適切に帰着されることを明らかにしている．

10. ブラック・パス・ゲーム (Black Path Game)

このエレガントがゲームは1960年に Larry Black によって考案された．図22.19に見られるように，正方形で仕切られた長方形の紙の上でこのゲームをプレーすることができる．どの時点でも，すでに用いられた正方形のそれぞれには，図22.19(b) に示した3つのパタンの1つが置かれており，図22.19(a) のように，矢で示される開始点から始まる，太い黒線で示したブラック・パスを含んでいる．手番のプレーヤーは次の正方形の中に許されたパタンの1つを選んでブラック・パスを延長しなければならない．もし，あなたの手がブラック・パスをボードの端からはみ出させてしまうことになれば，あなたの負けである．われわれの例では，最初の8手を順に番号1から8をつけて示してあり，9と記された正方形で次のプレーヤーが手を打たなければならない状況にある．パタン1は即座の負け，パタン2はすばやい勝ち，パタン3はゆっくりした負けということがわかるであろう．

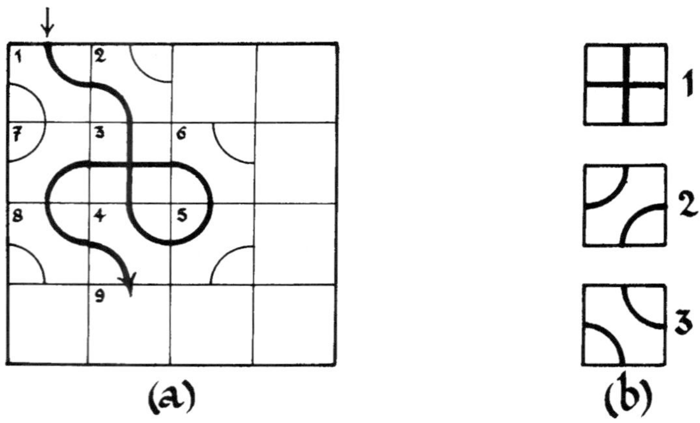

図 22.19 ブラック・パスを作る．

偶数個の正方形をもつ任意の長方形ボードで先手が勝つことのできるペア戦略がある．先手はボードが 2×1 のドミノに，自分の好きな仕方で，たとえば，図22.20のように，分割されているとイメージして，ドミノの中心線にパスの終端がくるようにプレーをする（中心線はボードの端にはなり得ない！）．奇数 × 奇数 ボードの上では，開始正方形を除いてボードをドミノで分割することにより，勝者は後手であることがわかる．

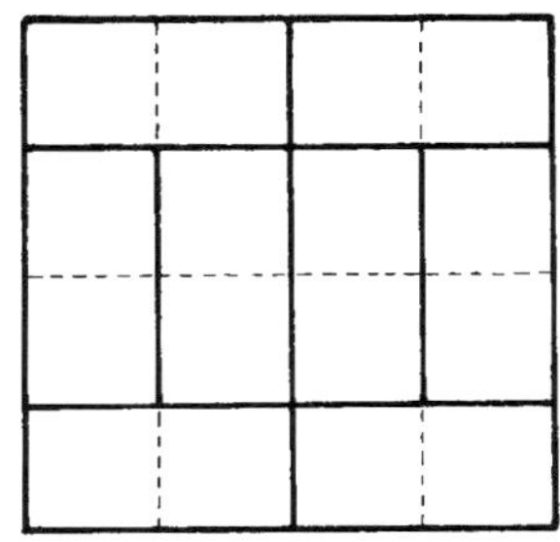

図 22.20 ドミノに分割されたブラック・パス・ゲームボード．

10.1 Lewthwaiteゲーム

ドミノペア戦略（たとえば図22.21(b)）は G. W. Lewthwaiteの考案したゲームにおいても，やはり後手が勝つことを可能にしてくれる．このゲームでは 5 × 5 の箱の中で図22.21(a)の初期局面から出発して，12個の白駒と12個の黒駒の1つを交互に1マス滑らせてプレーする．自分の手番のときに自分の駒をどれも動かせなくなったプレーヤーの負けである．もし， 2, 3, または 4 個の駒が横または縦に連なっていて，両端の駒が自分のものである列をまとめて一度に滑らせることができるとしたらどんなことが起きるだろうか？

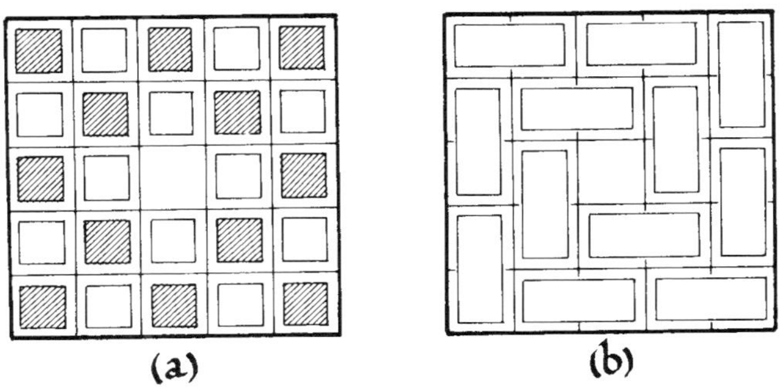

図 22.21 Lewthwaite ゲームではペア戦略で後手が勝つ．

10.2 くねくねゲーム (Meander)

くねくねゲームもまた Lewthwaite が考案したもので，やはり 5 × 5 の箱のなかで24個のタイルを使ってプレーされる．ただし今度は，滑らすタイルは図22.22(a)にあるような模様である．図22.22(b)は開始局面を示している．図22.22(c)のような，境界と境界を繋ぐ少なくとも3個のタイルからなる連続曲線を最初に作ったプレーヤーが勝者である．このゲームには2つのバージョンがある．1つは，交互に1つだけタイルを滑らせる；もう1つは，1, 2, 3, あるいは4個の横または縦のタイル列を1手で滑らせることができる，というものである．

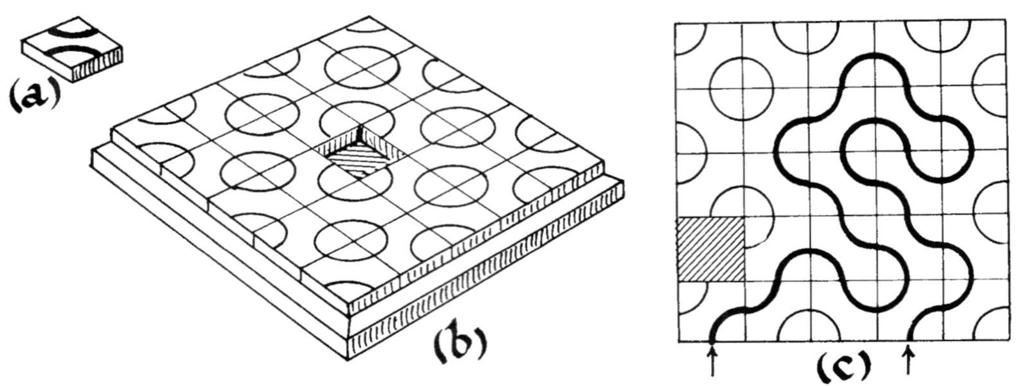

図 **22.22** くねくねゲーム．

11. 勝者と敗者

Frank Harary は，無限の広さのボードでプレーされる一連のゲームを提案した．1つのポリオミノ P に1つのゲームが対応する．手番のとき，左手は正方形を黒く塗り，右手は白く塗る．左手の目標は P と同じ形の黒コピーを作ることであり，右手はそれを阻止しようと頑張る．Harary は，もし左手が必勝戦略をもてば，P を**勝者 (winner)**，そうでなければ**敗者 (loser)** と呼んだ．

図22.23の12個のポリオミノは，そこに示されているHales–Jewettペア戦略を使って“敗者”であることが証明される．これらの大半は Andreas Blass によって見つけられた．したがって，もし，P がこれらの1つを含んでいるならば，それは“敗者”である．Martin Kutz は，左下

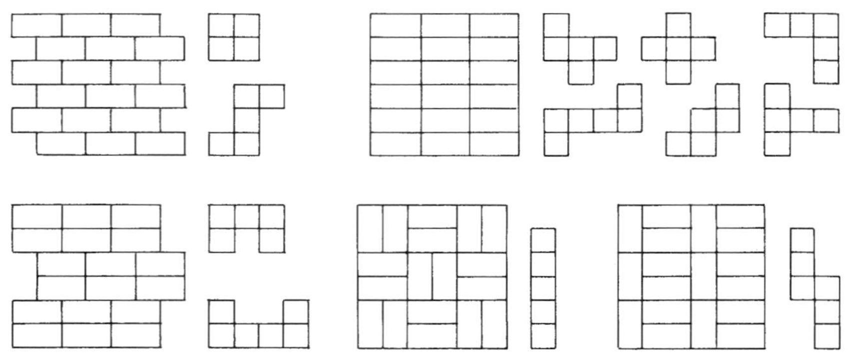

図 **22.23** Hales–Jewett ペア戦略で12個のポリオミノは“敗者”となる．

のペア戦略はヘキサミノUに対しては満足な結果を得られず，適切なペア戦略は2行組の場所に3行組をずらして組み合わせた集合からなることを指摘している．これら12個の1つも含まないポリノミオは図22.24に示されている12個だけである．これらのうち11個は，$b \times b$ ボード上で m 手で勝てる，知られた戦略によって，“勝者”であることが知られている（図参照）．最後のポリオミノは Harary によって“蛇みたい (snaky)”と呼ばれたもので，“勝者”であると予想されている．

8 × 8 ボードの上で12個のペントミノでプレーされるペントミノゲーム（重なり合いがないようにペントミノを置くことができなくなったプレーヤーが負け）は先手の勝ちであることが Hilarie Orman によって示された．彼は，15 × 15 ボードの上で35個のヘキサミノを使った同様のゲームを解くのは計算論的に挑戦的な問題であることを示唆している．

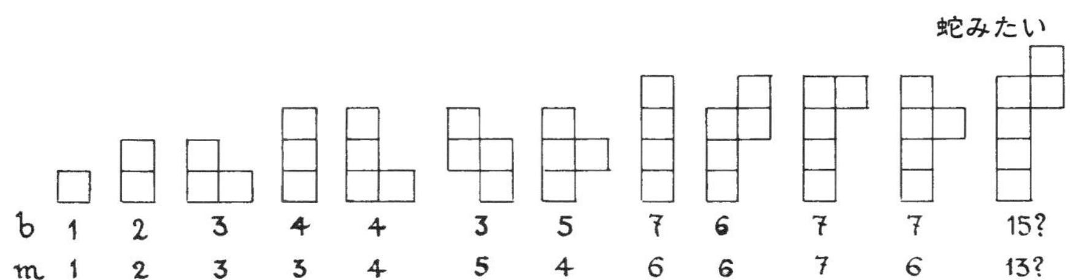

図 22.24 12個のポリノミオ勝者に対するボードのサイズと手数（ただし，“蛇みたい”に対するサイズ，手数は不確かである）．

12. ドッジェム (Dodgem)

Colin Vout がこの優れた小ゲームを考案した．このゲームは 3 × 3 ボードの上で2つの黒の車と2つの白の車を使ってプレーされる．その開始局面は図22.25(a) に示してある．プレーヤーは交互に自分の車を3つの許された方向に1マス動かす（黒にとっては東，北，南；白にとっては北，東，西）．自分の車を**2台とも**ボードから先に出したプレーヤーの勝ちである．黒の車はボードの右端からしか出られず，白の車は上端からしか出られない．1マスには1台しか車は入れず，もし敵を手の打てない状態にしたら，あなたの負けである．

ボードの大きさはティック・タック・トゥのボードと同じだが，このゲームはもっとずっとおもしろくプレーできる．表22.1はすべての局面の勝敗を含んでいる；列は黒の車の位置を与え，行は白の車の位置を与えている（位置は図22.25(b) の文字またはその対で表されている）．空欄は1マスには1台しか車は入れないという規則に反する局面に対応している．

+ は黒（左手）の勝ち，
– は白（右手）の勝ち，
O は後手の勝ち，
∗ は先手の勝ち．

もし，あなたがわれわれの表を手の裏に描くなどしてもっていなければ，熟達者相手にこの

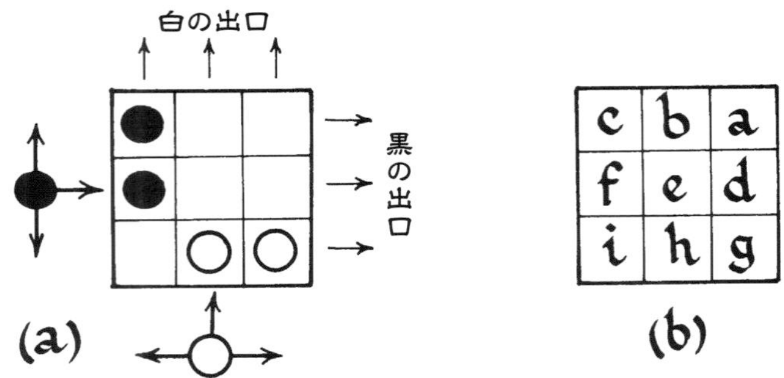

図 **22.25** Colin Vout のドッジェムゲーム

小さなゲームをプレーするのは難しいことがわかるだろう．熟達者はあなたに小さな罠をいろいろと仕掛けてくる．自分の車をできるだけ早く押し出そうとするのはあまり得策では**ない**ことが多い．敵の車を阻止するほうがもっと効果的であるかもしれないからである．多くの場合，右上の隅を狙うのがいい考えである．

もし，あなたが熟練者であれば，$n \times n$ ボード上で，南西隅を空にして各色の $n-1$ 台の車を第1列と第1行に並べた局面から開始するドッジェムをプレーすることができる．

ドッジェリードゥー

このゲームは東と南が開いている無限ボードの上で，2台のドッジェム車を使ってプレーされる．どちらのプレーヤーももう1台の車を跳び越したり，上に乗らない限り，どちらの車も北あるいは西に任意の距離を1手で動かすことができる．手を打てなくなったプレーヤーを負けとする．

> 2台の車が隣り合ったマスにある
> 任意の局面は $\mathcal{P}$ 局面である．

というのは容易にわかる．なぜなら，敵が何か手を打てば，あなたはその手につきまとって車を隣り合わせることを続けられるからである．

先手はただちに1台の車をもう1台の車に寄せることができるので，

> 2台の車が同じ行あるいは列にあるか，
> 隣り合った行あるいは列にある
> 任意の局面は $\mathcal{N}$ 局面である．

したがって，後の局面を解析するにあたって，2台の車を同じ行あるいは列に配置したり，隣り合った行あるいは列に配置することは非合法であるとするのもいい．

この制限されたゲームにおける2台の車の位置を (x_1, y_1) と (x_2, y_2) とする．すると，これらの数で，われわれは4つの山をもつニムのようなゲームをプレーすることになる．ここで，われわれは，$x_1 - x_2$ も $y_1 - y_2$ も 0 あるいは ± 1 とならない限り，4つの数 x_1, x_2, y_1, y_2 の任意

表 22.1 ドッジェムにおける局面の勝敗といくつかの良い手.

右手の位置＼左手の位置	fi	ci	cf	hi	hf	hc	ei	ef	ec	bi	bf	bc	eh	bh	be	gi	gf	gc	di	df	dc	ai	af	ac	i	f	c	gh	ge	gb	dh	de	db	ah	ae	ab	h	e	b	dg	ag	ad	g	d	a
a	−	−	−	−	−	−	−	−	−	−	−	−	−	−	−	−	−	−	−	−	−				−	−	−	−	−	−	−	−	−				−	−	−	−			*	*	
b	−	−	−	−	−	−	−	−	−				−			−	−	−	−	−	−	−	−	−	−	−	−	−	−		−	−		−	−		−	−		−	−	−	*	*	*
c	−			−	−		−	−		−	−		−	−	−	−	−		−	−		−	−		−	−		−	−	−	−	−	−	−	−	−	−	−	−	−	−	−	*	*	*
ab	−	−	−	−	−	−	−	−	−				−			−	−	−	−	−	−				−	−	−	−	−		−	−					*	*		*			+	+	
ac	−			−	−		−	−		−	−		−	−	−	−	−		−	−					−	−		−	−	−	−	−	−				*	*	−	*			+	+	
bc	−			−	−		−	−					−			−	−		−	−		−	−		−	−		−	−		−	−		−	−		*	*		*	*	*	+	+	+
d	−	−	−	−	−	−	−	−	−	−	−	−	−	−	−	−	−	−				−	−	*	−	−	−	−	−	*				*	*	○	*	−	*		+		+		+
e	−	−	−	−	−	−				−	−	−		−		−	−	−	−	−	−	−	−	−	−	−	*	−		*	−		*	−		*	*		+	*	*	*	+	+	+
f		−		−		−	−		−	−		−	−	−	−	−		*	−		*	−		*	−		○	−	−	−	−	−	−	−	−	−	*	*	*	*	*	*	+	+	+
ad	−	−	−	−	−	−	−	−	−	−	−	−	−	−	−	−	−	−							*	−	*	*	−	*							+	*	○				+		
ae	−	−	−	−	−	−				−	−	−		−		−	−	−	−	−	−				*	−	−	*		−	*		−				+		*	+			+	+	
af		−		−		−	−		−	−		−	−	−	−	−		−	−		−				*		−	*	*	−	*	*	−				+	+	*	+			+	+	
bd	−	−	−	−	−	−	−	−	−				−			−	−	−				*	*	−	*	−	−	*	−					+	+		+	*			+		+		+
be	−	−	−	−	−	−										−	−	−	−	−	−	−	−	−	*	−	−	*			*			*			+			+	+	+	+	+	+
bf		−		−		−	−		−				−			−		−	−		−	−		−	*		*	*	*		*	*		*	*		+	+		+	+	+	+	+	+
cd	−			−	−		−	−		−	−		−	*	*	−	−					*	*		*	−		*	−	*				+	+	*	+	*	*		+		+		+
ce	−			−	−					−	−			*		−	−		−	−		−	−		*	−		*		+	*		+	*		+	+		+	+	+	+	+	+	+
cf				−			−			−			−	−	−	−			−			−			*			*	*	*	*	*	*	*	*	*	+	+	+	+	+	+	+	+	+
g	−	−	−	−	−	−	−	*	*	−	−	*	−	*	*				*	+	+	*	*	+	*	−	*				*	+	+	+	+	*	○	*	+			+		+	+
h	−	−	*				*	+	+	−	*	*			*	−	*	*	−	*	*	−	*	*	−	*	+		+	+		+	+		+	+		+	+	+	+	+	+	+	+
i			+		−	*		+	*		+	*	−	−	−		+	+		+	+		+	+		+	*	*	*	*	*	*	*	*	*	*	+	+	+	+	+	+	+	+	+
ag	−	−	−	−	−	−	−	*	−	−	−	−	*	−	*				*	+	*				−	*	−				+	+	+				*	+	*					+	
ah	−	−	−				−	−	−	−	−	−			−	−	*	−	−	*	−				−	*	*		+	*		+	*					+	+	+			+	+	
ai			−		*	−		*	−		−	−	*	−	−		+	*		+	*					+	*	+	+	*	+	+	*				+	+	+	+			+	+	
bg	−	−	−	−	−	−	−	*	−				*						*	+	*	*	+	*	−	*	−				+	+		+	+		*	+				+		+	+
bh	−	−	−				−	−	−							−	*	−	−	*	−	−	*	−	−	*	−		+			+			+			+		+	+	+	+	+	+
bi			−		*	−		*	−				*				+	*		+	*		+	*		+	*	+	+		+	+		+	+		+	+		+	+	+	+	+	+
cg	−			−	−		−	*		*	*		*	+	+				*	+		*	+		−	*					+	+	+	+	+	+	*	+	+			+		+	+
ch	−						−	−		−	*				+	−	*		−	*		−	*		−	*			+	+		+	+		+	+		+	+	+	+	+	+	+	+
ci					*			*			+		*	*	*		+			+			+			+		+	+	+	+	+	+	+	+	+	+	+	+	+	+	+	+	+	+
de	−	−	−	−	−	−				*	*	−		*		*	−	−				+	+	*	+	*	*	+		*				+		+	+		+		+		+		+
df		−		−		−	−		−	*		*	−	*	*	*		−				+		+	+		*	+	*	*				+	+	+	+	+	+		+		+		+
ef		−		−		*				*		○		+		*		*	*		*	*		*	+		+	+		+	+		+	+		+	+		+	+	+	+	+	+	+
dg	−	−	−	−	*	−	*	−	*	*	*	*	○	*	+							+	+	+	*	*	*							+	+	+	+	+	+						+
dh	−	−	−				−	−	−	*	*	*			*	−	*	*				+	+	+	−	*	+		+	+					+	+		+	+		+		+		+
di			−		+	*		*	−		*	*	*	*	*		+	*					+	+		+	+	+	+	+				+	+	+	+	+	+		+		+		+
eg	−	*	*	−	−	*				+	+	*		+					+	+	+	+	+	+	*	−	*				+		+	+		+	+		+			+		+	+
eh	−	−	*							*	+	+				*	+	*	*	+	*	*	+	*	−	−	*			+			+			+			+	+	+	+	+	+	+
ei			*		+	*					+	*		+			+	+		+	+		+	+		*	+	+		+	+		+	+		+	+		+	+	+	+	+	+	+
fg		−		−		*	*		*	*		+	*	+	+				+		+	+		+	*		+				+	+	+	+	+	+	+	+	+			+		+	+
fh		−					−		+	−		*			+	*		+	*		+	*		+	+		+		+	+		+	+		+	+		+	+	+	+	+	+	+	+
fi						+			+			+	+	+	+			+			+			+			+	+	+	+	+	+	+	+	+	+	+	+	+	+	+	+	+	+	+
gh	−	*	*				*	*	*	+	+	+			+				+	+	+	+	+	+	−	*	+					+	+		+	+		+	+			+		+	+
gi			*		+	+		+	*		+	+	+	+	+					+	+		+	+		+	+				+	+	+	+	+	+	+	+	+			+		+	+
hi			+					+	+		+	+			+		+	+		+	+		+	+		+	+		+	+		+	+		+	+		+	+	+	+	+	+	+	+

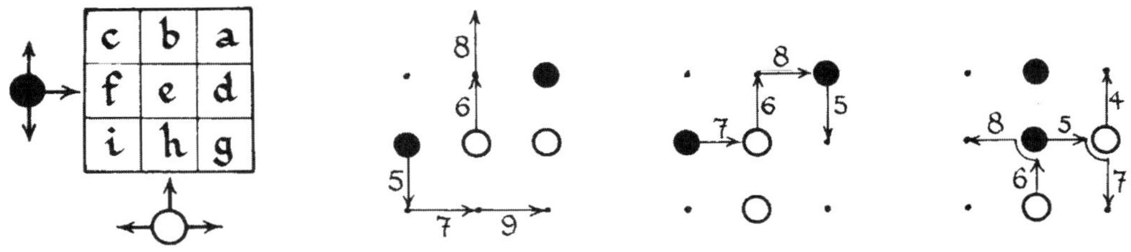

の1つを減少させることができる. x たちと y たちは作用し合わないので, このゲームは2つのゲーム, x たちでプレーされるゲームと y たちでプレーされるゲームの和とみることができる. 表 22.2 はこれらのゲーム両方に対するニム値を与えている — 上端と左端には位置が示されている. X はこの制限されたゲームで禁止された局面を意味している.

局面 (x_1, y_1), (x_2, y_2) が
ドッジェリードゥー $\mathcal{P}$ 局面であるのは，
ちょうど $f(x_1, x_2) = f(y_1, y_2)$
が成り立つとき，そのときに限る

（というのは，このときはそれらのニム和が 0 であるから）．ここで，$f(x_1, x_2)$ は表22.2で与えられている関数である．

表 22.2 ドッジェリードゥーのニム値，$f(x_1, x_2)$

x_1 \ x_2	0	1	2	3	4	5	6	7	8	9	10	11	12	13	14	15	16
0	X	X	0	1	2	3	4	5	6	7	8	9	10	11	12	13	14
1	X	X	X	0	1	2	3	4	5	6	7	8	9	10	11	12	13
2	0	X	X	X	3	1	2	6	4	5	9	7	8	12	10	11	15
3	1	0	X	X	X	4	5	2	3	8	6	10	7	9	13	14	11
4	2	1	3	X	X	X	0	7	8	4	5	6	11	13	9	10	12
5	3	2	1	4	X	X	X	0	7	9	10	5	6	8	14	15	16
6	4	3	2	5	0	X	X	X	1	10	11	12	13	6	7	8	9
7	5	4	6	2	7	0	X	X	X	1	3	11	12	14	8	9	10
8	6	5	4	3	8	7	1	X	X	X	0	2	14	15	16	17	18
9	7	6	5	8	4	9	10	1	X	X	X	0	2	3	15	16	17
10	8	7	9	6	5	10	11	3	0	X	X	X	1	2	4	18	19
11	9	8	7	10	6	5	12	11	2	0	X	X	X	1	3	4	20
12	10	9	8	7	11	6	13	12	14	2	1	X	X	X	0	3	4
13	11	10	12	9	13	8	6	14	15	3	2	1	X	X	X	0	5

端からいったん離れてみると，この表にはあまり規則的なパタンが見られない．しかし，少なくとも最初のいくつかの行（と列）は算術的な周期性をもっている．最初の5行の（究極的）周期と飛躍はともに 1, 1, 3, 9, 36 であり，表の外でも成立している．同じ表は3次元の2車ドッジェリードゥーを解くのに使える．このゲームにおいては $\mathcal{P}$ 局面であるための条件は

$$f(x_1, x_2) \overset{*}{+} f(y_1, y_2) \overset{*}{+} f(z_1, z_2) = 0$$

が成り立つことである．

13. 哲学者のフットボール

哲学者のフットボールあるいは略称プットボール (PHUTBALL) (J.H. Conway の登録になる) はこの本で初めて読者が知ることになるプレーのしがいのあるゲームである．このゲームは通常，図 22.26 で示される 15 × 19 の交差線からなるボード，あるいは，19 × 19 の碁盤の上でプレーされる．1つの黒石（**ボール**）と十分な個数の白石（**選手**）を用いる．すべての石は両プレーヤーに共有されており，目的は異なるが，両プレーヤーはまったく同じ合法的な手をもっている．

ピッチには中央点にボールだけおいてゲームが開始される．そこから，各プレーヤーは手番のとき，

任意の空の格子点に新しい選手を配置するか，

あるいは，

ボールを**ジャンプ**させて，跳び越した選手をボードから取り除く．

(両方を一度にはできない．)

ボールの1回のジャンプでは，少なくとも1人の選手を跳び越せる条件の下で，コンパスの8方向，北，北東，東，南東，南，南西，西，北西にある最初の空の点へ跳ぶことができる．跳び越されたすべての選手はただちにボードから取り除かれる．プレーヤーはいろいろな8方向へのそのようなジャンプを連続して一手として打つことができる．しかし，跳び越された選手はただちに除かれるので，同じ選手が一手で2度以上跳び越されることはないし，ジャンプの手の途中でボードに選手を置くことはできない．

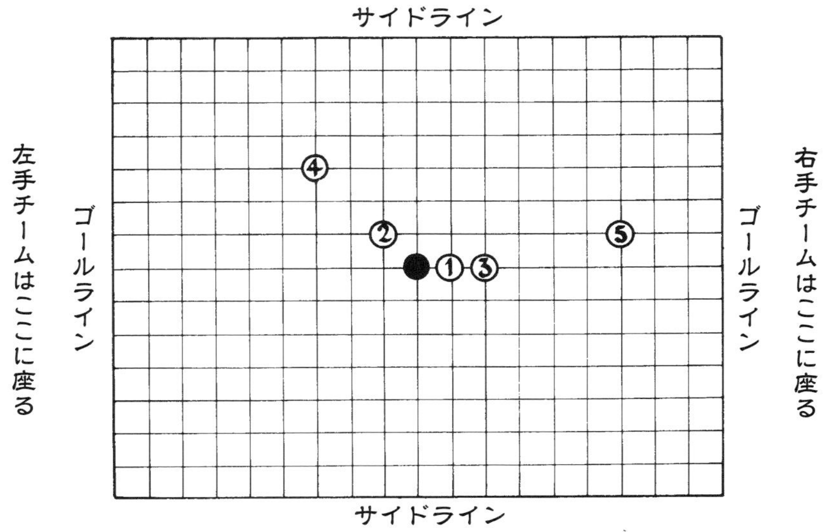

図 **22.26** プットボールピッチとゲームの始めの5手．

ボールをゴールラインあるいはサイドライン上に着地させることは合法的である．また，ボー

ルがボードを離れてしまうことも合法であるが，これはゴールライン上にいる選手をジャンプしたときだけ，ゲームの最終手として現れる．実際，左手の目的は，一手の**最後**にボールが右手のゴールラインの**上か**，それを跳び越すように手筈を整えることである．一方，右手はボールを左手のゴールラインの上か，それを跳び越すようにするのが目的である．しかしながら，守備にあたるプレーヤーはときにボールを自分自身のゴールラインに乗せ，そこから蹴り出すことが一手で首尾よくできるということもある．図22.26に見られる標準的なオープニングでは，

左手，右手，左手，右手，左手

が石を

1,　2,　3,　4,　5

と置いて，敵のゴールに向かって選手の鎖を作っていく．右手は，左手に1と3の長いジャンプをされる脅威とそのあと5に続く鎖を作られる脅威にさらされている．それゆえ．右手は2と4を跳び越える2つの短いジャンプをする．

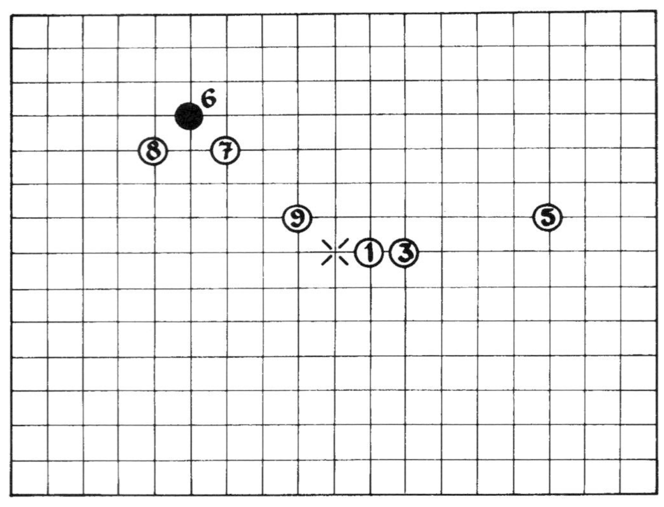

図 22.27　次の4手.

引き続いて，

左手，右手，左手

は

7,　8,　9

と選手を配置する．左手は彼の鎖を再構築しようと試み，右手はこれに対抗する防御の回り道ジャンプの道を用意する．もし，図22.27で左手の手番であれば，彼は一手で7と9の2つのジャンプと1と3の長いジャンプをすることができる（たぶん，彼にとってはこの最後のジャ

ンプはしない方がいいかもしれない．チェスと同様，脅しの方がそれを実施してしまうより効果的なことが多い）．しかしながら，いまは右手の手番なので彼は8をジャンプする．その次の数手は図22.28に示されている．

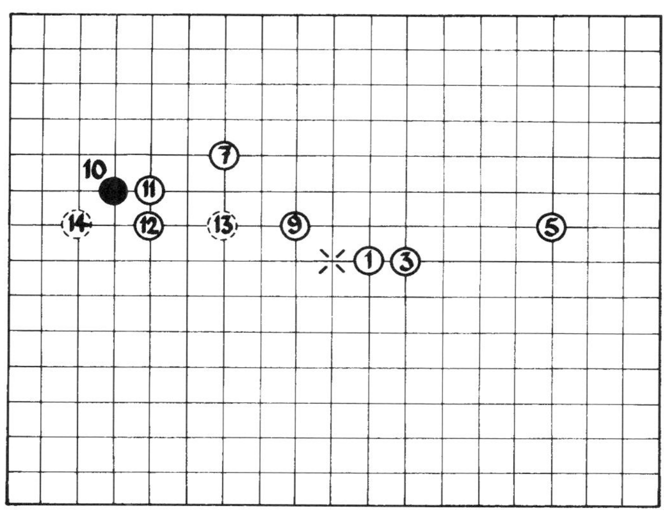

図 22.28 ゲームの続き．

これらはすべて結構微妙な手である．左手の 11 は 8 を再構築するよりもっといい．8 であれば，図22.27におけるボールの位置に選手を置くことで右手は非常に容易に**タックル**することができる（これら2つの石のジャンプの後，左手は自分の鎖の残りに有効な接続を再構築するのが非常に難しいことに気づくだろう）．右手の 12 の手はさらにもっと微妙である！ この時点での勝利への直接的な脅威は，左手が 11 と 7 をジャンプして優勢な局面を作り上げることであろう．手12は，このジャンプのあとボールを戻す道と，また，14に選手を置いて，その後に11, 12, 14 を跳び越す回転3連ジャンプへの仕掛けを用意していることになっている．これらはともに右手を左手のゴールラインに近づかせ，敵にとって好都合ないくつかの石を除くことにもなっている．手12はさらにもっと秘められた狙いをもっている；もし左手が 13 に選手を置けば，**右手**は 11 と 7 をジャンプすることができ，すると，左手の彼の古い鎖へ接続するどのような脅威も，右手が 13 と 12 へ接続しようとする助けとなるのである．

これらの手のほとんどは定石になっているが，ここから先は熟達者によって異なってくる．このゲームは多くの微妙な戦術（タックル，敵の脅しへの毒盛り，破壊的 U ターン，…）をもっているが，二三のヒントだけを提供しよう．

本当に必要になるまでジャンプはしないこと，そしてそのときは実際に必要なところまでにしておくこと．敵がジャンプしてくる場所から3以内の場所に石があり，それがチェスのナイトの跳ぶ位置になければ，たぶんその石を用いて元に戻すことができるので，敵のジャンプ（たぶん彼はそれをするべきでなかった！）を過度に怖がることはない．ボールからチェスのナイトの跳ぶ位置にある石はほとんど利用価値がないことを覚えておこう．そのような石は **poultry（アヒル）**（paltry（とるに足らぬ）や parity（パリティ）のもじり）と呼ばれる．脅威となっている鎖は，いくつかの異なる仕方でジャンプできるならば，もっとずっと有効となる．あなたが置く石は敵にとっても有効になりうる — 破壊的 U ターンなどに利用されるということを忘れないようにしなさい．

このゲームの楽しい特徴は，熟達者のゴールラインの近くにボールを最初において試合を開始することにすれば，熟達者もまた初心者とゲームを楽しめることである．

チェスや囲碁のように，また，この本に出てくるほとんどのゲームとは違って，プットボールは完璧な解析が期待できる種類のゲームでは**ない**．実際，Demaine と Demaine と Eppstein は，プレーヤーが次のプットボール手で勝利するかどうかを決定する問題は NP 困難であることを証明した．1 次元に制限された版については，Grossman と Nowakowski によって解かれているが，1 次元プットボールでさえ完全には解析されていない．

付　録

14.　Count foxy words And stay awake Using lively wit

これはAnne Duncanの問いに対するある読者の見事な答えである．

15.　アマゾン

アマゾンは1988年にアルゼンチン人のWalter Zamkauskasによって考案され，1992年に初めて雑誌*El Acertijo*に掲載された．1993年，*World Games Review*の編集者Michael Kellerが正方形テーブルの騎士たち (he Knights of the Square Table, NOST) と呼ばれる郵便ゲームクラブにこのゲームを紹介した．1994年1月に（Kellerによって翻訳された）ルールの英国版が*World Games Review* #12に掲載された．最初の国際トーナメントが1994–95年にアルゼンチンと米国の間でFaxを使ってプレーされ，3対3のタイで終了した．このゲームは通常 10×10 あるいは 8×8 のマスからなる正方形ボードの上でプレーされる．

1人のアマゾンは不死身のチェスクイーンである．両プレーヤーは何人か，通常4人のアマゾンでゲームを開始する．手番でプレーヤーは自分のアマゾンの1人を選んで彼女を動かし，動かしたばかりのアマゾンから矢を射って手を終える．この矢もまたチェスクイーンと同じに，水平，垂直，対角の好きな直線方向に跳ぶ．この矢はそれが着地するマスを“焼き尽くす”．そこに黒の碁石をおいてそれがわかるようにすることがよく行われる．焼き尽くされたマスは，その後はゲームで使うことができない．アマゾンも矢もほかのアマゾンや焼き尽くされたマスを越えてジャンプすることはできない．一方のプレーヤーのすべてのアマゾンの動きが阻止され

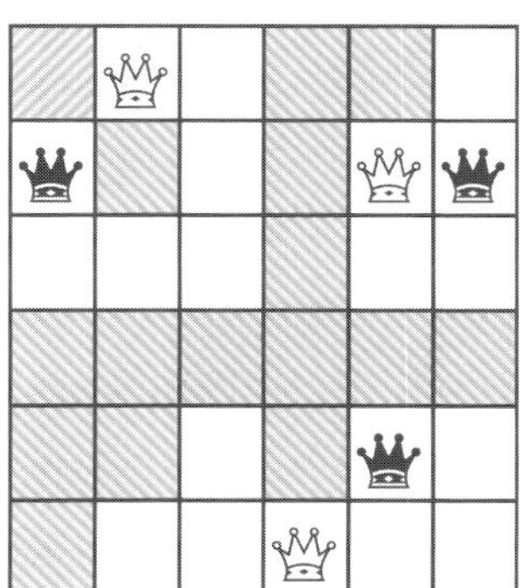

図 22.29　アマゾン詰め問題

ために手が打てなくなったときにゲームが終了する．

最終段階のアマゾン詰めゲームはしばしば，いくつかの排反な手残りの領域の和ゲームに分割されている．そのような各領域は通例の値をもっている．Berlekamp[2000] と Snatzke[2002] は，その標準形はときに非常に複雑になるが，それらの温度グラフは非常に取り扱いやすいことが多いことを示した．

多くのアマゾンのトーナメントがインターネットでプレーされてきたが，重要な文献はいまだ現れていない．ほとんどのプレーヤーは先手が有利と考えているが，その有利さがどれほどの大きさであるかについては意見に大きな隔たりがある．

図 22.29 に示されたアマゾン詰めゲームでは誰が勝つだろうか？　黒，白，先手あるいは後手？　答えはこの付録の最後の節（811 ページ）で見ることができる．

16.　チェッカー

チェッカーは非常にポピュラーな古典的ボードゲームであり，ドローツ (Draughts) としても知られている．長い間，人工知能の専門家，特に有名なところでは，Jonathan Schaeffer[1992] の興味を引いてきた．局面は分割しがたいが，Berlekamp[2002] はチェッカー，チェス，囲碁，ドミニーリング における局面の和ゲームである問題を作成し，いろいろなチェッカー局面の値の微妙な差異を強調した．

17.　チェリーズ

グラフの頂点が青，赤，緑で色塗られている．右手は，次数が最小の，赤か緑の頂点を 1 つ消去し，左手は，次数が最小の，青か緑の頂点を 1 つ消去する．注意：もしすべての最小の次数の頂点が青のときには，赤（右手）は手が打てない．標準プレー規則が適用される．局面の大きなクラスが研究されていて，そのクラスの局面は値が整数，半整数，$\star$ であることが知られている．

18.　チェス

たぶんチェスはほかのどんなゲームよりも人工知能の専門家の注意を引きつけてきただろう．ほとんどの局面が，この本，『数学ゲーム必勝法』のスタイルで解析できるような小さな部分に分割することはできないのだが，Noam Elkies [1996, 2002] はそれが可能な多くの魅力的な局面を発見したり，構成した．

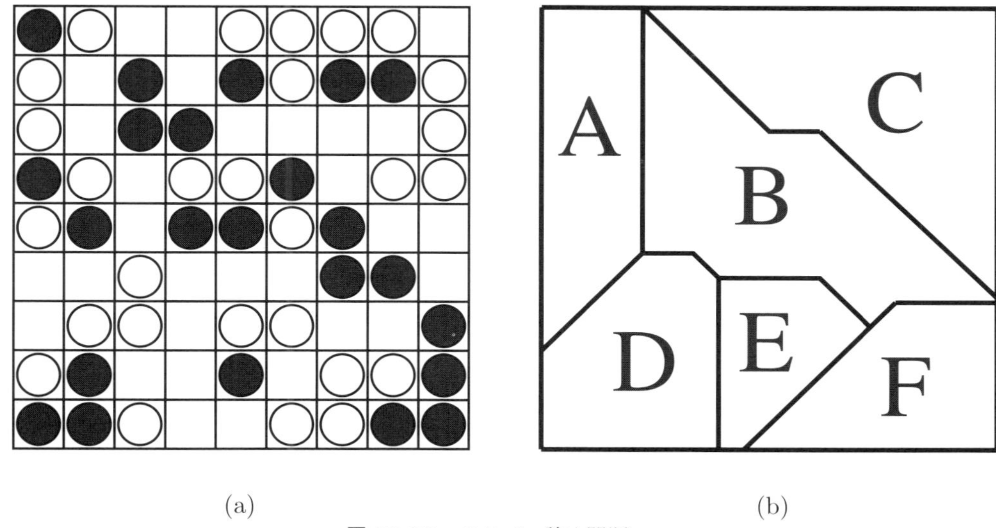

(a) (b)

図 22.30 クロバー詰め問題.

19. クロバー

クロバーは2002年に Michael Albert, J. P. Grossman と Richard Nowakowski によって考案された．最初のトーナメントは2002年2月にドイツのダグステュールにおいて組合せ論的ゲーム理論の学術会議で開催された．

任意の駒の合法的な動きはチェスの王様とチェスのルークの共通部分，すなわち，任意の4方向への1マスの移動である．そのような駒を“デューク (duke)”と呼ぶ．ゲームはチェッカーボード上のそれぞれの色に従って駒が並べられた長方形のボードのすべてのマスを使ってゲームが開始される：各白マスは白デュークが，各黒マスは黒デュークが占める．捕獲はチェスにおけると同様になされる．敵のデュークが占めるマスの上への一手で敵のそのデュークはボードから除かれる．ただし，クロバーの場合は，すべての手は捕獲で**なければならない**．このゲームの値は全微小であることが容易にわかる．というのは，異なる色の隣り合った駒の対がいくつかあるとき，そのときに限り，どちらのプレーヤーも合法的な手をもつからである．

クロバー詰めゲーム局面は通常，いくつかの和ゲームに分割される．広範で，魅力的な範囲にわたる原子量が観測されている．

最初の国際クロバー問題作成コンテストは2002年8月に終了した．Adam Duffy と Garrett Kolpin がよって作成された優勝問題は図22.30に示されている．誰が勝利するか？　黒，白，先手あるいは後手？　答えはこの付録の最後の節（811ページ）で見ることができる．

20. 囲碁

囲碁はアジアの古典的ボードゲームであり，日本では数百年前から，中国では数千年にわたってプレーされてきたポピュラーなゲームである．韓国，日本，中国，台湾には多くの活動的な囲碁クラブとスポンサー付きのトーナメントがあり，千を越えるプロ棋士たちを支えている．いまでは計算機で囲碁をプレーするプログラムが少なくとも50は開発されており，大きなトーナメントが毎年開催されて互いに競い合っている．囲碁はチェスよりも，人工知能の研究者たちにとってはずっとチャレンジングであることを証明してきた；いままでに製作されたすべてのプログラムは，まだその作成者にも，5級以上の何百万人もの人間の囲碁プレーヤーにも常に負けるレベルにある．

規則の現代的方言が6つより多く存在するけれど，勝敗が規則の細かい違いに依存してしまうヨセ局面は非常に稀であるということが大方の了解となっている．（劫あるいは三劫と呼ばれる）繰り返し局面が現れる可能性があるが，よく現れるそのような可能性は規則のすべての方言で禁止されている．事実上，すべての最終段階におけるヨセ局面は和ゲームに分割される．値は比較的に複雑となる傾向があるが，冷却（定義は第6章，167ページ），ほとんどいつも可逆な変換，によって単純化できることがしばしばある．というのは，囲碁局面は特殊なディオファントス制約を満たしている，すなわち，それらの停止局面は2進有理数ではあり得ず，整数でなければならないからである．

初期のヨセ局面を評価するのに一般化された温度グラフは非常に強力である．何代にもわたりプロの囲碁棋士に教え込まれた伝承には，囲碁局面の温度グラフの近似されたものをすばやく見つける効果的な技術といまでは見なせる手法が含まれている．数学的囲碁の現在の研究は初期のヨセ局面に向けられている．厳密な意味で分割できないときでさえ，分割方法を修正することによって，それらの多くが評価可能となることが多い．

いまや，職業的な熟達者とトーナメント責任者の間では，先手の価値は6あるいは7目程度とみるグローバルな合意が形成されつつある．囲碁教育の多くは何代にもわたりプロの棋士が弟子に口伝えでなされているが，アジアの言語で千を越える本があり，それらの百冊以上が英語に翻訳されている．また，一冊の英語の本は日本語に翻訳されている．

21. コナネ

“ハワイアンチェッカー”とも呼ばれるコナネは古代ハワイの古典的ボードゲームである．クロバーのようにゲームはすべてのマスに石を置いて開始される：すべての白マスの上には白石を，すべての黒マスの上には黒石を並べる．次に，ボード中央，あるいは，できる限り中央に近いところから隣り合う石の対を1つ取り除く．以後，合法的な手は，自分の石を1つ選んで敵の石を（水平に，あるいは，垂直に）ジャンプすることである．チェッカーにおけると同様にジャンプされた石は取り除かれる．直線の上の多重ジャンプは許されるが，直角に曲がる多重ジャンプは禁止されている．ゲームは一人のプレーヤーが手を打てなくなったときに終了する．

ハワイのいくつかの州立公園には古代のボードを示す展示と近くの海岸から集めた石のセット：白石は珊瑚で，黒石は火山石でできている，が用意してある．一般的なボードのサイズは 18×18 である．しかし，残念なことに古代ハワイ人は文字をもたなかった．王宮でプレーされたという歴史的ゲームの報告は存在するが，熟達者により書かれたゲームの記録は何も残されていない．このゲームは現代のハワイでは廃れてしまって，強いオープニング戦略がどのようなものであったとか，もしあれば，先手がもつ優位性がどれほどのものであるかについて，残されている伝承は皆無であるように見える．

最終段階の詰めゲーム局面は和ゲームに分割できる．多くのなじみ深い値が現れる．読者は図22.31に示されるコナネ詰めゲーム問題に取り組んでみるのも楽しいだろう．誰が勝利するか？　黒，白，先手あるいは後手？　答えはこの付録の最後の節（811ページ）で見ることができる．

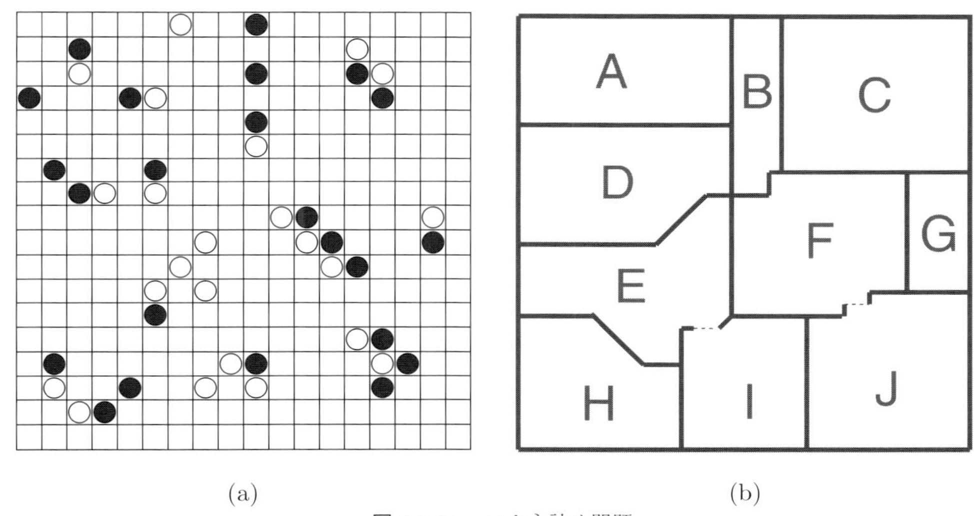

(a) (b)

図 22.31　コナネ詰め問題

22.　リバーシ（オセロ）

リバーシは1888年，英国のLewis Watermanによって考案され，最近では，オセロの名でよく知られるようになっている．このゲームは通常，8×8 ボードの上でプレーされる．駒は円盤で片側が白で，反対側が黒になっている．初期局面はボードの中央に2個の白と2個の黒の4つの駒を交差させて配置する．合法的な手は自分の色の駒をボードの空きマスに置き，向かい合う自分の駒に挟まれた連続する敵の駒からなる垂直，水平あるいは対角の列を捕獲する．捕獲された駒はひっくり返されて捕獲者の色になる．駒を捕獲することのできない手は許されない．ボードのすべての駒が敵の色になったり，あるいは，ボードが駒ですべて覆い尽くされたりして，一方のプレーヤーが手を打てなくなったときにゲームは終了する．後者の場合，最終局面にあるそれぞれの色の駒の個数がスコアである．

オセロ局面は和ゲームとして分割できない．このゲームは人工知能と複雑性理論のコミュニティから多大の関心を引いている．彼らはこのゲームがPSPACE完全であることを，最大次数3の2部グラフでプレーされる一般化されたジオグラフィからの変換を通して証明した．

23.　スクラップル

スクラップルはポピュラーな言葉ゲームである．プレーヤーはタイルの上に印刷された文字を引いて，それをボードに置いて辞書にある単語をなすパタンを作って点数を稼ぐように頑張る．プレーヤーには敵のタイルも，まだ引かれていないタイルも見ることができないので，このゲームは完全な情報に欠けている．この理由と，大きな辞書を通してのみで規則が定義されていることにもより，このゲームはこの本，『数学ゲーム必勝法』に含める資格はないように思えるだろう．しかしながら，読者の注目に値するとわれわれが感じる新しい種類のスクラップルのジャンルが存在する．これらは，見えないタイルを敵が所持していようとも，まだ引かれていないで残されていようとも，ゲームに勝つ方法を見いださなければならない局面である．ほとんどの普通のプレーヤーは次の番で加算されるスコアを最大にするプレーだけを考えようとするが，これらの問題には何手か先まで計画する戦略が必要とされる．

24.　将棋

将棋は日本版チェスである．ボードは少し大きめであり，駒は西洋チェスにおけるのとはいささか異なる動きをする．しかし，もっとも重要な違いは，前に捕獲した将棋駒を自分の駒として“打って”，西洋チェスにおけるポーンの昇進よりもずっと広い条件の下で，ボードに戻すことができる点である．

25.　種蒔きゲーム

この種のゲーム，特に，マンカラ (Mancala)，ワリ（Wari, いろいろ綴られる），アヨ (Ayo)，チョウカ（イロン）(Tchouka(illon)) など数多くある．Martin Gardner によって広められ，Igusa によって解かれたブルガリア・ソリテール もまたこの表題の下に入る．組合せ理論や複雑理論の研究者の注目を引いてきた，いわゆる，チップ・ファイアリング・ゲームも同様であり，いまではかなりの文献が存在する．典型的な種蒔きゲームでは，鉢の列あるいは輪があり，そのいくつかに種が含まれている．一手はいくつかの種を取り，それらを鉢のなかに一度に一粒またはそれより多くを‘蒔く’．目的は種の大半を特定のいくつかの鉢に集めることである．

26. 問題の答え

図 22.29 のアマゾンの局面は 3 つ（北西 (NW)，北東 (NE)，南 (S)）の独立な領域の和ゲームである．黒を左手と取り扱って，これらの領域の値はそれぞれ $*$, $+1/4$, $-1/2$ である．したがって，白が勝つことができる．もし黒が先手であれば，プレーの優越な流れは黒が NW で手を打ち，次に白が NE で手を打ち，黒が NE で手を打つ，そして，白が S で手を打つ．すると，局面は図 22.32 に見られるようなものとなり，各領域の値は 0 である．

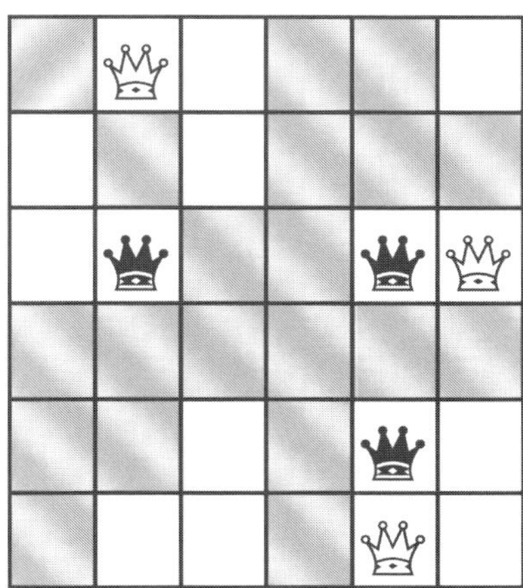

図 22.32　図 22.29 のあとの 4 手.

図 22.30(a) のクロバー詰め問題は 6 つの領域の和ゲームである．これらは便宜的に図 22.30(b) に示されている大文字でラベルづけすることができる．左手を黒とする．6 つの領域のそれぞれは全微小ゲームである．『数学ゲーム必勝法』第 1 巻，第 8 章に記述されている計算によって表 22.3 に示される原子量が求まる．

表 22.3　図 22.31 に対する値とインセンティブ

領域	A	B	C	D	E	F	和
原子量	$\downarrow *$	$2\Uparrow$	$-2+_2$	$\downarrow *$	-1	0	$-1+_2$

総原子量は $-1+_2$ となる．領域 F の値は$*2$ で，これは十分遠い．したがって，黒が先手をとるのはいくぶん頑張りが必要だが, 先手の勝ちである．より詳細は www.gustavus.edu/~wolfe/games/clobber において見ることができる．

図 22.31(a) のコナネ詰め問題は図 22.31(b) において，ラベルづけされた 10 の領域の和ゲームに事実上分割される．再び左手を黒とする．インセンティブによって順序づけられた領域の値は表 22.4 に与えられている．図 22.31(b) に示されている，あり得るかもしれない領域間の相互作用は 2 つとも問題とはならない．なぜなら，それぞれの場合，組み合わされた領域の対の値

表 22.4 図22.30に対する原子量.

領域	A	B	C	D	E	F	G	H	I	J
値	$\frac{1}{4}\|*$	$\frac{1}{4}$	$*2$	$\uparrow*$	$-_1$	$*3$	$*$	$-\frac{1}{2}$	$\uparrow*$	$\downarrow$
Δ^R	$\frac{1}{4}*\|0$	$-\frac{1}{4}$	$*2, *3$	$\uparrow*$	$-_1$	$*3, *2, *$	$*$	$-\frac{1}{2}$	$\uparrow*$	$\downarrow$
Δ^L	$\frac{1}{4}*\|0$	$-\frac{1}{4}$	$*2, *3$	$\downarrow*, \downarrow$	$\{1\|0\}+_1$	$*3, *2, *$	$*$	$-\frac{1}{2}$	$\downarrow*, \downarrow$	$\uparrow*$

は，もしそれらがもっと遠くに離れていたとしたら，そのときの値と同じだからである．

もし白が先手であれば，彼の有力なインセンティブはAにあり，その手のあと値は$-1/4$ ish となり，明らかに負であり，白の単純な勝利となる．しかし，黒が先手であれば，彼女の優越なインセンティブはEにあり，その手のあと白の優越な応答はE^Lにある．黒の次の優越な手はAにあって，結局，総計の値は無限小の正となり，したがって，先手が勝つ．

参考文献と先の読みもの

アマゾン

Elwyn Berlekamp, Sums of $N \times 2$ Amazons, *Inst. Math. Statist. Lect. Notes*, 35(2000) 1–34; MR 2002e:91033.

Michael Buro, Simple Amazons engames and their connections to Hamilton circuits in cubic subgrid graphs, *Proc. 2nd Internat. Conf. Computers and Games* (*Hamamatsu*, 2000), *Lecture Notes in Comput. Sci.*, 2063, Springer, Berlin, 2002, 250–261.

T. Hashimoto, Y. Kajihara, H. Iida & J. Yoshimura, An evaluation function for Amazon, *Advances in Computer Games*, **9** (2000)

P. Hensgens & J. Uiterwijk, 8QP wins Amazons tournament, *ICGA J.*, **23** (2000) 179–181.

A. Hollosi, Smart game format for Amazons, 2000, http://www.red-bean.com/sgf/amazons.html

H. Iida & M. Müller, Report on the second open computer-Amazons championship, *ICGA J.*, **23** (2000) 51–54.

Martin Müller & Theodore Tegos, Experiments in computer Amazons, in Richard Nowakowski (ed.) *Games of No Chance*, (Berkeley CA 1994) *Math. Sci. Res. Inst. Publ.*, 29 (1996) Cambridge Univ. Press, Cambridge, UK, 243–260.

R. Rognlie, Play by e-mail server for Amazons 1999, www.gamerz.net/pbmserv/amazonz.html

N. Sasaki & H. Iida, Report on the first open computer-Amazons championship, *ICGA J.*, **22** (1999) 41–44.

Raymond George Snatzke, Exhaustive search in the game Amazons, in Richard Nowakowski (ed.) *More Games of No Chance*, (Berkeley CA 2000) *Math. Sci. Res. Inst. Publ.*, 42 (2002) Cambridge Univ. Press, Cambridge, UK, 261–278.

チェッカー

Elwyn Berlekamp, 2002, The 4G4G4G4G4 Problems and Solutions, in Richard Nowakowski (ed.) *More*

Games of No Chance, (Berkeley CA 2000) *Math. Sci. Res. Inst. Publ.*, 42 (2002) Cambridge Univ. Press, Cambridge, UK, 231–241.

J. M. Robson, N by N checkers is Exptime complete, *SIAM J. Comput.*, **13** (1984) 252–267.

Jonathan Schaefer, Marion Tinsley: Human perfection at checkers? in Richard Nowakowski (ed.) *Games of No Chance*, (Berkeley CA 1994) *Math. Sci. Res. Inst. Publ.*, 29 (1996) Cambridge Univ. Press, Cambridge, UK, 115–118.

Jonathan Schaefer & Robert Lake, Solving the game of checkers, in Richard Nowakowski (ed.) *Games of No Chance*, (Berkeley CA 1994) *Math. Sci. Res. Inst. Publ.*, 29 (1996) Cambridge Univ. Press, Cambridge, UK, 119–133.

Jonathan Schaefer et al., A World Championship caliber checkers program, *Artificial Intelligence*, 53 (1992) 273–290.

チェリーズ

M. Albert, S. McCurdy, R. J. Nowakowski & D. Wolfe, Evaluating Cherries (to appear).

チェス

Noam Elkies, On numbers and endgames: combinatorial game theory in chess endgames, in Richard Nowakowski (ed.) *Games of No Chance*, (Berkeley CA 1994) *Math. Sci. Res. Inst. Publ.*, 29 (1996) Cambridge Univ. Press, Cambridge, UK, 135–150.

Aviezri S. Fraenkel & David Lichtenstein, Computing a perfect strategy for $n \times n$ chess requires time exponential in N, *Automata, languages and programming* (*Akko, 1981*), Lect. Notes Comput. Sci., 115, 278–293; MR 83c:90182.

Claude E. Shannon, Programming a computer for playing chess, *Philos. Mag.*(7) **41** (1950) 256–275; **11**, 543f.

Lewis Stiller, Multilinear algebra and chess endgames, in Richard Nowakowski (ed.) *Games of No Chance*, (Berkeley CA 1994) *Math. Sci. Res. Inst. Publ.*, 29 (1996) Cambridge Univ. Press, Cambridge, UK, 151–192.

クロバー

E. Demaine, M. Demaine & R. Fleischer, Solitaire Clobber, *J. Theoret. Comput. Sci., Proc. Dagstuhl Seminar Algorithmic Combin. Games* (to appear) prove that a filled rectangular board with at least 2 rows and 2 columns can be reduced to one piece if the number of pieces is not a multiple of 3 and to 2 pieces otherwise. If the board is $1 \times n$ then $n/4$ is the best that can be done.

Michael Albert, J. P. Grossman & David Wolfe (preprint) have results for small positions, including a *2 position. Most of these, and more, appear on Wolfe's website http://www.gustavus.edu/˜wolfe /papers or http://www.gustavus.edu/˜wolfe/games/clobber

コネクト・フォー

J. D. Allen, A note on the computer solution of connect-four, in D. N. L. Levy & D. F. Beal (eds)

Heuristic Programming in Artificial Intelligence: the first computer Olympiad, Ellis Horwood, Chichester, England, 1989.

L. V. Allis, A knowledged-based attack to connect-four. The game is solved. White wins. MSc thesis, Vrije Universiteit Amsterdam, 1988.

囲碁

David B. Benson, Life in the game of Go, *Information Sci.*, **10** (1976) 17–29; MR 53 #15010.

Elwyn R. Berlekamp & Yonghoan Kim, Where is the "Thousand-dollar Ko"? in Richard Nowakowski (ed.) *Games of No Chance*, (Berkeley CA 1994) *Math. Sci. Res. Inst. Publ.*, 29 (1996) Cambridge Univ. Press, Cambridge, UK, 203–226; MR 97i:90133.

Elwyn R. Berlekamp & David Wolfe, *Mathematical Go: Chilling Gets the Last Point*, A K Peters, Natick, MA, 1994. Also published in paperback, with accompanying software, as *Mathematical Go: Nightmares for the Professional Go Player*, Ishi Press Internat., San Jose CA; Japanese translation available from Toppan Publishers, Tokyo, Japan; MR 95i:90131.

John D. Goodell, *The world of ki*, Riverside Research Press, St. Paul MN, 1958; MR 19 1248n.

Anders Kierulf, Human-computer interaction in the game of Go, in Zbigniew W. Raś & Maria Zemankova. (eds) *Methodologies for intelligent systems, Proc. 2nd Internat. Symp.* (*Charlotte NC*), 1987, North-Holland, New York, 1987 481–487; MR90a:68005.

Kim Jin-Bai, On the game of Go, *J. Korean Math. Soc.*, **14** (1977/78) 197–205; **57** #11798; *Kyungpook Math. J.*, **18** (1978) 125–134; **58** #15226; Erratum **19** (1979) 149; MR 81a:90162.

Howard A. Landmam, Eyespace values in Go, in Richard Nowakowski (ed.) *Games of No Chance*, (Berkeley CA 1994) *Math. Sci. Res. Inst. Publ.*, 29 (1996), Cambridge Univ. Press, Cambridge, UK, 227–257; MR 97j:90100.

A. Mateescu, Gh. Păun, G. Rozenberg & A. Salomaa, Parikh prime words and GO-like territories, *J.UCS*, **1** (1995) 790–810 (electronic); *MR* 97b:68113.

Charles Mathews, Teach Yourself GO, Teach Yourself Books, London, 1999.

David Moews, On some combinatorial games connected with Go, PhD thesis, Univ. of California, Berkeley, 1993.

David Moews, Loopy games and Go, in Richard Nowakowski (ed.) *Games of No Chance*, (Berkeley CA 1994) *Math. Sci. Res. Inst. Publ.*, 29 (1996) Cambridge Univ. Press, Cambridge, UK, 259-272; MR 98d:90152.

David Moews, Coin-sliding and Go, *Theoret. Comput. Sci.*, **164** (1996) 253–276; MR 97h:90094.

Martin Müller, Elwyn Berlekamp & Bill Spight, Generalized thermography: algorithms, implementation and application to Go endgames. Technical Report 96-030, ICSI Berkeley, 1996. Also posted at www.cs.ualberta.ca/˜mmueller/

Martin Müller & Ralph Gasser, Experiments in computer Go endgames, in Richard Nowakowski (ed.) *Games of No Chance*, (Berkeley CA 1994) *Math. Sci. Res. Inst. Publ.*, 29 (1996) Cambridge Univ. Press, Cambridge, UK, 273–284.

Teigo Nakamura & Elwyn Berlekamp Analysis of Composite Corridors, in Computers and Games. Third International Conference, CG 2002. Editors J. Schaeffer, Y. Bjornsson, M. Müller. To appear in Springer Lecture Notes in Computer Science.

J. M. Robson, The complexity of Go, in R. E. A. Mason (ed) *Proc. Inform. Processing*, 83(1983) Elsevier, Amsterdam, 1983, 413–417.

Shen Ji-Hong, Mathematical modeling problems in the game of Go, (Chinese) *Math. Practice Theory*, **1995** 15–19..

Arthur Smith, *The game of Go, the national game of Japan*, Charles E. Tuttle, Rutland VT and Tokyo, 1956; Originally published 1908, Moffat, Yard, New York, Photographic copy; MR 18 454c.

Stephen Soulé, The implementation of a Go board, *Inform. Sci.*, **16** (1978) 31–40; MR 80d:68117.

William T, Spight, Extended thermography for multiple kos in Go, *Theoret. Comput. Sci.*, **252** (2001) 23–43; MR 2001k:91041.

Takenobo Takizawa, An application of mathematical game theory to Go endgames some width-two-entrance rooms with and without kos, in Richard Nowakowski (ed.) *More Games of No Chance*, (Berkeley CA 2000) *Math. Sci. Res. Inst. Publ.*, 42 (2002) Cambridge Univ. Press, Cambridge, UK, 107–124.

Edward Thorp & William E. Walden, A computer assisted study of Go on $M \times N$ boards, *Information Sci.* **4** (1972) 1–33; MR 46 #8684; A partial analysis of Go. *Comput. J.*, **7** (1964) 203–207; **33** #2424.

S. Willmott, J. Richardson, A. Bundy & J. Levine, Applying adversarial planning techniques to Go, *Theoret. Comput. Sci.*, **252** (2001) 45–82; MR 2001j:68114.

David Wolfe, Mathematics of Go: chilling corridors, PhD thesis, Univ. of California, Berkeley, 1991.

David Wolfe, Go endgames are PSPACE-hard, in Richard Nowakowski (ed.) *More Games of No Chance*, (Berkeley CA 2000) *Math. Sci. Res. Inst. Publ.*, 42 (2002) Cambridge Univ. Press, Cambridge, UK, 125–136.

コナネ

Alice Chang & Alice Tsai, $1 \times n$ Konane: a summary of results, in Richard Nowakowski (ed.) *More Games of No Chance*, (Berkeley CA 2000) *Math. Sci. Res. Inst. Publ.*, 42 (2002) Cambridge Univ. Press, Cambridge, UK, 331–339.

Michael D. Ernst, Playing Konane mathematically: a combinatorial game-theoretic analysis; *UMAP J.*, **16** (1995) 95–121.

リバーシ（オセロ）

M. Buro, Experiments with Multi-ProbCut and a new high-quality evaluation function for Othello, in J. van den Herik & H. Iida (eds.) *Games in AI Research*, Univ. Maastricht, 2000, 77–96.

Gao Xin-Bo, Hiroyuki Iida, Jos W. H. M. Uiterwijk & H. Jaap van den Herik, Strategies anticipating a difference in search depth using opponent-model search, *Computer and games* (*Tsukuba*, 1998), *Theoret. Comput. Sci.*, **252** (2001), 83–104; MR 2001j:68111.

Shigeki Iwata & Takumi Kasai, The Othello game on an $n \times n$ board is PSPACE-complete, *Theoret. Comput. Sci.*, **123** (1994) 329–340; MR 95a:68043.

スクラップブル

David Wolfe & Susan Hirshberg, All tied up in naughts, in David Wolfe & Tom Rodgers (eds) *Puzzlers' Tribute: A Feast for the Mind*, A K Peters, Natick MA, 2002, pp. 53–58; MR 2003a:00005.

将棋

Donald F. Beal & Martin C. Smith, Temporal difference learning applied to game playing and the results of application to shogi, *Computer and games* (*Tsukuba*, 1998), *Theoret. Comput. Sci.*, **252** (2001) 105–119; MR 2001j:68106.

Yoshio Hoshi, Kohei Noshita & Keiji Yanai, A new algorithm for solving the cooperative tsume-shogi based on iterative-deepening search (Japanese), *IPSJ J.*, **43** (2002), 11–19.

Ayumu Nagai & Hiroshi Imai, Application of df-pn algorithm to a program to solve Tsume-Shogi problems (Japanese), *IPSJ J.*, **43** (2002) 1769–1777.

Kohei Noshita & Takahito Iida, Generalized solution-sequences in games and enumeration of a certain type of Tsume-Shogi (Japanese) *IPSJ J.*, **43** (2002) 708–713.

E. Ohara, *Japanese chess: the game of Shogi* Charles E. Tuttle, Rutland VT. and Tokyo, 1958. MR 19, 1248o.

Makoto Sakuta & Hiroyuki Iida, AND/OR-tree search for solving problems with uncertainty—a case study using screen-shogi problems (Japanese) *IPSJ J.*, **43** (2002) 1–10.

Masahiro Seo, Hiroyuki Iida & Jos W. H. M. Uiterwijk, The PN*-search algorithm: application to tsume-shogi, *Heuristic search in artificial intelligence; Artificial Intelligence*, **129** (2001) 253–277.

Nobusuke Sasaki & Hiooyuki Iida, The study of evolutionary change of Shogi (Japanese). Special issue on game programming. *IPSJ J.*, **43** (2002) 2990–2997.

Hirohisa Seki & Hidenori Itoh, Inducing Shogi heuristics using inductive logic programming, in David Page (ed.) *Inductive logic programming; Proc. 8th Internat. Conf.* (ILP-98) *Madison WI* 1998. Lect. Notes Comput. Sci., 1446 (1998) 155–164, Springer, Berlin, 1998.

種蒔きゲーム

Ethan Akin & Morton Davis, Bulgarian solitaire. *Amer. Math. Monthly*, **92** (1985) 237–250; MR 86m:05014.

L. Victor Allis, Maarten van der Meulen & H. Jaap van den Herik, Proof-number search, *Artificial Intelligence*, **66** (1994) 91–124; MR 95e:68038.

Hans-J. Bentz, Proof of the Bulgarian Solitaire conjectures. *Ars Combin.* **23** (1987) 151–170; MR 88k:05018.

Anders Bjørner & Lásló Lovász, Chip-firing games on directed graphs, *J. Algebraic Combin.*, **1** (1992) 305–328; MR 94c:90132.

Jørgen Brandt, Cycles of partitions, *Proc. Amer. Math. Soc.* **85** (1982) 483–486; MR 83i:05012.

Duane M. Broline & Daniel E. Loeb, The combinatorics of Mancala-type games: Ayo, Tchoukaillon, and $1/\pi$, *UMAP J.*, **16** (1995) 21–36; MR 98a:90166.

C. Cannings & J. Haigh, Montreal solitaire, *J. Combin. Theory Ser. A* **60** (1992) 50–66; MR 93d:90082.

J. Culberson, Sokoban is PSPACE complete, in: *Fun With Algorithms*, Vol. 4 of *Proc. Inform.*, Carleton Scientific, Univ. Waterloo, Ont., 1999, 65–76.

Jeff Erickson, Sowing games, in Richard Nowakowski (ed.) *Games of No Chance*, (Berkeley CA 1994) *Math. Sci. Res. Inst. Publ.*, 29 (1996) Cambridge Univ. Press, Cambridge, UK, 287–297. Used Wolfe's Toolkit (ibid. 93–99) which (Jun 2003) is being replaced by Aaron Siegel's *cgsuite.*

Dwihen Étienne, Tableaux de Young et solitaire bulgare, *J. Combin. Theory Ser. A*, **58** (1991) 181–197; MR 93a:05134.

T. S. Ferguson, Some chip transfer games, *Theoret. Comput. Sci.* (*Math Games*), **191** (1998) 157–171.

Kiyoshi Igusa, Solution of the Bulgarian solitaire conjecture, *Math. Mag.*, **58** (1985) 259–271; MR 87c:00003.

I. Russ, *Mancala games*, Algonac MI, 1984 gives 1200 known variants!

N. J. A. Sloane, My favorite integer sequences, in *Sequences and their applications* (*Singapore*, 1998), 103–130; Springer Ser. Discrete Math. Theor. Comput. Sci., Springer, London, 1999; MR 2002h:11021.

Yeh Yeong-Nan, A remarkable endofunction involving compositions, *Stud. Appl. Math.*, **95** (1995) 419–432; MR 97e:05027

追加で選ばれた文献

L. V. Allis, H. J. van den Herik & M. P. H. Huntjens, Go-Moku solved by new search techniques, in *Proc. AAAI Fall Symp. on Games: Planning and Learning*, AAAI Press Tech. Report FS93-02, Menlo Park CA, 1993 1–9.

William N. Anderson, Maximum matching and the game of Slither, *J. Combinatorial Theory Ser. B*, **17**(1974) 234–239.

Vadim V. Anshelevich, The game of Hex: the hierarchical approach, in Richard Nowakowski (ed.) *More Games of No Chance*, (Berkeley CA 2000) *Math. Sci. Res. Inst. Publ.*, 42 (2002) Cambridge Univ. Press, Cambridge, UK, 151–165.

Charles Babbage, *Passages from the Life of a Philosopher*, Longman, Green, Longman, Roberts & Green, London, 1864; reprinted Augustus M. Kelley, New York, 1969, pp. 467–471.

J. P. V. D. Balsdon, *Life and Leisure in Ancient Rome*, McGraw-Hill, New York. 1969, pp. 156 ff.

A. G. Bell, Kalah on Atlas, in D. Michie (ed.) *Machine Intelligence, 3*, Oliver & Boyd, London, 1968, 181–193

A. G. Bell, *Games Playing with Computers*, George Alien & Unwin. London, 1972, pp. 27–33.

Robert Charles Bell, *Board and Table Games from Many Civilizations*, Oxford University Press, London, 1960, 1969.

R. C. Bell, *Board and Table Games from Many Civilizations*, Dover Pub., New York, 1979.

Richard A. Brualdi, Networks and the Shannon Switching Game, *Delta*, **4**(1974) 1–23.

Cameron Browne, *Hex Strategy: Making the Right Connections*, A K Peters, Ltd. Natick MA, 2000.

Gottfried Bruckner, Verallgemeinerung eines Satzes über arithmetische Progressionen, *Math. Nachr.* **56**(1973) 179–188; M.R. 49#10562.

L. Csmiraz [Csirmaz], On a combinatorial game with an application to Go-Moku, *Discrete Math.* **29**(1980) 19–23.

D. W. Davies, A theory of Chess and Noughts and Crosses, *Sci. News*, **16**(1950) 40–64.

Erik D. Demaine, Martin L. Demaine & David Eppstein, Phutball endgames are hard, in Richard Nowakowski (ed.) *More Games of No Chance*, (Berkeley CA 2000) *Math. Sci. Res. Inst. Publ.*, 42 (2002) Cambridge Univ. Press, 351–360.

H. E. Dudeney, *The Canterbury Puzzles and other Curious Problems*, Thomas Nelson & Sons, London, 1907; Dover, New York, 1958.

H. E. Dudeney, *536 Puzzles and Curious Problems*, ed. Martin Gardner, Chas. Scribner's Sons, New York, 1967.

J. Edmonds, Lehman's Switching Game and a theorem of Tutte and Nash-Williams, *J. Res. Nat. Bur. Standards*, **69B**(1965) 73–77.

P. Erdős & J. L. Selfridge, On a combinatorial game, *J. Combinatorial Theory Ser. B*, **14**(1973)

298–301.

Ronald J. Evans, A winning opening in Reverse Hex, J. Recreational Math. 7 (1974) 189-192.

Ronald J. Evans, Some variants of Hex, *J. Recreational Math.* **8**(1975–76) 120–122.

Edward Falkener, *Games Ancient and Oriental and How to Play Them*, Longmans Green, London, 1892; Dover, New York, 1961.

G. E. Felton & R. H. Macmillan, Noughts and Crosses, *Eureka*, **11**(1949) 5–9.

William Funkenbusch & Edwin Eagle, Hyperspacial Tit-Tat-Toe or Tit-Tat-Toe in four dimensions, *Nat. Math. Mag.* **19** #3 (Dec. 1944) 119–122.

David Gale, The game of Hex and the Brouwer fixed-point theorem, *Amer. Math. Monthly*, **86** (1979) 818–827.

Martin Gardner, *The Scientific American Book of Mathematical Puzzles and Diversions*, Simon & Schuster, New York, 1959.

Martin Gardner, Mathematical Games, *Scientific Amer.*, each issue, but especially **196** #3 (Mar. 1957) 160–166; **209** #4 (Oct. 1963) 124–130; **209** #5 (Nov. 1967) 144–154; **216** #2 (Feb. 1967) 116–120; **225** #2 (Aug. 1971) 102–105; **232** #6 (June 1975) 106–111; **233** #6 (Dec. 1975) 116–119; **240** #4 (Apr. 1979) 18–28.

Martin Gardner, *Sixth Book of Mathematical Games from Scientific American*, W.H. Freeman, San Francisco, 1971; 39–47.

Martin Gardner, *Mathematical Carnival*, W.H. Freeman, San Francisco 1975, Chap. 16.

Ralph Gasser, Solving Nine Men's Morris, in Richard Nowakowski (ed.) *Games of No Chance*, (Berkeley CA 1994) Math. Sci. Res. Inst. Publ., 29 (1996) Cambridge Univ. Press, Cambridge, UK, 101–113.

Solomon W. Golomb & Alfred W. Hales, Hypercube tic-tac-toe, in Richard Nowakowski (ed.) *More Games of No Chance*, (Berkeley CA 2000) Math. Sci. Res. Inst. Publ., 42(2002) Cambridge Univ. Press, 167–182.

J. P. Grossman & Richard J. Nowakowski, One-dimensional Phutball, in Richard Nowakowski (ed.) *More Games of No Chance*, (Berkeley CA 2000) Math. Sci. Res. Inst. Publ., 42 (2002) Cambridge Univ. Press, Cambridge, UK, 361–367.

Richard K. Guy & J. L. Selfridge, Problem S. 10, *Amer. Math. Monthly*, **86**(1979) 306; solution T. G. L. Zetters **87**(1980) 575–576.

A. W. Hales & R. I. Jewett, Regularity and positional games, *Trans. Amer. Math. Soc.* **106** (1963) 222–229; M.R. 26 # 1265.

Heiko Harborth & Markus Seemann, Snaky is an edge-to-edge looser, *Geombinatorics*, **5** (1996) 132–136.

H. Harborth, Snaky is a paving winner, http://bmi1.math.nat.tu-bs.de/preprints/199614.ps MR 97g:05052.

Professor Hoffman (Angelo Lewis), *The Book of Table Games*, Geo. Routledge & Sons, London, 1894, pp. 599–603.

Isidor, Bishop of Seville, *Origines*, Book 18, Chap. 64.

Edward Lasker, *Go and Go-Moku*, Alfred A. Knopf, New York, 1934; 2nd revised edition, Dover, New York, 1960.

Alfred Lehman, A solution of the Shannon switching game, *SIAM J.* **12**(1964) 687–725.

E. Lucas, *Récréations Mathématiques*, Gauthier-Villars, 1882–1894, Blanchard, Paris, 1960.

Carlyle Lustenberger, M.S. thesis, Pennsylvania State University, 1967.

Leo Moser, Solution to problem E773 [1947,281], *Amer. Math. Monthly*, **55**(1948) 99.

Geoffrey Mott-Smith, *Mathematical Puzzles*, Dover, New York, 1954; ch. 13 Board Games.

H. J. R. Murray, *A History of Board Games other than Chess*, Oxford University Press, 1952; Hacker Art Books, New York, 1978; chap. 3, Games of alignment and configuration.

T. H. O'Beirne, New boards for old games, *New Scientist*, **269**(62:01:11).

T. H. O'Beirne, *Puzzles and Paradoxes*, Oxford University Press, 1965.

Hilarie K. Orman, Pentominoes: a first player win, in Richard Nowakowski (ed.) *Games of No Chance*, (Berkeley CA 1994) Math. Sci. Res.Inst. Publ., 29 (1996) Cambridge Univ. Press, 339–344.

Ovid, *Ars Amatoria*, ii, 208, iii, 358.

Oren Patashnik, Qubic: $4 \times 4 \times 4$ tic-tac-toe, *Math. Mag.*, **53** (1980) 202–216; MR 83e:90169.

Jerome L. Paul, The q-regularity of lattice point paths in R^n, *Bull. Amer. Math. Soc.* **81**(1975) 492; Addendum, ibid. 1136.

Jerome L. Paul, Tic-Tac-Toe in n dimensions, *Math. Mag.* **51**(1978) 45–49.

Jerome L. Paul, Partitioning the lattice points in R^n, *J. Combin. Theory Ser. A*, **26**(1979) 238–248.

Harry D. Ruderman, The games of Tick-Tack-Toe, *Math. Teacher* **44** (1951) 344–346.

Sidney Sackson, *A Gamut of Games*, Random House, New York, 1969.

John Scarne, *Scarne's Encyclopedia of Games*, Harper and Row, New York, 1973.

Fred. Schuh, *The Master Book of Mathematical Recreations*, trans. F. Göbel, ed. T. H. O'Beirne, Dover, New York, 1968; ch. 3, The game of Noughts and Crosses.

R. Uehara & S. Iwata, Generalized Hi-Q is NP-complete, *Trans. IEICE*, **E73** (1990) 270–273.

訳者あとがき

第 1, 2 巻の日本語版出版から大分経ちましたがようやく第 3, 4 巻の出版にたどり着きました．図面の誤り訂正，日本語化，再構成など原稿の校正に手間取り時間がかかりましたが，読者にとって読みやすい本に近づけたものと考えています．問題がありそうな部分については極力翻訳ノートに記載していますから参考にしていただきたい．

なお，大変悲しいことですが，2019 年 4 月 9 日に著者の一人 Elwyn Berlekamp 氏が訳書の完成を待たずに享年 78 歳で逝去されました．読者の方々と共に彼のご冥福をお祈りしたいと思います．

2019 年 8 月

訳者一同

記号表

0	手なしゲーム $= \{\ \mid\ \}$, ゼロゲーム	9
$\{a, b, c, \ldots \mid d, e, f, \ldots\}$	(選択肢) 個別ゲーム；$a, b, c, \ldots, d, e, f, \ldots$ は局面の値	23
$\{A, B, C, \ldots \mid D, E, F, \ldots\}$	(選択肢) 個別ゲーム；$A, B, C, \ldots, D, E, F, \ldots$ は個別ゲーム	69
G	ゲーム G, G の局面, G の値	27
$G = 0$	G は先手負け, G はゼロ	34
$G > 0$	G は左手勝ち, G は正	34
$G < 0$	G は右手勝ち, G は負	34
$G \parallel 0$	G は先手勝ち, G はファジー	34
$G = \{\, G^L \mid G^R \,\}$	G^L は G の左の選択肢, G^R は右の選択肢	36
$G + H$	G と H の和, 和ゲーム, 選言的複合	36, 292
$G \mathrel{\vert\!\rhd} 0$	"$G > 0$" または "$G \parallel 0$"	37
$G \mathrel{\lhd\!\vert} 0$	"$G < 0$" または "$G \parallel 0$"	37
$-G$	G の負, $\{-G^R \mid -G^L\}$	39
$G \geq H$	$G + (-H) \geq 0$	40
$*$	スター $= \{0 \mid 0\}$	44
$*n$	サイズ n のニム山 $= \{*0, *1, \cdots, *(n-1) \mid$ 同左 $\}$, ニム値	47
$x*$	$\{x \mid x\} = x + *$	54
$\lceil\ \rceil$, $\lfloor\ \rfloor$	天井記号, 床記号	59
$\{a, b, c, \ldots \mid a, b, c, \ldots\}$	(選択肢) 共通ゲーム；$a, b, c, \ldots$ はニム山	64
$\{A, B, C, \ldots \mid A, B, C, \ldots\}$	(選択肢) 共通ゲーム；$A, B, C, \ldots$ は共通ゲーム	64
$a \overset{*}{+} b$	ニム値 $*a$ と $*b$ のニム和 $= *a + *b$	67
$\uparrow$, $\downarrow$	アップ $= \{0 \mid *\}$, ダウン $= \{* \mid 0\}$	73
$\uparrow*$, $\downarrow*$	$\uparrow + *$, $\downarrow + *$	74
$n \cdot \uparrow$	$\uparrow + \cdots + \uparrow$ (n 個のコピー), $(-n) \cdot \uparrow = n \cdot \downarrow$	77
$\Uparrow$, $\Downarrow$	ダブルアップ $= 2 \cdot \uparrow$, ダブルダウン $= 2 \cdot \downarrow$	78
$\mathcal{G}(n)$	サイズ n のニム山のニム値	92

記号	意味	ページ
$\mathrm{mex}\,(x, y, z, \ldots)$	$x, y, z, \ldots$ を除く最小の非負整数，mex は最小除外数	93
$\mathcal{P}$	前プレーヤ必勝の局面	93
$\mathcal{N}$	次プレーヤ必勝の局面	93
$\cdot\,\mathbf{d}_1\mathbf{d}_2\mathbf{d}_3\ldots$	除去分割ゲームのシンボル表現	103
± 1	$\{1\,\|\,-1\}$, スイッチ値	134
$+_x$	タイニー $x = \{0\,\|\,\{0\|-x\}\}$	140
$-_x$	マイニー $x = \{\{x\|0\}\,\|\,0\}$	141
$a\|\|b\|c$	$\{a\,\|\,\{b\|c\}\}$	144
$L(G),\quad R(G)$	G の左ストップ，　右ストップ	167
G_t	温度 t だけ冷却された G	167
$t(G)$	G の冷却温度	168
$\int^t G$	温度 t だけ加熱された G	185
${}^x\!\int^y *n$	非対称に加熱されたニム山 $*n$, すべての手で獲得するポイントが左手 x, 右手 y のとき	191
$\int_s^X G$	s から X まで過熱された G	192
x-ish	無限小シフトされた x	195, 734
$\not\int$	$n \cdot * + \int$	205
$G : H$	G と H の順序和，$\{G^L, G : H^L\,\|\,G^R, G : H^R\}$	210, 240
☆	彼方のスター	250
$\uparrow^2,\quad \uparrow^3$	アップ第 2 $= \{0\,\|\downarrow *\}$, アップ第 3 $= \{0\,\|\downarrow + \downarrow_2 + *\}$	256
$\downarrow_2,\quad \downarrow_3$	ダウン第 2 $= \{\uparrow *\|\,0\}$, ダウン第 3 $= \{\uparrow + \uparrow^2 + *\,\|\,0\}$	256
$\{x\|-y\}_n$	n 個の緑辺で支えられた棒つきキャンディー	259
$g \doteqdot h$	g と h はアップ度が等しい（同程度）	263
$g \mathrel{\dot{\gtrsim}} h$	g のアップ度は h のアップ度と同程度以上	263
$G \cdot \uparrow$	アップの一般化倍数（G は原子量）	269
$G \cdot U$	正ゲーム U の G 倍（G は原子量）	279
$\uparrow_{abc\ldots}$	$\{0, *, \ldots, *(m-1)\,\|\,*a, *b, *c, \ldots\}$, $m = \mathrm{mex}\,(a, b, c, \ldots)$	286
$\downarrow^{abc\ldots}$	$-\uparrow_{abc\ldots}$	286
$G \wedge H$	G かつ H，連言的結合，（迅速）結合	292
$R_L^+(G),\ R_R^+(G)$	標準ルールにおける G の左遠隔数，右遠隔数	296

$R_L^-(G)$, $R_R^-(G)$	ミゼールルールにおける G の左遠隔数，右遠隔数	296
$G \triangle H$	G でも H でも，連続的連言的複合，緩慢結合	301
$S_L^+(G)$, $S_R^+(G)$	標準ルールにおける G の左緊迫数，右緊迫数	303
$S_L^-(G)$, $S_R^-(G)$	ミゼールルールにおける G の左緊迫数，右緊迫数	303
$G \vee H$	G または H，選択的複合，（緩慢）合併	313,419
$x_a y_b$	計算書，x_a は左計算書，x はその通行料，a は所要時間 y_b は右計算書，y はその通行料，b は所要時間	316
$G \bigtriangledown H$	G ウル H, 短縮された選択的複合，切迫合併	328
∞_n	左手が n 手で優先勝ちに導く戦略のある局面の無制限計算書	329
$\overline{\infty}_n$	右手が n 手で優先勝ちに導く戦略のある局面の無制限計算書，$-\infty_n$	329
ω	集合 $\mathbb{N} = \{0, 1, 2, \cdots\}$ の整列順序に対応する序数，最小の無限序数	346
$\aleph_0$	アレフゼロ，集合 $\mathbb{N}$ の濃度 $\lvert\mathbb{N}\rvert$，最小の無限基数	346
$\mathbb{Z}$	整数全体の集合	351
∞	無限大 $= \mathbb{Z}\Vert\mathbb{Z}\vert\mathbb{Z}$	351
$\pm\infty$	$\mathbb{Z}\vert\mathbb{Z}$	351
$\gamma^\bullet$	ループ型ゲーム γ の仕分け γ^+, γ^-, γ	352
$a \,\&\, b$	オンサイドが a, オフサイドが b であるループ型ゲーム	354
$\gamma(\mathbf{on})$, $\gamma(\mathbf{off})$	ループ型ゲーム γ のオンサイド，オフサイド	355
$a \mathbin{\overset{\cdot}{+}} c$	a と c の上向き和，$(a \,\&\, b) + (c \,\&\, d)$ のオンサイド	354
$b \mathbin{\underset{\cdot}{+}} d$	b と d の下向き和，$(a \,\&\, b) + (c \,\&\, d)$ のオフサイド	354
on, **off**	$\mathbf{on} = \{\mathbf{on}\vert\ \}$, $\mathbf{off} = \{\ \vert\mathbf{off}\}$	355, 717, 718
dud	$\mathbf{dud} = \{\mathbf{dud}\vert\mathbf{dud}\} = \mathbf{on} \,\&\mathbf{off}$	355
over, **under**	$\mathbf{over} = 0\vert\mathbf{over}$, $\mathbf{under} = \mathbf{under}\vert 0$	359, 720
upon, **upon**$*$	$\mathbf{upon} = \mathbf{upon}\vert *$, $\mathbf{upon}* = \{0, \mathbf{upon}*\vert 0\}$	359, 752
downon, **downon**$*$	$\mathbf{downon} = *\vert\mathbf{downon}$, $\mathbf{downon}* = \{0\vert 0, \mathbf{downon}*\}$	752
tis, **tisn**	$\mathbf{tis} = \{\mathbf{tisn}\vert\ \}$, $\mathbf{tisn} = \{\ \vert\mathbf{tis}\}$	361
$\mathrm{sign}(\alpha^\bullet)$	$\alpha^\bullet$ のサイン	368
hot	$\mathbf{hot} = \mathbf{on}\vert\mathbf{off}$	376, 753
hi, **lo**	$\mathbf{hi} = \mathbf{on}\Vert 0\vert\mathbf{off}$, $\mathbf{lo} = \mathbf{on}\vert 0\Vert\mathbf{off}$	376
ono, **oof**	$\mathbf{ono} = \mathbf{on}\vert 0$, $\mathbf{oof} = 0\vert\mathbf{off}$	377
tiny, **miny**	$\mathbf{tiny} = +_{\mathbf{on}}$, $\mathbf{miny} = -_{\mathbf{on}}$	140, 377
ace	$\mathbf{ace} = 0\vert\mathbf{tiny}$	379
deuce, **trey**	$\mathbf{deuce} = \mathbf{ace} + \mathbf{ace}$, $\mathbf{trey} = \mathbf{ace} + \mathbf{deuce}$	379

joker	**joker** $=$ **ace** $+ (-$**ace**$)$	379
γ°	γ のループ性の次数 $= \gamma + (-\gamma)$	380
$\clubsuit$	$\clubsuit = 0\|\mathbf{A}\|\|0\|\|\|0$	380
$\heartsuit$	$\heartsuit = 0\|\mathbf{J}\|\|0$	380
$\diamondsuit$	$\diamondsuit = 0\|\|\bar{\mathbf{J}}\|0$	380
$\spadesuit$	$\spadesuit = 0\|\|\|0\|\|\bar{\mathbf{A}}\|0$	380
$\mathbf{A}$, $\mathbf{A}+$, $\mathbf{A}-$	$\mathbf{A} =$ **ace**, $\mathbf{A}+ = 0\|\|\mathbf{A}\|$**off**, $\mathbf{A}- =$ **on**$\|\mathbf{A}\|\|0$	380
$\bar{\mathbf{A}}$, $\bar{\mathbf{A}}+$, $\bar{\mathbf{A}}-$	$\bar{\mathbf{A}} = -$**ace** $=$ **miny**$\|0$, $\bar{\mathbf{A}}+ = 0\|\|\bar{\mathbf{A}}\|$**off**, $\bar{\mathbf{A}}- =$ **on**$\|\bar{\mathbf{A}}\|\|0$	380
$\mathbf{J}$, $\mathbf{J}+$, $\mathbf{J}-$	$\mathbf{J} =$ **joker** $= 0\|\bar{\mathbf{A}}+$, $\mathbf{J}+ = 0\|\|\mathbf{J}\|$**off**, $\mathbf{J}- =$ **on**$\|\mathbf{J}\|\|0$	380
$\bar{\mathbf{J}}$, $\bar{\mathbf{J}}+$, $\bar{\mathbf{J}}-$	$\bar{\mathbf{J}} = -$**joker** $= \mathbf{A}-\|0$, $\bar{\mathbf{J}}+ = 0\|\|\bar{\mathbf{J}}\|$**off**, $\bar{\mathbf{J}}- =$ **on**$\|\bar{\mathbf{J}}\|\|0$	380
$a\langle b\rangle$	クラス a, 変種 b のゲーム	384
$\infty_{abc\ldots}$	非ループ選択肢の値が $*a, *b, *c, \ldots$ であるループ型局面の値	412
$*n \to$	$*n$ 以上のすべてのニンバー	421
$*\bar{n}$	$*n$ 以外のすべてのニンバー	421
$\odot$	サニー局面，すべてのニンバーの集合，$*0 \to$	422
☽	ルーニー局面，ニンバーの空集合	338, 422, 589
$\mathcal{G}^+(G)$	標準ルールにおける G のニム値	449
$\mathcal{G}^-(G)$	ミゼールルールにおける G のニム値	449
$g^{\gamma_0\gamma_1\gamma_2\cdots}$	G の属性（$\mathcal{G}$ 値），$g = \mathcal{G}^+(G)$，$\gamma_n = \mathcal{G}^-(G + *2n)\,(n = 0, 1, 2, \ldots)$	449
$a \overset{*}{\times} b$	ニム積	503
$G \times H$	タータンゲーム	504
$G \cup H$	アクロスティック積	509
$a \overset{*}{\cup} H$	アグリー積	512
$[a\|b\|c\|\ldots]_k$	Welter 関数	537

第 1 巻–第 3 巻
索　引

数字

英字

あ行

か行

さ行

た行

な行

は行

ま行

や行

ら行

わ行

ゲーム索引

あ行

か行

さ行

た行

ま行

や行

ら行

わ行

Memorandum

Memorandum

〈著者略歴〉

Elwyn R. Berlekamp

1940年9月6日オハイオ州Doverに生まれる．1971年よりUC Berkeleyにある Electrical Engineering/Computer Scienceの数学担当教授を務めている．また，いくつかの技術系ベンチャー企業で精力的に働いている．多くの学術誌に論文を発表し、何冊もの著作を出版するとともに，主として同期と誤り訂正のアルゴリズムに関する12の発明特許を取得している．

Berlekampは the National Academy of Science, the National Academy of Engineeringおよびthe American Academy of Arts and Scienceのメンバーである．1994年から1998年まで the Mathematical Sciences Research Institute(MSRI)の理事長を務めた．

John H. Conway

1937年12月26日イングランドのLiverpoolに生まれる．有限群の研究と結び目理論の数学的研究の卓越した理論家の一人であり，10冊を越える著書を出版し，140以上の学術論文を発表している．

Conway は1986年 the John von Neumann Distinguished Professor of Mathematics としてPrinceton大学に勤める以前は，Cambridge大学の数学担当教授を務め，現在もCaius Collegeの名誉フェローである．研究と啓蒙活動において多くの賞を受けている Conway は，極めて単純な規則で支配された単純なセルによる「生命」の計算機シミュレーションにあたるライフゲームの発案者としても広く知られている．

Richard K. Guy

1916年9月30日イングランドのNuneatonに生まれる．彼はイングランド，シンガポール，インド，カナダなど多くの場所で，多様な教育レベルに応じた数学教育を行った．1965年より，Calgary大学の数学担当教授を務め，現在は学部教授，および名誉教授である．1991年，Calgary大学より名誉学位を授与された．2000年，Grinnell College の Noyce 教授に選ばれた．

Guyは妻 Louise と登山を続けていて，the Association of Canadian Mountain Guides'Ball の後援者であり，the Alpine Club of Canada への奉仕活動に対して A. O. Wheeler 賞を贈られた．

〈訳者一覧〉

小林　欣吾　　電気通信大学名誉教授（1, 2, 3, 8, 9, 10, 12, 22章）
佐藤　創　　元専修大学教授（13, 17章）
星　守　　電気通信大学名誉教授（16章）
森田　啓義　　電気通信大学教授（18, 19章）
太田　和夫　　電気通信大学教授（4章）
安藤　清　　電気通信大学名誉教授（6章）
岩本　貢　　電気通信大学准教授（5章）
山本　博資　　東京大学名誉教授（20, 21章）
國廣　昇　　筑波大学教授（7章）
古賀　弘樹　　筑波大学教授（14, 15章）
鎌部　浩　　岐阜大学教授（11章）
和田山　正　　名古屋工業大学教授（23, 25章）
有村　光晴　　湘南工科大学講師（24章）

〈監訳者紹介〉

小林欣吾（こばやし きんご）

情報理論，とくに，マルチユーザ情報理論を研究の軸とし，
離散情報構造の研究，組合せ論的構造の数え上げ問題を探求している．
電気通信大学名誉教授・工学博士，
IEEE Life Fellow, 電子情報通信学会名誉員・フェロー

佐藤　創（さとう　はじめ）

情報理論，およびデータ圧縮の観点からウェーブレット理論に
関心をもっている．圏論における普遍概念に興味がある．
元専修大学教授・工学博士

数学ゲーム必勝法 3〔全 4 巻〕

（原題：*Winning Ways for Your Mathematical Plays, Volume 3, 2nd Ed.*）

2019 年 9 月 30 日　初版 1 刷発行

監訳者　小林欣吾・佐藤　創　© 2019

原著者　Elwyn R. Berlekamp（バーレカンプ）
John H. Conway（コンウェイ）
Richard K. Guy（ガイ）

発行者　南條光章

発行所　**共立出版株式会社**
東京都文京区小日向 4-6-19
電話　03-3947-2511（代表）
郵便番号　112-0006
振替口座　00110-2-57035
www.kyoritsu-pub.co.jp

印　刷　啓文堂

製　本　加藤製本

一般社団法人
自然科学書協会
会員

検印廃止
NDC 007

ISBN 978-4-320-11386-2

Printed in Japan